"十四五"国家重点出版物出版规划项目

·人工智能前沿理论与技术应用丛书·

3D Computer Vision
Foundations and Advanced Methodologies

3D 计算机视觉
基础与前沿方法

章毓晋 / 编著

电子工业出版社
Publishing House of Electronics Industry
北京·BEIJING

内 容 简 介

本书内容基本覆盖计算机视觉的主要方面，除绪论外，共 10 章，分别介绍 10 类 3D 计算机视觉技术：摄像机成像和标定、深度图像采集、3D 点云数据采集及加工、双目立体视觉、多目立体视觉、单目多图像场景恢复、单目单图像场景恢复、广义匹配、同时定位和制图，以及时空行为理解。

本书侧重介绍计算机视觉的基本原理及近期进展。在 2～11 章中，每章都先描述相应技术的基本概念和基础原理，对实现该技术的典型方法进行详细分析（包括算法描述、具体步骤、效果示例等），然后介绍该技术领域的最新进展，归纳其特点并分类，以期帮助读者了解一些最新的发展趋势。

本书既可作为计算机视觉、信号与信息处理、通信与信息系统、电子与通信工程、模式识别与智能系统等学科本科和研究生的教材，也可供计算机科学与技术、信息与通信工程、电子科学与技术、测控技术与仪器、机器人自动化、生物医学工程、光学、电子医疗设备研制、遥感、测绘和军事侦察等领域的研究人员参考。

未经许可，不得以任何方式复制或抄袭本书之部分或全部内容。
版权所有，侵权必究。

图书在版编目（CIP）数据

3D 计算机视觉：基础与前沿方法 / 章毓晋编著.
北京：电子工业出版社，2025.1. --（人工智能前沿理论与技术应用丛书）. -- ISBN 978-7-121-49267-9
Ⅰ. TP302.7
中国国家版本馆 CIP 数据核字第 2024TA2915 号

责任编辑：王　群
印　　刷：天津嘉恒印务有限公司
装　　订：天津嘉恒印务有限公司
出版发行：电子工业出版社
　　　　　北京市海淀区万寿路 173 信箱　邮编：100036
开　　本：720×1000　1/16　印张：26.5　字数：508.8 千字　彩插：1
版　　次：2025 年 1 月第 1 版
印　　次：2025 年 1 月第 1 次印刷
定　　价：119.00 元

凡所购买电子工业出版社图书有缺损问题，请向购买书店调换。若书店售缺，请与本社发行部联系，联系及邮购电话：(010) 88254888，88258888。
质量投诉请发邮件至 zlts@phei.com.cn，盗版侵权举报请发邮件至 dbqq@phei.com.cn。
本书咨询联系方式：wangq@phei.com.cn，910797032（QQ）。

前 言
Preface

计算机视觉是一门借助计算机和电子设备来实现人类视觉功能的信息学科。计算机视觉研究的原始目的是借助与场景有关的图像，辨识和定位其中的目标，确定目标的结构及目标之间的相互关系，从而对客观世界中的目标和场景做出有意义的解释和判断。

计算机视觉的研究和应用已有半个多世纪的历史，近年来，随着人工智能和深度学习等技术的引入，相关理论和方法发展迅速，应用领域也在不断扩大。

本书内容基本覆盖计算机视觉的主要方面。除在绪论中对基本概念和相关学科进行介绍外，全书主要内容分为 10 章，分别介绍 10 类 3D 计算机视觉技术：摄像机成像和标定、深度图像采集、3D 点云数据采集及加工、双目立体视觉、多目立体视觉、单目多图像场景恢复、单目单图像场景恢复、广义匹配、同时定位和制图，以及时空行为理解。

本书侧重介绍计算机视觉的基本原理及近期进展。在第 2～11 章中，每章都先描述相应技术的基本概念和基础原理，对实现该技术的典型方法进行详细分析（包括算法描述、具体步骤、效果示例等），然后介绍该技术领域的最新进展，归纳其特点并分类，可以帮助读者了解一些最新的发展趋势。

本书一方面可作为相关学科专业高年级本科生和研究生的专业课程教材，帮助他们掌握基本原理并开展科研活动、完成毕业设计和学位论文；另一方面也适合相关领域研究人员作为科研参考。

全书共 11 章，其下有 59 节（二级标题），再下还有 156 小节（三级标题），共有编了号的图 215 幅、表格 37 个、公式 660 个。最后，书末列出了所引用的 300 多篇参考文献的目录（超过 100 篇为 21 世纪 20 年代的），以及用于索引的 500 多个术语（同时给出对应英文，以方便读者进一步查阅相关文献）。

最后，感谢妻子何芸、女儿章荷铭等家人在各方面的理解和支持。

章毓晋
2023 年暑假于书房
通信地址：清华大学电子工程系，100084
电子邮件：zhang-yj@tsinghua.edu.cn

目 录
Contents

第1章 绪论 ·· 001
  1.1 计算机视觉简介 ·· 002
    1.1.1 人类视觉要点 ·· 002
    1.1.2 计算机视觉 ··· 003
    1.1.3 相关学科 ··· 004
  1.2 计算机视觉理论和框架 ··· 007
    1.2.1 视觉计算理论 ·· 007
    1.2.2 框架问题和改进 ··· 011
    1.2.3 关于马尔重建理论的讨论 ·· 013
    1.2.4 新理论框架的研究 ··· 016
    1.2.5 从心理认知出发的讨论 ··· 018
  1.3 图像工程简介 ·· 021
    1.3.1 图像工程的3个层次 ··· 021
    1.3.2 图像工程的研究和应用 ··· 023
  1.4 深度学习简介 ·· 024

            1.4.1　卷积神经网络的基本概念 ·· 024
            1.4.2　深度学习的核心技术 ·· 028
            1.4.3　计算机视觉中的深度学习 ·· 030
    1.5　本书的组织架构和内容 ·· 032
    参考文献 ··· 033

第2章　摄像机成像和标定 ·· 036
    2.1　亮度成像模型 ··· 037
            2.1.1　光度学概念 ··· 037
            2.1.2　基本的亮度成像模型 ·· 038
    2.2　空间成像模型 ··· 039
            2.2.1　投影成像几何 ·· 039
            2.2.2　基本空间成像模型 ··· 040
            2.2.3　通用空间成像模型 ··· 043
            2.2.4　完整空间成像模型 ··· 045
    2.3　摄像机模型 ·· 047
            2.3.1　线性摄像机模型 ··· 047
            2.3.2　非线性摄像机模型 ··· 050
    2.4　摄像机标定方法 ·· 053
            2.4.1　标定方法分类 ·· 053
            2.4.2　传统标定方法 ·· 055
            2.4.3　自标定方法 ··· 058
            2.4.4　结构光主动视觉系统标定方法 ······································· 061
            2.4.5　在线摄像机外参数标定方法 ·· 066
    参考文献 ··· 069

第3章　深度图像采集 ·· 071
    3.1　深度图像和深度成像 ·· 072

		3.1.1 深度图像	072
		3.1.2 深度成像	074
	3.2	直接深度成像	075
		3.2.1 激光扫描介绍	075
		3.2.2 飞行时间法	079
		3.2.3 LiDAR	081
		3.2.4 结构光法	082
		3.2.5 莫尔等高条纹法	084
	3.3	间接深度成像	087
		3.3.1 双目横向模式	087
		3.3.2 双目会聚横向模式	092
		3.3.3 双目轴向模式	095
	3.4	单像素深度成像	097
		3.4.1 单像素成像原理	097
		3.4.2 单像素相机	098
		3.4.3 单像素 3D 成像	100
	3.5	生物视觉与立体视觉	102
		3.5.1 生物视觉和双目视觉	102
		3.5.2 从单目到双目立体	102
	参考文献		103

第4章 3D 点云数据采集及加工 — 105

4.1 点云数据概况 — 106

- 4.1.1 点云数据获取方式 — 106
- 4.1.2 点云数据类型 — 107
- 4.1.3 点云数据加工任务 — 108
- 4.1.4 LiDAR 测试数据集 — 109

4.2 点云数据预处理 ·· 109
    4.2.1 点云数据补漏 ·· 110
    4.2.2 点云数据去噪 ·· 110
    4.2.3 点云数据地面区域滤波 ·· 111
    4.2.4 点云数据精简/压缩 ··· 112
    4.2.5 多平台点云数据配准 ··· 114
    4.2.6 点云数据与影像数据配准 ·· 116

4.3 激光点云 3D 建模 ··· 117
    4.3.1 德劳内三角网法 ··· 117
    4.3.2 面片拟合法 ·· 118

4.4 3D 模型的纹理映射 ·· 121
    4.4.1 颜色纹理映射法 ··· 121
    4.4.2 几何纹理映射法 ··· 123
    4.4.3 过程纹理映射法 ··· 123

4.5 点云特征描述 ··· 124
    4.5.1 全局特征描述符和局部特征描述符 ································ 124
    4.5.2 3 种局部特征描述符 ·· 125

4.6 点云理解与深度学习 ·· 126

4.7 仿生优化配准点云 ·· 128
    4.7.1 布谷鸟搜索 ·· 128
    4.7.2 改进的布谷鸟搜索 ·· 129
    4.7.3 点云配准应用 ··· 131

参考文献 ··· 132

第 5 章 双目立体视觉 ·· 137

5.1 基于区域的双目立体匹配 ·· 138
    5.1.1 模板匹配 ··· 138

5.1.2 立体匹配 141
5.2 基于特征的双目立体匹配 147
　　5.2.1 基本步骤 147
　　5.2.2 尺度不变特征变换 150
　　5.2.3 加速鲁棒性特征 152
　　5.2.4 动态规划匹配 158
5.3 视差图误差检测与校正 160
　　5.3.1 误差检测 160
　　5.3.2 误差校正 161
5.4 基于深度学习的立体匹配 163
　　5.4.1 立体匹配网络 163
　　5.4.2 基于特征级联 CNN 的匹配 165
参考文献 166

第 6 章 多目立体视觉 170

6.1 水平多目立体匹配 171
　　6.1.1 多目图像和 SSD 171
　　6.1.2 倒距离和 SSSD 173
6.2 正交三目立体匹配 175
　　6.2.1 正交三目 175
　　6.2.2 基于梯度分类的正交匹配 180
6.3 多目立体匹配 184
　　6.3.1 任意排列三目立体匹配 185
　　6.3.2 正交多目立体匹配 189
6.4 等基线多摄像机组 190
　　6.4.1 图像采集 191
　　6.4.2 图像合并方法 192

6.5 单摄像机多镜反射折射系统·················193
    6.5.1 总体系统结构·······················194
    6.5.2 成像和标定模型·····················195

参考文献·····································196

第 7 章 单目多图像场景恢复·····················199
7.1 单目图像场景恢复·························200
7.2 由光照恢复形状··························201
    7.2.1 物体亮度和图像亮度···················202
    7.2.2 表面反射特性和亮度···················205
    7.2.3 物体表面朝向·······················207
    7.2.4 反射图和图像亮度约束方程···············209
    7.2.5 图像亮度约束方程求解··················211
7.3 由运动恢复形状··························215
    7.3.1 光流和运动场·······················215
    7.3.2 光流场和光流方程····················217
    7.3.3 光流方程求解·······················219
    7.3.4 光流与表面取向·····················225
    7.3.5 光流与相对深度·····················227
7.4 由分割轮廓恢复形状·······················228
7.5 光度立体技术综述·························230
    7.5.1 光源标定··························230
    7.5.2 非朗伯表面反射模型···················231
    7.5.3 彩色光度立体·······················232
    7.5.4 3D 重建方法·······················233
7.6 基于 GAN 的光度立体······················234
    7.6.1 网络结构··························234

7.6.2 损失函数 ··············· 235

参考文献 ··············· 236

第8章 单目单图像场景恢复 ··············· 241

8.1 由影调恢复形状 ··············· 242

8.1.1 影调与形状 ··············· 242

8.1.2 图像亮度方程求解 ··············· 245

8.2 由纹理恢复形状 ··············· 251

8.2.1 单目成像和纹理畸变 ··············· 252

8.2.2 由纹理变化恢复表面朝向 ··············· 254

8.2.3 纹理消失点检测 ··············· 260

8.3 由焦距确定深度 ··············· 265

8.4 根据三点透视估计位姿 ··············· 267

8.4.1 三点透视问题 ··············· 267

8.4.2 迭代求解 ··············· 268

8.5 混合表面透视投影下的由影调恢复形状 ··············· 269

8.5.1 改进的 Ward 反射模型 ··············· 269

8.5.2 透视投影下的图像亮度约束方程 ··············· 270

8.5.3 图像亮度约束方程求解 ··············· 272

8.5.4 基于 Blinn-Phong 反射模型的方程 ··············· 273

8.5.5 新图像亮度约束方程求解 ··············· 274

参考文献 ··············· 276

第9章 广义匹配 ··············· 278

9.1 匹配介绍 ··············· 279

9.1.1 匹配策略 ··············· 279

9.1.2 匹配算法分类 ··············· 280

  9.1.3　匹配评价 ·············· 281
 9.2　目标匹配 ·············· 282
  9.2.1　匹配的度量 ·············· 282
  9.2.2　对应点匹配 ·············· 285
  9.2.3　惯量等效椭圆匹配 ·············· 286
 9.3　动态模式匹配 ·············· 288
  9.3.1　匹配流程 ·············· 288
  9.3.2　绝对模式和相对模式 ·············· 289
 9.4　匹配和配准 ·············· 291
  9.4.1　配准的实现 ·············· 291
  9.4.2　基于特征匹配的异构遥感图像配准 ·············· 293
  9.4.3　基于空间关系推理的图像匹配 ·············· 294
 9.5　关系匹配 ·············· 295
 9.6　图同构匹配 ·············· 298
  9.6.1　图论简介 ·············· 298
  9.6.2　图同构和匹配 ·············· 301
 9.7　线条图标记和匹配 ·············· 304
  9.7.1　轮廓标记 ·············· 304
  9.7.2　结构推理 ·············· 305
  9.7.3　回朔标记 ·············· 307
 9.8　多模态图像匹配 ·············· 308
  9.8.1　基于区域的技术 ·············· 308
  9.8.2　基于特征的技术 ·············· 310
 参考文献 ·············· 312

第10章　同时定位和制图 ·············· 317
 10.1　SLAM 概况 ·············· 318

		10.1.1	激光 SLAM	318

        10.1.1 激光 SLAM ················· 318
        10.1.2 视觉 SLAM ················· 321
        10.1.3 对比和结合 ················· 323
  10.2 激光 SLAM 算法 ················· 324
        10.2.1 Gmapping 算法 ················· 324
        10.2.2 Cartographer 算法 ················· 326
        10.2.3 LOAM 算法 ················· 330
  10.3 视觉 SLAM 算法 ················· 331
        10.3.1 ORB-SLAM 算法系列 ················· 331
        10.3.2 LSD-SLAM 算法 ················· 336
        10.3.3 SVO 算法 ················· 341
  10.4 群体机器人和群体 SLAM ················· 343
        10.4.1 群体机器人的特性 ················· 344
        10.4.2 群体 SLAM 要解决的问题 ················· 344
  10.5 SLAM 的一些新动向 ················· 345
        10.5.1 SLAM 与深度学习的结合 ················· 345
        10.5.2 SLAM 与多智能体的结合 ················· 346
  参考文献 ················· 347

第 11 章 时空行为理解 ················· 354
  11.1 时空技术 ················· 355
        11.1.1 新的研究领域 ················· 355
        11.1.2 多个层次 ················· 356
  11.2 动作分类和识别 ················· 357
        11.2.1 动作分类 ················· 358
        11.2.2 动作识别 ················· 360

- 11.3 主体与动作联合建模 ··· 363
  - 11.3.1 单标签主体-动作识别 ··· 363
  - 11.3.2 多标签主体-动作识别 ··· 364
  - 11.3.3 主体-动作语义分割 ··· 365
- 11.4 活动和行为建模 ··· 368
  - 11.4.1 动作建模 ··· 369
  - 11.4.2 活动建模和识别 ··· 373
  - 11.4.3 基于关节点的行为识别 ··· 378
- 11.5 异常事件检测 ··· 381
  - 11.5.1 自动活动分析 ··· 381
  - 11.5.2 异常事件检测方法分类 ··· 383
  - 11.5.3 基于卷积自编码器的检测 ··· 386
  - 11.5.4 基于单类神经网络的检测 ··· 387
- 参考文献 ··· 388
- 主题索引 ··· 392

第 1 章
绪论

视觉是人类观察世界、认知世界的重要功能和手段。计算机视觉作为一门使用计算机实现人类视觉功能的学科，不仅得到了极大的关注和深入的研究，也得到了广泛的应用[1]。

视觉过程可看作一个复杂的从视感觉（感受到客观世界的图像）到视知觉（从图像认识客观世界）的过程。这涉及光学、几何学、化学、生理学、心理学等多方面的知识。计算机视觉要完成这样一个过程，除了自身要有相应的理论和技术，还要结合各门学科的成果和各种工程技术的进展。

本章各节内容安排如下。

1.1 节对计算机视觉进行概括介绍，包括人类视觉要点、计算机视觉的研究方法和研究目标，以及其与几个主要的相关学科的联系和区别。

1.2 节介绍计算机视觉理论和框架，主要包括视觉计算理论、框架问题和改进，另外讨论其他理论框架的一些情况。

1.3 节介绍作为计算机视觉技术基础的各种图像加工技术的概况，在图像工程的整体框架下，具体讨论 3 个层次的图像技术，以及研究和应用情况。

1.4 节介绍近年来推动计算机视觉技术快速发展的深度学习方法，介绍卷积神经网络的基本概念，并讨论深度学习的核心技术及计算机视觉中的深度学习。

1.5 节介绍本书的组织架构和内容。

1.1 计算机视觉简介

下面对计算机视觉的起源、目标、相关学科等进行概括介绍。

1.1.1 人类视觉要点

计算机视觉源自人类视觉，即一般所说的视觉。视觉是人类的一种自身功能，在人类对客观世界的观察和认知中发挥重要作用。相关统计表明，人类从外界获得的信息约有 75%来自视觉系统，这既说明视觉信息量巨大，也说明人类对视觉信息有较高的利用率。人类视觉过程可看作一个复杂的从感觉（感受到的是对 3D 世界进行 2D 投影得到的图像）到知觉（由 2D 图像认知 3D 世界的内容和含义）的过程。

视觉是人们非常熟悉的一种功能，它不仅帮助人们获得信息，还帮助人们加工信息。视觉进一步可分为视感觉和视知觉两个层次。这里，视感觉处于较低层次，主要接收外部刺激；而视知觉处于较高层次，要将外部刺激转化为有意义的内容。一般来说，视感觉对外部刺激会基本不加区别地完全接收，而视知觉则要确定由外界刺激的哪些部分组合成所关心的"目标"。

视感觉主要从分子的层次和观点来解释人们对光（可见辐射）反应的基本性质（如亮度、颜色），它主要涉及物理、化学等学科。视感觉主要研究的内容有：①光的物理特性，如光量子、光波、光谱等；②光刺激视觉感受器官的程度，如光度学、眼睛构造、视觉适应、视觉的强度和灵敏度、视觉的时空特性等；③光作用于视网膜后经视觉系统加工而产生的感觉，如明亮程度、色调等。

视知觉主要论述人们从客观世界接收到视觉刺激后如何反应及反应所采用的方式。它研究如何通过视觉让人们形成关于外在世界空间表象的认识，因此兼有心理因素。视知觉作为反映当前客观事物的一种形式，只依靠光投射到视网膜上形成视网膜像的原理和人们已知的眼或神经系统的机制是难以把全部（知觉）过程解释清楚的。视知觉是在神经中枢内进行的一组活动，它把视野中一些分散的刺激加以组织，构成具有一定形状的整体以认识世界。早在两千多年前，亚里士多德就定义视知觉的任务是确定"什么东西在什么地方"（What is where）[2]。

狭义上，视觉的最终目的是能对客观场景做出对观察者有意义的解释和描述；广义上，视觉还包括基于这些解释和描述、根据周围环境和观察者的意愿来制订行为规划，从而作用于周围的世界，这实际上就是计算机视觉的目标。

1.1.2 计算机视觉

前文提到，计算机视觉就是用计算机来实现人类的视觉功能，即对客观世界中 3D 场景的感知、加工和解释。视觉研究的原始目的是把握和理解有关场景的图像，辨识和定位其中的目标，确定它们的自身结构、空间排列和分布，以及解释目标之间的相互关系等。计算机视觉的研究目标是根据感知到的图像对客观世界中实际的目标和场景做出有意义的判断[3]。

计算机视觉的研究方法目前主要有两种：一种是仿生学的方法，即参照人类视觉系统的结构原理，建立相应的处理模块，完成类似的功能和工作；另一种是工程学的方法，即从分析人类视觉过程的功能着手，并不刻意模拟人类视觉系统的内部结构，而仅考虑系统的输入和输出，并采用现有的、可行的手段来实现系统的功能。本书主要从工程技术的角度出发，讨论第二种方法。

计算机视觉的主要研究目标可归纳成两个，它们互相联系和补充。第一个研究目标是建立计算机视觉系统以完成各种视觉任务。换句话说，使计算机能借助各种视觉传感器（如 CCD、CMOS 摄像器件等）获取场景图像，从中感知和恢复 3D 环境中物体的几何性质、姿态结构、运动情况、相互位置等，并对客观场景进行识别、描述、解释，进而做出判定和决断。这里主要研究完成这些工作的技术机理。目前这方面的工作主要是构建各种专用系统，完成在各种实际场景中出现的专门视觉任务；从长远来说，则是要建成更为通用的系统（更接近人类视觉系统），完成一般性的视觉任务。第二个研究目标是把研究作为探索人脑视觉工作机理的手段，掌握和理解人脑视觉工作的机理（如计算神经科学）。这里主要研究的是生物学机理。长期以来，人们已从生理、心理、神经、认知等方面对人脑视觉系统进行了大量的研究，但远没有揭开视觉过程的全部奥秘，特别是对视觉机理的研究和了解还远远落后于对视觉信息处理的研究和掌握。需要指出的是，对人脑视觉的充分理解也将促进计算机视觉的深入研究[2]。本书主要考虑第一个研究目标。

综上所述，计算机视觉利用计算机实现人的视觉功能，其研究又从人类视觉中得到了许多启发。计算机视觉方面的许多重要研究都是通过理解人类视觉系统而完成的，典型的例子有用金字塔作为一种有效的数据结构，利用局部朝向的概念，使用滤波技术来检测运动，以及近期的人工神经网络等。另外，借助对人类视觉系统功能的理解、研究，人们不断开发新的计算机视觉算法。

计算机视觉的研究和应用已有多年的历史。总体来说，早期的计算机视觉系统主要借助对 3D 客观物体的 2D 投影图像来进行，计算机视觉的研究目标侧重于提高图像的质量，以便使用者可以更清晰、方便地获取其中的信息；或侧重于自动获取图像中的各种特性数据，以帮助使用者对物体进行分析、识别。这方面的工作可归在 2D 计算机视觉之下，目前相对成熟，已有许多应用产品。随着理论和技术的发展，越来越多的研究聚焦充分利用从客观物体获得的 3D 空间信息（还常结合时域信息），自动地对客观世界进行分析和理解，做出判断和决策。这包括在 2D 投影图像的基础上进一步获取深度信息，以全面把握 3D 世界。这方面的工作还在不断探索之中，更需要引入人工智能等技术，是目前计算机视觉的研究重点，近期相关工作可归在 3D 计算机视觉之下，也是本书主要关注的内容。

1.1.3 相关学科

作为一门学科，计算机视觉与许多学科都有着千丝万缕的联系，特别是与一些相关和相近的学科交融交叉。相关学科和领域的联系与区别如图 1-1 所示，下面进行简单介绍。

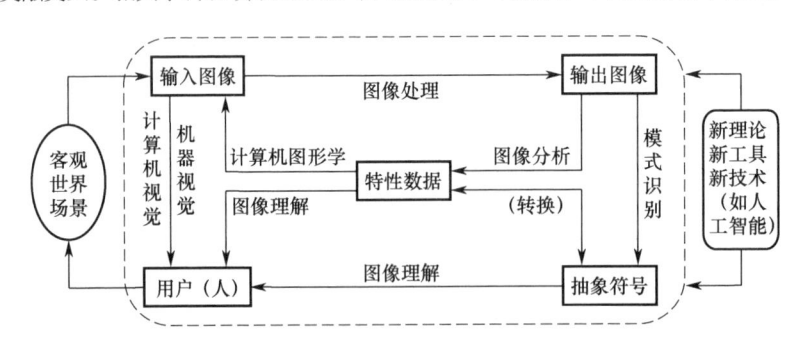

图 1-1 相关学科和领域的联系与区别

1. 机器视觉

机器视觉与计算机视觉有着千丝万缕的联系，在很多情况下被作为同义词使用。具体来说，一般认为计算机视觉侧重于场景分析和图像解释的理论和方法，而**机器视觉**更关注通过视觉传感器获取环境图像，构建具有视觉感知功能的系统，以及实现检测和辨识物体的算法。另外，**机器人视觉**更强调机器人的机器视觉，要让机器人具有视觉感知功能。

2．计算机图形学

图形学是用图形、图表、绘图等形式表达数据信息的学科，而**计算机图形学**研究的就是如何利用计算机技术来产生这些形式，它与计算机视觉也有密切的关系。一般人们将计算机图形学称为计算机视觉的反/逆（Inverse）问题，因为视觉从 2D 图像提取 3D 信息，而在图形学中，使用 3D 模型来生成 2D 场景图像（更一般地，根据非图像形式的数据描述来生成逼真的图像）。需要注意的是，与计算机视觉中存在许多不确定性相比，计算机图形学处理的大多是确定性问题，是通过数学途径可以解决的问题。在许多实际应用中，人们更为关心的是图形生成的速度和精度，需要在实时性和逼真度之间取得某种妥协。

3．图像工程

图像工程是一门内容非常丰富的学科，包括既有联系又有区别的 3 个层次（3 个子学科）：图像处理、图像分析及图像理解，另外还包括三者的工程应用。

图像处理强调的是在图像之间进行的转换（图像入、图像出）。虽然人们常用图像处理泛指各种图像技术，但狭义的图像处理主要关注的是输出图像的视觉观察效果[4]。包括：对图像进行各种加工调整以改善图像的视觉效果并有利于后续高层加工的进行；对图像进行压缩编码，在保证所需视觉感受的基础上减少需要的存储空间或传输时间，满足给定传输通路的要求；给图像增加一些附加信息，但不影响原始图像的"外貌"等。

图像分析主要是对图像中感兴趣的目标进行检测和测量，以获得它们的客观信息，从而建立对图像中目标的描述（图像入、数据出）[5]。如果说图像处理是一个从图像到图像的过程，则图像分析就是一个从图像到数据的过程。这里的数据可以是对目标特征测量的结果，也可以是基于测量的符号表示，或是对目标类别的辨识结论等，描述了图像中目标的特点和性质。

图像理解的重点是在图像分析的基础上，进一步研究图像中各目标的性质和它们之间的相互联系，并得出对整幅图像内容含义的理解及对原来成像客观场景的解释，从而可以让人们做出判断（认识世界），并指导和规划行动（改造世界）[6]。如果说图像分析主要以观察者为中心研究客观世界（主要研究可观察到的事物），那么图像理解在一定程度上以客观世界为中心，并借助知识、经验等来把握和解释整个客观世界（包括无法直接观察到的事物）。

4. 模式识别

模式是指由具有相似性但不完全相同的客观事物或现象所构成的类别。其范围很广，图像就是模式的一种。（图像）模式识别与图像分析比较相似，它们有相同的输入，而不同的输出结果可以比较方便地进行转换。识别是指从客观事实中自动建立符号描述或进行逻辑推理的数学和技术，因此人们定义**模式识别**为"对客观世界中的物体和过程进行分类、描述的学科"。目前，对图像模式的识别主要集中在对图像中感兴趣内容（目标）的分类、分析和描述方面，在此基础上还可以进一步实现计算机视觉的目标。同时，计算机视觉的研究中使用了很多模式识别的概念和方法，但视觉信息有其特殊性和复杂性，传统的模式识别（竞争学习模型）并不能把计算机视觉全部包括进去。

5. 人工智能

人工智能属于近年来在计算机视觉领域得到广泛研究和应用的新理论、新工具、新技术。人类智能主要指人类理解世界、判断事物、学习环境、规划行为、解决问题等的能力；人工智能则指人类用计算机模拟、执行或再生某些与人类智能有关的功能的能力和技术。视觉功能是人类智能的一种体现，类似地，计算机视觉与人工智能密切相关。计算机视觉的研究中使用了许多人工智能技术，反过来，计算机视觉也可看作人工智能的一个重要应用领域，需要借助人工智能的理论研究成果和系统实现经验。机器学习是人工智能的核心，它研究如何使计算机模拟或实现人类的学习行为，从而获取新的知识或技能。这是计算机视觉完成复杂视觉任务的基础。深度学习对基本的机器学习方式进行了改进和提高，它试图模仿人脑的工作机制，建立可进行学习的神经网络来分析、识别和解释图像等数据。

除以上相关学科外，从更广泛的领域看，计算机视觉要借助各种工程方法解决一些生物问题，完成生物固有的功能，因此它与生物学、生理学、心理学、神经学等学科也有着互相学习、互为依赖的关系。近年来，计算机视觉研究者与视觉心理、生理研究者紧密结合，已取得了一系列研究成果。计算机视觉属于工程应用科学，与工业自动化、人机交互、办公自动化、视觉导航和机器人、安全监控、生物医学、遥感测绘、智能交通和军事公安等学科也密不可分。一方面，计算机视觉的研究充分结合并利用了这些学科的成果；另一方面，计算机视觉的应用极大地推动了这些学科的深入研究和发展。

1.2 计算机视觉理论和框架

作为一门学科,计算机视觉有其自身的起源、理论和框架。计算机视觉的起源可追溯到计算机的发明和应用时期,在 20 世纪 60 年代,最早的计算机视觉技术已开始被研究并得到应用。

1.2.1 视觉计算理论

有关计算机视觉的研究在早期并没有一个全面的理论框架,20 世纪 70 年代,关于目标识别和场景理解的研究基本上都是先检测线状边缘并将其作为物体的基元,然后再将它们组合起来构成更复杂的物体结构。但是在实际应用中,全面的基元检测很困难且不稳定,因此计算机视觉系统的输入只能是简单的线和角点,组成所谓的"积木世界"。

马尔于 1982 年出版的《视觉》(Vision)一书总结了他和同事对人类视觉的一系列研究成果,提出了视觉计算理论,给出了一个理解视觉信息的框架。该框架既全面又精炼,是使视觉信息理解的研究变得严密,同时又把视觉研究从描述水平提高到数理科学水平的关键。马尔的理论指出,要先理解视觉的目的,再理解其中的细节,这对各种信息处理任务都是适用的。该理论的要点如下。

1. 视觉是一个复杂的信息加工过程

马尔认为,视觉是一个远比人的想象更为复杂的信息加工过程,而且其难度常常不被人们正视。这里一个主要的原因是,虽然用计算机理解图像很难,但对人而言这常常是轻而易举的。

为了理解视觉这个复杂的过程,首先要解决两个问题。一个是视觉信息的表达问题;另一个是视觉信息的加工问题。这里"表达"指的是一种能把某些实体或某几类信息表示清楚的形式化系统(如阿拉伯数制、二进制数制)及说明该系统如何工作的若干规则。在表达中,某些信息是突出的、明确的,另一些信息则是隐藏的、模糊的。表达对其后信息加工的难易有很大影响。对视觉信息的"加工"则指通过对信息的不断处理、分析、理解,将不同的表达形式进行转换并逐步抽象。

解决视觉信息的表达问题和加工问题实际上就是解决可计算性问题。如果一个任务要用计算机完成,则它应该是可以被计算的,这就是可计算性问题。一般来说,对于某个特定的问题,

如果存在一个程序且这个程序对于给定的输入都能在有限步骤内给出输出，那么这个问题就是可计算的。

2. 视觉信息加工三要素

要完整地理解和解释视觉信息，需要同时把握三个要素，即计算理论、表达和算法、硬件实现。

首先，视觉信息理解的最高层次是抽象的计算理论。对于视觉是否可用现代计算机计算的问题，需要用计算理论来回答，但至今尚无明确的答案。视觉是一个感觉加知觉的过程。从微观的解剖知识和客观的视觉心理知识来看，人们对人类视觉功能的机理的掌握还很欠缺，因此对视觉可计算性的讨论目前还比较有限，主要集中在以现有计算机所具备的数字和符号加工能力完成某些具体视觉任务等方面。

其次，如今计算机运算的对象为离散的数字或符号，计算机的存储容量也有一定的限制，因而在有了计算理论后，还必须考虑算法的实现，为此需要给加工所操作的实体选择一种合适的表达。这里一方面要选择加工的输入和输出表达，另一方面要确定完成表达转换的算法。表达和算法是互相制约的，需要注意三点：①在一般情况下，可以有许多可选的表达；②算法的确定常取决于所选的表达；③给定一种表达，可有多种完成任务的算法。一般将用来进行加工的指令和规则称为算法。

最后，如何在物理上实现算法也是必须考虑的。特别是随着实时性要求的不断提高，专用硬件实现的问题常被提出。需要注意的是，算法的确定通常依赖在物理上实现算法的硬件的特点，而同一个算法可通过不同的技术途径实现。

对上述讨论进行归纳，如表 1-1 所示。

表 1-1 视觉信息加工三要素

序 号	名 称	相 关 问 题
1	计算理论	什么是计算目标？为什么要这样计算？
2	表达和算法	怎样实现计算理论？什么是输入和输出表达？用什么算法实现表达间的转换？
3	硬件实现	怎样在物理上实现表达和算法？什么是计算结构的具体细节？

上述三个要素之间有一定的逻辑因果联系，但无绝对的依赖关系。事实上，对于每个要素，均可有多种不同的选择方案。在许多情况下，解释任意一个要素所涉及的问题与其他两个要素基本无关（各要素相对独立），或者说，可仅从其中一个或两个要素入手来解释某些视觉现象。

上述三个要素有时也被称为视觉信息加工的三个层次,不同的问题需要在不同层次上进行解释。上述三个要素之间的联系常用图1-2来表示(实际上看成两个层次更恰当),其中箭头正向表示带有指导的含义,反过来则有作为基础的含义。注意,一旦有了计算理论,表达和算法、硬件实现是互相影响的。

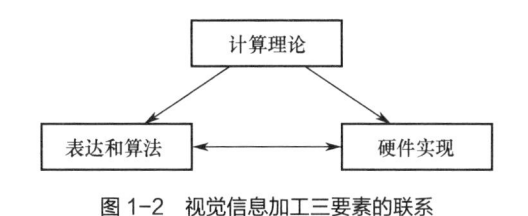

图 1-2 视觉信息加工三要素的联系

3. 视觉信息的三级内部表达

根据视觉可计算性的定义,视觉信息加工过程可分解成多个由一种表达到另一种表达的转换步骤。表达是视觉信息加工的关键,一个进行计算机视觉信息理解和研究的基本理论框架主要由视觉加工所建立、维持并予以解释的可见世界的三级表达结构组成。对多数哲学家来说,什么是视觉表达的本质、它们如何与感知相联系、它们如何支持行动,都可以有不同的解释。不过,他们一致认可的是,这些问题的解答都与表达这个概念有关。

1)基素表达

基素表达是一种2D表达,是图像特征的集合,描述了物体表面属性发生变化的轮廓部分。基素表达提供了图像中各物体轮廓的信息,是对3D目标的一种素描形式的表达。这种表达方式可以在人类的视觉过程中得到证明,人在观察场景时总会先注意到其中变化剧烈的部分,因此基素表达是人类视觉过程的一个阶段。

2)2.5D 表达

2.5D 表达完全是为了适应计算机的运算功能而提出的。它根据一定的采样密度将目标按正交投影的原则进行分解,物体的可见表面被分解成许多具有一定大小和几何形状的面元,每个面元有自己的取向。用各法线向量代表其所在面元的取向并组成针状图(将向量用箭头表示),就构成2.5D 表达图(也称针图),在这类图中,各法线的取向以观察者为中心。获取2.5D 表达图的具体步骤如下:①将物体可见表面的正交投影分解成单元表面集合;②用法线代表单元表面的取向;③将各法线向量画出,叠加于物体轮廓内的可见表面上。

2.5D 表达图如图1-3所示。

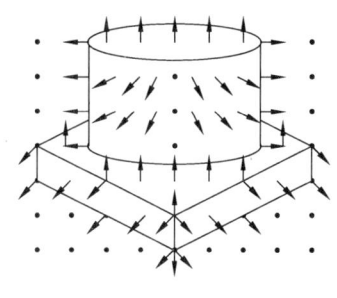

图 1-3 2.5D 表达图

2.5D 表达图实际上是一种本征图像（见 3.1 节），因为它表示了物体表面面元的朝向，从而给出了表面形状的信息。表面朝向是一种本征特性，深度也是一种本征特性，可将 2.5D 表达图转化成（相对）深度图。

3）3D 表达

3D 表达是以物体为中心（也包括物体的不可见部分）的表达形式。它在以物体为中心的坐标系中描述 3D 物体的形状及其空间组织。

现在再看视觉可计算性问题。从计算机或信息加工的角度来说，可将视觉可计算性问题分解成几个步骤，步骤之间是某种表达形式，而每个步骤都是把前后两种表达形式联系起来的计算/加工方法（见图 1-4）。

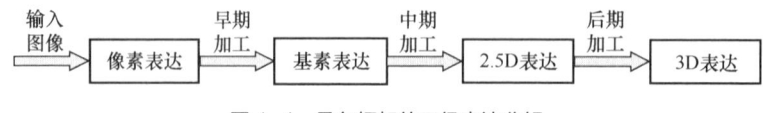

图 1-4 马尔框架的三级表达分解

根据上述三级表达观点，视觉可计算性要解决的问题是，如何由原始图像的像素表达出发，通过基素表达和 2.5D 表达，最后得到 3D 表达。视觉可计算性问题的表达框架如表 1-2 所示。

表 1-2 视觉可计算性问题的表达框架

名　　称	目　　的	基　　元
图像	表达场景的亮度或物体的照度	像素（值）
基素图	表达图像中亮度变化位置、物体轮廓的几何分布和组织结构	零交叉点、端点、角点、拐点、边缘段、边界等
2.5D 表达图	在以观察者为中心的坐标系中，表达物体可见表面的取向、深度、轮廓等性质	局部表面朝向（"针"基元）、表面朝向不连续点、深度、深度不连续点等
3D 表达图	在以物体为中心的坐标系中，用体元或面元集合描述形状和形状的空间组织形式	3D 模型，以轴线为骨架，将体元或面元附在轴线上

4．将视觉信息理解按功能模块形式组织

"视觉信息系统是由一组相对独立的功能模块组成的"的思想，不仅有计算方面的进化论和认识论的论据支持，而且某些功能模块已经能用实验的方法分离出来。

另外，心理学研究表明，人通过使用多种线索或利用线索的结合来获得各种本征视觉信息。这启示我们，视觉信息系统应该包括许多模块，每个模块获取特定的视觉线索并进行一定的加工，从而可以根据环境，用不同的加权系数组合不同的模块来完成视觉信息理解任务。根据这个观点，复杂的处理可用一些简单的独立功能模块来完成，从而可以简化研究方法，降低具体实现难度，这从工程角度来看也很重要。

5．计算理论的形式化表示必须考虑约束条件

在图像采集和获取过程中，原始场景中的信息会发生多种变化。

（1）当3D场景被投影为2D图像时，会丢失物体深度和不可见部分的信息。

（2）图像总是从特定视角获取的，对于同一物体，从不同视角获取的图像是不同的，另外物体互相遮挡或物体各部分相互遮挡也会导致信息丢失。

（3）成像投影使得照明、物体几何形状和表面反射特性、摄像机特性、光源与物体及摄像机之间的空间关系等都被综合成单一的图像灰度值，很难区分。

（4）在成像过程中，不可避免地会引入噪声和畸变。

对一个问题来说，如果它的解是存在的、唯一的、连续依赖初始数据的，则它是适定的；如果有任意一条不满足，则它是不适定（欠定）的。上述几类信息变化使得将视觉问题作为光学成像过程的逆问题来求解的方法成为不适定问题（病态问题），求解很困难。为解决这个问题，需要根据外部客观世界的一般特性找出有关问题的约束条件，并把它们变成精密的假设，从而得出确凿的、经得起考验的结论。约束条件一般是借助先验知识获得的，利用约束条件可改变病态问题。这是因为给计算加上约束条件可使其含义明确，从而使问题得以解决。

1.2.2 框架问题和改进

马尔的视觉计算理论是第一个对视觉研究影响较大的理论。该理论推动了这一领域的研究，对图像理解和计算机视觉的研究发展具有重要的促进作用。

马尔的视觉计算理论也有不足之处，其中4个有关整体框架的问题如下。

（1）输入是被动的，输入什么图像，系统就加工什么图像。

（2）加工目的不会改变，总是恢复场景中物体的位置和形状等。

（3）缺乏（或者说未足够重视）高层知识的指导。

（4）整个信息加工过程基本自下而上，单向流动，没有反馈。

针对上述问题，人们后来提出了一系列改进思路，改进的视觉计算框架如图1-5所示。

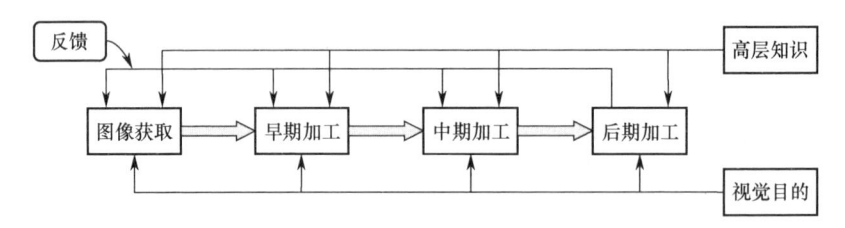

图1-5　改进的视觉计算框架

下面结合图1-4和图1-5，具体讨论对原框架的4个方面的考虑和改进。

（1）人类视觉具有主动性。

人会根据需要改变视线或视角以更好地进行观察和认知。主动视觉指视觉系统可以根据已有的分析结果和视觉任务的当前要求，决定摄像机的运动以从合适的位置和视角获取相应的图像。人类的视觉具有选择性，可以注目凝视（以较高分辨率观察感兴趣区域），也可以对场景中某些部分视而不见。选择性视觉指视觉系统可以根据已有的分析结果和视觉任务的当前要求，决定摄像机的注意点以获取相应的图像。考虑到这些因素，在改进框架中增加了图像获取模块，与其他模块一起考虑。该模块要根据视觉目的选择图像采集方式。

主动视觉和选择性视觉也可看作主动视觉的两种形式：一种是移动摄像机以聚焦当前环境中感兴趣的特定目标，另一种是关注图像中一个特定区域并动态地与之交互以获得解释。尽管这两种形式看起来很相似，但在第一种形式中，主动性主要体现在摄像机的观察上；在第二种形式中，主动性主要体现在加工层次和策略上。虽然在两种形式中都有交互，即视觉都有主动性，但在移动摄像机的方式中，要对全部物体完整地进行记录和存储，成本很高，而且得到的整体解释并不一定都会被使用。仅收集场景中当前最有用的部分，缩小范围并增强质量以获取有用的解释的方式，本质是模仿人类解释场景的过程。

（2）人类视觉可以根据不同目的进行调整。

有目的视觉指视觉系统根据视觉目的进行决策，如是完整地全面恢复场景中物体的位置和形状等信息，还是仅检测场景中是否有某种物体存在。它有可能对视觉问题给出较简单的解。这里的关键问题是确定任务的目的，因此在改进框架中增加了视觉目的模块，可根据所理解的不同目的来确定是进行定性分析还是进行定量分析（在实际应用中，有相当多的场景仅需要定性结果，并不需要复杂性较高的定量结果），但目前定性分析还缺少完备的数学工具。有目的视觉的动机是仅将需要的部分信息明确化。例如，自主车的碰撞避免就不需要精确的形状描述，一些定性的结果就足够了。这种思路目前还没有坚实的理论基础，但生物视觉系统的相关研究为此提供了许多实例。

与有目的视觉密切相关的定性视觉寻求对目标或场景的定性描述，它的动机是不表达定性（非几何）任务或决策不需要的几何信息。定性信息的优点是对各种不显著的改变（如稍微变化一点视角）或噪声比定量信息更不敏感。定性（或不变性）允许在不同的复杂层次中方便地解释观察到的事件。

（3）人类有能力在从图像中获取部分信息的情况下完全解决视觉问题。

人类有这种能力是因为隐含地使用了各种知识。例如，借助 CAD 设计资料获取物体形状信息（使用物体模型库），有助于克服由单幅图像恢复物体形状的困难。利用高层知识可解决低层信息不足的问题，因此在改进框架中增加了高层知识模块。

（4）人类视觉中各加工步骤之间是有交互性的。

人类视觉过程在时间上有一定的顺序，在含义上也有不同的层次，各步骤之间有一定的交互联系。尽管目前对这种交互性的机理了解得还不够充分，但高层知识和后期结果的反馈信息对早期加工的重要作用已得到广泛认可。从这个角度出发，在改进框架中增加了反馈控制流向，利用已有的结果和高层知识来提升视觉的效能。

1.2.3 关于马尔重建理论的讨论

马尔的理论强调对场景的重建，并将重建作为理解场景的基础。

1. 重建理论的问题

根据马尔的理论，不同视觉任务/工作的共同核心概念是表达，共同的加工目标是根据视觉刺激恢复场景并将其结合到表达中。如果视觉系统能恢复场景的特性，如物体表面的反射性质、物体运动的方向和速度、物体的表面结构等，那么就需要有能帮助进行各种恢复工作的表达。在这样的理论下，不同的工作应具有相同的概念核心、理解过程和数据结构。

马尔在其理论中展示了人如何能从各种线索中提取出由内部来构建视觉世界的表达。如果将构建这样一个统一的表达看作视觉信息加工和决策的最终目标，则视觉可看作一个由刺激开

始，顺序地获取和积累信息的重建过程。这种对场景先重建后解释的思路可以用于简化视觉任务，但与人的视觉功能并不完全吻合。事实上，重建和解释并不总是串行的，需要根据视觉目的进行调整。

上述假设也受到过挑战。如与马尔同时代的一些人对于把视觉过程作为一个分层单通路的数据加工过程提出了疑义。其中一个有意义的贡献是，根据对精神物理学和神经心理学的长期持续研究结果，单通路的假设"站不住脚"。在马尔编写《视觉》一书时，考虑了灵长类高层视觉信息的心理学研究成果不多，与高层视觉区域解剖和功能组织相关的知识也很少。随着新的数据不断积累，对整个视觉过程的认识不断深入，人们发现，视觉过程不仅仅是一个单通路的加工过程[7]。

从根本上说，一个对客观场景的正确表达应该对任何视觉工作都可用。如果不是这样，那么视觉世界本身（内部表达的一种外部显示）就不能支持视觉行为。虽然如此，进一步的研究表明，基于重建的表达对理解视觉来说，从多个方面来看都是一种较差的解释，或者说有一系列不同的问题[7]。

首先，来看重建对于识别或分类的意义。如果视觉世界可在内部构建，那么视觉系统就不是必要的。事实上，采集一幅图像，建立一个 3D 模型，甚至给出一个重要刺激特征的位置列表，都不能保证实现识别或分类。在所有可能对场景进行解释的方法中，包含重建的方法"兜的圈子"最大，这是因为重建并不对解释有直接贡献。

其次，仅靠对原始图像进行重建来实现表达在实际中也很难实现。从计算机视觉的角度来说，要从原始图像中恢复场景表达是非常困难的（现在生物视觉中已有许多发现支持其他一些表达理论）。

最后，从概念上说，重建理论也有问题。问题的来源与理论上重建可以应用于任何表达工作有关。暂不考虑"重建是否可以具体实现"的问题，人们可能先会问："寻找一个具有普遍统一性的表达是否值得？"因为最好的表达应该是最适合工作的表达，所以一个具有普遍统一性的表达并不见得是必要的。事实上，根据信息加工的理论，针对给定计算问题选择恰当正确的表达的重要性是不言而喻的。这个重要性马尔自己也指出过。

2．不需要重建的表达

近年来一些研究和实验表明，对场景的解释并不一定要建立在对场景的 3D 恢复（重建）上，或者更确切地说，并不一定要建立在对场景的完整 3D 重建上。

根据重建实现表达有一系列问题，因此其他形式的表达方法得到了研究和关注。有一种表达最早是由 Locke 在 *Concerning Human Understanding* 一书中提出来的，现在一般称为"精神表达语义"[7]。Locke 建议用自然的、可预测的方式来进行表达。根据这个观点，一个足够可靠的特征检测器就构成了视觉世界中某种特征存在性的基元表达。对整个目标和场景的表达可以随后根据这些基元（如果基元足够多）来构建。

在自然计算的理论中，特征层次的原始概念是在从青蛙视网膜中发现"昆虫检测器"的影响下发展起来的。近期计算机视觉和计算神经科学的相关研究结果表明，对原来特征层次表达假设的修改可以作为重建学说的一个替代。现在的特征检测与传统的特征检测有两个方面的不同。一是一组特征检测器可以具有远大于其中任意一个检测器的表达能力；二是许多理论研究者认识到，"符号"并不是将特征组合起来的唯一元素。

以空间分辨率的表达为例。在典型的情况下，观察者可以看到相距很近的左右相邻的两条直线段（它们之间偏移的距离可能比中央凹里光子接收器间的距离还要小）。早期的假设是，在大脑皮层处理的某个阶段，视觉输入以亚像素级的精度得到重建，这样就有可能获得场景中比像素还要小的距离。重建学说的支持者并不认为可以用特征检测器来构建视觉功能，马尔也认为"世界如此复杂，以至于用特征检测器不可能进行分析"。现在这种观点受到了挑战。一组覆盖观察区域的模式可以包含所有确定偏移所需的信息，不需要进行重建。

再举一个例子，考虑对相关运动的感知。在猴子的中部皮层区域内，已经发现具有与某个特定方向的相关运动相一致的接收细胞。可以认为这些细胞的联合运动表达了视场（FOV）的运动。人们注意到，给定一个中部皮层区域和在视场中确定运动是同步发生的。对细胞的人工模拟可产生与真实运动的刺激类似的行为响应，结果是细胞反映了运动事件，但视觉运动很难由中部皮层区域的运动来重建。这说明不需要重建就可确定运动。

上面的讨论表明，对于马尔的理论需要新的思考。对一个工作的计算层次的描述确定了其输入和输出表达。

对于一个低层次的工作，如双眼视觉，输入和输出都很明确。一个具有立体视觉的系统必须要接收同一个场景的两幅不同图像，还需要产生一个明确表示深度信息的表达。但是，即便在这样的工作中，重建也并不是非常必要的。在立体观测中，定性的信息（如被观察表面的深度次序）就很有用且相对容易计算，而且也接近人类视觉系统的实际情况。

在高层次的工作中，对表达的选择更不明确。一个识别系统肯定要能接受所需识别的目标或场景的图像，但是对所需识别的表达应该是什么样的呢？仅存储和比较目标或场景的原始图

像是不够的。正如许多研究者所指出的,物体呈现的情况与对它们的观察方向有关,与对它们的照明有关,并且与其他目标的存在和分布有关。当然,物体呈现的情况与其自身的形状也有关。人们能从一个目标的表观恢复其几何性质并用作对其的表达吗?先前的研究表明,这是不可行的。

综上所述,一方面,完全的重建看起来由于许多原因并不令人满意;另一方面,仅用原始图像表达目标是不可靠的。不过,这些显而易见的缺点并不表明基于表达概念的整个理论框架都是错误的,只是需要进一步考察这个表达概念后面的基本假设。

1.2.4 新理论框架的研究

限于历史等因素,马尔没有研究如何用数学方法严格地描述视觉信息的问题,他虽然较充分地研究了早期视觉,但基本没有涉及对视觉知识的表达、使用和基于视觉知识的识别等。近年来有许多试图建立新理论框架的工作,例如,Grossberg 宣称建立了一个新的视觉理论——表观动态几何学[8]。它指出感知到的表面形状是分布在多个空间尺度上的多种处理动作的总结果,因此实际中所谓的 2.5D 图是不存在的,这向马尔的理论提出了挑战。

另一个新的视觉理论是网络-符号模型[9]。在这个模型框架下,并不需要精确地计算物体的 3D 模型,而是将图像转化为一个与知识模型类似的可理解的关系格式。这与人类视觉系统有类似之处。事实上,用几何操作来对自然图像进行加工是很困难的,人脑通过构建可视场景的关系网络-符号结构,用不同的线索来建立物体表面相对于观察者的相对次序及各目标之间的相互关系。在网络-符号模型中,不是根据视场而是根据推导出来的结构来进行目标识别的,这种识别不受局部变化和目标外观的影响。

下面介绍另外两项比较有代表性的工作。

1. 基于知识的理论框架

基于知识的理论框架是围绕感知特征群集的研究而展开的[8, 10-11]。该理论框架的生理学基础源于心理学的研究结果。该理论框架认为,人类视觉过程只是一个识别过程,与重建无关。为对 3D 目标进行识别,可以用人类的感知去描述目标,在知识引导下通过 2D 图像直接完成,而不需要通过视觉输入自底向上地进行 3D 重建。

从 2D 图像理解 3D 场景的过程可分为如下 3 个步骤(见图 1-6)。

```
           ┌──────── 验证 ────────┐
           ↓                      │
      图像特征 ⇒ 感知组织 ⇒ 识别 ⇒ 目标模型
```

图 1-6　基于知识的理论框架

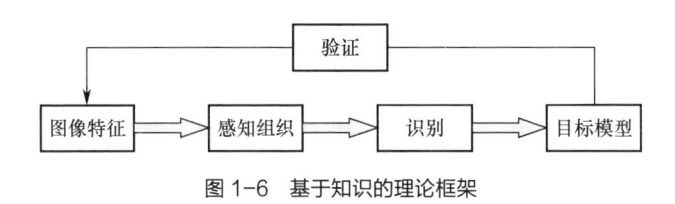

（1）利用对感知组织的处理过程，从图像特征中提取那些相对于观察方向在大范围内保持不变的分组和结构。

（2）借助图像特征构建模型，在这个过程中利用概率排队的方法缩小搜索空间。

（3）通过求解未知的观察点和模型参数寻找空间对应关系，使 3D 模型的投影直接与图像特征相匹配。

在以上整个过程中，都无须对 3D 目标表面进行测量（不需要重建），有关表面的信息都是利用感知原理推算出来的。该理论框架对于遮挡和不完全数据的处理表现出较高的稳定性。该理论框架引入了反馈，强调高层知识对视觉的指导作用。但实践表明，在一些判断物体大小、估计物体距离等场景内，仅有识别是不够的，必须进行 3D 重建。事实上，3D 重建仍然有着非常广泛的应用，如在虚拟人计划中，通过对一系列切片的 3D 重建可得到许多人体信息；再如对组织切片的 3D 重建可得到细胞的 3D 分布，对于细胞的定位有很好的辅助效果。

2．主动视觉理论框架

主动视觉理论框架主要是基于人类视觉（或更一般的生物视觉）的主动性提出来的。人类视觉有两个特殊的机制：选择注意机制和注视控制。

1）选择注意机制

人眼看到的并非全部都是人所关心的，有用的视觉信息通常只分布于一定的空间范围和时间段内，因此人类视觉并不是对场景中所有部分"一视同仁"，而是根据需要有选择地对其中某一部分加以特别的注意，对其他部分只进行一般的观察甚至"视而不见"。根据**选择注意机制**的这个特点，可以在采集图像时进行多方位和多分辨率的采样，并选择或保留与特定任务相关的信息。

2）注视控制

人能调节眼球，从而可以根据需要在不同时刻"注视"环境中的不同位置，以获取有用信息，这就是**注视控制**。据此，可以通过调节摄像机参数使其始终能够获取适用于特定任务的视觉信息。注视控制可分为注视锁定和注视转移。前者是一个定位过程，如目标跟踪；后者类似于眼球的转动，根据特定任务的需要控制下一步的注视点。

根据人类视觉机制所提出的主动视觉理论框架如图 1-7 所示。

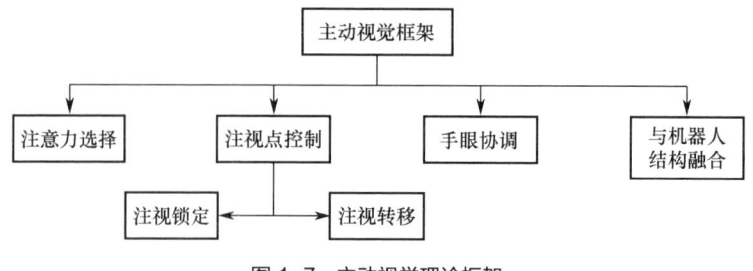

图 1-7　主动视觉理论框架

主动视觉理论框架强调：视觉系统应该是任务导向和目的导向的，同时视觉系统应该具有主动感知的能力。主动视觉系统可以根据已有的分析结果和视觉任务的当前要求，通过主动控制摄像机参数来控制摄像机的运动，并协调加工任务和外界信号的关系。这些参数包括摄像机的位置、取向、焦距、光圈等。另外，主动视觉还融入了"注意"能力。通过改变摄像机参数或利用后期的数据处理，控制"注意点"，从而有选择地感知空间、时间、分辨率等。

与基于知识的理论框架类似，主动视觉理论框架也很重视知识，认为知识属于指导视觉活动的高级能力，在完成视觉任务时应利用这些能力。但是目前的主动视觉理论框架中缺乏反馈，这种无反馈的结构一方面不符合生物视觉系统的规律，另一方面经常导致结果精度差、受噪声影响大、计算复杂性高的问题，同时也缺乏一些对应用和环境的自适应性。

1.2.5　从心理认知出发的讨论

计算机视觉与人类视觉有密切的联系，既要实现人类视觉的功能，又能从人类视觉中获得启发。计算机视觉要通过所感受的视觉刺激信号来把握场景的客观信息，有一个从感知到认知的过程。

认知科学是心理学、语言学、神经科学、计算机科学、人类学、哲学和人工智能等学科交叉融合的结果，其目标是探索人类认知和智能的本质与机制。其中，心理学是认知科学的核心学科。

心理学中对认知本质和过程的研究主要有三种理论：传统认知主义、联结主义、具身认知。

1. 传统认知主义

传统认知主义认为，认知过程是基于人们先天或后天获得的理性规则，以形式化的方式对大脑接收到的信息进行的处理和操作。认知功能独立于包括大脑在内的身体，而身体仅为刺激的感受器和行为的效应器。根据这个观点，认知是"离身的"（Disembodied）心智（Mind）。而离身的心智表现在人脑上，就是人的智能，表现在计算机上，就是人工智能。

传统认知主义理解客观世界的基本出发点是"认知是可计算的"，或者说"认知的本质就是计算"。依据这种观点，人脑认知过程类似于计算机的符号加工过程，都是一种对信息的处理、操纵和加工。尽管两者的结构和动因可能不同，但在功能上是类似的，即都是一种"计算"。如果把大脑比作计算机的硬件，那么认知就是运行在这个"硬件"上的"软件"或"程序"，而软件或程序从功能上是独立于硬件的，可以与硬件分离。马尔视觉计算理论本质上是基于传统认知主义的，认为视觉过程是借助人为设定的规则（软件）在计算机（硬件）上进行的计算。

基于符号加工认知心理学的基本思想，可推导出如下三个基本假设[12]。

（1）大脑的思维过程类似于计算机的信息处理过程。两者的流程一致，均包括输入、编码、存储、提取和输出等。

（2）认知过程加工的是抽象的符号。符号表征了外界信息，但并非外在世界本身，这种安排的优点是能够保证认知过程的简洁和效率。

（3）认知过程与大脑生理结构的关系类似于计算机软件和硬件的关系。这一假设的直接结果是，认知被认为可以脱离具体的大脑，运行在任何有计算功能的物体上。另外，认知虽然运行在大脑中，但是大脑的生理结构对认知没有影响，认知既可运行在人脑中，也可以运行在计算机中。

2. 联结主义

联结主义认为，人脑是由天文数字般量级的神经元相互联结而构成的复杂信息加工系统，其中所依据的规则是靠神经元的并行分布式加工和非线性特征学习来的。联结主义的提出是为了解决传统认知主义无法反映认知过程的灵活性，在理论和实践两个方面都陷入困境的问题[12]。

联结主义并不接受符号加工模式在计算机和人脑之间所作的类比。它主张构建"人工神经网络"，体现大脑神经元的并行分布式加工和非线性特征。这样一来，研究目标从计算机模拟转向了人工神经网络构建，试图找寻认知是如何在复杂的联结和并行分布加工中得以涌现（Emergence）的。然而，无论联结主义的研究风格与符号加工模式多么迥然相异，两者在"认知的本质就是计算"方面是相同的，认知在功能上的独立性、离身性仍然与马尔视觉计算理论的认知基础（认知可计算）类似。

联结主义的理论强调神经网络的整体活动，认为认知过程是信息在神经网络中并行分布加

工的结果。联结主义强调个别认知单元的相互联结,即简单加工单元之间的互动。认知心理学的符号加工模式强调的是"认知过程类似于计算机的符号运算";而联结主义模式强调的则是"认知过程与大脑神经元的网状互动",认知过程在结构和功能上与大脑的活动类似。

尽管联结主义在一定程度上解决了符号加工模式难以解决的问题,推动了认知心理学的进展,但是正如之后的心理学家所指出的那样,联结主义并没有突破符号加工模式的束缚,两者在认知论和方法论方面存在共同的特征和局限[13]。

3. 具身认知

具身认知认为,认知不能与身体分开,在很大程度上是依赖和发端于身体的。人的认知与人体的构造、神经的结构、感官和运动系统的活动方式等都密切相关。这些因素决定了人的思维风格和认识世界的方式。具身认知认为,认知是身体的认知,从而赋予了身体在认知塑造中一种枢轴的作用和决定性的意义,在认知的解释中提高了身体及其活动的重要性[14]。

具身认知理论在本质上与马尔视觉计算理论有很大区别。具身认知理论认为,认知并不是计算机软件那样的抽象符号运算,"认知过程根植于身体,是在知觉和行动过程中身体与世界互动而塑造出来的"[15]。"通过使用'具身的'(Embodied)这一术语,我们想强调两点:首先,认知依赖有着各种运动能力的身体所导致的不同种类的经验;其次,各种感觉运动的能力本身根植于一种更具包容性的生物、心理和文化背景中。通过使用'动作'(Action),我们想要再次强调,在一个鲜活的认知中,感觉和运动过程、知觉与动作从本质上讲是不可分离的。"[16]具身的性质和特性包括:①身体参与认知;②知觉是为了行动;③意义源于身体;④不同身体造就不同思维方式[12]。

顺便指出,有人将认知科学的发展分成两个阶段:第一个阶段以认知的符号加工和联结主义的并行加工为主要研究策略,被称为"第一代认知科学";第二个阶段把认知放到实际生活中加以考虑,认为"实际的认知情形首先是一个活的身体在实时(Real Time)环境中的活动"[17],因此提出了具身认知的概念。强调情境性、具身性、动力性成为第二代认知科学的首要特征。这也导致了**具身智能**(也称具身人工智能)概念的提出(这应是智能进化的新阶段[18],一些相关的探索可见参考文献[19]),其核心就是实现具身认知的智能体。

最后指出,认知科学对计算主义(认知在本质上是一种计算过程)、表征主义(外部信息通过感官转换为表征客观世界的抽象语义符号,认知计算就是依据一定规则对这些符号的加工)、功能主义(认知机制可以按其功能进行描述,重要的是功能的组织和实现,而功能所依赖的具体能力则相对可以忽略)都提出了挑战,对基于它们的马尔视觉计算理论的挑战将进入一个新的阶段。

1.3　图像工程简介

为实现视觉功能,计算机视觉需要使用一系列的技术。其中,联系最直接、最密切相关的就是图像技术。

1.3.1　图像工程的 3 个层次

图像技术在广义上是各种与图像有关的技术的总称。由于图像技术近年来得到极大的重视和长足的发展,出现了许多新理论、新方法、新算法、新手段、新设备、新应用。对各种图像技术进行综合集成的研究和应用应当在一个整体框架下进行,这个框架就是**图像工程**[20-21]。众所周知,工程是将自然科学的原理应用到工业部门中而形成的各学科的总称。图像工程学科则是一个将数学和光学等基础学科的原理结合在图像应用中而发展起来的、将各种图像技术集中结合起来的、对整个图像领域进行研究应用的新学科。从自身内容来说,图像工程是全面系统地研究图像理论方法、阐述图像技术原理、推广图像技术应用及总结生产实践经验的新学科。

图像工程的研究内容非常丰富,覆盖面也很广,可以分为 3 个层次(见图 1-8):图像处理、图像分析和图像理解。这 3 个层次在操作对象和语义层次上都各有特点,在数据量和抽象性方面均有不同。

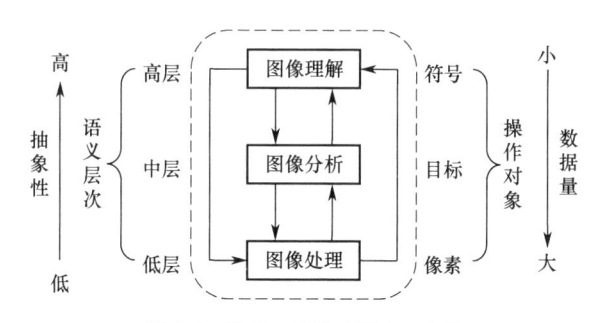

图 1-8　图像工程 3 个层次示意图

图像处理(IP)处于低层,重点关注图像之间的转换,意图改善图像的视觉效果并为后续工作打好基础;主要对像素进行处理,需要处理的数据量非常大。

图像分析(IA)处于中层,主要考虑对图像中感兴趣目标的检测和测量,获得目标的客观信息,从而建立对图像的描述,涉及图像分割和特征提取等操作。

图像理解(IU)处于高层,着重强调对图像内容的理解及对客观场景的解释,操作对象是

从图像描述中抽象出的符号，与人类的思维推理有许多相似之处。

由图 1-8 可见，在 3 个层次之间，随着抽象程度的提高，数据量是逐渐减少的。具体来说，原始图像数据在经过一系列的处理后逐步转化，变得更有组织性并被更抽象地表达。在这个过程中，语义信息不断被引入，操作对象也发生了变化，数据量逐步得到压缩。另外，高层操作对低层操作有指导作用，能提高低层操作的效能。

从与计算机视觉相比较和相结合的角度，图像工程的主要构成也可用如图 1-9 所示的整体框架来表示，其中虚线框内为图像工程的基本模块。这里要用到各种图像技术以帮助人们从场景中获得信息。首先要进行的就是利用各种方式从场景中获得图像。接下来对图像的低层处理主要是为了改善图像的视觉效果或在保持视觉效果的基础上减少图像的数据量，处理的结果主要是给用户"看"的。对图像的中层分析主要是对图像中感兴趣的目标进行检测、提取和测量。分析的结果能为用户提供描述图像目标特点和性质的数据。最后对图像的高层理解则是基于对图像中各目标的性质和它们之间相互关系的研究，了解把握图像内容并解释原来的客观场景。理解的结果能为用户提供客观世界的信息，从而指导和规划行动。这些从低层到高层所用的图像技术都得到了包括人工智能、神经网络、遗传算法、模糊理论、图像代数、机器学习、深度学习等新理论、新工具、新技术的有力支持。为完成这些工作，还要采取合适的策略来进行控制。

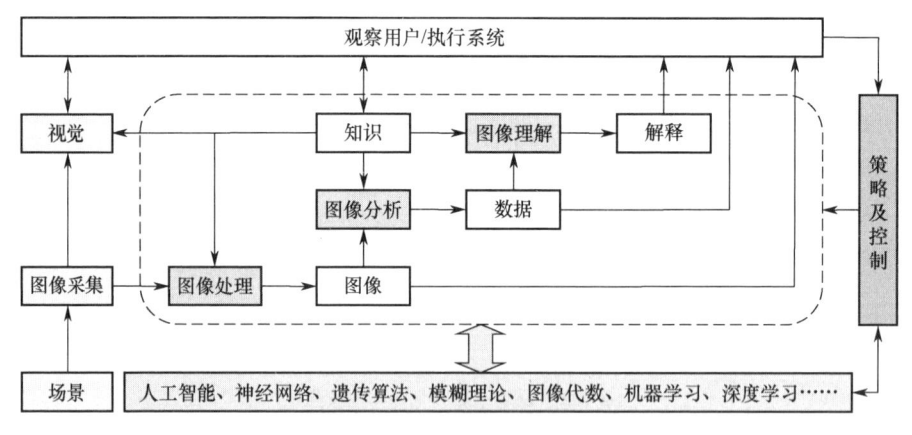

图 1-9 图像工程整体框架

顺便指出，计算机视觉技术经过多年发展，已有很多技术种类。对于这些技术，虽然有一些分类方法，但目前看来还不太稳定和一致。如有人将计算机视觉分为低层视觉、中层视觉、3D 视觉，也有人将计算机视觉分为早期视觉（其中又分为单幅图像和多幅图像两种情况）、中层视觉、高层视觉（几何方法）。甚至同一个研究者在不同时段采用的分类方案也不完全一致，如有人曾将计算机视觉分为早期视觉（其中又分为单幅图像和多幅图像两种情况）、中层视觉、高层视觉（其中又分为几何方法及概率和推论方法）。比较相似的是，大多方案都分成 3 层，这与图像工程稳定和一致的 3 个层次有些类似，虽然并不完全对应。

在图像工程的 3 个层次中，图像理解层次与当前计算机视觉的研究应用关系最为密切，这其中有许多历史渊源。在建立图像/视觉信息系统并用计算机协助人类完成各种视觉任务方面，图像理解和计算机视觉都需要用到投影几何学、概率论与随机过程、人工智能等方面的理论。例如，它们都要借助两类智能活动：①感知，如感知场景中可见部分的距离、朝向、形状、运动速度、相互关系等；②思维，如根据场景结构分析物体的行为，推断场景的发展变化，决定和规划主体行动等。可以说，基于图像处理和分析的图像理解与计算机视觉有相同的目标，都借助工程技术的手段，通过从客观场景中获取的图像来实现对场景的认识和解释。事实上，图像理解和计算机视觉这两个名词也常混合使用。本质上，它们互相联系，在很多情况下覆盖面和内容交叉重合，在概念上或实用中并没有绝对的界限。在许多场景和情况下，它们虽各有侧重，但常常是互为补充的，因此将它们看作专业和背景不同的人习惯使用的不同术语更为恰当。

1.3.2 图像工程的研究和应用

在"图像工程"提出的同时，一个对图像工程文献进行统计分类的综述系列也开始了，至今已进行了 28 年[22]。该综述系列选取了 15 种期刊中与图像工程相关的所有文献进行分析。考虑到图像工程是既有联系又有区别的图像处理、图像分析及图像理解 3 者的有机结合，另外还包括对它们的工程应用，因此该综述系列先将文献分成图像处理、图像分析、图像理解和技术应用 4 大类，再将每个大类的文献根据内容聚合成若干小类。表 1-3 给出近 18 年来对图像工程研究和应用文献（14247 篇）进行分类的结果。从文献的统计数量可以看出研究和应用的关注点。

表 1-3　近 18 年来图像工程研究和应用文献的主要类别和数量

大类	数量（篇）	小类和主要内容	数量（篇）
图像处理	4050	图像获取（各种成像方式/方法，图像采集、表达及存储，摄像机校准等）	832
		图像重建（从投影等重建图像、间接成像等）	375
		图像增强/恢复（变换、滤波、复原、修补、置换、校正、视觉质量评价等）	1313
		图像/视频压缩编码（算法研究、相关国际标准实现改进等）	505
		图像信息安全（数字水印、信息隐藏、图像认证取证等）	705
		图像多分辨率处理（超分辨率重建、图像分解和插值、分辨率转换等）	320

续表

大类	数量（篇）	小类和主要内容	数量（篇）
图像分析	4820	图像分割和基元检测（边缘、角点、控制点、感兴趣点等的检测）	1564
		目标表达、描述、测量（二值图像形态分析等）	150
		目标特性提取分析（颜色、纹理、形状、空间、结构、运动、显著性、属性等）	466
		目标检测和识别（目标2D定位、追踪、提取、鉴别和分类等）	1474
		人体生物特征提取和验证（人体、人脸和器官等的检测、定位与识别等）	1166
图像理解	2213	图像匹配和融合（序列、立体图的配准、镶嵌等）	1070
		场景恢复（3D物体建模、重构或重建、表达、描述等）	256
		图像感知和解释（语义描述、场景模型、机器学习、认知推理等）	123
		基于内容的图像/视频检索（相应的标注、语义描述、场景分类等）	450
		时空技术（高维运动分析、目标3D姿态检测、时空跟踪、举止判断和行为理解等）	314
技术应用	3164	硬件、系统设备和快速/并行算法	348
		通信、视频传输播放（电视、网络、广播等）	244
		文档、文本（文字、数字、符号等）	163
		生物、医学（生理、卫生、健康等）	590
		遥感、雷达、声呐、测绘等	1279
		其他（没有直接/明确包含的技术应用）	540

1.4 深度学习简介

深度学习使用多层非线性处理单元级联进行特征提取和转换，实现了对多层次的特征表示与概念抽象的学习[23]。深度学习仍属于机器学习的范畴，但深度学习方法与传统机器学习方法相比，避免了对人工设计特征的要求，并且在大数据下展现出明显的效果优势。深度学习相较于传统机器学习方法具有更为通用、需要更少的先验知识与标注数据等特点。不过，深度学习的理论框架尚未完全建立，目前，对于深度神经网络如何运作、为什么有高性能的表现，还缺乏有力且完整的理论解释。

1.4.1 卷积神经网络的基本概念

当前主流的深度学习方法是基于**神经网络**（NN）的，而神经网络有能力直接从训练数据中学习模式特征，不需要先设计特征和提取特征，可以容易地实现端到端的训练。神经网络的研究已有很长的历史。其中，在 1989 年，多层感知机（MLP）的万能逼近定理得到了证明，基本的深度学习模型之一——卷积神经网络（CNN）也被用于手写体数字识别。深度学习的概念在 2006 年被正式提出，并引发了深层神经网络技术的广泛研究和应用。

卷积神经网络是在传统人工神经网络的基础上发展起来的，它与 BP 神经网络有很多相似之处，主要的输入区别是，BP 神经网络的输入为 1D 矢量，而卷积神经网络的输入为 2D 矩阵。卷积神经网络由一层层的结构组成，主要有输入层、卷积层、池化层、输出层、全连接层、批归一化层等。另外，卷积神经网络还用到激活函数（激励函数）、代价函数等。

典型卷积神经网络基本结构示意如图 1-10 所示，图中给出典型卷积神经网络基本结构的一部分。

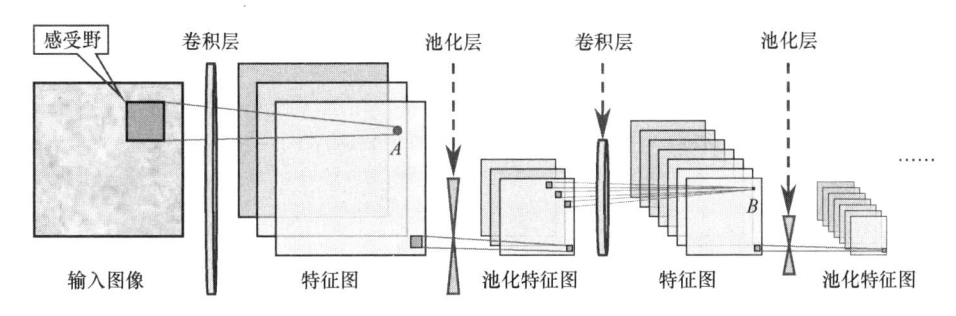

图 1-10　典型卷积神经网络基本结构示意

卷积神经网络与一般的全连接神经网络（多层感知机）有 4 点相同之处：

（1）都构建乘积的和。

（2）都叠加一个偏置（具体见下文）。

（3）都让结果经过一个激活函数（具体见下文）。

（4）都使用激活函数值作为下一层的单个输入。

卷积神经网络与一般的全连接神经网络有 4 点不同之处：

（1）卷积神经网络的输入是 2D 矩阵，而全连接神经网络的输入是 1D 矢量。

（2）卷积神经网络可以从原始的图像数据中直接学习 2D 特征，全连接神经网络则不能。

（3）在全连接神经网络中，某一层中所有神经元的输出直接提供给下一层的每个神经元，而卷积神经网络先借助卷积将上一层的神经元输出按空间邻域结合成单个值，再提供给下一层的每个神经元。

（4）在卷积神经网络中，输入到下一层的 2D 图像会先经过亚采样，以减少对平移的敏感度。

下面对卷积层、池化层、激活函数和损失函数进行介绍。

1. 卷积层

卷积层主要实现卷积操作，卷积神经网络就因卷积操作而得名。在图像中的每个位置上，将该位置的卷积值（乘积的和）加上一个偏置值，通过激活函数转化为单个值。这个值被作为该位置下一层的输入。如果对输入图像的所有位置都进行如上操作，就得到一组 2D 值，可称为特征图（因为卷积就是提取特征）。不同的卷积层有不同数量的卷积核，卷积核实际就是一个数值矩阵，常用的卷积核大小为 1×1、3×3、5×5、7×7 等。每个卷积核都拥有一个常量偏置，所有矩阵里的元素加上偏置就组成了该卷积层的权重，权重参与网络的迭代更新。

卷积操作中的两个重要概念是局部感受野和权重共享（也称参数分享）。局部感受野的大小就是卷积操作时卷积核的作用范围，每次卷积操作只需关心该范围内的信息。权值共享是指在卷积操作中每个卷积核的值是不变的，只有每次迭代的权重会更新。换句话说，相同的权重和单个偏置用来生成对应输入图像感受野的所有位置的特征图的值。这样就使得在图像的所有位置处都可检测到相同的特征。每个卷积核都只提取某一种特征，因此不同卷积核里的值是不一样的。

2. 池化层

卷积和激活后的操作是池化，池化层主要实现下采样降维操作，因此也称下采样层或亚采样层。池化层的设计基于一个有关哺乳动物视觉皮层的模型。该模型认为视觉皮层包括两种细胞：简单细胞和复杂细胞，简单细胞执行特征提取操作，而复杂细胞将这些特征结合（合并）为更有意义的整体。池化层一般没有权重更新。

池化的作用包括降低数据体的空间尺寸（降低空间分辨率以取得平移不变性），减少网络中参数的数量和要处理的数据量，从而降低计算资源的开销，并有效地控制过拟合。可将池化特征图看作下采样的结果（对于每个特征图，都有一个对应的池化特征图）。换句话说，池化特征图是降低了空间分辨率的特征图。池化先将特征图分解为一组小区域，即邻域，再将邻域内的所有元素用单个值来替换。这称为池化邻域，此处可以假设池化邻域是邻接的（不重叠的）。

有多种方法可用来计算池化值，统称为池化方法。常用的池化方法如下。

（1）平均池化：也称均值池化，选取每个邻域中所有值的平均值。

（2）最大池化：也称最大值池化，选取每个邻域中所有值的最大值。

（3）二范数池化：选取每个邻域中所有值的平方和的平方根值。

（4）随机值池化：选取每个邻域中满足某些准则的对应值。

3. 激活函数

激活函数也称激励函数，其作用是有选择性地对神经元结点进行特征激活或抑制，能对有用的目标特征进行增强激活，对无用的背景特征进行抑制减弱，从而使卷积神经网络可以解决非线性问题。网络模型中若不加入非线性激活函数，模型就相当于变成了线性表达，使网络的表达能力不强。因此，需要使用非线性激活函数，以使网络模型具有特征空间的非线性映射能力。

激活函数必须具备一些基本的特性：①单调性，单调的激活函数保证了单层网络模型具有凸函数性能；②可微性，这使得可以使用误差梯度来对模型权重进行微调更新。下面介绍几种常用的激活函数，如图 1-11 所示。

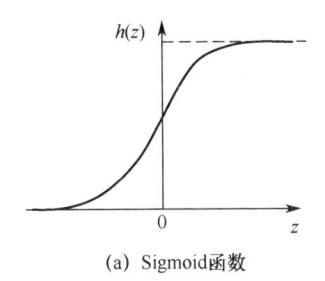

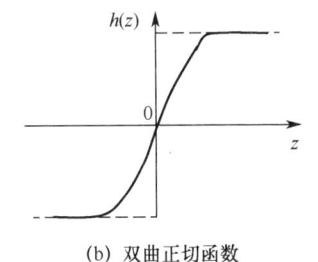

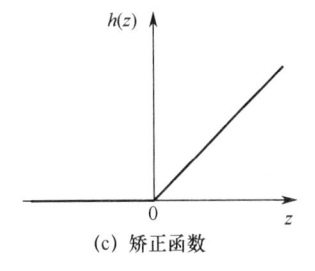

(a) Sigmoid 函数　　(b) 双曲正切函数　　(c) 矫正函数

图 1-11　常用的 3 种激活函数

（1）**Sigmoid** 函数的公式为

$$h(z) = \frac{1}{1+e^{-z}} \tag{1-1}$$

它的导数为

$$h'(z) = \frac{\partial h(z)}{\partial z} = h(z)[1-h(z)] \tag{1-2}$$

（2）双曲正切函数的公式为

$$h(z) = \tanh(z) = \frac{1-e^{-2z}}{1+e^{-2z}} \tag{1-3}$$

它的导数为

$$h'(z) = 1 - [h(z)]^2 \tag{1-4}$$

双曲正切函数与 Sigmoid 函数的形状类似。

（3）矫正函数的公式为

$$h(z) = \max(0, z) \tag{1-5}$$

因为它使用的单元也称矫正线性单元（ReLU），所以对应的激活函数常称 **ReLU 激活函数**。它的导数为

$$h'(z) = \begin{cases} 1, & \text{如果 } z > 0 \\ 0, & \text{如果 } z \leq 0 \end{cases} \tag{1-6}$$

4. 损失函数

损失函数也称代价函数。在机器学习任务中，所有算法都有一个目标函数，算法的原理就是对这个目标函数进行优化，优化目标函数的方向是取其最大值或者最小值，当目标函数在约束条件下最小化时就是损失函数。在卷积神经网络中，损失函数用来驱动网络训练，使网络权重得到更新。

卷积神经网络模型训练中最常用的损失函数是 Soft max loss 函数，Soft max loss 函数是 Soft max 的交叉熵损失函数。Soft max 是一种常用的分类器，其表达式为

$$h(\boldsymbol{x}_i) = \frac{\exp(\boldsymbol{w}_i^{\mathrm{T}} \boldsymbol{x}_i)}{\sum_{j}^{n} \exp(\boldsymbol{w}_j^{\mathrm{T}} \boldsymbol{x}_i)} \tag{1-7}$$

其中，$\boldsymbol{x}_i$ 表示输入特征；$\boldsymbol{w}_i$ 表示对应权重。Soft max loss 函数可表示为

$$L_s = -\sum_{i=1}^{m} \log h(\boldsymbol{x}_i) = -\sum_{i=1}^{m} \log \frac{\exp(\boldsymbol{w}_i^{\mathrm{T}} \boldsymbol{x}_i)}{\sum_{j}^{n} \exp(\boldsymbol{w}_j^{\mathrm{T}} \boldsymbol{x}_i)} \tag{1-8}$$

1.4.2 深度学习的核心技术

自动化深度学习的核心技术主要包括强化学习、迁移学习、数据增强、超参数优化、网络设计等。

1. 强化学习

基于**强化学习**的模型设计包含模型生成单元和模型验证单元。模型生成单元首先按照一定的随机初始化策略生成一系列子网络，使用子网络在指标数据集上训练之后，将验证的正确率作为收益反馈给生成单元，生成单元根据模型效果更新设计策略并进行新一轮的尝试。自动化设计的行动空间包含卷积、池化、残差、组卷积等操作，可以微观设计卷积网络的重复子结构，也可以宏观设计网络的全局架构，搜索空间包含了大量不同结构的神经网络。将具有决策能力的强化学习与深度神经网络相结合，就可以通过端到端的学习方式实现感知、决策或感知决策

一体化。

2. 迁移学习

迁移学习是借助相关的辅助任务来优化自己的目标任务的一种技术，比较适用于目标任务标注数据量较少的场景。一般先利用具有丰富训练样本的源任务训练源模型，再利用迁移学习帮助目标任务模型优化效果或加速训练。迁移学习有4类常见的方法。

（1）基于模型结构的方法：深度神经网络体现出分层次的特点，以图像为例，靠近输入的低层特征表示颜色、纹理等通用信息，靠近输出的高层特征表示物体、语义等高层次信息。在少量样本条件下，为提升泛化能力，迁移学习往往固定通用特征，只优化与任务相关的高层特征。

（2）基于样本的方法：基本的思路是在源任务中找到与目标任务的样本比较接近的子集，把这些数据的权重增大，从而改变源任务的样本分布，使其更接近目标任务。

（3）改进正则化的方法：与一般的从头训练相比，迁移学习中由于目标任务和源任务有一定的关联，可以改进权重分布的先验假设，即设计更合理的正则化项。

（4）引入适配器的方法：由于深度网络的参数数量巨大，直接利用有限的目标数据训练容易过拟合。基于迁移学习中目标任务和源任务非常相关的特点，可以固定较大的原始网络，而引入参数较少的适配器进行有针对性的训练，使原始网络可以适用于新任务。

3. 数据增强

深度学习需要大量有标记的训练数据，但在实际任务中，训练数据集一般都是有限的，数据增强是解决这一问题的一种有效手段。**数据增强**通过变换或合成等操作，产生与训练数据集相似的新数据集，即可用于扩充训练数据集，提高模型泛化能力；也可以通过引入噪声数据，提升模型的鲁棒性。常见的数据增强主要包括3类方法：传统的数据增强方法（如翻转、旋转、缩放、平移、随机裁剪、添加噪声等）、近年来提出的简单有效的数据增强方法（如抠图、混合、样本配对、随机擦除等）、自动数据增强方法（如基于强化学习的数据增强方法等）。

4. 超参数优化

深度学习模型的设计，涉及数据预处理、特征选取、模型设计、模型训练与超参数调节等工作。超参数在深度学习中有着重要的作用。手工调参需要机器学习的经验和技巧。自动化深度学习所做的**超参数优化**，可以有效替代人工调参。这里的基本思路是建立验证集损失函数和超参数的关系，并将该函数对超参数求导，从而利用梯度下降方法对超参数进行优化。然而，超参数的导数计算起来非常复杂，有很高的时间和空间复杂度，无法应用在主流大规模深度模

型上。现在的研究重点在于寻找简化和近似的计算方法，从而将此技术在主流大规模深度模型上加以应用。

5. 网络设计

网络设计是深度学习的一项核心能力。当前各种全新的网络结构不断被提出：长短期记忆网络、递归神经网络、感知机网络、多层感知机网络、卷积神经网络、全连接网络、生成对抗网络、深度卷积神经网络、循环神经网络、双向循环神经网络、图卷积神经网络、自编码网络、自联想网络等。这个列表还在不断更新中。

1.4.3 计算机视觉中的深度学习

从 2012 年开始，深度学习算法陆续在图像分类、视频分类、目标检测、目标跟踪、语义分割、深度估计、图像/视频生成等任务中取得优异效果，逐渐取代了传统的统计学习，成为计算机视觉的主流框架和方法。

1. 图像分类

图像分类的目标是将一幅图像划分到一个既定类别中。图像分类中的一些经典模型也成为检测、分割等任务的骨干网络，从 AlexNet 到 VGG，到 GoogleNet，再到 ResNet 和 DenseNet 等。神经网络模型层数越来越深，从几层到上千层均有。

2. 视频分类

较早提出且有效的深度学习方法是双流卷积网络，融合了表观特征和运动特征。双流卷积网络是基于 2D 卷积核的。近年来，很多学者通过扩展 2D 卷积核到 3D，或者 2D 与 3D 结合，提出了许多 3D 卷积神经网络来实现视频分类，包括 I3D、C3D、P3D 等。在视频动作检测中，又提出了边界敏感网络（BSN）、注意力聚类网络、广义紧凑非局部网络等。

3. 目标检测

目标检测要对图像中的目标进行识别，并为各目标确定边界和添加标签。常用的基于深度学习的模型主要有 One-Stage 模型和 Two-Stage 模型。Two-Stage 模型以图像分类为基础，即先确定目标的潜在候选区域，然后通过分类方法进行识别。典型的 Two-Stage 模型是 R-CNN 系列，从 R-CNN 到 Fast R-CNN、R-FCN 和 Faster R-CNN，检测效率不断提高。One-Stage 模型基于回归方法，能实现完整单次训练共享特征，并且能在保证一定准确率的前提下，使速度得到极大提升。比较重要的 One-Sttage 模型包括 YOLO 系列和 SSD 系列，近期还有深度监督目标检测器（DSOD）、感受野模块（RFB）网络等。

4．目标跟踪

目标跟踪是指在特定场景下跟踪某个或多个特定感兴趣目标。多目标跟踪是指对视频/图像中多个感兴趣目标的轨迹进行跟踪，并通过时域关联提取其运动轨迹信息。目标跟踪方法可以分为两类：生成式方法（Generative Method）和判别式方法（Discriminative Method）。生成式方法主要运用生成模型描述目标的表观特征，之后通过搜索候选目标来最小化重构误差。判别式方法通过训练分类器来区分目标和背景，因而也称为检测跟踪（Tracking-by-Detection）方法，其性能更为稳定，逐渐成为目标跟踪领域的主要研究方法。近年来比较流行的方法包括基于孪生网络的一系列跟踪方法。

5．语义分割

语义分割需要标注出图像中每个像素的语义类别。典型的方法是使用全卷积神经网络（FCN）。利用 FCN 模型，在输入一幅图像后可以直接在输出端得到每个像素所属的类别，从而实现端到端的图像语义分割。进一步的改进包括 U 型网络（U-Net）、空洞卷积、DeepLab 系列、金字塔场景解析网络（PSPNet）等。

6．深度估计

基于单目进行深度估计的方法通常利用单一视角的图像数据作为输入，直接预测图像中每个像素对应的深度值。深度学习在单目深度估计中的基线是卷积神经网络。为克服单目深度估计通常需要大量的深度标注数据而这类数据采集成本较高的困难，提出了单视图双目匹配（SVSM）模型，仅用少量的深度标注数据就可以取得良好的效果。

7．图像/视频生成

图像/视频生成更接近计算机图形学技术，输入是图像的抽象属性，而输出是与属性对应的图像分布。随着深度学习的发展，图像/视频的自动生成、数据库的扩充、图像信息的补全等都受到了关注。目前比较流行的两种深度生成模型是变分自编码器（VAE）和生成对抗网络（GAN）。作为一种无监督深度学习方法，GAN 通过两个神经网络相互博弈的方式进行学习，可以在一定程度上解决数据稀疏问题。基于 GAN，从需要准备成对数据的 Pix2Pix，到仅需要不成对数据的 CycleGAN，再到可以跨多域的 StarGAN，逐步贴近实际应用（如 AI 主播等）。

1.5 本书的组织架构和内容

本书共有 11 章,分成了 4 个层次,组织架构如图 1-12 所示。其中,左侧给出了 4 个层次:背景知识、图像采集、场景恢复、场景解释;右侧分别列出与这 4 个层次对应的各章及其标题,相关名词解释可参见参考文献[24]和参考文献[25]。

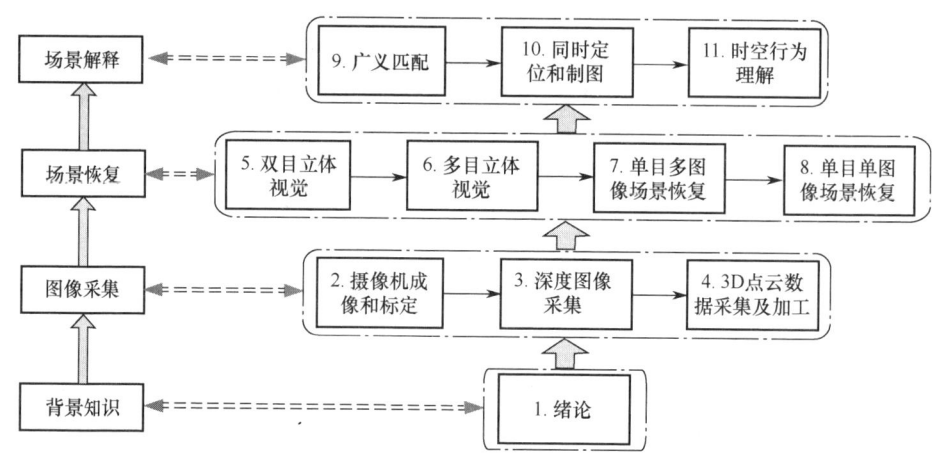

图 1-12 本书组织架构

1. 背景知识

提供计算机视觉概况和相关背景信息,包括:

第 1 章简单介绍了计算机视觉、图像工程、深度学习的基本情况,还讨论了计算机视觉理论和框架。

2. 图像采集

介绍 3D 成像的模型、装置和方法,包括:

第 2 章介绍摄像机成像和标定,描述亮度成像模型和空间成像模型,分析线性摄像机标定模型和非线性摄像机标定模型,另外讨论多种摄像机标定方法。

第 3 章介绍深度图像采集,包括直接深度成像的一些装置和方法,以及几种间接深度成像的方式,并讨论单像素 3D 成像的原理、装置和技术。

第 4 章介绍 3D 点云数据采集及加工。讨论点云数据来源、预处理(包括借助仿生优化来配准点云数据)、激光点云 3D 建模、纹理映射、特征描述及场景理解中的深度学习方法。

3. 场景恢复

讨论从图像重构客观 3D 场景的各类技术原理，包括：

第 5 章介绍双目立体视觉技术，主要是基于区域的双目立体匹配技术和基于特征的双目立体匹配技术。另外介绍一种误差校正算法和近期基于深度学习的立体匹配概况和一种具体方法。

第 6 章介绍多目立体视觉技术，先讨论水平多目和正交三目两种具体模式，再推广到一般的多目情况。另外，分别分析一种包含 5 个摄像机的系统和一种由单摄像机（但结合多面镜子）构成的两个系统。

第 7 章介绍单目多图像场景恢复，分别讨论由光照恢复形状和由运动恢复形状的原理和方法。综述近期光度立体技术的研究进展，并具体介绍使用 GAN 和 CNN 的相应技术。

第 8 章介绍单目单图像场景恢复，分别讨论由影调恢复形状、由纹理恢复形状、由焦距确定深度的原理和方法。另外介绍近期采用不同模型在混合表面透视投影下由影调恢复形状的工作。

4. 场景解释

分析如何借助重构的 3D 场景实现对场景的理解和判断，包括：

第 9 章介绍广义匹配，主要是目标匹配、关系匹配，以及借助图论和线条图标记的匹配。另外分析一些具体的匹配技术、匹配与配准的联系，以及近期与多模态图像匹配相关的概况。

第 10 章介绍同时定位和制图（SLAM），分别讨论激光 SLAM 和视觉 SLAM 的构成、流程和模块及它们的对比和融合，以及与深度学习和多智能体的结合。另外具体分析一些典型算法。

第 11 章介绍时空行为理解，在给出其概念、定义、发展和分层研究情况的基础上，着重对主体与动作联合建模、活动和行为建模及自动活动分析（特别是异常事件检测）进行讨论。

参考文献

[1] SZELISKI R. Computer Vision: Algorithms and Applications[M]. 2nd ed. Switzerland: Springer Nature, 2022.

[2] FINKEl L H, SAJDA P. Constructing visual perception[J]. American Scientist, 1994, 82(3): 224-237.

[3] SHAPIRO L, STOCKMAN G. Computer Vision[M]. London: Prentice Hall, 2001.

[4] 章毓晋. 图像工程（上册）——图像处理[M]. 4版. 北京: 清华大学出版社, 2018.

[5] 章毓晋. 图像工程（中册）——图像分析[M]. 4版. 北京: 清华大学出版社, 2018.

[6] 章毓晋. 图像工程（下册）——图像理解[M]. 4版. 北京: 清华大学出版社, 2018.

[7] EDELMAN S. Representation and Recognition in Vision[M]. Cambridge: MIT Press, 1999.

[8] GROSSBERG S, MINGOLIA E. Neural dynamics of surface perception: Boundary webs, illuminants and shape-from-shading[J]. Computer Vision, Graphics and Image Processing, 1987, 37(1): 116-165.

[9] KUVICH G. Active vision and image/video understanding systems for intelligent manufacturing[J]. SPIE, 2004, 5605: 74-86.

[10] LOWE D G. Three-dimensional object recognition from single two-dimensional images[J]. Artificial Intelligence, 1987, 31(3): 355-395.

[11] LOWE D G. Four steps towards general-purpose robot vision[C]. Proc. 4th International Symposium on Robotics Research, 1988: 221-228.

[12] 叶浩生. 具身认知: 原理与应用[M]. 北京: 商务印书馆, 2017.

[13] OSBECK L M. Transformations in cognitive science: Implementations and issues posed[J]. Journal of Theoretical and Philosophical Psychology, 2009, 29(1): 16-33.

[14] 陈巍, 殷融, 张静. 具身认知心理学: 大脑, 身体与心灵的对话[M]. 北京: 科学出版社, 2021.

[15] ALBAN M W, KELLEY C M. Embodiment meets metamemory: Weight as a cue for metacognitive judgements[J]. Journal of Experiemntal Psychology: Learning, Memory, and Cognition, 2013, 39(8): 1-7.

[16] VARELA F, THOMPSON E, ROSCH E. The Embodied Mind: Cognitive Science and Human Experience[M]. Cambridge: MIT Press, 1991.

[17] 李恒威, 肖家燕. 认知的具身观[J]. 自然辩证法通讯, 2006(1): 29-34.

[18] 孟繁科. 具身智能: 智能进化的新阶段[J]. 中国工业和信息化, 2023(7): 6-10.

[19] BONSIGNORIO F. Editorial: Novel methods in embodied and enactive AI and cognition[J].

Front. Neurorobotics, 2023: 17.

[20] 章毓晋. 中国图象工程: 1995[J]. 中国图象图形学报, 1996, 1(1): 78-83.

[21] ZHANG Y J. Image engineering and bibliography in China[J]. Technical Digest of International Symposium on Information Science and Technology, 1996: 158-160.

[22] 章毓晋. 中国图像工程: 2022[J]. 中国图象图形学报, 2023, 28(4): 879-892.

[23] 古德费洛, 本吉奥, 库维尔. 深度学习[M]. 赵申剑, 黎彧君, 符天凡, 等译. 北京: 人民邮电出版社, 2017.

[24] 章毓晋. 英汉图像工程辞典[M]. 3版. 北京: 清华大学出版社, 2021.

[25] ZHANG Y J. Handbook of Image Engineering[M]. Singapore: Springer Nature, 2021.

第 2 章
摄像机成像和标定

图像采集是获取客观世界信息的重要手段,也是计算机视觉的基础。这是因为图像是各种计算机视觉技术的操作对象,而图像采集指的就是获取图像(成像)的技术和过程。

计算机视觉的目标是实现对图像的认知,这在比较宽泛的意义上可看作成像的逆问题,成像研究如何由物体来产生图像,图像认知则试图使用图像来获得对物体空间的描述。因此,要对图像进行认知,需要首先构建一个合适的成像模型。

最常用的成像设备包括照相机和摄像机,以下用摄像机代表各种成像设备。为使采集的图像准确地反映客观世界物体的属性,需要了解图像亮度与物体光学性质、成像系统特性的联系。同时,为使采集的图像准确地反映客观世界的空间信息,还需要对摄像机进行标定,以从图像中获取场景中物体的准确位置[1-3]。

常用的图像采集流程图如图 2-1 所示,光源辐射到客观物体上,物体的反射光线进入(成像)传感器,传感器进行光电转换,得到与客观物体空间关系和表面性质相关的模拟信号，对模拟信号进行采样和量化以转换为可以被计算机使用的数字信号并输出，最终得到场景图像。

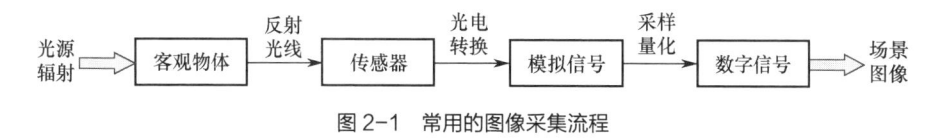

光源辐射 → 客观物体 →(反射光线)→ 传感器 →(光电转换)→ 模拟信号 →(采样量化)→ 数字信号 → 场景图像

图 2-1　常用的图像采集流程

与图像 $f(x, y)$ 表达的两部分内容相对应，图像采集涉及两个方面的内容，需要分别建立模型。

（1）光度学（更一般的是辐射度学）：要确定图像中的目标有多"亮"，以及这个亮度与目标的光学性质、成像系统特性的关系，它确定了(x, y)处的f。

（2）几何学：要确定场景中什么地方的目标会投影到图像中的(x, y)处。

本章各节内容安排如下。

2.1 节介绍亮度成像模型。先介绍几个相关的光度学概念，然后具体讨论基本的亮度成像模型。

2.2 节介绍空间成像模型。先介绍投影成像几何，然后从特殊到一般依次介绍基本空间成像模型、通用空间成像模型、完整空间成像模型。

2.3 节介绍摄像机标定模型。分别介绍线性摄像机模型和非线性摄像机模型的特点，给出标定的基本流程和步骤。

2.4 节先对各种摄像机标定方法进行分类，然后具体讨论传统标定方法、自标定方法、结构光主动视觉系统标定方法、在线摄像机外参数标定方法。

2.1　亮度成像模型

构建亮度成像模型的目的是确定图像的 f。这涉及光度学（包括亮度和照度）知识，以及相应的成像模型[4]。

2.1.1　光度学概念

光度学是研究光（辐射）强弱的学科。更一般的辐射度学则是研究（电磁）辐射强弱的学科。场景中物体本身的亮度与光辐射的强度相关。

对于发光的物体（光源），物体的亮度与其自身辐射的功率或光辐射量是成比例的。在光度学中，使用**光通量**表示光辐射的功率或光辐射量，单位是 lm（流明）。一个光源沿某个方向的亮度用其在该方向上的单位投影面积和单位**立体角**（单位是 sr，球面度）内发出的光通量来衡量，单位是 cd/m^2（坎［德拉］每平方米），其中 cd 是发光强度的单位，1 cd = 1 lm/sr。

对于不发光的物体，要考虑其他光源对它的照度。物体获得的照度，需要用被光线照射的表面上的照度，即照射在单位面积上的光通量来衡量，单位是 lx（勒［克斯］，也有用 lux 的），1 lx = 1 lm/m^2。不发光的物体在受到光源照射后，将入射光反射出来，对成像来说，就相当于发光的物体。

亮度和照度既有一定的联系，也有明显的区别。**照度**是对具有一定强度的光源照射场景的辐射量的度量，照度值与从物体表面到观察者的距离有关；**亮度**则是在有照度的基础上对观察者所感受到的光强的度量，亮度值与物体表面到观察者的距离无关。

2.1.2 基本的亮度成像模型

图像采集的过程从光度学的角度可看作一个将客观物体的光辐射强度转化为图像亮度（灰度）的过程。基于这样的**亮度成像模型**，从场景中采集到的图像的灰度值由两个因素确定：一个是场景中物体本身的亮度（辐射强度），另一个是在成像时将物体亮度转化为图像亮度（灰度）的方式。

一个简单的图像亮度成像模型如下。这里用一个 2D 亮度函数 $f(x, y)$ 来表示图像，$f(x, y)$ 也表示图像在空间特定坐标点 (x, y) 处的亮度。因为亮度实际上是对能量的量度，所以 $f(x, y)$ 一定不为 0 且为有限值，即

$$0 < f(x, y) < \infty \quad (2\text{-}1)$$

一般来说，图像亮度是对场景中物体上的反射光进行度量而得到的，因此 $f(x, y)$ 基本上由两个因素确定：①入射到可见场景上的光强；②场景中物体表面对入射光反射的比率。它们可分别用照度函数 $i(x, y)$ 和反射函数 $r(x, y)$ 表示，也分别称为**照度分量**和**反射分量**。一些典型物体的 $r(x, y)$ 值：黑天鹅绒为 0.01，不锈钢为 0.65，粉刷的白墙平面为 0.80，镀银的器皿为 0.90，白雪为 0.93。因为 $f(x, y)$ 与 $i(x, y)$ 和 $r(x, y)$ 都成正比，所以可以认为 $f(x, y)$ 是由 $i(x, y)$ 和 $r(x, y)$ 相乘得到的：

$$f(x, y) = i(x, y) r(x, y) \quad (2\text{-}2)$$

其中，

$$0 < i(x,y) < \infty \quad (2\text{-}3)$$

$$0 < r(x,y) < 1 \quad (2\text{-}4)$$

式（2-3）表明，入射量总是大于 0 的（只考虑有入射的情况），但并非无穷大（因为可以在物理上实现）。式（2-4）表明，反射率在 0（全吸收）和 1（全反射）之间。两式给出的数值都是理论界限。需要注意，$i(x,y)$ 的值是由照明光源决定的，而 $r(x,y)$ 的值是由场景中物体的表面特性决定的。

一般将单色图像 $f(\cdot)$ 在坐标 (x,y) 处的亮度值称为图像在该点的**灰度值**（可用 g 表示）。根据式（2-2）~式（2-3），g 将在下列范围取值：

$$G_{\max} \le g \le G_{\min} \quad (2\text{-}5)$$

理论上对 $G_{\min}$ 的唯一限制是它应该为正（对应有入射，但一般取 0），而对 $G_{\max}$ 的唯一限制是它应该有限。在实际应用中，$[G_{\min}, G_{\max}]$ 被称为**灰度值范围**。一般把这个区间数字化地移到 $[0, G)$ 中（G 为正整数）。当 $g = 0$ 时，看作黑色；当 $g = G-1$ 时，看作白色，而所有中间值依次代表从黑到白的灰度值。

2.2 空间成像模型

构建空间成像模型的目的是确定图像的 (x,y)，即 3D 客观物体投影到图像上的 2D 位置[4]。

2.2.1 投影成像几何

投影成像涉及在不同坐标系之间的转换。利用齐次坐标可将这些转换线性化。

1. 坐标系

图像采集过程可看作一个将客观世界的场景进行投影转化的过程，这个投影可用成像变换（也称几何透视变换）描述。成像变换涉及不同坐标系之间的转换，包括以下几类坐标系。

（1）**世界坐标系**：也称真实或现实世界坐标系，它是客观世界的绝对坐标（因此也称客观坐标系）。一般的 3D 场景都是用世界坐标系 XYZ 来表示的。

（2）**摄像机坐标系**：以摄像机为中心的坐标系 xyz，一般取摄像机的光学轴为 z 轴。

（3）**图像坐标系**：也称像平面坐标系或图像平面坐标系，是摄像机内成像平面上的坐标系 $x'y'$。

（4）**计算机图像坐标系**：在计算机内部表达图像所用的坐标系 MN（取整数）。图像最终由计算机内的存储器存放，因此要将图像平面坐标转换到计算机图像坐标系中。

图像采集的过程是：将世界坐标系中的客观物体先转换到摄像机坐标系中，再转换到图像坐标系中，最后转换到计算机图像坐标系中。根据以上几个坐标系之间不同的相互关系，可以得到不同类型的成像模型。这些成像模型也称"摄像机模型"，是描述各坐标系之间相互关系的模型。

2. 齐次坐标

在讨论不同坐标系之间的转换时，如果能将坐标系用**齐次坐标**的形式来表达，就可将各坐标系之间的转换表示成线性矩阵形式。下面先考虑直线和点的齐次表达。

平面上的一条直线可用直线方程 $ax + by + c = 0$ 来表示。不同的 a, b, c 可表示不同的直线，因此一条直线也可用矢量 $l = [a, b, c]^T$ 来表示。因为直线 $ax + by + c = 0$ 和直线 $(ka)x + (kb)y + kc = 0$ 在 k 不为 0 时是相同的，所以当 k 不为 0 时，矢量 $[a, b, c]^T$ 和矢量 $k[a, b, c]^T$ 表示同一条直线。事实上，仅差一个尺度的这些矢量可认为是等价的。满足这种等价关系的矢量集合称为**齐次矢量**，任何一个特定的矢量 $[a, b, c]^T$ 都是该矢量集合的代表。

对于一条直线 $l = [a, b, c]^T$，当且仅当 $ax + by + c = 0$ 时，点 $x = [x, y]^T$ 在这条直线上。这可用对应点的矢量 $[x, y, 1]$ 与对应直线的矢量 $[a, b, c]^T$ 的内积来表示，即 $[x, y, 1] \cdot [a, b, c]^T = [x, y, 1] \cdot l = 0$。这里，点 $[x, y]^T$ 用一个以 1 为最后一项的 3D 矢量来表示。注意，对任意的非零常数 k 和任意的直线 l，当且仅当 $[x, y, 1] \cdot l = 0$ 时，有 $[kx, ky, k] \cdot l = 0$。因此，可以认为所有矢量 $[kx, ky, k]^T$（由 k 变化得到）是点 $[x, y]^T$ 的表达。这样，如同直线一样，点也可用齐次矢量来表示。

在一般情况下，空间中一个点所对应的笛卡儿坐标 XYZ 的齐次坐标定义为 (kX, kY, kZ, k)，其中 k 是一个任意的非零常数。很明显，要从齐次坐标变换回笛卡儿坐标，可用第 4 个坐标量去除前 3 个坐标量来实现。这样，一个笛卡儿世界坐标系中的点可用矢量形式表示为

$$W = [X\ Y\ Z]^T \tag{2-6}$$

它对应的齐次坐标可表示（下标 h 指示"齐次"）为

$$W_h = [kX\ kY\ kZ\ k]^T \tag{2-7}$$

2.2.2 基本空间成像模型

先考虑最基本和最简单的空间成像模型，假设世界坐标系 XYZ 与摄像机坐标系 xyz 重合且摄像机坐标系 xyz 中的 xy 平面与图像平面 $x'y'$ 也重合（先不考虑计算机图像坐标系）。

1. 空间成像模型图

摄像机将 3D 客观世界的场景**透视投影**到 2D 图像平面上。这个投影从空间上可用成像变换（也称几何透视变换或透视变换）来描述。图 2-2 给出成像过程的几何透视变换模型示意图，其中摄像机光学轴（过镜头中心）沿 z 轴正向向外。这样图像平面的中心处于原点，镜头中心的坐标是 $(0, 0, \lambda)$，λ 代表镜头的焦距。

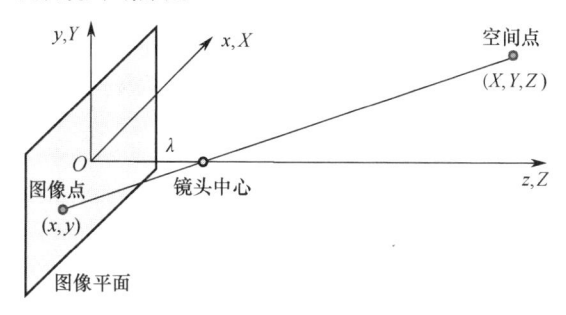

图 2-2 成像过程的几何透视变换模型示意图

2. 透视变换

在摄像机成像中，空间点坐标 (X, Y, Z) 和图像点坐标 (x, y) 之间的几何关系由**透视变换**决定。在以下的讨论中，假设 $Z > \lambda$，即所有客观场景中感兴趣的点都在镜头的前面。根据图 2-2，借助相似三角形的关系可方便地得到：

$$\frac{x}{\lambda} = \frac{-X}{Z - \lambda} = \frac{X}{\lambda - Z} \quad (2\text{-}8)$$

$$\frac{y}{\lambda} = \frac{-Y}{Z - \lambda} = \frac{Y}{\lambda - Z} \quad (2\text{-}9)$$

其中，X 和 Y 前的负号代表图像点反转了。由此可得到 3D 点透视投影后的图像平面坐标：

$$x = \frac{\lambda X}{\lambda - Z} \quad (2\text{-}10)$$

$$y = \frac{\lambda Y}{\lambda - Z} \quad (2\text{-}11)$$

上述透视变换将 3D 空间中（除了沿投影方向）的线段投影为图像平面的线段。如果在 3D 空间中互相平行的线段也平行于投影平面，则这些线段在投影后仍然互相平行。3D 空间中的矩形投影到图像平面后可能为任意四边形，由 4 个顶点确定。因此，常有人将透视变换称为 **4-点映射**。

式（2-10）和式（2-11）都是非线性的，因为它们分母中含有变量 Z。为将它们表示成线

性矩阵形式,可以借助齐次坐标进行齐次表达。在齐次表达下,定义透视变换矩阵为

$$P = \begin{bmatrix} 1 & 0 & 0 & 0 \\ 0 & 1 & 0 & 0 \\ 0 & 0 & 1 & 0 \\ 0 & 0 & -1/\lambda & 1 \end{bmatrix} \quad (2\text{-}12)$$

它和 W_h 的乘积 PW_h 记为矢量 c_h:

$$c_h = PW_h = \begin{bmatrix} 1 & 0 & 0 & 0 \\ 0 & 1 & 0 & 0 \\ 0 & 0 & 1 & 0 \\ 0 & 0 & -1/\lambda & 1 \end{bmatrix} \begin{bmatrix} kX \\ kY \\ kZ \\ k \end{bmatrix} = \begin{bmatrix} kX \\ kY \\ kZ \\ -kZ/\lambda + k \end{bmatrix} \quad (2\text{-}13)$$

这里 c_h 的元素是齐次形式的摄像机坐标,这些坐标可用 c_h 的第 4 项分别去除前 3 项,转换成笛卡儿形式。因此,摄像机坐标系中任意一点的笛卡儿坐标可表示为矢量形式:

$$c = [x\ y\ z]^T = \left[\dfrac{\lambda X}{\lambda - X}\ \dfrac{\lambda Y}{\lambda - Y}\ \dfrac{\lambda Z}{\lambda - Z} \right]^T \quad (2\text{-}14)$$

其中,c 的前两项是 3D 空间点(X, Y, Z)投影到图像平面后的坐标(x, y)。

3. 逆透视变换

逆透视变换指根据 2D 图像坐标来确定 3D 客观物体的坐标,或者说将一个图像点反过来映射到 3D 空间中。利用矩阵运算规则,由式(2-13)可以得到

$$W_h = P^{-1} c_h \quad (2\text{-}15)$$

其中,逆透视变换矩阵 P^{-1} 为

$$P^{-1} = \begin{bmatrix} 1 & 0 & 0 & 0 \\ 0 & 1 & 0 & 0 \\ 0 & 0 & 1 & 0 \\ 0 & 0 & 1/\lambda & 1 \end{bmatrix} \quad (2\text{-}16)$$

现考虑能否借助上述逆透视变换矩阵,由 2D 图像坐标点确定对应的 3D 客观物体点的坐标。设一个图像点的坐标为$(x', y', 0)$,其中位于 z 位置的 0 仅表示图像平面位于 $z = 0$ 处。这个点可用齐次矢量形式表示为

$$c_h = [kx'\ ky'\ 0\ k]^T \quad (2\text{-}17)$$

代入式(2-15),得到齐次世界坐标矢量:

$$W_h = [kx'\ ky'\ 0\ k]^T \quad (2\text{-}18)$$

相应的笛卡儿坐标系中的世界坐标矢量是

$$W = [X\ Y\ Z]^T = [x'\ y'\ 0]^T \quad (2\text{-}19)$$

式（2-19）表明，由图像点(x', y')并不能唯一确定 3D 空间点的 Z 坐标（因为它对任何一个点都给出 $Z=0$）。这个问题是由 3D 客观场景映射到图像平面这个多对一的变换导致的。图像点(x', y')现在对应过$(x', y', 0)$和$(0, 0, \lambda)$的直线上所有共线 3D 空间点的集合（参见图 2-2 中图像点和空间点之间的连线）。在世界坐标系中，由式（2-10）和式（2-11）可反解出 X 和 Y：

$$X = \frac{x'}{\lambda}(\lambda - Z) \quad (2\text{-}20)$$

$$Y = \frac{y'}{\lambda}(\lambda - Z) \quad (2\text{-}21)$$

式（2-20）和式（2-21）表明，除非对映射到图像点的 3D 空间点有一些先验知识（如知道它的 Z 坐标），否则不可能将一个 3D 空间点的坐标从它的图像中完全恢复出来。或者说，要利用逆透视变换将 3D 空间点从其图像中恢复出来，需要知道该点的至少一个世界坐标。

2.2.3 通用空间成像模型

进一步考虑摄像机坐标系与世界坐标系分开，但摄像机坐标系与像平面坐标系重合时的情况（仍先不考虑计算机图像坐标系）。图 2-3 给出一个此时的成像示意图。图像平面中心（原点）与世界坐标系的位置偏差记为矢量 **D**，其分量分别为 D_x, D_y, D_z。这里假设摄像机分别以 γ 角（x 轴和 X 轴间的夹角）水平扫视和以 α 角（z 轴和 Z 轴间的夹角）垂直倾斜。如果取 XY 平面为地球的赤道面，Z 轴指向地球北极，则**扫视角**对应经度，而**倾斜角**对应纬度。

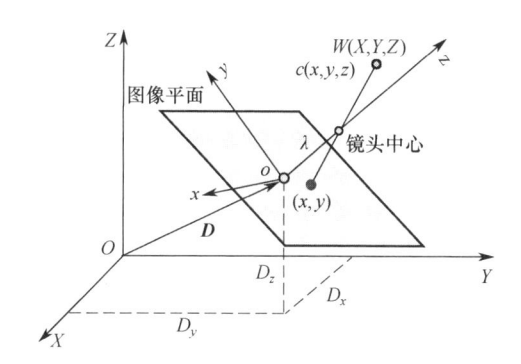

图 2-3 世界坐标系与摄像机坐标系不重合时的投影成像示意图

上述模型可通过以下一系列步骤从世界坐标系与摄像机坐标系重合时的基本摄像机模型转换而来：

（1）将图像平面原点按矢量 **D** 移出世界坐标系的原点。

(2)以某个扫视角 γ（绕 z 轴）扫视 x 轴。

(3)以某个倾斜角 α 将 z 轴倾斜（绕 x 轴旋转）。

摄像机相对世界坐标系运动等价于世界坐标系相对摄像机逆运动。具体来说，可对每个世界坐标系中的点分别进行如上 3 个步骤。平移世界坐标系的原点到图像平面原点，可用下列变换矩阵完成：

$$T = \begin{bmatrix} 1 & 0 & 0 & -D_x \\ 0 & 1 & 0 & -D_y \\ 0 & 0 & 1 & -D_z \\ 0 & 0 & 0 & 1 \end{bmatrix} \quad (2\text{-}22)$$

换句话说，位于坐标 (D_x, D_y, D_z) 的齐次坐标点 D_h 在经过变换 TD_h 后，位于变换后新坐标系的原点。

进一步考虑坐标轴重合的问题。**扫视角** γ 是 x 轴和 X 轴间的夹角，在正常（标称）位置，这两个轴是平行的。要以需要的 γ 角度扫视 x 轴，只需将摄像机逆时针（以从旋转轴正向看原点来定义）绕 z 轴旋转 γ 角，即

$$R_\gamma = \begin{bmatrix} \cos\gamma & \sin\lambda & 0 & 0 \\ -\sin\lambda & \cos\gamma & 0 & 0 \\ 0 & 0 & 1 & 0 \\ 0 & 0 & 0 & 1 \end{bmatrix} \quad (2\text{-}23)$$

没有旋转（$\gamma = 0°$）的位置对应 x 轴和 X 轴平行。类似地，**倾斜角** α 是 z 轴和 Z 轴间的夹角，可以将摄像机逆时针绕 x 轴旋转 α 角，以达到倾斜摄像机轴线 α 角的效果，即

$$R_\alpha = \begin{bmatrix} 1 & 0 & 0 & 0 \\ 0 & \cos\alpha & \sin\alpha & 0 \\ 0 & -\sin\alpha & \cos\alpha & 0 \\ 0 & 0 & 0 & 1 \end{bmatrix} \quad (2\text{-}24)$$

没有倾斜（$\alpha = 0°$）的位置对应 z 轴和 Z 轴平行。

分别完成以上两个旋转的变换矩阵可以被级连起来成为一个矩阵：

$$R = R_\alpha R_\gamma = \begin{bmatrix} \cos\gamma & \sin\gamma & 0 & 0 \\ -\sin\gamma\cos\alpha & \cos\alpha\cos\gamma & \sin\alpha & 0 \\ \sin\alpha\sin\gamma & -\sin\alpha\cos\gamma & \cos\alpha & 0 \\ 0 & 0 & 0 & 1 \end{bmatrix} \quad (2\text{-}25)$$

这里 R 代表摄像机在空间旋转所带来的影响。

同时考虑为了重合世界坐标系与摄像机坐标系而进行的平移和旋转变换，则与式（2-13）对应的透视投影变换具有如下齐次表达：

$$c_h = PRTW_h \quad (2\text{-}26)$$

展开式（2-26）并转为笛卡儿坐标，得到世界坐标系中点(X, Y, Z)在图像平面中的坐标：

$$x = \lambda \frac{(X-D_x)\cos\gamma + (Y-D_y)\sin\gamma}{-(X-D_x)\sin\alpha\sin\gamma + (Y-D_y)\sin\alpha\cos\gamma - (Z-D_z)\cos\alpha + \lambda} \quad (2\text{-}27)$$

$$y = \lambda \frac{-(X-D_x)\sin\gamma\cos\alpha + (Y-D_y)\cos\alpha\cos\gamma + (Z-D_z)\sin\alpha}{-(X-D_x)\sin\alpha\sin\gamma + (Y-D_y)\sin\alpha\cos\gamma - (Z-D_z)\cos\alpha + \lambda} \quad (2\text{-}28)$$

2.2.4 完整空间成像模型

在比上述一般摄像机模型更全面的成像模型中，除了要考虑世界坐标系、摄像机坐标系及图像平面坐标系的不重合（所以需要转换），还要考虑其他两个因素。一是摄像机镜头会有失真，因此图像平面上的成像位置会与用前述公式算出的透射投影结果有偏移；二是计算机中使用的图像坐标单位是存储器中离散像素的个数，因此对图像平面上的坐标还需要进行取整转换（这里设图像平面上仍用连续坐标）。图 2-4 给出将这些因素全都考虑在内的完整空间成像模型示意图。

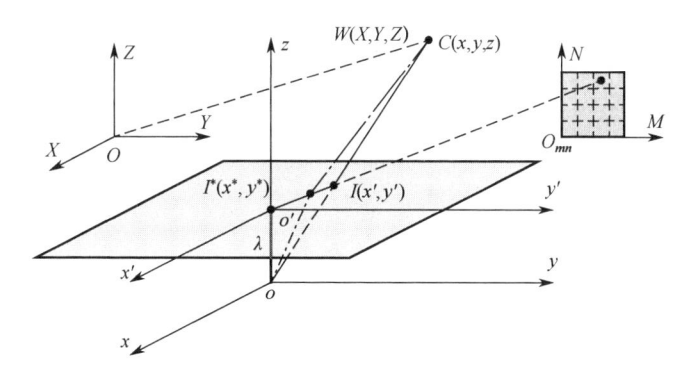

图 2-4 完整空间成像模型示意图

这样，从客观场景到数字图像的完整空间成像变换可看作由以下 4 个步骤组成。

（1）从世界坐标(X, Y, Z)到摄像机 3D 坐标(x, y, z)的变换。考虑刚体的情况，变换可表示为

$$\begin{bmatrix} x \\ y \\ z \end{bmatrix} = \boldsymbol{R} \begin{bmatrix} X \\ Y \\ Z \end{bmatrix} + \boldsymbol{T} \quad (2\text{-}29)$$

其中，$\boldsymbol{R}$ 和 $\boldsymbol{T}$ 分别为 3×3 旋转矩阵（实际上是两个坐标系三组对应坐标轴与轴间夹角的函数）和 1×3 平移矢量：

$$\boldsymbol{R} = \begin{bmatrix} r_1 & r_2 & r_3 \\ r_4 & r_5 & r_6 \\ r_7 & r_8 & r_9 \end{bmatrix} \quad (2\text{-}30)$$

$$\boldsymbol{T} = \begin{bmatrix} T_x & T_y & T_z \end{bmatrix}^{\mathrm{T}} \quad (2\text{-}31)$$

（2）从摄像机 3D 坐标(x, y, z)到无失真图像平面坐标(x', y')的变换为

$$x' = \lambda \frac{x}{z} \quad (2\text{-}32)$$

$$y' = \lambda \frac{y}{z} \quad (2\text{-}33)$$

（3）从无失真图像平面坐标(x', y')到受镜头径向失真（畸变，参见 2.3.2 小节）影响而偏移的实际图像平面坐标(x^*, y^*)的变换为

$$x^* = x' - R_x \quad (2\text{-}34)$$

$$y^* = y' - R_y \quad (2\text{-}35)$$

其中，R_x 和 R_y 代表镜头的径向失真。多数镜头都存在一定的径向失真，尽管一般对人眼观察的影响不太大，但在进行光学测量时还是需要校正的，否则会产生较大的误差。理论上，镜头主要有两类失真，即径向失真和切向失真。由于切向失真比较小，所以在一般的工业机器视觉应用中，通常只考虑径向失真：

$$R_x = x^*(k_1 r^2 + k_2 r^4 + \cdots) \approx x^* k r^2 \quad (2\text{-}36)$$

$$R_y = y^*(k_1 r^2 + k_2 r^4 + \cdots) \approx y^* k r^2 \quad (2\text{-}37)$$

其中，

$$r = \sqrt{x^{*2} + y^{*2}} \quad (2\text{-}38)$$

式（2-36）和式（2-37）中取 $k = k_1$，这种近似简化的原因有两点，一是实际中 r 的高次项可以忽略（因此可不考虑 k_2 等，仅考虑 k_1 即可）；二是径向失真关于摄像机镜头的主光轴常是对称的。此时，图像中某个点的径向失真与该点到镜头光轴点的距离成正比[5]。

（4）从实际的图像平面坐标(x^*, y^*)到计算机图像坐标(M, N)的变换为

$$M = \mu \frac{x^* M_x}{S_x L_x} + O_m \quad (2\text{-}39)$$

$$N = \frac{y^*}{S_y} + O_n \quad (2\text{-}40)$$

其中，M, N 为计算机存储器中像素的行数和列数（计算机坐标）；O_m, O_n 为计算机存储器中心像素的行数和列数；S_x 为沿 x 方向（扫描线方向）两相邻传感器中心间的距离；S_y 为沿 y 方向两相邻传感器中心间的距离；L_x 为 x 方向传感器元素的个数；M_x 为计算机在一行里的采样数（像素个数）。式（2-39）中的 μ 为一个取决于摄像机的不确定图像尺度因子。当使用 CCD 时，图像是逐行扫描的。沿 y 方向相邻像素间的距离就是相邻 CCD 感光点间的距离，但沿 x 方向，

由于存在图像获取硬件和摄像机扫描硬件间的时间差或摄像机扫描时间的不精确性等，会引入某些不确定性因素。这些不确定性因素可通过引入不确定性图像尺度因子来描述。

将上述后 3 个步骤结合起来，就可得到将计算机图像坐标(M, N)与摄像机 3D 坐标(x, y, z)联系起来的方程：

$$\lambda \frac{x}{z} = x' = x^* + R_x = x^*(1+kr^2) = \frac{(M-O_m)S_xL_x}{\mu M_x}(1+kr^2) \qquad (2\text{-}41)$$

$$\lambda \frac{y}{z} = y' = y^* + R_y = y^*(1+kr^2) = (N-O_n)S_y(1+kr^2) \qquad (2\text{-}42)$$

将式（2-30）和式（2-31）代入式（2-41）和式（2-42），最后得到

$$M = \lambda \frac{r_1X + r_2Y + r_3Z + T_x}{r_7X + r_8Y + r_9Z + T_z} \frac{\mu M_x}{(1+kr^2)S_xL_x} + O_m \qquad (2\text{-}43)$$

$$N = \lambda \frac{r_4X + r_5Y + r_6Z + T_y}{r_7X + r_8Y + r_9Z + T_z} \frac{1}{(1+kr^2)S_x} + O_n \qquad (2\text{-}44)$$

2.3 摄像机模型

摄像机模型表现了物体在世界坐标系中的坐标与其在图像坐标系中的坐标之间的关系，即给出了物点（空间点）和像点之间的投影关系。摄像机模型主要可分为线性和非线性两种。

2.3.1 线性摄像机模型

线性摄像机模型又称**针孔模型**，在这种模型中，认为 3D 空间中的任意一点在图像坐标系上所成的像是通过小孔成像原理形成的。

对于线性摄像机模型，不必考虑非理想镜头导致的失真，但在对图像平面上的坐标取整时还要考虑。这样，可以用图 2-5 来示意从 3D 世界坐标系经过摄像机坐标系和图像平面坐标系到计算机图像坐标系的转换。这里 3 个转换（步骤）分别用 T_1、T_2、T_3 表示。

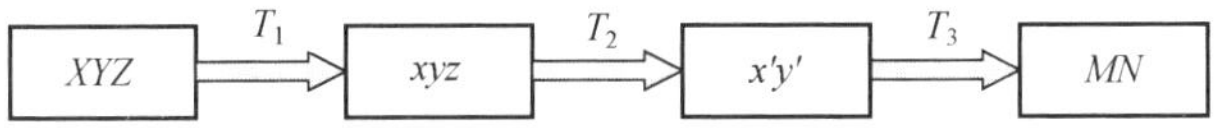

$$XYZ \xrightarrow{T_1} xyz \xrightarrow{T_2} x'y' \xrightarrow{T_3} MN$$

图 2-5 线性摄像机模型下从 3D 世界坐标系到计算机图像坐标系转换示意图

1．外参数和内参数

摄像机标定涉及的标定参数可分成外参数（在摄像机外部）和内参数（在摄像机内部）两类。

1）外参数

图 2-5 中的第 1 步转换（T_1）是从 3D 世界坐标系变换到中心位于摄像机光学中心的摄像机坐标系，其变换参数称为**外参数**，也称**摄像机姿态参数**。旋转矩阵 $\boldsymbol{R}$ 一共有 9 个元素，但实际上只有 3 个自由度，可借助刚体转动的 3 个欧拉角来表示。欧拉角示意图如图 2-6 所示（这里视线逆 X 轴），其中 XY 平面和 xy 平面的交线 AB 称为节线，节线 AB 和 x 轴之间的夹角 θ 是第 1 个欧拉角，称为自转角（也称偏转角），是绕 z 轴旋转的角；节线 AB 和 X 轴之间的夹角 ψ 是第 2 个欧拉角，称为进动角（也称倾斜角），是绕 Z 轴旋转的角；Z 轴和 z 轴之间的夹角 ϕ 是第 3 个欧拉角，称为章动角（也称俯仰角），是绕节线旋转的角。

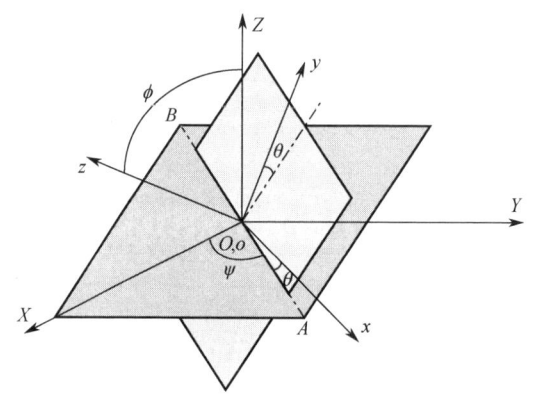

图 2-6 欧拉角示意图

利用欧拉角可将旋转矩阵表示成 θ, ϕ, ψ 的函数：

$$\boldsymbol{R} = \begin{bmatrix} \cos\psi\cos\theta & \sin\psi\cos\theta & -\sin\theta \\ -\sin\psi\cos\phi + \cos\psi\sin\theta\sin\phi & \cos\psi\cos\phi + \sin\psi\sin\theta\sin\phi & \cos\theta\sin\phi \\ \sin\psi\sin\phi + \cos\psi\sin\theta\cos\phi & -\cos\psi\sin\phi + \sin\psi\sin\theta\cos\phi & \cos\theta\cos\phi \end{bmatrix} \quad (2\text{-}45)$$

可见，旋转矩阵有 3 个自由度。另外，平移矩阵也有 3 个自由度（3 个方向的平移系数）。这样摄像机共有 6 个独立的外参数，即 $\boldsymbol{R}$ 中的 3 个欧拉角 θ, ϕ, ψ 和 $\boldsymbol{T}$ 中的 3 个元素 T_x, T_y, T_z。

2）内参数

图 2-5 中的第 2 步转换（T_2）和第 3 步转换（T_3）是从摄像机坐标系经过图像平面坐标系变换到（2D）计算机图像坐标系，这里涉及的变换参数称为**内参数**，也称**摄像机内部参数**。这里一共有 4 个内参数：焦距 λ、不确定性图像尺度因子 μ、图像平面原点的计算机图像坐标 O_m 和 O_n。在 2.3.2 小节讨论的非线性摄像机模型中，还需要考虑各种畸变系数。

区分外参数和内参数的主要意义是，当用一个摄像机在不同位置和方向获取多幅图像时，各幅图像所对应的摄像机外参数可能是不同的,但内参数是装置制造时确定的,与摄像机的位姿没有关系,故不会变化,因此移动摄像机后只需重新标定外参数而不必再标定内参数。

2. 基本标定程序

根据 2.2.3 小节中讨论的一般空间成像模型,对空间点的齐次坐标 W_h 进行一系列变换($PRTW_h$),就可使世界坐标系与摄像机坐标系重合起来。这里,P 是成像投影变换矩阵,R 是摄像机旋转矩阵,T 是摄像机平移矩阵。令 $A = PRT$,A 中的元素包括摄像机平移、旋转和投影参数,则有图像坐标的齐次表达:$C_h = AW_h$。如果在齐次表达中令 $k = 1$,则可得到

$$\begin{bmatrix} C_{h1} \\ C_{h2} \\ C_{h3} \\ C_{h4} \end{bmatrix} = \begin{bmatrix} a_{11} & a_{12} & a_{13} & a_{14} \\ a_{21} & a_{22} & a_{23} & a_{24} \\ a_{31} & a_{32} & a_{33} & a_{34} \\ a_{41} & a_{42} & a_{43} & a_{44} \end{bmatrix} \begin{bmatrix} X \\ Y \\ Z \\ 1 \end{bmatrix} \quad (2\text{-}46)$$

根据齐次坐标的定义,笛卡儿形式的摄像机坐标(图像平面坐标)为

$$x = \frac{C_{h1}}{C_{h4}} \quad (2\text{-}47)$$

$$y = \frac{C_{h2}}{C_{h4}} \quad (2\text{-}48)$$

将式(2-47)和式(2-48)代入式(2-46)并展开矩阵积得到

$$xC_{h4} = a_{11}X + a_{12}Y + a_{13}Z + a_{14} \quad (2\text{-}49)$$

$$yC_{h4} = a_{21}X + a_{22}Y + a_{23}Z + a_{24} \quad (2\text{-}50)$$

$$C_{h4} = a_{41}X + a_{42}Y + a_{43}Z + a_{44} \quad (2\text{-}51)$$

其中,C_{h3} 的展开式因与 z 相关而被略去。

将 C_{h4} 代入式(2-50)和式(2-51),可得到共有 12 个未知量的 2 个方程:

$$(a_{11} - a_{41}x)X + (a_{12} - a_{42}x)Y + (a_{13} - a_{43}x)Z + (a_{14} - a_{44}x) = 0 \quad (2\text{-}52)$$

$$(a_{21} - a_{41}y)X + (a_{22} - a_{42}y)Y + (a_{23} - a_{43}y)Z + (a_{24} - a_{44}y) = 0 \quad (2\text{-}53)$$

由此可见,一个标定程序应该包括:

(1)获得 $M \geq 6$ 个具有已知世界坐标(X_i, Y_i, Z_i)($i = 1, 2, \cdots, M$)的空间点(在实际应用中,常取 25 个以上的点,再借助最小二乘法拟合来减小误差)。

(2)用摄像机在给定位置拍摄这些点以得到它们对应的图像平面坐标(x_i, y_i)($i = 1, 2, \cdots, M$)。

(3)把这些坐标代入式(2-52)和式(2-53),解出未知系数。

为实现上述标定程序，需要获得具有对应关系的空间点和像点。为精确地确定这些点，需要使用标定物（也称标定靶，即标准参照物），其上有固定的标记点（参考点）图案。最常用的2D 标定物上有一系列规则排列的正方形图案（类似于国际象棋棋盘），这些正方形的顶点（十字线交点）可作为标定的参考点。如果采用共平面参考点标定算法，则标定物对应一个平面；如果采用非共平面参考点标定算法，则标定物一般对应两个正交的平面。

2.3.2 非线性摄像机模型

在实际情况下，摄像机通常是通过镜头（常包含多个透镜）成像的，基于当前的透镜加工技术及摄像机制造技术，摄像机的投影关系并不能简单地描述成针孔模型。换句话说，由于透镜加工、安装等多方面因素的影响，摄像机的投影关系不是线性投影关系，即线性模型并不能准确地描述摄像机的成像几何关系。

真实的光学系统并不能精确地遵循理想化的小孔成像原理工作，而是存在**镜头畸变**。由于受到多种畸变（失真）因素的影响，3D 空间点投影到 2D 像平面上的真实位置与无畸变的理想像点位置之间存在偏差。光学畸变误差在接近透镜边缘的区域更为明显。尤其在使用广角镜头时，在图像平面远离中心处往往有很大的畸变。这样就会使测量得到的坐标存在偏差，降低了所求得的世界坐标的精度。因此，必须使用考虑了畸变的**非线性摄像机模型**来进行摄像机标定。

1. 畸变类型

由于各种畸变因素的影响，在将 3D 空间点投影到 2D 图像平面上时，实际得到的坐标 (x_a, y_a) 与无畸变的理想坐标 (x_i, y_i) 之间存在偏差，可表示为

$$x_a = x_i + d_x \quad (2\text{-}54)$$

$$y_a = y_i + d_y \quad (2\text{-}55)$$

其中，d_x 和 d_y 分别是 x 和 y 方向上的总非线性畸变偏差值。常见的基本畸变类型有两种：**径向畸变**和**切向畸变**，如图 2-7 所示，其中 d_r 表示由径向畸变导致的偏差，而 d_t 表示由切向畸变导致的偏差。其他的畸变多是这两种基本畸变的组合，最典型的组合畸变是**偏心畸变**（**离心畸变**）和**薄棱镜畸变**。

1）径向畸变

径向畸变主要是由镜头形状的不规则（表面曲率误差）引起的，它导致的偏差一般关于摄像机镜头的主光轴是对称的，而且沿镜头半径方向在远离光轴处更明显。一般称正向的径向畸

变为**枕形畸变**，称负向的径向畸变为**桶形畸变**，如图 2-8 所示（其中的正方形代表原始形状，枕形畸变导致 4 个直角变成锐角，而桶形畸变导致 4 个直角变成圆角）。它们的数学模型均为

$$d_{xr} = x_i(k_1r^2 + k_2r^4 + \cdots) \tag{2-56}$$

$$d_{yr} = y_i(k_1r^2 + k_2r^4 + \cdots) \tag{2-57}$$

其中，$r = (x_i^2 + y_i^2)^{1/2}$ 为像点到图像中心的距离，k_1, k_2 等为径向畸变系数。

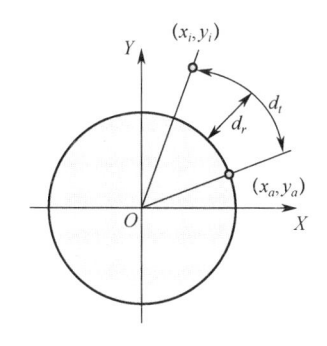

图 2-7 径向畸变和切向畸变示意图

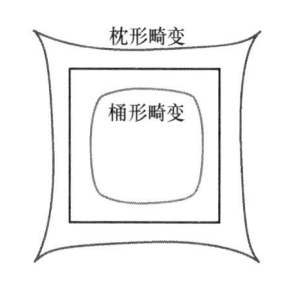

图 2-8 枕形畸变和桶形畸变示意图

2）切向畸变

切向畸变主要是由透镜片组光心不共线引起的，会导致实际图像点在图像平面上发生切向移动。切向畸变在空间内有一定的朝向，因此在一定方向上有畸变最大轴，在与该方向垂直的方向上有畸变最小轴。如图 2-9 所示，其中实线代表没有畸变的情况，虚线代表切向畸变导致的结果。一般切向畸变的影响比较小，单独建模的情况比较少。

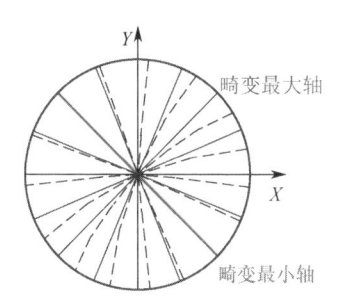

注：彩插页有对应彩色图片。

图 2-9 切向畸变示意图

3）偏心畸变

偏心畸变是由光学系统光心与几何中心不一致导致的，即镜头器件的光学中心没有严格共线。其数学模型为

$$d_{xt} = l_1(2x_i^2 + r^2) + 2l_2 x_i y_i + \cdots \quad (2\text{-}58)$$

$$d_{yt} = 2l_1 x_i y_i + l_2(2y_i^2 + r^2) + \cdots \quad (2\text{-}59)$$

其中，$r = (x_i^2 + y_i^2)^{1/2}$ 为像点到图像中心的距离，l_1, l_2 等为偏心畸变系数。

4）薄棱镜畸变

薄棱镜畸变是由镜头的设计及装配不当导致的。这类畸变相当于在光学系统中附加了一个薄棱镜，这不仅会引起径向偏差，还会引起切向偏差。其数学模型为

$$d_{xp} = m_1(x_i^2 + y_i^2) + \cdots \quad (2\text{-}60)$$

$$d_{yp} = m_2(x_i^2 + y_i^2) + \cdots \quad (2\text{-}61)$$

其中，m_1, m_2 等为薄棱镜畸变系数。

如果不直接考虑切向畸变，综合考虑径向畸变、偏心畸变和薄棱镜畸变的总畸变偏差 d_x, d_y，则有

$$d_x = d_{xr} + d_{xt} + d_{xp} \quad (2\text{-}62)$$

$$d_y = d_{yr} + d_{yt} + d_{yp} \quad (2\text{-}63)$$

如果忽略高于 3 阶的项，并令 $n_1 = l_1 + m_1$，$n_2 = l_2 + m_2$，$n_3 = 2l_1$，$n_4 = 2l_2$，则可以得到：

$$d_x = k_1 x r^2 + (n_1 + n_3) x^2 + n_4 xy + n_1 y^2 \quad (2\text{-}64)$$

$$d_y = k_1 y r^2 + n_2 x^2 + n_3 xy + (n_2 + n_4) y^2 \quad (2\text{-}65)$$

2. 实际标定步骤

在实际应用中，摄像机镜头径向畸变的影响往往最大，如果忽略其他畸变，则从无畸变的图像平面坐标 (x', y') 到受镜头径向畸变影响而偏移的实际图像平面坐标 (x^*, y^*) 的转换由式（2-34）和式（2-35）给出。

考虑从 (x', y') 到 (x^*, y^*) 的转换，则根据非线性摄像机模型实现的从 3D 世界坐标系到计算机图像坐标系的转换示意图如图 2-10 所示。原来的转换 T_3 现在被分解为两个转换（T_{31} 和 T_{32}），而且式（2-39）和式（2-40）仍可用来定义 T_{32}（只需用 x^* 和 y^* 替换 x' 和 y'）。

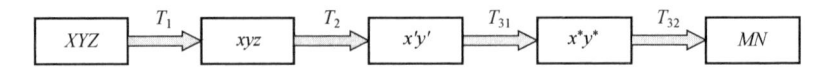

$$XYZ \xrightarrow{T_1} xyz \xrightarrow{T_2} x'y' \xrightarrow{T_{31}} x^*y^* \xrightarrow{T_{32}} MN$$

图 2-10 根据非线性摄像机模型实现的从 3D 世界坐标系到计算机图像坐标系的转换示意图

虽然这里在使用式（2-34）和式（2-35）时仅考虑了径向畸变，但式（2-62）和式（2-63）的形式或式（2-64）和式（2-65）的形式实际上对多种畸变都适用。从这个意义上说，图 2-10

的转换流程适用于有各种畸变的情况,根据畸变的类型选择相应的 T_{31} 即可。将图 2-10 与图 2-5 比较,"非线性"性体现在从 (x', y') 到 (x^*, y^*) 的转换上。

2.4 摄像机标定方法

人们已经提出多种摄像机标定方法。下面先讨论标定方法的分类,再介绍几种典型的方法。

2.4.1 标定方法分类

对于摄像机标定方法,按照不同的依据有不同的分类方式。例如,根据摄像机模型特点,可分为线性方法和非线性方法;根据是否需要标定物,可分为传统摄像机标定方法、摄像机自标定方法和基于主动视觉的标定方法(也有人将后两种方法合为一类);在使用标定物时,根据标定物维数,可分为使用 2D 平面靶标的方法和使用 3D 立体靶标的方法;根据求解参数的结果,可分为显式标定方法和隐式标定方法;根据摄像机内参数是否可变,可分为可变内参数的方法和不可变内参数的方法;根据摄像机的运动方式,可分为限定运动方式的方法和不限定运动方式的方法;根据视觉系统所用的摄像机个数,可分为单摄像机(单目视觉)标定方法和多摄像机标定方法。另外,当光谱不同时,标定方法(及标定物)经常需要调整,如参考文献[6]中所述。摄像机标定方法分类表如表 2-1 所示,其中列举了分类准则、类别及典型方法。

表 2-1 摄像机标定方法分类表

分 类 准 则	类 别	典 型 方 法
摄像机模型特点	线性方法	两级标定法
	非线性方法	LM 优化方法 牛顿·拉夫森(Newton Raphson,NR)优化方法 对参数进行标定的非线性优化方法 假定只存在径向畸变的方法
是否需要标定物	传统摄像机标定方法	利用最优化算法的方法 利用摄像机变换矩阵的方法 考虑畸变补偿的两步法 采用摄像机成像模型的双平面方法 直接线性变换(DLT)法 利用径向校准约束(RAC)的方法

续表

分类准则	类 别	典 型 方 法
是否需要标定物	摄像机自标定方法	直接求解 Kruppa 方程的方法 分层逐步的方法 利用绝对二次曲线的方法 基于二次曲面的方法
	基于主动视觉的标定方法	基于两组三正交运动的线性方法 基于四组和五组平面正交运动的方法 基于平面单应矩阵的正交运动方法 基于外极点的正交运动方法
标定物维数（在使用标定物时）	使用 2D 平面靶标的方法	使用黑白相间棋盘标定靶（取网格交点为标定点）的方法 使用网格状排列圆点（取圆点中心为标定点）的方法
	使用 3D 立体靶标的方法	使用尺寸和形状已知的 3D 物体的方法
求解参数的结果	显式标定方法	考虑具有直接物理意义的标定参数（如畸变参数）的方法
	隐式标定方法	可标定几何参数的 DLT 法
摄像机内参数是否可变	可变内参数的方法	在标定过程中，摄像机的光学参数（如焦距）可以变化的方法
	不可变内参数的方法	在标定过程中，摄像机的光学参数不可以变化的方法
摄像机的运动方式	限定运动方式的方法	针对摄像机只有纯旋转运动的方法 针对摄像机存在正交平移运动的方法
	不限定运动方式的方法	允许摄像机在标定中有各种运动的方法
视觉系统所用的摄像机个数	单摄像机（单目视觉）标定方法	仅能对单个摄像机进行标定的方法
	多摄像机标定方法	对多个摄像机采用 1D 标定物（具有 3 个及以上距离已知的共线点），并使用最大似然准则对线性算法进行精化的方法

在表 2-1 中，非线性方法一般较复杂，速度较慢，还需要一个良好的初值，并且非线性搜索不能保证参数收敛到全局最优解。隐式标定方法以转换矩阵的元素为标定参数，以一个转换矩阵表示 3D 空间点与 2D 平面像点之间的对应关系，因为参数本身不具有明确的物理意义，所以也称隐参数方法。由于隐参数方法只需求解线性方程，故当精度要求不是很高时，使用此方法可获得较高的效率。DLT 法以线性模型为对象，用一个 3×4 的矩阵表示 3D 空间点与 2D 平面像点的对应关系，忽略了中间的成像过程（或者说，综合考虑过程中的因素）。多摄像机标定方法中最常见的是双摄像机标定方法，与单摄像机标定方法相比，双摄像机标定方法不仅需要每台摄像机自身的内、外参数，还需要通过标定来测量两个摄像机之间的相对位置和方向。

2.4.2 传统标定方法

传统的摄像机标定需要借助已知的标定物（数据已知的 2D 标定板或 3D 标定块），即需要知道标定物的尺寸和形状（标定点的位置和分布），然后通过建立标定物上的点与拍摄所得的图像上的点之间的对应关系来确定摄像机的内、外参数。其优点是理论清晰、求解简单、标定精度高，缺点是标定的过程相对复杂且对标定物的精度要求较高。

1．基本步骤和参数

参照 2.2.4 小节介绍的完整空间成像模型和 2.3.2 小节介绍的非线性摄像机模型，对摄像机的标定可以沿着从 3D 世界坐标系向计算机图像坐标系的转换方向进行。如图 2-11 所示，从世界坐标系到计算机图像坐标系的转换共有 4 步，每步都有需要标定的参数。

第 1 步：需要标定的参数是旋转矩阵 R 和平移矩阵 T。

第 2 步：需要标定的参数是镜头焦距 λ。

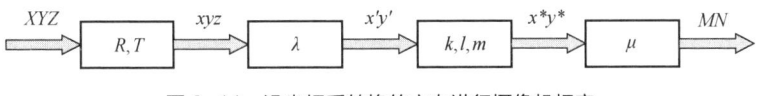

$$XYZ \rightarrow \boxed{R,T} \rightarrow xyz \rightarrow \boxed{\lambda} \rightarrow x'y' \rightarrow \boxed{k,l,m} \rightarrow x^*y^* \rightarrow \boxed{\mu} \rightarrow MN$$

图 2-11　沿坐标系转换的方向进行摄像机标定

第 3 步：需要标定的参数是镜头径向畸变系数 k、偏心畸变系数 l、薄棱镜畸变系数 m。

第 4 步：需要标定的参数是不确定性图像尺度因子 μ。

2．两级标定法

两级标定法是一种典型的传统标定方法[7]，因标定分两步而得名：第 1 步计算摄像机的外参数（但先不考虑沿摄像机光轴方向的平移），第 2 步计算摄像机的其他参数。由于该方法利用了**径向校准约束**（RAC），所以也称 RAC 法。计算过程中的大部分方程属于线性方程，因此求解参数的过程比较简单。该方法已广泛应用于工业视觉系统，3D 测量的平均精度可达 1/4000，深度方向上的精度可达 1/8000。

标定可分为两种情况。

（1）如果 μ 已知，在标定时只需使用一幅含有一组共面基准点的图像。此时第 1 步计算 R, T_x, T_y，第 2 步计算 λ, k, T_z。这里因为 k 是镜头的径向畸变系数，所以对 R 的计算可不考虑 k，同样，对 T_x 和 T_y 的计算也可不考虑 k，但对 T_z 的计算需要考虑 k（T_z 对图像的影响与 k 的影响类似），因此放在第 2 步。

（2）如果 μ 未知，在标定时需要用一幅含有一组不共面基准点的图像。此时第 1 步计算 R, T_x, T_y, μ，第 2 步仍计算 λ, k, T_z。

具体的标定过程是先计算一组参数 s_i ($i = 1, 2, 3, 4, 5$) 或 $s = [s_1 \ s_2 \ s_3 \ s_4 \ s_5]^T$，借助这组参数可进一步算出摄像机的外参数。设给定 M ($M \geq 5$) 个已知世界坐标 (X_i, Y_i, Z_i) 和对应的图像平面坐标 (x_i, y_i) 的点，其中 $i = 1, 2, \cdots, M$，可构建矩阵 A，其中的行 a_i 可表示如下：

$$a_i = [y_i X_i \ \ y_i Y_i \ \ -x_i X_i \ \ -x_i Y_i \ \ y_i] \tag{2-66}$$

再设 s_i 与旋转参数 r_1, r_2, r_4, r_5 和平移参数 T_x, T_y 有如下关系：

$$s_1 = \frac{r_1}{T_y} \quad s_2 = \frac{r_2}{T_y} \quad s_3 = \frac{r_4}{T_y} \quad s_4 = \frac{r_5}{T_y} \quad s_5 = \frac{T_x}{T_y} \tag{2-67}$$

设矢量 $u = [x_1 \ \ x_2 \ \ \cdots \ \ x_M]^T$，则可先利用如下线性方程组解出 s：

$$As = u \tag{2-68}$$

然后根据下列步骤计算各旋转参数和平移参数。

（1）设 $S = s_1^2 + s_2^2 + s_3^2 + s_4^2$，计算

$$T_y^2 = \begin{cases} \dfrac{S - \sqrt{[S^2 - 4(s_1 s_4 - s_2 s_3)^2]}}{4(s_1 s_4 - s_2 s_3)^2}, & (s_1 s_4 - s_2 s_3) \neq 0 \\ \dfrac{1}{s_1^2 + s_2^2}, & s_1^2 + s_2^2 \neq 0 \\ \dfrac{1}{s_3^2 + s_4^2}, & s_3^2 + s_4^2 \neq 0 \end{cases} \tag{2-69}$$

（2）设 $T_y = (T_y^2)^{1/2}$，即取正的平方根，计算

$$r_1 = s_1 T_y \quad r_2 = s_2 T_y \quad r_4 = s_3 T_y \quad r_5 = s_4 T_y \quad T_x = s_5 T_y \tag{2-70}$$

（3）选一个世界坐标为 (X, Y, Z) 的点，要求其图像平面坐标 (x, y) 离图像中心较远，计算

$$p_X = r_1 X + r_2 Y + T_x \tag{2-71}$$

$$p_Y = r_4 X + r_5 Y + T_y \tag{2-72}$$

这相当于将算出的旋转参数应用于点 (X, Y, Z) 的 X 和 Y。如果 p_X 和 x 的符号一致且 p_Y 和 y 的符号一致，则说明 T_y 已有正确的符号，否则需要将 T_y 取负。

（4）计算其他旋转参数。

$$r_3 = \sqrt{1 - r_1^2 - r_2^2} \quad r_6 = \sqrt{1 - r_4^2 - r_5^2} \quad r_7 = \frac{1 - r_1^2 - r_2 r_4}{r_3} \quad r_8 = \frac{1 - r_2 r_4 - r_5^2}{r_6} \quad r_9 = \sqrt{1 - r_3 r_7 - r_6 r_8} \tag{2-73}$$

注意，如果 $r_1 r_4 + r_2 r_5$ 的符号为正，则 r_6 要取负，而 r_7 和 r_8 的符号要在计算完焦距 λ 后调整。

（5）建立另一组线性方程来计算焦距 λ 和 z 方向的平移参数 T_z。可先构建一个矩阵 B，其

中的行 b_i 可表示为

$$b_i = \lfloor r_4 X_i + r_5 Y_i + T_y \quad y_i \rfloor \qquad (2\text{-}74)$$

其中，$\lfloor \cdot \rfloor$ 表示下取整函数（向下取整）。

设矢量 v 的元素 v_i 表示为

$$v_i = (r_7 X_i + r_8 Y_i) y_i \qquad (2\text{-}75)$$

则可用如下的线性方程组解出 $t = [\lambda \quad T_z]^T$：

$$Bt = v \qquad (2\text{-}76)$$

（6）如果 $\lambda < 0$，则要使用右手坐标系，须将 $r_3, r_6, r_7, r_8, \lambda, T_z$ 取负。

（7）利用对 t 的估计计算镜头径向畸变系数 k，并调整对 λ 和 T_z 的取值。这里使用包含畸变的透视投影方程，可得到如下非线性方程：

$$\left\{ y_i(1+kr^2) = \lambda \frac{r_4 X_i + r_5 Y_i + r_6 Z_i + T_y}{r_7 X_i + r_8 Y_i + r_9 Z_i + T_z} \right\} \quad i = 1, 2, \cdots, M \qquad (2\text{-}77)$$

用非线性回归方法求解上述方程，即可得到 k, λ, T_z 的值。

3．精度提升

上述两级标定法仅考虑了摄像机镜头的径向畸变，如果在此基础上进一步考虑镜头的切向畸变，则有可能进一步提高摄像机标定的精度。

参照式（2-62）和式（2-63），考虑**径向畸变和切向畸变**的总畸变偏差 d_x, d_y 为

$$d_x = d_{xr} + d_{xt} \qquad (2\text{-}78)$$

$$d_y = d_{yr} + d_{yt} \qquad (2\text{-}79)$$

对径向畸变考虑到 4 阶项，对切向畸变考虑到 2 阶项，则有

$$d_x = x_i(k_1 r^2 + k_2 r^4) + l_1(3x_i^2 + y_i^2) + 2l_2 x_i y_i \qquad (2\text{-}80)$$

$$d_y = y_i(k_1 r^2 + k_2 r^4) + 2l_1 x_i y_i + l_2(x_i^2 + 3y_i^2) \qquad (2\text{-}81)$$

对摄像机的标定可分如下两步进行。

（1）设镜头畸变系数 k_1, k_2, l_1, l_2 的初始值均为 0，计算 R, T, λ 的值。

参照式（2-32）和式（2-33），并参考对式（2-77）的推导，可得

$$x = \lambda \frac{X}{Z} = \lambda \frac{r_1 X + r_2 Y + r_3 Z + T_x}{r_7 X + r_8 Y + r_9 Z + T_z} \qquad (2\text{-}82)$$

$$y = \lambda \frac{Y}{Z} = \lambda \frac{r_4 X + r_5 Y + r_6 Z + T_y}{r_7 X + r_8 Y + r_9 Z + T_z} \qquad (2\text{-}83)$$

由式（2-82）和式（2-83）可得

$$\frac{x}{y} = \frac{r_1 X + r_2 Y + r_3 Z + T_x}{r_4 X + r_5 Y + r_6 Z + T_y} \qquad (2\text{-}84)$$

式（2-84）对所有基准点都成立，即利用每个基准点的 3D 世界坐标和 2D 图像坐标都可建立一个方程。式（2-84）中有 8 个未知数，因此如果能确定 8 个基准点，就可构建有 8 个方程的方程组，进而算出 $r_1, r_2, r_3, r_4, r_5, r_6, T_x, T_y$ 的值。因为 **R** 是一个正交矩阵，所以根据其正交性可算出 r_7, r_8, r_9 的值。将算出的值代入式（2-82）和式（2-83），再任取意两个基准点的 3D 世界坐标和 2D 图像坐标，就可算得 T_z 和 λ 的值。

（2）计算镜头畸变系数 k_1, k_2, l_1, l_2 的值。

根据式（2-54）和式（2-55），以及式（2-78）～式（2-81），可得

$$\lambda \frac{X}{Z} = x = x_i + x_i(k_1 r^2 + k_2 r^4) + l_1(3x_i^2 + y_i^2) + 2l_2 x_i y_i \qquad (2\text{-}85)$$

$$\lambda \frac{Y}{Z} = y = y_i + y_i(k_1 r^2 + k_2 r^4) + 2l_1 x_i y_i + l_2(x_i^2 + 3y_i^2) \qquad (2\text{-}86)$$

借助已经得到的 **R** 和 **T**，可利用式（2-84）算出 (X, Y, Z)，再代入式（2-85）和式（2-86），就得到

$$\lambda \frac{X_j}{Z_j} = x_{ij} + x_{ij}(k_1 r^2 + k_2 r^4) + l_1(3x_{ij}^2 + y_{ij}^2) + 2l_2 x_{ij} y_{ij} \qquad (2\text{-}87)$$

$$\lambda \frac{Y_j}{Z_j} = y_{ij} + y_{ij}(k_1 r^2 + k_2 r^4) + 2l_1 x_{ij} y_{ij} + l_2(x_{ij}^2 + 3y_{ij}^2) \qquad (2\text{-}88)$$

其中，$j = 1, 2, \cdots, N$，N 为基准点个数。用 $2N$ 个线性方程，通过最小二乘法求解，就可求得 4 个畸变系数 k_1, k_2, l_1, l_2 的值。

2.4.3 自标定方法

摄像机自标定方法在 20 世纪 90 年代初被提出。摄像机自标定可以不借助精度很高的标定物，而由从图像序列中获得的几何约束关系计算实时的、在线的摄像机模型参数，这对经常需要移动的摄像机尤为适用。由于所有的自标定方法都只与摄像机内参数有关，与外部环境和摄像机的运动都无关，所以自标定方法比传统标定方法更为灵活。但目前已有的自标定方法精度还不太高，鲁棒性也不太强。

第2章 摄像机成像和标定

基本的自标定方法的思路如下：首先，通过绝对二次曲线建立关于摄像机内参数矩阵的约束方程（称为 Kruppa 方程）；然后，求解 Kruppa 方程，确定矩阵 C（$C = K^T K^{-1}$，K 为内参数矩阵）；最后，通过 Cholesky 分解得到矩阵 K。

自标定方法可借助主动视觉技术来实现。不过也有研究者把基于主动视觉技术的标定方法单独提出来自成一类。主动视觉系统是指系统能控制摄像机在运动中获得多幅图像，然后利用摄像机的运动轨迹及获得的图像之间的对应关系来标定摄像机。**基于主动视觉标定**的方法一般用于摄像机在世界坐标系中的运动参数已知的情况，通常能线性求解且获得的结果有很强的鲁棒性。

在实际应用中，基于主动视觉标定的方法一般将摄像机精确地安装在可控平台上，并主动控制平台进行特殊运动以获得多幅图像，进而利用图像之间的对应关系和摄像机运动参数来确定摄像机参数。不过，如果摄像机运动参数未知或者无法控制摄像机运动，则不能使用该方法。另外，该方法所需的运动平台精度较高，成本也较高。

一种典型的自标定方法可参考图 2-12[8]，摄像机光心从 O_1 平移到 O_2，所成的两幅图像分别为 I_1 和 I_2（其坐标原点分别为 o_1 和 o_2）。空间一点 P 在 I_1 上成像为 p_1 点，在 I_2 上成像为 p_2 点，p_1 和 p_2 构成一对对应点。如果根据 p_2 点在 I_2 上的坐标值在 I_1 上标出一点 p'_2，则称 p'_2 和 p_1 之间的连线为 I_1 上对应点的连线。可以证明，当摄像机进行纯平移运动时，所有空间点在 I_1 上的对应点的连线都交于同一点 e，而且 $\overrightarrow{O_1 e}$ 为摄像机的运动方向（这里 e 在 O_1 和 O_2 的连线上，$O_1 O_2$ 为平移运动轨迹）。

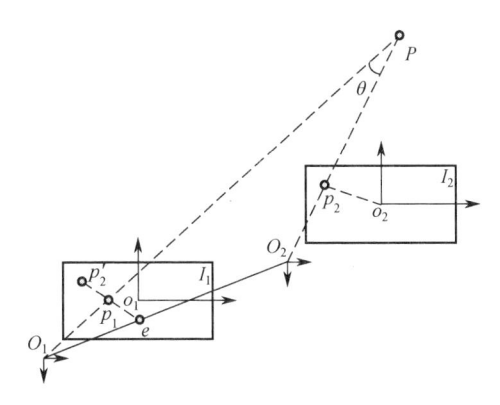

图 2-12 摄像机平移所成像之间的几何联系

根据对图 2-12 的分析可知，通过确定对应点连线的交点，可以获得在摄像机坐标系下的摄像机平移运动方向。这样，通过在标定中控制摄像机分别沿 3 个方向进行平移运动，并在每

次运动前后利用对应点连线计算相应的交点 e_i（$i=1,2,3$），可获得 3 次平移运动的方向 $\overline{O_1 e_i}$。

参考式（2-39）和式（2-40），考虑不确定图像尺度因子 μ 为 1 的理想情况，并取每个 x 方向的传感器在每行采样 1 个像素，则式（2-39）和式（2-40）可以写为

$$M = \frac{x'}{S_x} + O_m \tag{2-89}$$

$$N = \frac{y'}{S_y} + O_n \tag{2-90}$$

式（2-89）和式（2-90）建立了以物理单位（如 mm）表示的图像平面坐标系 $x'y'$ 与以像素为单位的计算机图像坐标系 MN 的转换关系。根据图 2-12 中交点 e_i（$i=1,2,3$）在 I_1 上的坐标分别为 (x_i, y_i)，由式（2-89）和式（2-90）可知，e_i 在摄像机坐标系下的坐标为

$$e_i = [(x_i - O_m)S_x \ (y_i - O_n)S_y \ \lambda]^T \tag{2-91}$$

如果让摄像机平移 3 次，并且使这 3 次的运动方向正交，就可得到 $e_i^T e_j = 0$（$i \neq j$），进而得到

$$(x_1 - O_m)(x_2 - O_m)S_x^2 + (y_1 - O_n)(y_2 - O_n)S_y^2 + \lambda^2 = 0 \tag{2-92}$$

$$(x_1 - O_m)(x_3 - O_m)S_x^2 + (y_1 - O_n)(y_3 - O_n)S_y^2 + \lambda^2 = 0 \tag{2-93}$$

$$(x_2 - O_m)(x_3 - O_m)S_x^2 + (y_2 - O_n)(y_3 - O_n)S_y^2 + \lambda^2 = 0 \tag{2-94}$$

将式（2-92）、式（2-93）和式（2-94）进一步改写为

$$(x_1 - O_m)(x_2 - O_m) + (y_1 - O_n)(y_2 - O_n)\left(\frac{S_y}{S_x}\right)^2 + \left(\frac{\lambda}{S_x}\right)^2 = 0 \tag{2-95}$$

$$(x_1 - O_m)(x_3 - O_m) + (y_1 - O_n)(y_3 - O_n)\left(\frac{S_y}{S_x}\right)^2 + \left(\frac{\lambda}{S_x}\right)^2 = 0 \tag{2-96}$$

$$(x_2 - O_m)(x_3 - O_m) + (y_2 - O_n)(y_3 - O_n)\left(\frac{S_y}{S_x}\right)^2 + \left(\frac{\lambda}{S_x}\right)^2 = 0 \tag{2-97}$$

定义两个中间变量：

$$Q_1 = \left(\frac{S_y}{S_x}\right)^2 \tag{2-98}$$

$$Q_2 = \left(\frac{\lambda}{S_x}\right)^2 \tag{2-99}$$

则式（2-95）、式（2-96）和式（2-97）就成为包含 O_m, O_n, Q_1, Q_2 共 4 个未知量的 3 个方程。这些方程是非线性的，如果从式（2-95）中分别减去式（2-96）和式（2-97），就可得到 2 个线性方程：

$$x_1(x_2-x_3)=(x_2-x_3)O_m+(y_2-y_3)O_nQ_1-y_1(y_2-y_3)Q_1 \quad (2\text{-}100)$$

$$x_2(x_1-x_3)=(x_1-x_3)O_m+(y_1-y_3)O_nQ_1-y_2(y_1-y_3)Q_1 \quad (2\text{-}101)$$

将式（2-100）和式（2-101）中的 O_nQ_1 用中间变量 Q_3 表示：

$$Q_3=O_nQ_1 \quad (2\text{-}102)$$

则式（2-100）和式（2-101）成为关于包含 O_m, Q_1, Q_3 共 3 个未知量的 2 个线性方程。由于 2 个方程有 3 个未知量，所以式（2-100）和式（2-101）的解一般不唯一。为获得唯一解，可将摄像机沿另外 3 个正交方向做 3 次平移运动，获得另外 3 个交点 e_i（$i=4, 5, 6$）。如果这 3 次平移运动与之前 3 次平移运动具有不同的方向，则又可以获得类似于式（2-100）和式（2-101）的 2 个方程。这样就一共获得了 4 个方程，可取其中任意 3 个方程或采用最小二乘法从 4 个方程中解出 O_m, Q_1, Q_3。接下来，由式（2-102）解得 O_n，再将 O_m, O_n, Q_1 代入式（2-97）解得 Q_2。这样，通过控制摄像机进行两组三正交的平移运动就可获得摄像机的所有内参。

2.4.4　结构光主动视觉系统标定方法

结构光主动视觉系统可看作主要由一个摄像机和一个投影仪构成，系统 3D 重建的准确性主要由对它们的标定决定。前文提到，摄像机标定已有许多方法，常借助标定物和特征点实现。投影仪一般被看作逆光路的摄像机，投影仪标定的最大难点在于获取特征点的世界坐标。一种常见的解决方法是将投影图案投射到用于标定摄像机的标定物上，根据标定物上已知的特征点和已标定的摄像机参数矩阵求投影点的世界坐标。这种方法需要事先标定摄像机，因此摄像机标定误差会叠加到投影仪标定误差中，导致投影仪标定误差增大。另一种方法是向包含若干特征点的标定物上投影编了码的结构光，再运用相位技术求出特征点在投影平面上的坐标点。这种方法不需要事先标定摄像机，但需要多次投射正弦光栅，采集图像的数量会比较大。

下面介绍一种基于彩色同心圆阵列的主动视觉系统标定方法[9]。投影仪向绘有同心圆阵列的标定板投射彩色同心圆图案，通过颜色通道滤波从采集的图像中将投影同心圆和标定板同心圆分离。利用同心圆投影所满足的几何约束计算圆心在图像上的像素坐标，建立标定平面、投影仪投影平面及摄像机成像平面之间的对应关系，进而实现系统标定。在最优情况下，该方法仅需采集三幅图像就可实现标定。

1. 投影仪模型和标定

投影仪的投影过程和摄像机的成像过程原理相同但方向相反，可以用反向针孔相机模型作

为投影仪的数学模型。

类似于摄像机成像模型，投影仪的投影模型也设计为三个坐标系（分别为世界坐标系、投影仪坐标系、投影平面坐标系）之间的转换（先不考虑计算机内的坐标系）。世界坐标系仍用 XYZ 表示。**投影仪坐标系**是以投影仪为中心的坐标系 xyz，一般取投影仪的光学轴为 z 轴。**投影平面坐标系**是投影仪成像平面上的坐标系 $x'y'$。

为了简便，可以使世界坐标系 XYZ 与投影仪坐标系 xyz 的对应轴重合（并设投影仪光心位于原点），再使投影仪坐标系的 xy 平面与投影仪的成像平面重合，这样投影平面原点就在投影仪的光学轴上，投影仪坐标系的 z 轴垂直于投影平面并指向投影平面，如图 2-13 所示。其中，空间点 (X, Y, Z) 经过投影仪光心而投影到投影平面的投影点 (x, y) 上，它们之间的连线就是一条空间投影光线。

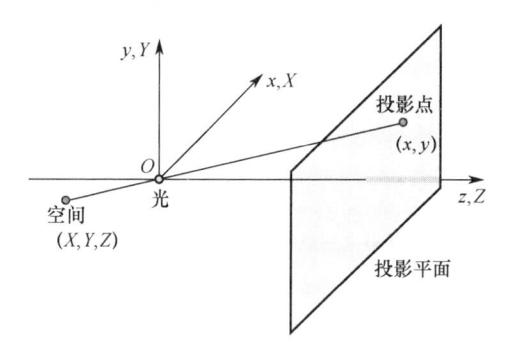

图 2-13　基本的投影仪投影模型

标定中的坐标系转换思路如下。先用具有世界坐标系 $W = (X, Y, Z)$ 的投影仪向标定板投影标定图案，再用具有摄像机坐标系 $c = (x, y, z)$ 的摄像机采集投影后的标定板图像，并分离标定板上的标定图案和投影上去的图案。通过获取这些图案上的特征点并进行匹配，可用 DLT 算法[10]分别计算出标定板与摄像机成像平面之间的**单应矩阵** H_{wc} 以及摄像机成像平面与具有投影仪坐标系 $p = (x', y')$ 的投影平面之间的由标定板平面引起的单应矩阵 H_{cp}。它们都是 3×3 的非奇异矩阵，表示两个平面之间的 2D 投影变换。

在获得 H_{wc} 和 H_{cp} 后，标定板平面上的虚圆点 $I = [1, i, 0]^T$ 和 $J = [1, -i, 0]^T$ 在摄像机成像平面上的像素坐标 I'_c 和 J'_c，以及在投影仪投影平面上的像素坐标 I'_p 和 J'_p 可由如下方式得到：

$$I'_c = H_{wc} I \quad J'_c = H_{cp} J \tag{2-103}$$

$$I'_p = H_{cp} I'_c \quad J'_p = H_{cp} J'_c \tag{2-104}$$

通过改变标定板的位置和方向来获得最少三组不同平面虚圆点在摄像机和投影仪上的像素坐标,就可拟合出绝对圆锥曲线在摄像机成像平面和投影仪投影平面中的图像 S_c 和 S_p。再对 S_c 和 S_p 进行 Cholesky 分解,可以分别得到摄像机和投影仪的内参数矩阵 K_c 和 K_p。最后,利用 K_c 和 K_p 及 H_{wc} 和 H_{cp} 就可求得摄像机和投影仪的外参数矩阵。

2. 图案分离

用投影仪向已绘有图案的标定板投影新的图案,再用摄像机采集投影后的标定板图像,则采集到的图像中两种图案是重叠的,需要将它们分离。为此可考虑使用两种不同颜色的图案,借助彩色滤波将两种图案分离。

具体可使用一个在白色背景上绘有品红色同心圆阵列(7×9 个同心圆)图案的标定板,而用投影仪向标定板投影黄色背景的蓝绿色同心圆阵列(也是 7×9 个同心圆)图案。当用投影仪将图案投射到标定板 I_b 上时,标定板图案和投影图案重叠在一起,这种情况如图 2-14(a)所示,其中仅绘制两种(圆)图案各一对作为示例。两种图案重叠的区域会发生颜色变化,其中品红色圆与黄色背景相交部分呈现红色,品红色圆与蓝绿色圆相交部分变成蓝色,标定板白色背景与投影图案相交部分均变成投影图案的颜色。借助单应矩阵 H_{wc} 先将其转换到摄像机图像 I_c 上,如图 2-14(b)所示,再借助单应矩阵 H_{cp} 将其转换到投影仪图像 I_p 上,如图 2-14(c)所示。

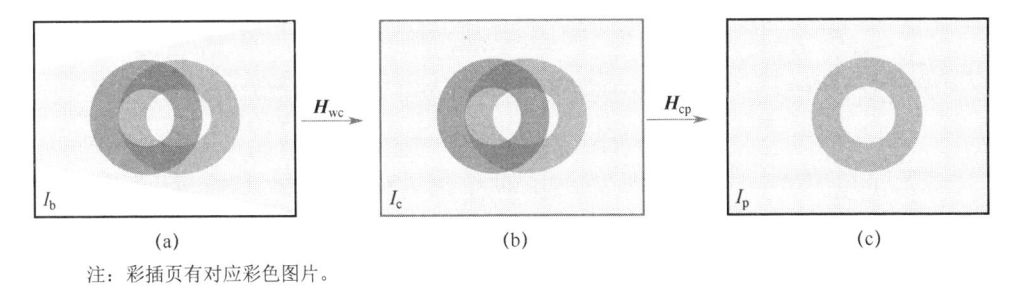

注:彩插页有对应彩色图片。

图 2-14 从重叠的标定板图案和投影图案中提取投影图案

在彩色滤波过程中,先将图像分别通过绿色、红色和蓝色的滤波通道。在通过绿色滤波通道后,由于标定板上的圆图案没有绿色分量,所以会呈现黑色,而其他区域呈现白色,这就可分离出标定板图案。在通过红色滤波通道后,由于投影的圆图案中没有红色分量,所以会呈现黑色,黄色背景部分和标定板圆图案则接近白色。在通过蓝色滤波通道后,由于被投影到标定板上的黄色背景区域和标定板上的红色圆图案没有蓝色分量,所以会接近黑色,投影的蓝绿色

圆图案则接近白色。各图案的颜色差距比较大，因此重叠的图案就能较容易地分离开来。将分离后的各同心圆环的圆心作为特征点，获取它们的图像坐标，就可计算单应矩阵 H_{wc} 及单应矩阵 H_{cp}。

3. 单应矩阵计算

为了计算标定板及投影仪投影平面与摄像机成像平面之间的单应矩阵，需要计算标定板上同心圆的圆心及投影到标定板上的同心圆的圆心的图像坐标。这里考虑空间中一个平面上有一对圆心为 O 的同心圆 C_1 和 C_2，平面上任意一点 p 相对于圆 C_1 的极线 l 的矢量形式为 $l = C_1 p$，而该极线 l 相对于圆 C_2 的极点为 $q = C_2^{-1} l$。点 p 可以在圆 C_1 的圆周上、在圆 C_1 的圆周外或在圆 C_1 的圆周内，分别如图 2-15（a）、图 2-15（b）、图 2-15（c）所示。不过在这三种情况下，根据圆锥曲线的极点与极线之间的约束关系，点 p 与点 q 之间的连线都会经过圆心 O。

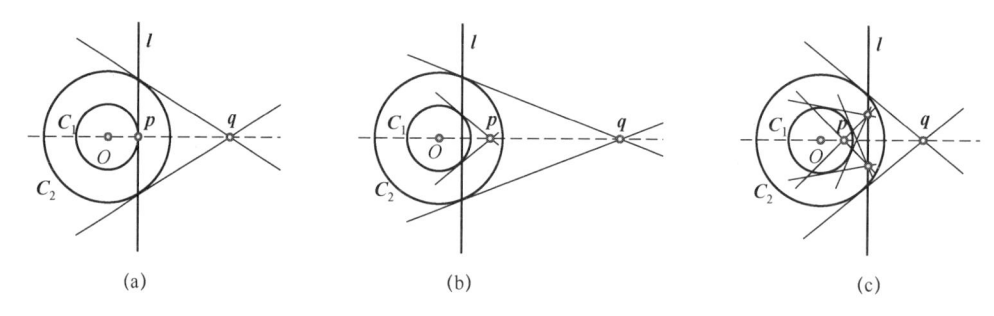

图 2-15 同心圆的极线与极点之间的约束关系

投影变换将平面 S 上圆心为 O 的同心圆 C_1 和 C_2 映射到摄像机成像平面 S_c 上，圆心 O 在 S_c 上的对应点为 O_c，同心圆 C_1 和 C_2 在 S_c 上的对应圆锥曲线分别为 G_1 和 G_2。如果设平面 S_c 上任意点 p_i 相对于 G_1 的极线为 l_i'，l_i' 相对于 G_2 的极点为 q_i，则根据共线关系和极线极点关系所具有的投影不变性，可知 p_i 和 q_i 之间的连线经过 O_c。如果将 p_i 和 q_i 之间的连线记为 m_i，则有

$$\boldsymbol{m}_i = (m_{i1} \ m_{i2} \ m_{i3})^{\mathrm{T}} = \boldsymbol{q}_i \boldsymbol{G}_2^{-1} \boldsymbol{G}_1 \boldsymbol{p}_i \tag{2-105}$$

如果设圆心投影点的归一化齐次坐标为 $\boldsymbol{u} = (u, v, 1)^{\mathrm{T}}$，则圆心投影点到直线 $\boldsymbol{m}_i$ 的距离 d_i 可写为

$$d_i^2 = \frac{(\boldsymbol{m}_i \cdot \boldsymbol{u})^2}{m_{i1}^2 + m_{i2}^2 + m_{i3}^2} \tag{2-106}$$

可以在圆锥曲线 G_1 上任意取 n 个点，利用 Levenberg-Marquardt 算法搜索代价函数

$$f(u, v) = \sum_{i=1}^{n} d_i^2 \tag{2-107}$$

的局部极小值点，就得到最优化的圆心投影位置。

为自动提取和匹配同心圆图像，可采用 Canny 算子进行亚像素边缘检测来提取圆边界并拟合二次圆锥曲线。在每幅图像中检测出的大量圆锥曲线里，首先利用同心圆的秩约束[11]找出来自同一同心圆的圆锥曲线对。考虑两条圆锥曲线分别为 G_1 和 G_2，它们的广义特征值分别为 $\lambda_1, \lambda_2, \lambda_3$。如果 $\lambda_1 = \lambda_2 = \lambda_3$，则 G_1 和 G_2 为同一条圆锥曲线；如果 $\lambda_1 = \lambda_2 \neq \lambda_3$，则 G_1 和 G_2 是某对同心圆的投影；如果 $\lambda_1 \neq \lambda_2 \neq \lambda_3$，则 G_1 和 G_2 来自不同的同心圆。

在将圆锥曲线配对之后，还需要将标定板上的同心圆与图像中的曲线对进行匹配。这里可利用交比不变性（交叉比不变性）来进行同心圆自动匹配。如图 2-16（a）所示，设同心圆直径所在直线与同心圆交于 p_1, p_2, p_3, p_4 这 4 个点，经过投影变换后映射为 p_1', p_2', p_3', p_4'，如图 2-16（b）所示。根据交比不变性，可得到以下关系（其中 $|p_ip_j|$ 表示点 p_i 到点 p_j 的距离）：

$$C(p_1, p_2, p_3, p_4) = \frac{|p_1p_2||p_3p_4|}{|p_1p_3||p_2p_4|} = \frac{|p_1'p_2'||p_3'p_4'|}{|p_1'p_3'||p_2'p_4'|} = C(p_1', p_2', p_3', p_4') \quad （2-108）$$

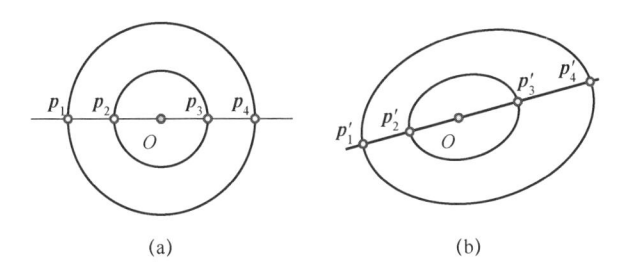

图 2-16 利用交比约束进行圆与曲线的匹配

对于半径比不同的同心圆，直径所在直线与同心圆的 4 个交点所形成的交比是不同的，因此可用半径比来标识同心圆。在设计标定板图案和投影图案时，可根据不同的同心圆位置设置不同的半径比，以唯一地标识出图案中不同的同心圆。在实际应用中，可仅对部分同心圆设置不同的半径比，在求出对应的单应矩阵后，再借助单应矩阵求出其他同心圆的位置及其圆心的投影点。

4. 标定参数计算

确定了单应矩阵 H_{wc} 及单应矩阵 H_{cp}，就可计算摄像机和投影仪的内、外参数。首先，标定板平面与摄像机成像平面之间的单应矩阵 H_{wc} 可表示为

$$O_i' \sim H_{wc} O_i \quad （2-109）$$

其中，$O_i = (x_i, y_i, 1)^T$ 为标定板上同心圆的圆心在标定板坐标系中的坐标，$O_i' = (u_i, v_i, 1)^T$ 为 O_i

投影点的图像坐标。通过计算4组（或以上）标定板同心圆圆心的图像坐标，并使用DLT算法，就可算出 H_{wc}。

与上述流程类似，也可计算出投影仪投影平面与摄像机成像平面之间的单应矩阵 H_{cp}，然后借助式（2-103）和式（2-104），可算出摄像机和投影仪的内参数矩阵 K_c 和 K_p。

进一步计算摄像机和投影仪的外参数矩阵。设标定板平面与世界坐标系的 $X_w Y_w$ 平面重合，其上一个点 X 在世界坐标系中的齐次坐标为 $X_w = [x_w, y_w, 0, 1]^T$，它在摄像机上的像点 $x_c = [u_c, v_c, 1]^T$ 满足（其中 R_p 和 t_c 分别是标定板平面相对于世界坐标系的旋转矩阵和平移矢量）：

$$x_c \sim K_c[R_c | t_c]X_w \tag{2-110}$$

将点 $X_w = [x_w, y_w, 0, 1]^T$ 所对应的 2D 坐标平面记为 $x_w = [x_w, y_w, 1]^T$，并用 r_{c1} 和 r_{c2} 分别表示 R_c 的前两列，则有 $K_c[R_c|t_c]X_w = K_c[r_{c1}, r_{c2}, t_c]X_w$，代入式（2-110）可得

$$x_c \sim K_c[r_{c1}, r_{c2}, t_c]X_w \tag{2-111}$$

如果 r_{c1}、r_{c2}、t_c 不共面，即标定板平面不经过摄像机光心，则标定板平面与摄像机图像平面之间存在单应矩阵 H_{wc}，由式（2-111）可知

$$H_w \sim K_c[r_{c1}, r_{c2}, t_c] \tag{2-112}$$

由此可求得 r_{c1}, r_{c2}, t_c。因为 R_c 是一个单位正交矩阵，所以

$$r_{c3} = r_{c1} \times r_{c2} \tag{2-113}$$

与上述流程类似，由于标定板平面与投影仪投影平面之间也满足相应关系，所以可求得投影仪坐标系相对于世界坐标系的旋转矩阵 R_p 和平移矢量 t_p。摄像机坐标系和投影仪坐标系之间的旋转矩阵 R 和平移矢量 t 可分别表示为 $R = R_c^{-1}R_p$ 和 $t = R_c^{-1}(t_p - t_c)$。

2.4.5 在线摄像机外参数标定方法

在**先进驾驶辅助系统**（ADAS）或自动驾驶领域中，需要利用车载摄像机来检测和识别道路标识或标牌，以及探测和跟踪车辆周围的物体。摄像机内、外参数对这些工作的精度有很大影响。其中，对摄像机内参数的标定，除了使用传统的基于标定物的方法（如前几节），还可根据环境中的特征静止这一原则，先建立相同场景中不同视角的多帧图像的图像平面特征点之间的约束关系，再根据该约束关系，在不依赖特定标定物的前提下实时进行摄像机内参数标定[12]。

摄像机外参数的标定要确定摄像机与车辆之间的坐标系关系。一般做法是建立高精度标定场进行辅助标定。高精度标定场配备了位姿追踪设备及特定标定物，并利用机器人手眼标定法[13]

来确定摄像机外参数。手眼标定法在外参数的求解过程中需要标定物与摄像机之间的空间位姿关系，根据标定物的不同维度可分为 3D、2D 及 1D 等标定方法[14]。不过这类方法通常依赖满足特定的点、线或面等约束的地面标识，主要适用于离线标定。另外，由于维修及结构形变等原因，摄像机的外参数有可能在车辆的生命周期内出现显著变化，在线进行外参数标定和调整也很重要。

针对这些问题，有学者提出了一种在不使用精密而昂贵的标定场的情况下，借助摄像机与高精度地图相匹配的在线、实时的摄像机外参数标定方法[15]。

该方法的基本思路如下：首先，使用深度学习技术对图像中的车道线进行检测，假设一个初始外参数矩阵 T，并根据该矩阵将世界坐标系 $W(XYZ)$ 下的车道线点 P_w 投影到摄像机坐标系 $C(xyz)$ 中，得到 3D 像点 P_c，从而与地图进行匹配。然后，通过合理设计误差函数 L 来评价 P_c 与摄像机检测到的车道点 D_c 的投影误差 $L(T_{cv})$，采用**聚束调整**（BA）最小化车道线曲线至图像平面重投影误差的思想[16]求解外参数矩阵 T_{cv}。这里 T_{cv} 确定了摄像机坐标系 $C(xyz)$ 与车辆坐标系 $V(x'y'z')$ 之间的坐标系变换。T_{cv} 由旋转矩阵 R 和平移矩阵 T 构成，R 的 3 个自由度可由 3 个欧拉角（旋转角）表示（参见 2.3.1 小节）。考虑到车载摄像机需要检测 200m 范围内的行人、车辆等障碍物，其检测精度约为 1m，假定摄像机的水平视场角约为 57°，则对摄像机外参数精度的要求为：旋转角约为 0.2°，平移约 0.2m。

1. 车道线检测与数据筛选

设在摄像机采集的图像平面上车道线点的坐标为 (x', y')，则根据小孔成像模型可得

$$z_c \begin{bmatrix} x' \\ y' \\ 1 \end{bmatrix} = MP_c = MT_{cv}T_{vw}P_w \tag{2-114}$$

其中，z_c 为车道线点 P_c 与摄像机之间的距离；M 为摄像机内参数矩阵；T_{vw} 为世界坐标系 $W(XYZ)$ 与车辆坐标系 $V(x'y'z')$ 之间的坐标变换矩阵，表达了车辆的位姿。

对车道线的检测可借助基于 U-Net++ 的深度学习方法进行[17]。在获得图像平面内的车道线特征后，并不能用图像平面内的 2D 特征直接恢复 3D 世界坐标系位置，因此需要将车道线真值投影到图像平面上，并在图像平面内设置损失函数以进行优化。

为防止过优化及提升计算效率，需要对检测出的特征进行筛选。车道线通常由曲线及直线构成，实际曲率都比较小。当车辆正常行驶时，在多数情况下车道线对于平移 T_x 并不提供有用的信息，需要选择车辆转向的场景进行标定。由此，可将车载摄像机采集的视频根据下述规则

划分为无用帧、数据帧及关键帧。

（1）当视频帧中检测出的车道线像素数小于一定阈值时，将其划分为无用帧，以避免车辆在通过路口及交通拥堵时图像内无明显车道线。

（2）将相对于上一关键帧的车辆行驶距离及车辆偏航角度均小于一定阈值的视频帧划分为无用帧，以避免重复采集车道线信息。

（3）在不满足规则（1）和规则（2）且车辆与车道线真值（地图数据）的夹角大于一定阈值时，将视频帧划分为关键帧。

（4）将其他情形中采集的视频帧划分为数据帧。

由于无用帧中不包含车道线信息，或仅包含已统计过的车道线信息，所以在对损失函数的优化中可不予考虑，以减少数据量。

在实际行驶中，因为车辆在多数时段内平行于车道线，所以收集到的关键帧相比于数据帧数量较少。如上文指出的，数据帧中的车道线对于 T_x 并不提供有用的信息，因此不区分关键帧与数据帧可能会使其他外参数过度优化。为此，可设定阈值，如果收集的关键帧数量较少，则仅对 T_x 以外的参数进行优化；如果收集的关键帧数量足够多，则对所有外参数进行优化。

2. 重投影误差优化

定义车道线观测点及地图参考点的**重投影误差**为损失，则损失函数可表示为

$$L(\boldsymbol{T}_{\mathrm{cv}})=\int\left\|\left[\frac{\boldsymbol{M}\boldsymbol{T}_{\mathrm{cv}}\boldsymbol{T}_{\mathrm{vw}}\boldsymbol{P}_{\mathrm{w}}}{z_{\mathrm{c}}}-(x',y',1)^{\mathrm{T}}\right]\right\|\mathrm{d}\boldsymbol{P}_{\mathrm{w}} \qquad (2\text{-}115)$$

其中，$\boldsymbol{P}_{\mathrm{w}}$ 为高精度地图中车道线在世界坐标系下的位置，$\boldsymbol{T}_{\mathrm{vw}}$ 可通过全球定位系统（GPS）等获得。这样，只要确定了 $\boldsymbol{T}_{\mathrm{cv}}$ 就可确定损失函数。把车辆在行驶过程中遍历车道的不同位姿下的损失结合起来，就可将摄像机外参数标定问题转化为最小化损失的优化问题：

$$\hat{\boldsymbol{T}}_{\mathrm{cv}}=\arg\min[L(\boldsymbol{T}_{\mathrm{cv}})] \qquad (2\text{-}116)$$

实际中，车道线在沿车辆行驶方向上并没有明显的纹理特征，因此不能建立 $\boldsymbol{P}_{\mathrm{w}}$ 与 $(x',y',1)^{\mathrm{T}}$ 之间的一一映射以求解式（2-116）。为此，将式（2-115）中点到点的误差转换为点集到点集的误差：

$$L(\boldsymbol{T}_{\mathrm{cv}})=\int\left\|\left[\frac{\boldsymbol{M}\boldsymbol{T}_{\mathrm{cv}}\boldsymbol{T}_{\mathrm{vw}}\boldsymbol{P}_{\mathrm{w}}}{z_{\mathrm{c}}}-(x',y',1)^{\mathrm{T}}\right]\right\|\mathrm{d}t \qquad (2\text{-}117)$$

这样，式（2-116）就可通过数值解法来估计求解。

设图像平面内检测出的车道线点的位置为 (x_i', y_i')，法线方向为 ϕ，则可将式（2-117）

转换为

$$L=\sum_{i}^{n}\left[k_1\left\|(x_i'-x_n^w, y_i'-y_n^w)\right\|+\left\|\phi_i-\phi_n^w\right\|\right] \quad (2\text{-}118)$$

其中，(x_n^w, y_n^w)为地图中车道线在图像平面内的投影。对法线方向的计算可参见参考文献[18]。

总结一下，重投影误差计算过程包括如下步骤。

（1）基于摄像机外参数矩阵 T_{cv} 及车辆位姿矩阵 T_{vw}，将地图中的车道线点集（距车辆200m范围内）投影到摄像机坐标系中。

（2）根据摄像机内参数矩阵将已进行坐标系变换的点集投影到图像平面中。

（3）计算已投影的地图中的车道线点集及检测出的车道线点集的法线方向。

（4）通过匹配确定地图中的车道线点及检测出的车道线点之间的关联。

（5）根据式（2-118）确定重投影误差（可采用简单的最速下降法等）。

参考文献

[1] KHURANA A, NAGLA K S. Extrinsic calibration methods for laser range finder and camera: A systematic review[J]. Mapan-Journal of Metrology Society of INDIA, 2022, 36(3): 669-690.

[2] 田俊英, 伍济钢, 赵前程. 视觉系统中摄像机标定方法研究现状及展望[J]. 液晶与显示, 2021, 36(12): 1674-1692.

[3] 石岩青, 常彩霞, 刘小红, 等. 面阵相机内外参数标定方法及进展[J]. 激光与光电子学进展, 2021, 58(24): 9-29.

[4] 章毓晋. 图像工程（下册）——图像理解[M]. 4版. 北京：清华大学出版社, 2018.

[5] SHAPIRO L, STOCKMAN G. Computer Vision[M]. UK London: Prentice Hall, 2001.

[6] ElSheikh A, ABU-NABAH B A, HAMDAN M O, et al. Infrared camera geometric calibration: A review and a precise thermal radiation checkerboard target[J]. Sensors, 2023, 23(7): 3479.

[7] TSAI R Y. A versatile camera calibration technique for high-accuracy 3D machine vision metrology using off-the shelf TV camera and lenses[J]. Journal of Robotics and Automation,

1987, 3(4): 323-344.

[8] 马颂德, 张正友. 计算机视觉——计算理论与算法基础[M]. 北京: 科学出版社, 1998.

[9] 李燕, 严永财. 基于同心圆阵列的结构光主动视觉系统标定算法[J]. 电子学报, 2021, 49(3): 536-541.

[10] HARTLEY R, ZISSERMAN A. Multiple View Geometry in Computer Vision[M]. 2nd ed. Cambridge: Cambridge University Press, 2004.

[11] KIM J S, GURDJOS P, KWEON I S. Geometric and algebraic constraints of projected concentric circles and their applications to camera calibration[J]. IEEE Transaction on Pattern Analysis and Machine Intelligence, 2005, 25(4): 78-81.

[12] CIVERA J, BUENO D R, DAVISON A J, et al. Camera self-calibration for sequential Bayesian structure from motion[C]. Proceedings of International Conference on Robotics and Automation, 2009: 403-408.

[13] DANIILIDIS K. Hand-eye calibration using dual quaternions[J]. The International Journal of Robotics Research, 1999, 18(3): 286-298.

[14] ZHANG Z Y. Camera calibration with one-dimensional objects[J]. IEEE Transactions on Pattern Analysis and Machine Intelligence, 2004, 26(7): 892-899.

[15] 廖文龙, 赵华卿, 严骏驰. 开放道路中匹配高精度地图的在线相机外参标定[J]. 中国图象图形学报, 2021, 26(1): 208-217.

[16] TRIGGS B, McLAUCHLAN P F, HARTLEY R I, et al. Bundle adjustment——a modern synthesis[J]. Proceedings of the International Workshop on Vision Algorithms: Theory and Practice, 1999: 298-372.

[17] ZHOU Z W, SIDDIQUEE M M R, TAJBAKHSH N, et al. UNet++: A nested U-net architecture for medical image segmentation[C]. Proceedings of the 4th International Workshop on Deep Learning in Medical Image Analysis and Multimodal Learning for Clinical Decision Support, 2018: 3-11.

[18] OUYANG D S, FENG H Y. On the normal vector estimation for point cloud data from smooth surfaces[J]. Computer-Aided Design, 2005, 37(10): 1071-1079.

第 3 章
深度图像采集

利用一般成像方式获得的是源自 3D 物理空间的 2D 图像,其中与摄像机光轴垂直的平面上的信息被保留在这个 2D 图像中,但沿摄像机光轴方向的深度(距离)信息丢失了。计算机视觉要完成视觉任务,就经常需要获得客观世界的 3D 信息,即需要采集有深度信息的图像。

有多种方法可获得(或恢复)深度信息,包括利用特定设备和装置直接获取深度信息的方法、参照人类双目视觉系统来观察世界的立体视觉方法、借助移动聚焦平面逐层获取深度信息的方法等;还有许多借助附加光学器件来获取深度信息的方法[1]。

本章各节内容安排如下。

3.1 节先介绍深度图像的特性及其与灰度图像的区别,然后概括介绍深度成像的不同方式。

3.2 节介绍直接深度成像的一些方法,主要包括借助激光扫描的飞行时间法、光检测和测距(LiDAR)、结构光法,以及利用光栅干涉的莫尔等高条纹法。

3.3 节介绍几种间接深度成像的方法,这里仅考虑双目视觉,分别讨论 3 种模式:双目横

向模式、双目会聚横向模式和双目轴向模式。

3.4节介绍单像素成像原理和单像素相机,并列出单像素3D成像的一些典型方法。

3.5节对生物视觉、立体视觉与图像显示的关系进行讨论。

3.1 深度图像和深度成像

利用摄像机成像所获得的图像可用$f(x, y)$来表示。$f(x, y)$也可以表示在空间(x, y)处具有属性f,一般灰度图像的f表示的是像素(x, y)处的灰度或亮度。如果图像属性f表示的是深度,则这样的图像称为**深度图**或**深度图像**,它们反映了物体的3D空间信息。

3.1.1 深度图像

一般的成像是指将3D场景向2D平面进行投影,这样采集到的2D图像$f(x, y)$没有直接包含物体的深度(或距离)信息(有信息损失)。客观世界是3D的,为完整地进行表达,对物体采集的图像也应是3D的。深度图像可以表示为$z = f(x, y)$。由深度图像可进一步获得3D图像$f(x, y, z)$。将深度信息包含在内的3D图像$f(x, y, z)$能表达场景的完整信息(包括深度信息)。

图像是对客观场景的一种描述形式,根据其所描述场景的性质可分为**本征图像**和非本征图像两大类[2]。图像是由观察者或采集器获取的场景的影像。场景和场景中的物体具有一些与观察者和采集器本身性质无关的客观存在的自身特性,如场景中各物体的表面反射率、透明度、表面指向,物体运动速度,以及各物体间的相对距离和在空间中的方位等。这些特性称为(场景)**本征特性**,表示这些本征特性物理量的图像称为本征图像。本征图像的种类很多,每个本征图像可以仅表示场景的一种本征特性,不掺杂其他特性的影响。如果能求得本征图像,则对正确解释图像所代表的物体非常有用。深度图像就是一种最常用的本征图像,其中每个像素值都代表该像素所表示的物体点与摄像机的距离(深度,也称物体的高程),这些像素值实际上直接反映了物体可见表面的形状(本征性质)。从深度图像可方便地获得物体自身的几何形状和物体之间的空间关系。

非本征图像所表示的物理量不仅与场景有关,而且与观察者/采集器的性质或图像采集的条件或周围环境等有关。非本征图像的一个典型代表就是常见的灰度图像(灰度对应亮度或照度)。灰度图像反映了观察处所接收到的辐射强度,其强度值常是辐射源的强度、辐射方式/方位、物体表面的反射性质、采集器的位置/性能等多个因素综合的结果。

深度图像与灰度图像之间的区别可借助图 3-1 来解释。

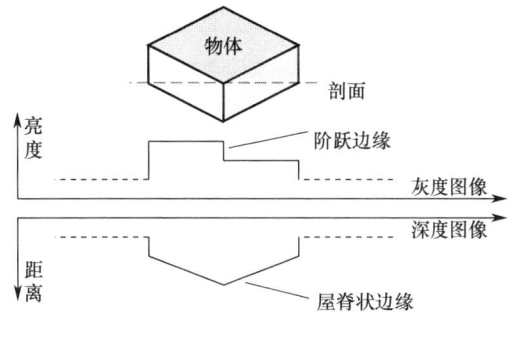

图 3-1 深度图像与灰度图像的区别

图中有一个物体，考虑其上的一个剖面，对其深度图像和灰度图像进行比较，有如下 2 个特点。

（1）深度图像中对应物体上同一外平面的像素值按一定的变化率变化（该平面相对于图像平面倾斜），这个值随物体形状和朝向的变化而变化，但与外部光照条件无关；灰度图像中对应的像素值既取决于表面的照度（既与物体形状和朝向有关，又与外部光照条件有关），也取决于表面的反射系数。

（2）深度图像中的边缘线有两种：一种是物体和背景间的（距离）阶跃边缘；另一种是物体内部各区域相交处的屋脊状边缘（在对应极值处，深度还是连续的）；灰度图像中则两处均为阶跃边缘。

在解决许多图像理解问题时，需要用非本征图像去恢复本征特性，即获得本征图像，从而进一步解释场景。为从非本征图像中恢复场景的本征结构，常需要用到各种图像（预）处理手段。例如，在灰度图像的成像过程中，许多有关场景的物理信息混合集成在像素灰度中，因此成像过程可看作一个退化变换。但这些有关场景的物理信息在混入灰度图像后并没有完全丢失，利用各种预处理技术（如滤波、边缘检测、距离变换等）可借助图像中的冗余信息消除成像过程中的退化（也就是对成像物理过程的变换求"逆"），从而把图像变换成反映场景空间性质的本征图像。

从图像采集的角度来说，有两种获得本征图像的方法：一种是直接采集本征图像；另一种是先采集含有本征信息的非本征图像，再通过图像技术恢复本征特性。以获得深度图像为例，可以用特定的设备直接采集深度图像（见 3.2 节）；也可以先采集含有立体信息的灰度图像，再从中获取深度信息（见 3.3 节）。对于前一种方法，要使用一些特定的图像采集设备（成像装置）；而对于后一种方法，要考虑采用一些特定的图像采集方式（成像方式）和使用一些特定的图像技术。

3.1.2 深度成像

许多图像理解问题可借助深度图像来解决。**深度成像**的方式有很多，主要由光源、采集器和物体三者的相互位置和运动情况决定。最基本的成像方式是单目成像，即用一个采集器在一个固定位置对场景采集一幅图像。虽然此时有关物体的深度信息没有直接反映在图像中，但实际上这些信息隐含在图像的几何畸变、明暗度（阴影）、纹理、表面轮廓等之中（第 7 章和第 8 章将介绍如何从这样的图像中恢复深度信息）。用两个采集器各在一个位置对同一场景取像（也可用一个采集器在两个位置先后对同一场景取像，或用一个采集器借助光学成像系统获得两个像），就是双目成像（见 3.3.1 小节和第 5 章）。此时两幅图像之间所产生（类似于人眼）的视差可用于求取采集器与物体之间的距离。用多于两个采集器在不同位置对同一场景取像（也可用一个采集器在多个位置先后对同一场景取像），就是多目成像（见第 6 章）。单目、双目或多目成像方法除可以获得静止图像外，也可以通过连续拍摄获得序列图像。单目成像与双目成像相比，采集更简单，但从中获取深度信息要更复杂。反之，双目成像提高了采集复杂度，但可降低获取深度信息的复杂性。

在以上讨论中，我们认为几种成像方式里的光源都是固定的。如果将采集器相对于物体固定而将光源绕物体移动，则这种成像方式就称为光移成像（也称立体光度成像）。由于同一物体表面在不同光照情况下的亮度不同，所以利用光移成像得到的图像可求得物体的表面朝向（但并不能得到绝对的深度信息，具体可见 7.2 节）。如果保持光源固定而让采集器运动来跟踪场景或让采集器和物体同时运动，就构成主动视觉成像（参照人类视觉的主动性，即人会根据观察需要移动身体或头部以改变视角，并有选择地对部分物体特别关注），其中后一种又称为主动视觉自运动成像。另外，如果使用可控的光源照射物体，则通过采集到的投影模式来解释物体的表面形状就是结构光成像方式（见 3.2.4 小节）。在这种方式中，可以将光源和采集器固定而将物体转动，也可以将物体固定而使光源和采集器一起绕着物体转动。

常用成像方式中一些关于光源、采集器和物体的特点概括在表 3-1 中。

表 3-1 常用成像方式的特点

成像方式	光源	采集器	物体
单目成像	固定	固定	固定
双目（立体）成像	固定	两个位置	固定
多目（立体）成像	固定	多个位置	固定
视频/序列成像	固定/运动	固定/运动	运动/固定
光移（光度立体）成像	运动	固定	固定

续表

成 像 方 式	光　　源	采 集 器	物　　体
主动视觉成像	固定	运动	固定
主动视觉（自运动）成像	固定	运动	运动
结构光成像	固定/转动	固定/转动	转动/固定

3.2　直接深度成像

直接深度成像指利用特定设备和装置直接获取距离信息以采集 3D 深度图像。目前常用的方式多基于 3D 激光扫描技术，还包括基于莫尔（Moiré）条纹法、全息干涉测量法、Fresnel 衍射等技术的方式。直接深度成像方式从信号源角度来看多是主动式的。

3.2.1　激光扫描介绍

3D 激光扫描技术是一种实景复制技术，利用激光测距的原理，通过记录被测物体表面大量密集点的 3D 坐标、反射强度和纹理等信息，能快速复建出被测物体的线、面、体及 3D 模型等各种数据。下面先给出几个相关概念。

（1）**激光测距**：由发射器向目标发射一束激光，利用光电元件接收目标反射的激光束，利用计时器测定激光束从发射到接收的时间，从而计算出发射器到目标的距离。这种一次采集一个点的信息的成像可以看作单目成像的一个极端特例，获得的结果就是 $z = f(x, y)$。如果重复这样的采集而获得一个区域的信息，就更接近普通的单目成像了。

（2）**逆向工程**：常指产品设计技术再现过程，即对一种目标产品进行逆向分析及研究，从而演绎并得出该产品的处理流程、组织结构、功能特性及技术规格等设计要素，以制作出功能相近但又不完全一样的产品。对客观物体的数据采集也是一种逆向过程，获取物体的客观信息，经过分析处理，构建物体模型，反推物体的结构、物体间的空间关系等信息。在逆向工程中，通过测量仪器得到的产品外观表面的点集合称为点云。点云是在同一空间参考系下表达目标空间分布和目标表面特性的海量点集合。激光点云是通过激光扫描器获取的大量点的集合（更多介绍见第 4 章）。

（3）**反射强度**：代表激光反射波返回的能量值，类似于灰度级的亮度值。根据激光测量原理得到的点云，包括 3D 坐标（*XYZ*）和激光反射强度（Intensity）；根据摄影测量原理得到的点云，包括 3D 坐标（*XYZ*）和颜色信息（RGB）。

激光点云属性的表达可以使用不同的参数,包括点云密度、点位精度、表面法向量[3]。

(1)**点云密度**(ρ):单位面积内激光点的数量,与其相对应的是点云间隔(激光点的平均间距,Δd),$\rho = 1/\Delta d^2$。

(2)**点位精度**:激光点的平面和高程精度,与激光扫描仪等硬件自身条件、点云密度、对象表面属性、坐标转换等有关。

(3)**表面法向量**:单个激光点能表示的目标属性有限,常通过该激光点邻域内的多个激光点共同表达目标属性。如果认为邻域内的像素组成一个近似平面或曲面,则其可借助法向量来表示。垂直于邻域内一定数量激光点组成的平面或曲面的直线所表示的向量称为激光点的表面法向量。

二维激光扫描技术的一些技术特点及指标[3]如下。

(1)采集速度快:有的扫描仪的扫描速度可达 1000000point/s。

(2)点云数据密度高、测量精度高:有的扫描仪的点距小于 1mm;模型表面测量精度为 2mm,距离测量精度为±4mm,点位测量精度为 6mm,靶标获取精度为±1.5mm。

(3)全视场扫描:地面扫描仪的视场角可达 360°×310°(水平方向×垂直方向)。

1. 3D 激光扫描系统的分类

根据扫描距离,3D 激光扫描系统主要可分为三种:短程(200m 以内)、中程(200~1000m)、远程(大于 1000m)。

根据运行平台,3D 激光扫描系统主要可分为三种:机载平台(测量距离大于 1km)、地面平台[包括移动平台(车载)和固定平台]、手持平台。

也有人根据搭载平台对 3D 激光扫描系统进行分类[4]。

(1)**地面激光扫描**(TLS)系统。通过扫描镜及伺服马达对地表面的 3D 几何信息进行高速度、高密度、高精度采集,获取 3D 点云。目前地面激光扫描系统的最大测距约为几百米,精度约为几毫米。

(2)**手持/背包式激光扫描系统**。通过集成激光扫描仪、全景相机、**惯性测量单元**(IMU)等传感器,利用**同时定位与建图**(SLAM)技术(见第 10 章),对运动平台的位姿进行估计,并完成对环境的 3D 数字化。目前手持/背包式激光扫描系统的最大测距约为几十米到一百米,精度为 5~30mm。

(3)车载激光扫描系统。以车辆为搭载平台,集成**全球定位系统**(GPS)、**惯性导航系统**

(INS)、激光扫描仪和**电荷耦合器件**（CCD）相机等多种传感器，利用 GPS 和 INS 提供的位姿信息，对获取的影像和点云进行轨迹解算、校验及坐标转换，进行地理定位，生成高精度的 3D 坐标信息，实现对道路及周围地物的 3D 点云获取。

（4）机载激光扫描系统。与车载激光扫描系统类似，机载激光扫描系统也包括激光扫描仪和高分辨率数码相机，集成了 GPS 和 INS，以各类低、中、高空飞行器为平台，能够获取观测区域的 3D 空间信息。

（5）星载激光扫描系统。基于卫星平台，具有主动获取全球地表及目标 3D 信息的能力。有的卫星搭载了**地球科学激光测高系统**（GLAS）和**先进地形激光测高系统**（ATLAS）。

2. 3D 激光扫描测距原理

从 3D 激光扫描测距原理来看，3D 激光扫描测距主要分为借助时间的方式和借助空间的方式。借助时间的方式还可进一步分为脉冲法和相位法，借助空间的方式主要是三角法。

1）脉冲法

脉冲法也称**飞行时间法**(TOF)。通过测定发射器与目标之间激光往返的时间来计算距离 D：

$$D = \frac{1}{2}c_0 t \tag{3-1}$$

其中，c_0 为真空中的光速（299792458m/s）；t 为激光往返时间。

脉冲法可测的距离比较大，常达几百米或几千米，但精度较差（受测时影响），一般为厘米级。

2）相位法

相位法的测距方法与脉冲法类似，但将激光信号经过调制，在计算距离 D 时，用波长为 λ 的 m 个整波长加不足一个波长的 $d\lambda$（$d \in (0 \sim 1)$）来表达：

$$D = \frac{1}{2}(m\lambda + d\lambda) = \frac{\lambda}{2}(m+d) \tag{3-2}$$

其中，半波长 $\lambda/2$ 也称为**精测尺长度**，可用式（3-3）计算：

$$\frac{\lambda}{2} = \frac{c_0}{2Fr} \frac{c}{2F} \tag{3-3}$$

其中，c 为测量时的真实光速；r 为媒介折射率；F 为测尺的频率。

式（3-2）中的 m 和 d 可以用如下方法来确定。

（1）借助相位角的测量：测量往返激光的相位延迟 $\Delta\theta$，再通过改变光的波长 λ 来计算该相

位延迟对应的距离，此时有

$$D = \frac{\lambda}{2}(m+d) = \frac{\lambda}{2}m + \frac{\lambda}{2}\frac{\Delta\theta}{2\pi} \tag{3-4}$$

（2）借助光程的测量：如果将测量距离改变δD，则可以消掉式（3-2）中的$d\lambda/2$，即

$$D - \delta D = D - \frac{\lambda}{2}\frac{\Delta\theta}{2\pi} = \frac{\lambda}{2}m \tag{3-5}$$

这样只需要测出整测尺数（整数个测尺数量），就可以确定距离 D。

（3）借助调制频率的测量：由式（3-2）可知，通过改变调制光的频率大小，可以使小于一个测尺长度的尾数为0，即

$$D = \frac{\lambda}{2}m \tag{3-6}$$

这样只需要测出整测尺数，就可以确定距离 D。

相位法可测距离一般在百米左右，精度一般为毫米级。

3）三角法

常用的为斜射式（激光发射轴与目标表面法线成一定角度）**三角法**。考虑图 3-2，其中，激光器位于坐标系的原点，Z 轴从激光器指向传感器，Y 轴从纸中指出，X 轴从下向上指，由激光器、传感器和目标组成的三角形在 XZ 平面中，其中激光器和传感器之间的距离 L 为系统的已知长度的基线。目标点在该坐标系中的位置由发射光线与基线的夹角 α、反射光线与基线的夹角 β 及三角形围绕 Z 轴旋转的角度 γ 决定：

$$\begin{cases} x = \dfrac{\cos\alpha\sin\beta}{\sin(\alpha+\beta)}L \\ y = \dfrac{\sin\alpha\sin\beta\cos\gamma}{\sin(\alpha+\beta)}L \\ z = \dfrac{\sin\alpha\sin\beta\sin\gamma}{\sin(\alpha+\beta)}L \end{cases} \tag{3-7}$$

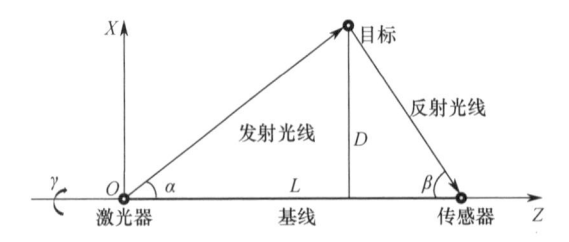

图 3-2 三角法测距示意图

三角法受基线长度限制，可测距离一般仅为几米，但精度常可达微米级。

3.2.2 飞行时间法

飞行时间法通过测量光波从光源发出经被测物反射后回到传感器所需要的时间来获得距离信息。一般光源和传感器安置在相同的位置上,这样传播时间 t 与被测距离 D 的关系如式(3-1)所示。实际中光是在空气中传播的,因此要根据媒介进行修正:

$$D = \frac{1}{2}\frac{c_0}{r}t \tag{3-8}$$

其中,r 为光的大气折射率,由气温、气压和湿度共同决定,实际中一般约为 1.00025。为了简便,在很多情况下可设光速为 3×10^8 m/s,并取 $r=1$。

基于飞行时间法的深度图像获取方法是一种典型的利用测量光波传播时间来获得距离信息的方法。因为一般使用点光源,所以也称为飞点法。要获得 2D 图像,需要将光束进行 2D 扫描或使被测物体进行 2D 运动。这种方法测距的关键是精确地测量时间,因为光速是 3×10^8 m/s,所以如果要求空间距离分辨率为 0.001m(能够区分在空间上相距 0.001m 的两个点或两条线),则时间分辨率需要达到 66×10^{-13} s。

1. 脉冲时间间隔测量法

这种方法采用脉冲时间间隔来测量时间,具体是通过测量脉冲波的时间差来实现的,其基本原理框图如图 3-3 所示。脉冲激光源发射的特定频率激光经光学透镜和光束扫描镜射向前方,接触场景物体后反射,反射光被另一光学透镜接收,并经光电传感后进入时差测量模块。该模块同时接收脉冲激光源直接发射的激光,并测量发射脉冲和接收脉冲的时间差。根据时间差,利用式(3-8)就可算得被测距离。这里要注意激光的起始脉冲和回波脉冲在工作范围内不能有重叠。

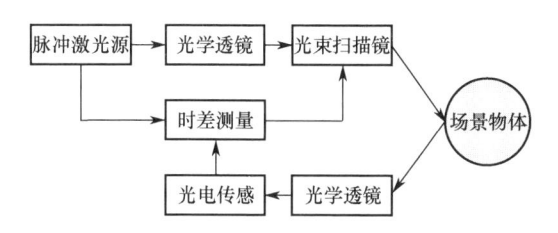

图 3-3 脉冲时间间隔测量法原理框图

利用上述原理,将脉冲激光换成超声波也可进行测距。用超声波不仅可在自然光照下工作,也可在水中工作。因为声波的传播速度较慢,所以对时间测量的精度相对要求较低;但介质对

声的吸收一般较大，因此对接收器的灵敏度要求较高。另外，由于声波的发散较大，所以不能得到很高分辨率的距离信息。

2．幅度调制的相位测量法

测量时间差也可借助测量相位差进行。幅度调制的相位测量法原理框图如图 3-4 所示。

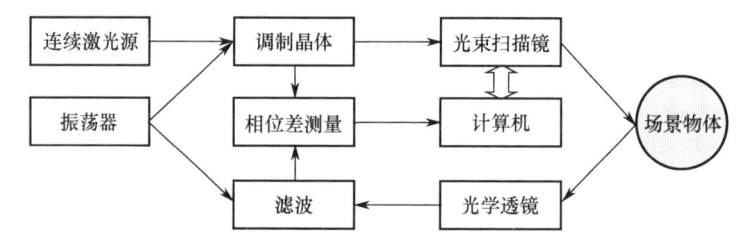

图 3-4　幅度调制的相位测量法原理框图

在图 3-4 中，对连续激光源发射的激光以一定频率的光强进行幅度调制，并将其分两路发出。一路经光束扫描镜射向前方，接触场景物体后反射，反射光经过光学透镜后通过滤波提取出相位；另一路进入相位差测量模块与反射光比较相位。因为相位以 2π 为周期，测得的相位差范围为 $0 \sim 2\pi$，所以深度测量值 D 为

$$D = \frac{1}{2}\left(\frac{c}{2\pi F_{\text{mod}}}\Delta\theta + k\frac{c}{F_{\text{mod}}}\right) = \frac{1}{2}\left(\frac{l}{2\pi}\Delta\theta + kr\right) \tag{3-9}$$

其中，c 为光速；F_{mod} 为调制频率；$\Delta\theta$ 为相位差（单位是弧度）；k 为整数。对测量深度范围加以限制（限定 k 的取值），就可避免深度测量值可能的多义性。式（3-9）中引入的 l 是一个测量尺度，l 越小，距离测量的精度越高。为获得较小的 l，应采用较高的调制频率 F_{mod}。

3．频率调制的相干测量法

时间差的测量还可借助测量频率变化来进行。对于连续激光源发射的激光，可以用一定频率的线性波形进行频率调制。设激光频率为 F，调制频率为 F_{mod}，调制后的激光频率在 $F \pm \Delta F/2$ 之间呈现线性周期变化（其中 ΔF 为激光频率被调制后的频率变化）。将调制激光的一部分作为参考光，另一部分投向被测物，接触物体后反射再被接收器接收。两个光信号相干产生拍频信号 F_{B}，它等于激光频率变化的斜率与传播时间的乘积：

$$F_{\text{B}} = \frac{\Delta F}{1/(2F_{\text{mod}})}t \tag{3-10}$$

将式（3-8）代入式（3-10）并求解 D，得到

$$D = \frac{c}{4F_{\text{mod}}\Delta F}F_{\text{B}} \tag{3-11}$$

再由发出光波和返回光波的相位变化：

$$\Delta\theta = 2\pi\Delta Ft = 4\pi\Delta Fd/c \qquad (3\text{-}12)$$

又得到

$$D = \frac{c}{2\Delta F}\frac{\Delta\theta}{2\pi} \qquad (3\text{-}13)$$

比较式（3-11）和式（3-13），得到相干条纹数 N（调制频率半周期中的拍频信号过零数）：

$$N = \frac{\Delta\theta}{2\pi} = \frac{F_B}{2F_{\text{mod}}} \qquad (3\text{-}14)$$

实际中，可通过标定，即根据准确的参考距离 d_{ref} 和测得的参考相干条纹数 N_{ref}，利用式（3-15）计算实际距离（通过对实际相干条纹数进行计数）：

$$D = \frac{d_{\text{ref}}}{N_{\text{ref}}}N \qquad (3\text{-}15)$$

3.2.3　LiDAR

仅使用激光扫描获得的数据中缺少亮度信息，如果在激光扫描的过程中辅以相机拍摄，则可以同时获取场景的深度信息和亮度信息。**光检测和测距（LiDAR）**也称激光雷达，就是一个典型的例子。

LiDAR 的原理可借助图 3-5 来说明[5]。整个装置安放在可以仰俯运动和水平扫视运动的平台上，可以发射和接收幅度调制的激光波。对 3D 物体表面上的每个点，比较发射到该点和从该点接收的波以获取信息。这些信息既包括空间信息又包括强度信息，具体来说，每个点的空间坐标中的 X 和 Y 与平台的仰俯和水平运动有关，其深度 Z 则与相位差密切相关，同时该点对于给定波长激光的反射特性可借助波的幅度差来确定。这样 LiDAR 就可同时获得两幅配准了的图像，一幅是深度图像，另一幅是亮度图像。注意深度图像的深度范围与激光波的调制周期有关，设调制周期为 λ，则每隔 $\lambda/2$ 又会算得相同的深度，因此需要对深度测量范围进行限制。

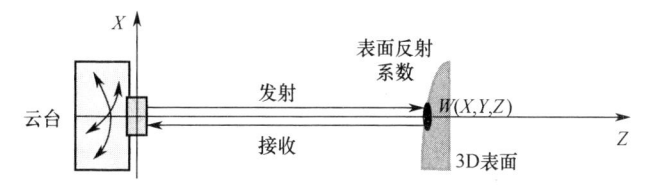

图 3-5　深度图像和亮度图像的同时采集

与摄像采集设备相比，由于要对每个 3D 表面点计算相位，所以 LiDAR 的采集速度是比较慢的。根据类似的思路，也可以将独立的激光扫描设备与摄像采集设备相结合，同时获取深度和颜色信息的系统。这样带来的问题是需要进行数据配准，见第 4 章。

3.2.4 结构光法

结构光法是一类常用的主动传感、直接获取深度图像的方法，其基本思想是利用照明中的几何信息来提取物体的几何信息。结构光测距借助三角法进行，成像系统主要由摄像机和光源两部分构成，它们与被观察物体一起排成一个三角形。光源产生一系列点激光或线激光照射到物体表面，由对光敏感的摄像机将被照亮部分记录下来，再通过三角计算来获得深度信息，所以也称为主动三角测距法。主动结构光法测距精度可达微米级，而可测量的深度场范围可达测距精度的几百倍到几万倍。

利用结构光成像的具体方式很多，包括光条法、栅格法、圆形光条法、交叉线法、厚光条法、空间编码模板法、彩色编码条法、密度比例法等。另外，随着可调谐平面光学器件的发展，结构光成像方法还会更多[6]。因为它们所用的投射光束的几何结构不同，所以摄像机的拍摄方式和深度距离的计算方法也不同，但共同点是都利用了摄像机和光源之间的几何结构关系。

在基本的光条法中，使用单个光平面依次照射物体各部分，使物体上出现一个光条，并且仅使此光条部分可被摄像机检测到。这样每次照射得到一个 2D 实体的（光平面）图，再通过计算摄像机视线与光平面的交点，就可以得到光条上可见图像点所对应空间点的第三维（距离）信息。

1. 结构光成像

利用结构光成像时，摄像机和光源要先标定好。图 3-6 所示为结构光成像示意图，给出一个结构光系统的几何关系。这里给出镜头所在的与光源垂直的 XZ 平面（Y 轴由纸内向外，光源是沿 Y 轴的条）。通过窄缝发射的激光从世界坐标系原点 O 照射到空间点 W（在物体表面）上产生线状投影，摄像机光轴与激光束相交，这样摄像机可采集线状投影，从而获取物体表面点 W 处的距离信息。

在图 3-6 中，F 和 H 确定了镜头中心在世界坐标系中的位置，α 是光轴与投影线的夹角，β 是 z 轴和 Z 轴间的夹角，γ 是投影线与 Z 轴间的夹角，λ 为摄像机焦距，h 为成像高度（所成像偏离摄像机光轴的距离），r 为镜头中心到 z 轴和 Z 轴交点的距离。由图 3-6 可知，光源与物体

之间的距离 Z 为 s 与 d 之和，其中 s 由系统决定，d 可由下式求得：

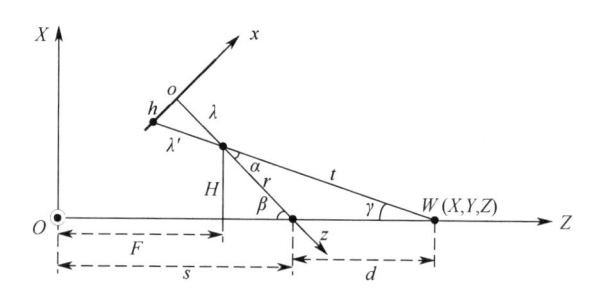

$$d = r\frac{\sin\alpha}{\sin\gamma} = \frac{r\sin\alpha}{\cos\alpha\sin\beta - \sin\alpha\cos\beta} = \frac{r\tan\alpha}{\sin\beta(1-\tan\alpha\cot\beta)} \quad (3\text{-}16)$$

图 3-6　结构光成像示意图

将 $\tan\alpha = h/\lambda$ 代入，可将 Z 表示为

$$Z = s + d = s + \frac{r\csc\beta \times h/\lambda}{1-\cot\beta \times h/\lambda} \quad (3\text{-}17)$$

式（3-17）把 Z 与 h 联系起来（其余全为系统参数），提供了根据成像高度求取距离的途径。由此可见，成像高度中包含了 3D 的深度信息，或者说深度是成像高度的函数。

2．成像宽度

结构光成像不仅能给出空间点的距离 Z，同时能给出沿 Y 方向的物体厚度。这时可借助从摄像机底部向上所观察到的顶视平面来分析成像宽度，如图 3-7 所示。

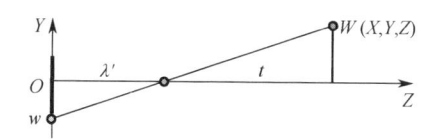

图 3-7　结构光成像时的顶视示意图

图 3-7 给出的是由 Y 轴和镜头中心所确定的平面示意图，其中 w 为成像宽度：

$$w = \lambda'\frac{Y}{t} \quad (3\text{-}18)$$

其中，t 为镜头中心到 W 点在 Z 轴上垂直投影的距离（见图 3-6）：

$$t = \sqrt{(Z-F)^2 + H^2} \quad (3\text{-}19)$$

而 λ' 为沿 z 轴从镜头中心到成像平面的距离（见图 3-6）：

$$\lambda' = \sqrt{h^2 + \lambda^2} \quad (3\text{-}20)$$

将式（3-19）和式（3-20）代入式（3-18）得到：

$$Y = \frac{wt}{\lambda'} = w\sqrt{\frac{(Z-F)^2 + H^2}{h^2 + \lambda^2}} \tag{3-21}$$

这样就将物体沿 Y 方向的厚度与成像高度、系统参数和物距联系起来了。

3.2.5 莫尔等高条纹法

当两个光栅成一定的倾角且有重叠时可以形成莫尔等高条纹。用一定方法获得的**莫尔等高条纹**的分布可包含物体表面的距离信息。

1. 基本原理

当利用投影光将光栅投影到物体的表面上时，表面的起伏会改变投影像的分布。如果把这种变形的投影像由物体表面反射后再经过另一个光栅，则可获得莫尔等高条纹。根据光信号的传递原理，上述过程可描述为光信号经过二次空间调制的结果。如果两个光栅均为线性正弦透视光栅，并且定义光栅周期变化的参量为 l，则所观察到的输出光信号为

$$f(l) = f_1\{1 + m_1 \cos[w_1 l + \theta_1(l)]\} \times f_2\{1 + m_2 \cos[w_2 l + \theta_2(l)]\} \tag{3-22}$$

其中，f_i 为光强；m_i 为调制系数；θ_i 为由物体表面起伏变化导致的相位变化；w_i 为由光栅周期决定的空间频率。在式（3-22）中，右边第一项对应光信号所经过的第一个光栅的调制函数，右边第二项对应光信号所经过的第二个光栅的调制函数。

式（3-22）的输出信号 $f(l)$ 中有四个空间频率的周期变量，分别为 w_1、w_2、w_1+w_2、w_1-w_2。探测器的接收过程对空间频率起了低通滤波的作用，因此莫尔等高条纹的光强可表示为

$$T(l) = f_1 f [1 + m_1 m_2 \cos(w_1 - w_2)l + \theta_1(l) - \theta_2(l)] \tag{3-23}$$

如果两个光栅的周期相同，则有

$$T(l) = f_1 f_2 \{1 + [\theta_1(l) - \theta_2(l)]\} \tag{3-24}$$

可见，物体表面的距离信息直接反映在莫尔等高条纹的相位变化中。

2. 基本方法

图 3-8 所示为用莫尔等高条纹法测距示意图。光源和视点相距 D，它们与光栅 G 的距离相同，均为 H。光栅为黑白交替（周期为 R）的透射式线条光栅。按图中的坐标系，光栅面在 XOY 平面上；被测高度沿 Z 轴方向，用 Z 坐标表示。

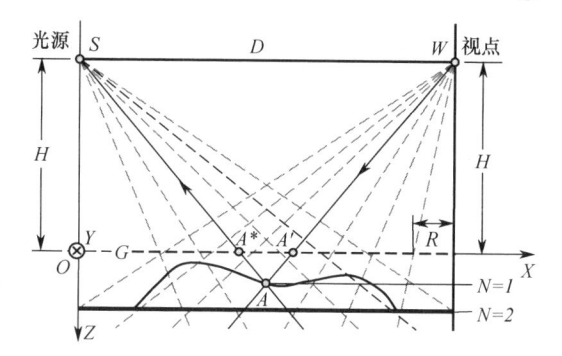

图 3-8 用莫尔等高条纹法测距示意图

考虑被测面上坐标为(x,y)的点A，光源通过光栅对它的照度是光源强度和光栅在点A^*的透射率的乘积。点A处的光强分布可表示为

$$T_1(x,y) = C_1\left[\frac{1}{2} + \frac{2}{\pi}\sum_{n=1}^{\infty}\frac{1}{n}\sin\left(\frac{2\pi n}{R}\frac{xH}{z+H}\right)\right] \qquad (3\text{-}25)$$

其中，n为奇数，C_1为与强度有关的常量。使T再一次通过光栅G相当于又经过一次在点A'处的透射调制，点A'处的光强分布成为

$$T_2(x,y) = C_2\left[\frac{1}{2} + \frac{2}{\pi}\sum_{m=1}^{\infty}\frac{1}{m}\sin\left(\frac{2\pi m}{R}\frac{xH+Dz}{z+H}\right)\right] \qquad (3\text{-}26)$$

其中，m为奇数，C_2为与强度有关的常量。最后在视点接收到的光强是两个分布的乘积：

$$T(x,y) = T_1(x,y)T_2(x,y) \qquad (3\text{-}27)$$

将式（3-27）用多项式展开，经过接收系统的低通滤波，可得到一个只含有变量z的部分和[7]：

$$T(z) = B + S\sum_{n=1}^{\infty}\left(\frac{1}{n}\right)^2\cos\left(\frac{2\pi n}{R}\frac{Dz}{z+H}\right) \qquad (3\text{-}28)$$

其中，n为奇数，B为莫尔等高条纹的背景强度，S为条纹的对比度。式（3-28）给出了莫尔等高条纹的数学描述。一般只取$n=1$的基频项即可近似描述莫尔等高条纹的分布情况，即式（3-28）可简化为

$$T(z) = B + S\cos\left(\frac{2\pi}{R}\frac{Dz}{z+H}\right) \qquad (3\text{-}29)$$

由式（3-29）可知：

（1）亮条纹的位置在相位项等于2π整数倍的地方，即

$$Z_N = \frac{NRH}{D-NR} \quad N\in I \qquad (3\text{-}30)$$

（2）任意两个亮条纹间的高度差不相等，因此不能用条纹数来确定高度，只能计算相邻两个亮条纹间的高度差。

（3）如果能得到相位项 θ 的分布，则可得到被测物表面的高度分布：

$$Z_N = \frac{RH\theta}{2\pi D - R\theta} \tag{3-31}$$

3. 改进方法

上述基本方法需要使用与被测物大小相当的光栅，这给装置的使用和制造都带来不便。一种改进的方法是将光栅装在光源的投影系统中，利用光学系统的放大能力来获得大光栅的效果。具体来说，就是将两个光栅分别安装在接近光源和视点的位置，光源通过光栅将光束透射出去，而视点在光栅后成像。

在实际应用中，利用（上述）投影原理的莫尔等高条纹法测距示意图如图3-9所示。其中使用了两套参数相同的成像系统，它们的光轴平行，并以相同的成像距离分别对两片间距相同的光栅进行几何成像，并使两片光栅的投影像重合。

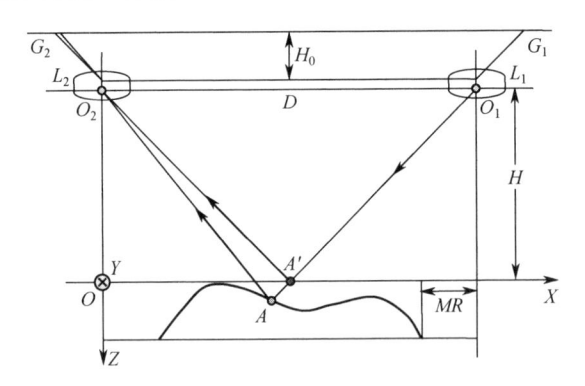

图3-9 利用投影原理的莫尔等高条纹法测距示意图

设在光栅 G_2 后面观察莫尔等高条纹，用 G_1 作为投影光栅，则投影系统 L_1 的投射中心 O_1 和接收系统 L_2 的会聚中心 O_2 分别等效于基本方法中的光源点 S 和视点 W。这样，只要用 MR 取代式（3-29）和式（3-31）中的 R（$M=H/H_0$ 为两光路的成像放大率），就可如上描述莫尔等高条纹的分布，并计算出被测物表面的高度分布情况。

在实际应用中，投影系统 L_1 前的那个光栅可以省掉，而用计算机软件来完成它的功能，此时包含被测物表面深度信息的投影光栅图像直接被摄像机接收。

由式（3-31）可知，如果能得到相位 θ 的分布，就可得到被测物表面的高度 Z 的分布。而相位的分布可利用多幅有一定相移的莫尔图像获得。这种方法常被简称为相移法。以 3 幅图像为例，在获得第一幅图像后，将投影光栅水平运动 $R/3$ 距离后获取第二幅图像，再将投影光栅

水平运动 $R/3$ 距离后获取第三幅图像。参照式（3-29），这 3 幅图像可表示为

$$\begin{cases} T_1(z) = A'' + C''\cos\theta \\ T_2(z) = A'' + C''\cos(\theta + 2\pi/3) \\ T_2(z) = A'' + C''\cos(\theta + 4\pi/3) \end{cases} \quad (3\text{-}32)$$

联立解得

$$\theta = \arctan\frac{\sqrt{3}(T_3 - T_2)}{2T_1 - (T_2 + T_3)} \quad (3\text{-}33)$$

这样就可以逐点计算出 θ。

3.3 间接深度成像

间接深度成像指直接获得的图像并不具有深度信息或并不直接反映深度信息，需要再对它们进行一些加工以将深度信息提取出来。人的双眼深度视觉功能就是一个典型的例子。每只眼看到的世界（成像在视网膜上）相当于一幅 2D 的图像（并不直接反映深度信息），但从两只眼看到的两幅 2D 图像中，人会感知到物体的远近。这是人脑进行信息处理的结果。其他还有一些间接获取深度信息的方法，如各种 3D 分层成像方式。间接深度成像方式从信号源角度来看多是被动式的，常用到各种图像处理、分析和理解技术。

双目成像可获得同一场景的两幅视点不同的图像（类似于人眼），**双目成像模型**可看作由两个单目成像模型组合而成。在实际成像时，既可以用两个单目系统同时进行采集来实现，也可以用一个单目系统先后在两个位姿分别进行采集来实现（这时一般设被摄物和光源没有运动变化）。

将双目成像推广，还可以实现多目成像，一些示例将在第 6 章讨论。

根据两个摄像机相对位姿的不同，双目成像可有多种模式，下面介绍几种典型模式。

3.3.1 双目横向模式

图 3-10 给出**双目横向模式**成像示意图。两个镜头的焦距均为 λ，其中心的连线称为系统的基线 B。两个摄像机坐标系的各对应轴是完全平行（X 轴重合）的，两个图像平面均与世界坐标系的 XY 平面平行。一个 3D 空间点 W 的 Z 坐标对两个摄像机坐标系而言是一样的。

1. 视差和深度

由图 3-10 可见，一个 3D 空间点分别对应两幅图像（两个图像平面坐标系）中的点，它们之间的位置差被称为**视差**。下面借助图 3-11 讨论双目横向模式中视差与深度（物距）之间的关

系，这里给出两镜头连线所在平面（XZ 平面）的示意图。其中，世界坐标系与第一个摄像机坐标系重合，而与第二个摄像机坐标系仅在 X 轴方向上有一个平移量 B。

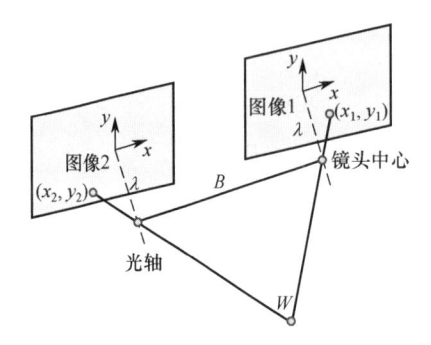

图 3-10　双目横向模式成像示意图 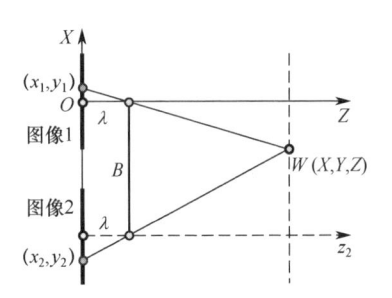　　　　图 3-11　平行双目成像中的视差

考虑 3D 空间点 W 的坐标 X 与在第一个图像平面上的投影点坐标 x_1 间的几何关系可得

$$\frac{|X|}{Z-\lambda} = \frac{x_1}{\lambda} \tag{3-34}$$

再考虑 3D 空间点 W 的坐标 X 与在第二个图像平面上的投影点坐标 x_2 间的几何关系可得

$$\frac{B-|X|}{Z-\lambda} = \frac{|x_2|-B}{\lambda} \tag{3-35}$$

两式联立，消去 X，得到视差：

$$d = x_1 + |x_2| - B = \frac{\lambda B}{Z-\lambda} \tag{3-36}$$

从中解出 Z：

$$Z = \lambda\left(1 + \frac{B}{d}\right) \tag{3-37}$$

式（3-37）把物体与图像平面的距离 Z（3D 信息中的深度）与视差 d 直接联系起来了。反过来也表明，视差的大小与深度有关，即视差中包含 3D 物体的空间信息。根据式（3-37），在已知基线和焦距时，确定视差 d 后计算 W 点的 Z 坐标是很简单的。另外，在 Z 坐标确定后，W 点的世界坐标 X 和 Y 可用 (x_1, y_1) 或 (x_2, y_2) 参照式（3-34）和式（3-35）算得。

现在看一下借助视差得到的**测距精度**。由式（3-37）可知，深度信息与视差有联系，而视差又与成像坐标有关。设 x_1 产生了偏差 e，即 $x_{1e} = x_1 + e$，则有 $d_{1e} = x_1 + e + |x_2| - B = d + e$，这样距离偏差为

$$\Delta Z = Z - Z_{1e} = \lambda\left(1 + \frac{B}{d}\right) - \lambda\left(1 + \frac{B}{d_{1e}}\right) = \frac{\lambda B e}{d(d+e)} \tag{3-38}$$

将式（3-36）代入式（3-38）得到

$$\Delta Z = \frac{e(Z-\lambda)^2}{\lambda B + e(Z-\lambda)} \approx \frac{eZ^2}{\lambda B + eZ} \quad (3\text{-}39)$$

最后一步是考虑一般情况下 $Z \gg \lambda$ 时的简化。由式（3-39）可见，测距精度与摄像机焦距、摄像机间的基线长度和物距都有关系。焦距越长，基线越长，精度就越高；物距越大，精度就越低。

式（3-37）给出了绝对深度与视差的关系表达。借助微分，可知深度变化与视差变化的关系为

$$\frac{\Delta Z}{\Delta d} = \frac{-B\lambda}{d^2} \quad (3\text{-}40)$$

两边同乘以 $1/Z$，则

$$\left(\frac{1}{Z}\right)\frac{\Delta Z}{\Delta d} = -\frac{1}{d} = \frac{-Z}{B\lambda} \quad (3\text{-}41)$$

因此有

$$|\Delta Z/Z| = |\Delta d| \times \frac{Z}{B\lambda} = \frac{\Delta d}{d} \times \frac{d}{\lambda} \times \frac{Z}{B} \quad (3\text{-}42)$$

如果视差与视差变化均以像素为单位，则可以知道在场景中对相对深度的测量误差：①正比于像素尺寸；②正比于深度 Z；③反比于摄像机间的基线长度 B。

另外，还可由式（3-41）得到

$$\frac{\Delta Z}{Z} = \frac{-\Delta d}{d} \quad (3\text{-}43)$$

可见相对深度的测量误差和相对视差的测量误差在数值上是相同的。

用两个摄像机观察一个具有局部半径 r 的圆形截面的圆柱形物体，如图 3-12 所示。两个摄像机视线的交点与圆形截面边界点之间有一定的距离，这就是误差 δ。现要获得计算误差 δ 的公式。

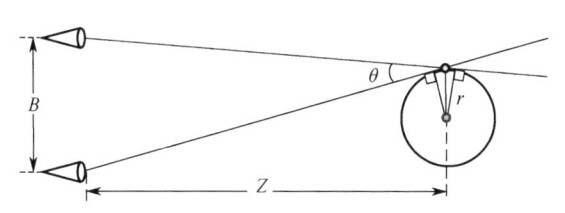

图 3-12 计算测量误差的几何结构示意图

为简化计算，假设边界点在两个摄像机投影中心的正交平分线处。简化后的几何结构如图 3-13（a）所示，误差的细节如图 3-13（b）所示。

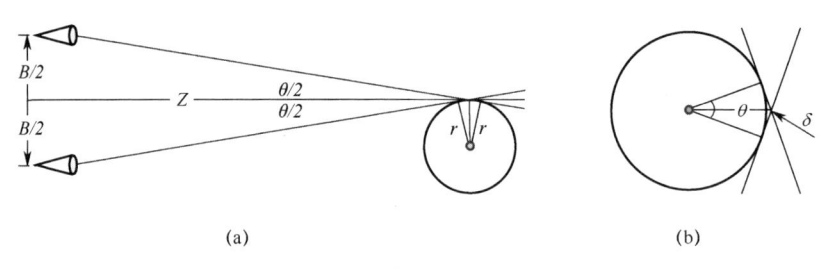

图 3-13 简化后的计算测量误差的几何结构示意图

由图 3-13 可得

$$\delta = r\sec\left(\frac{\theta}{2}\right) - r \tag{3-44}$$

$$\tan\left(\frac{\theta}{2}\right) = \frac{B}{2Z} \tag{3-45}$$

把 θ 替换掉，得到

$$\delta = r\left[1 + \left(\frac{B}{2Z}\right)^2\right]^{1/2} - r \approx \frac{rB^2}{8Z^2} \tag{3-46}$$

式（3-46）就是计算误差 δ 的公式，可见误差正比于 r 和 Z^{-2}。

2. 运动视差和深度

现在考虑运动的摄像机。如果使用一个单目系统先后在多个位姿采集一系列图像，同一个 3D 空间点会分别对应不同图像平面上的坐标点而产生**视差**，可称为**运动视差**。这里，可将摄像机的运动轨迹看作基线，如果取两幅图像并匹配其中的特征，也有可能获得深度信息。这种方式也称为**运动立体**。这里的一个困难是系列图像中的目标几乎都是从相同的视角拍摄的，因此等效基线很短。

当摄像机运动时，目标点横向移动的距离不仅依赖 X 也依赖 Y。为简化问题，可使用目标点到摄像机光轴的径向距离 R（$R^2 = X^2 + Y^2$）来表示。

参考图 3-14，其中图 3-14（b）是图 3-14（a）的一个剖面。

两幅图像中像点的径向距离分别为

$$R_1 = \frac{R\lambda}{Z_1} \tag{3-47}$$

$$R_2 = \frac{R\lambda}{Z_2} \tag{3-48}$$

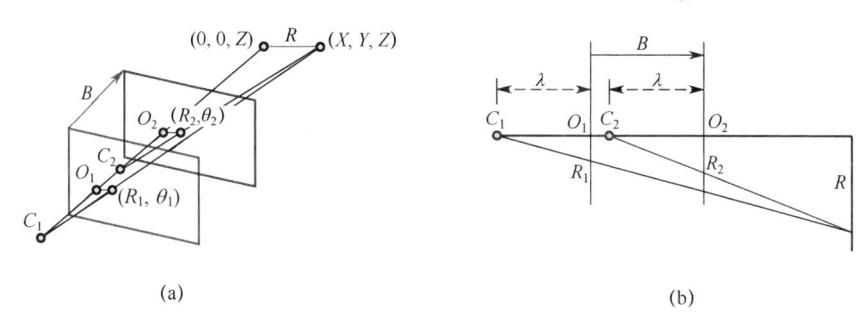

图3-14 从摄像机运动计算视差

这样，视差可表示为

$$d = R_2 - R_1 = R\lambda\left(\frac{1}{Z_2} - \frac{1}{Z_1}\right) \quad (3\text{-}49)$$

令基线 $B = Z_1 - Z_2$，并假设 $B \ll Z_1$，$B \ll Z_2$，则可得到（取 $Z^2 = Z_1 Z_2$）

$$d = \frac{RB\lambda}{Z^2} \quad (3\text{-}50)$$

令 $R_0 \approx (R_1 + R_2)/2$，可借助 $R/Z = R_0/\lambda$，得到

$$d = \frac{BR_0}{Z} \quad (3\text{-}51)$$

最终可推出目标点的深度为

$$Z = \frac{BR_0}{d} = \frac{BR_0}{R_2 - R_1} \quad (3\text{-}52)$$

可将式（3-51）与式（3-36）进行比较，此处视差依赖图像点与摄像机光轴间的（平均）径向距离 R_0，而非独立于径向距离。再将式（3-52）与式（3-37）进行比较，此处无法给出光轴上目标点的深度信息；而对于其他目标点，深度信息的准确性依赖径向距离的大小。

3．角度扫描成像

在上述双目横向模式成像中，为确定 3D 空间点的信息，需要确保该点在两个摄像机的公共视场内。让两个摄像机（绕 X 轴）旋转，就可增加公共视场并采集全景图像。这可称为用**角度扫描摄像机**进行立体镜成像，即双目**角度扫描**模式，其中成像点的坐标是由摄像机的方位角和仰角确定的。在图 3-15 中，θ_1 和 θ_2 分别给出两个方位角（对应绕 Y 轴的扫视运动），而仰角 ϕ 是 XZ 平面与由两个光心和点 W 所确定的平面间的夹角。

一般可借助镜头的方位角来表示物像之间的空间距离。利用如图 3-15 所示的坐标系，有

$$\tan\theta_1 = \frac{|X|}{Z} \quad (3\text{-}53)$$

$$\tan\theta_2 = \frac{B - |X|}{Z} \tag{3-54}$$

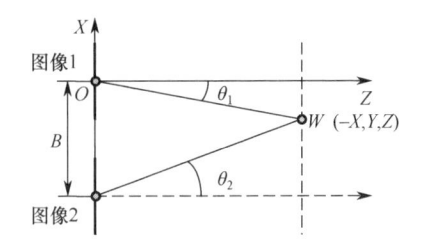

图 3-15　角度扫描摄像机进行立体镜成像

联立消去 X，得到 W 点的 Z 坐标：

$$Z = \frac{B}{\tan\theta_1 + \tan\theta_2} \tag{3-55}$$

式（3-55）实际上将物体和图像平面之间的距离 Z（3D 信息中的深度）与两个方位角的正切直接联系了起来。对比式（3-55）和式（3-37）可知，这里视差和焦距的影响都隐含在方位角中。根据空间点 W 的 Z 坐标，还可分别得到其 X 和 Y 坐标：

$$X = Z\tan\theta_1 \tag{3-56}$$

$$Y = Z\tan\phi \tag{3-57}$$

3.3.2　双目会聚横向模式

为了获得更大的**视场**重合，可以将两个摄像机并排放置但让两个光轴会聚。这种**双目会聚横向模式**可看作双目横向模式的推广（此时双目间的**聚散度**不为 0）。

1. 视差和深度

仅考虑如图 3-16 所示的情况，它是将图 3-11 中的两个单目系统分别围绕各自中心相向旋转而得到的。图 3-16 给出两个镜头连线所在的平面（XZ 平面）。两个镜头中心间的距离（基线）是 B。两个光轴在 XZ 平面上相交于 $(0,0,Z)$ 点，交角为 2θ。现在来看一下在已知两个图像平面坐标点 (x_1, y_1) 和 (x_2, y_2) 时，如何求取 3D 空间点 W 的坐标 (X, Y, Z)。

由两个世界坐标轴及摄像机光轴围成的三角形可知：

$$Z = \frac{B\cos\theta}{2\sin\theta} + \lambda\cos\theta \tag{3-58}$$

现从 W 点分别向两个摄像机的光轴作垂线，因为这两条垂线与 X 轴的夹角都是 θ，所以根据相似三角形的关系可得

$$\frac{|x_1|}{\lambda} = \frac{X\cos\theta}{r - X\sin\theta} \quad (3\text{-}59)$$

$$\frac{|x_2|}{\lambda} = \frac{X\cos\theta}{r + X\sin\theta} \quad (3\text{-}60)$$

其中，r 为从（任一）镜头中心到两个光轴会聚点的距离。

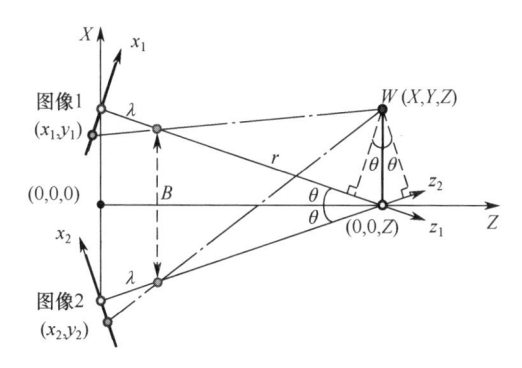

图 3-16　双目会聚成像中的视差

将式（3-59）和式（3-60）联立并消去 r 和 X 得到（参照图 3-16）

$$\lambda\cos\theta = \frac{2|x_1||x_2|\sin\theta}{|x_1|-|x_2|} = \frac{2|x_1||x_2|\sin\theta}{d} \quad (3\text{-}61)$$

将式（3-61）代入式（3-58）可得

$$Z = \frac{B}{2}\frac{\cos\theta}{\sin\theta} + \frac{2|x_1||x_2|\sin\theta}{d} \quad (3\text{-}62)$$

式（3-62）与式（3-37）一样，也把物体和图像平面的距离 Z 与视差 d 直接联系了起来。另外，由图 3-16 可以得到

$$r = \frac{B}{2\sin\theta} \quad (3\text{-}63)$$

代入式（3-59）和式（3-60）可得到点 W 的 X 坐标

$$|X| = \frac{B}{2\sin\theta}\frac{|x_1|}{\lambda\cos\theta + |x_1|\sin\theta} = \frac{B}{2\sin\theta}\frac{|x_2|}{\lambda\cos\theta - |x_2|\sin\theta} \quad (3\text{-}64)$$

2．图像矫正

双目会聚的情况也可转换为双目平行的情况。**图像矫正**就是对由光轴会聚的摄像机获得的图像进行几何变换以得到相当于用光轴平行的摄像机获得的图像的过程[8]。考虑图 3-17 中矫正前后的图像（分别用梯形和正方形示意），从目标点 W 射来的光线在矫正前后分别与左图像交于 (x, y) 和 (X, Y)。

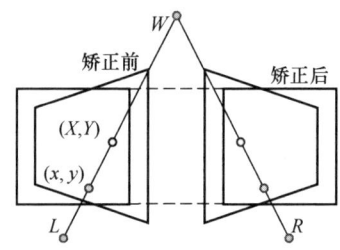

图 3-17 利用投影变换矫正用光轴会聚的两个摄像机获得的图像

矫正前图像上的各点都可以连到镜头中心并扩展到与矫正后的图像相交,因此对于矫正前图像上的各点,可以确定其在矫正后图像上的对应点。矫正前后点的坐标借助投影变换相联系($a_1 \sim a_8$ 为投影变换矩阵的系数):

$$x = \frac{a_1 X + a_2 Y + a_3}{a_4 X + a_5 Y + 1} \quad (3\text{-}65)$$

$$y = \frac{a_6 X + a_7 Y + a_8}{a_4 X + a_5 Y + 1} \quad (3\text{-}66)$$

式(3-65)和式(3-66)中的 8 个系数可借助矫正前后图像上 4 组对应点来确定(可参见参考文献[9])。这里可考虑借助水平方向极线(由基线和场景中一点构成的平面与成像平面的交线,见 5.1.2 小节)进行,为此需要在矫正前的图像中选择两条极线并将它们映射为矫正后图像中的两条水平线,如图 3-18 所示。对应关系为

$$X_1 = x_1 \quad X_2 = x_2 \quad X_3 = x_3 \quad X_4 = x_4 \quad (3\text{-}67)$$

$$Y_1 = Y_2 = \frac{y_1 + y_2}{2} \quad Y_3 = Y_4 = \frac{y_3 + y_4}{2} \quad (3\text{-}68)$$

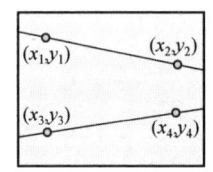

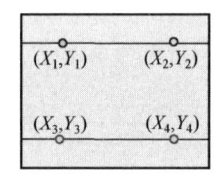

图 3-18 矫正前后图像示意

上述对应关系能保持图像矫正前后的宽度,但在垂直方向上(为了将非水平的极线映射为水平的极线)会产生尺度变化。为获得矫正的图像,需要对矫正后图像上的每个点 (X, Y) 用式(3-65)和式(3-66)在矫正前的图像上找到对应的点 (x, y),并且要把点 (x, y) 处的灰度赋给点 (X, Y)。

上述过程对右图像也要重复进行。为了保证矫正后的左图像和右图像上的对应极线代表相同的扫描线,需要将矫正前图像上的对应极线映射到矫正后图像上的同一条扫描线上,因此在矫正左图像和右图像时都要使用式(3-68)中的 Y 坐标。

3.3.3 双目轴向模式

使用双目横向模式或双目会聚横向模式时，都需要根据三角形法来计算视差，因此基线不能太短，否则会影响深度计算的精度。但当基线较长时，视场不重合带来的问题会比较严重。此时可考虑采用**双目轴向模式**，也称**双目纵向模式**，即将两个摄像机沿着光轴线依次排列。这种情况也可看作将摄像机沿光轴方向运动，在比获得第 1 幅图像更接近被摄物的位置采集第 2 幅图像，如图 3-19 所示。图 3-19 中仅画出了 XZ 平面，Y 轴由纸内向外，获取第 1 幅图像和第 2 幅图像的两个摄像机坐标系的原点只在 Z 方向上相差 B，B 也是两个摄像机光心间的距离（基线）。

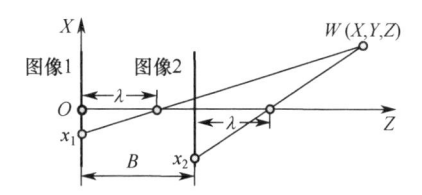

图 3-19 双目轴向模式成像

根据图 3-19 中的几何关系，有

$$\frac{X}{Z-\lambda} = \frac{|x_1|}{\lambda} \tag{3-69}$$

$$\frac{X}{Z-\lambda-B} = \frac{|x_2|}{\lambda} \tag{3-70}$$

联立式（3-69）和式（3-70）可得（仅考虑 X，Y 的情况与此类似）

$$X = \frac{B}{\lambda}\frac{|x_1||x_2|}{|x_2|-|x_1|} = \frac{B}{\lambda}\frac{|x_1||x_2|}{d} \tag{3-71}$$

$$Z = \lambda + \frac{B|x_2|}{|x_2|-|x_1|} = \lambda + \frac{B|x_2|}{d} \tag{3-72}$$

在双目轴向模式中，两个摄像机的公共视场就是前一个摄像机（图 3-19 中获取第 2 幅图像的那个摄像机）的视场，因此公共视场的边界很容易确定，并且可以基本排除由遮挡造成的 3D 空间点仅被一个摄像机看到的问题。不过，由于此时双目基本上用同一个角度去观察物体，加长基线对深度计算精度的好处不能完全体现。另外，视差及深度计算的精度均与 3D 空间点距摄像机光轴的距离 [如在式（3-72）中，深度 Z 与 $|x_2|$，即 3D 空间点的投影与光轴的距离] 有关，这与双目横向模式是不同的。

通过飞机携带的相机在空中对目标拍摄两幅图像可以获得地物的相对高度。在图 3-20 中，W 代表相机移动的距离，H 是相机高度，h 是两个测量点 A 和 B 之间的相对高度差，$(d_1 - d_2)$ 对应两幅图像中 A 和 B 之间的视差。

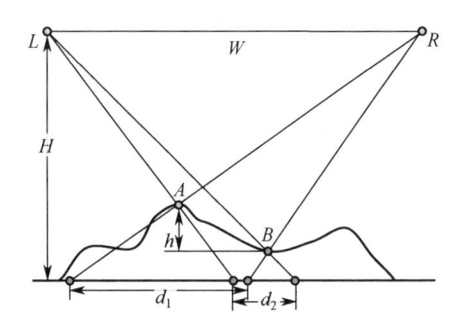

图 3-20 用立体视觉测量相对高度

在 d_1 和 d_2 远小于 W 且 h 远小于 H 的情况下，可对 h 进行如下简化计算：

$$h = \frac{H}{W}(d_1 - d_2) \tag{3-73}$$

如果上述条件不满足，则图像中的 x 和 y 坐标需要进行如下校正：

$$x' = x\frac{H-h}{H} \tag{3-74}$$

$$y' = y\frac{H-h}{H} \tag{3-75}$$

在目标距离比较近时，可以转动目标来获得两幅图像。图 3-21（a）中给出一个示意图，其中 δ 代表给定的旋转角度。此时两个目标点 A 和 B 之间的水平距离在两幅图像中不同，分别为 d_1 和 d_2，如图 3-21（b）所示。它们之间的连接角度 θ 和高度差 h 为

$$\theta = \arctan\left(\frac{\cos\delta - d_2/d_1}{\sin\delta}\right) \tag{3-76}$$

$$h = |h_1 - h_2| = \left|\frac{d_1\cos\delta - d_2}{\sin\delta} - \frac{d_1 - d_2\cos\delta}{\sin\delta}\right| = (d_1 + d_2)\frac{1-\cos\delta}{\sin\delta} \tag{3-77}$$

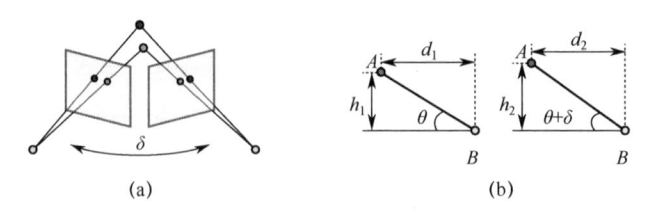

图 3-21 转动目标获得两幅图像以测量相对高度

3.4　单像素深度成像

单像素成像的起源，最早可以追溯到 100 多年前的逐点扫描成像。现在单像素成像主要指只使用一个没有空间分辨率的单像素探测器来记录图像信息。**单像素成像**这一名词最早出现在 2008 年的一篇文献[10]中，是与压缩感知相结合的工作。其中，借助一个**数字微镜器**（DMD）对物体的像进行二值随机调制，调制后的像用一个单像素探测器获取其总的能量。在接下来的重构过程中，使用哈尔小波基作为稀疏采样基以实现图像的稀疏变换，使得系统可以在欠定的采样数据中恢复出清晰的重构图像。同年，有研究者基于热光强度关联提出了**计算鬼成像**（CGI）的理论模型[11]，通过利用空间光调制器来产生已知空间强度分布的光场，这提供了单像素成像的另一种实现方案。

3.4.1　单像素成像原理

单像素成像与计算鬼成像的成像方案本质上是一样的[12]。从实现方法来看，早期单像素成像与计算鬼成像的主要区别是成像系统中对光信号进行空间调制的位置不同。图 3-22 给出了两种方案的流程图。其中，图 3-22（a）所示为单像素成像方案的流程图，光源照射物体，所反射或透射的光信号会被 DMD 空间调制，然后经过镜头，最后被单像素探测器接收；图 3-22（b）所示为计算鬼成像方案的流程图，光源先被 DMD 空间调制后再照射物体，所反射或透射的光信号通过镜头，最后被单像素探测器接收。相比之下，计算鬼成像方案采用前调制策略，对光源发射的光进行调制，也称为**结构化照明**；单像素成像方案采用后调制策略，对物体所反射或透射的光进行调制，也称为**结构化探测**。虽然流程有些不同，但它们的图像重建算法是通用的。

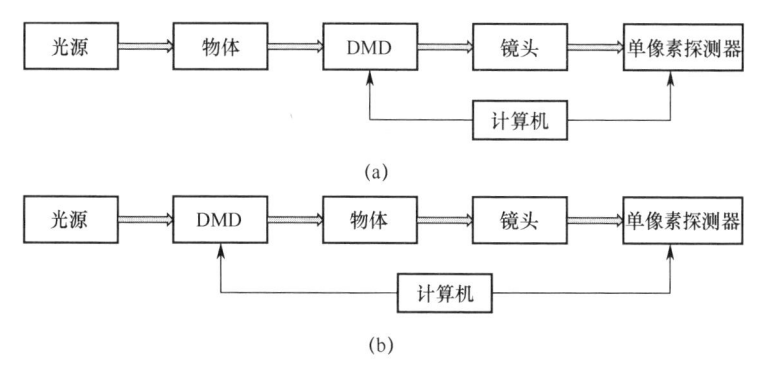

图 3-22　单像素成像与计算鬼成像方案的流程图

单像素成像与计算鬼成像的成像模型如下。考虑一幅 2D 图像 $I \in \mathrm{R}^{K \times L}$，其中包含 N 个像素，$N = K \times L$。为了采集该图像，需要将一系列具有空间分辨率的调制掩模图案送到 DMD 上。调制掩模序列 $P = [P_1, P_2, \cdots, P_M] \in \mathrm{R}^{M \times K \times L}$，其中，$P_i \in \mathrm{R}^{K \times L}$ 表示第 i 帧调制掩模，M 表示调制掩模的个数。单像素探测器捕获 M 个总光强值 $S = [s_1, s_2, \cdots, s_M] \in \mathrm{R}^M$。如果将 2D 图像 I 展开成矢量形式，即 $I \in \mathrm{R}^M$，并将调制掩模序列表示成 2D 矩阵形式，则可以得到

$$PI = S \tag{3-78}$$

由式（3-78）可以看出，单像素成像就是利用已知的调制掩模序列 P 和探测器捕获的测量信号序列 S 来解算 2D 图像 I 的一种计算成像方式。将式（3-78）两边分别乘以 P 的逆矩阵就能成像：

$$I = P^{-1}S \tag{3-79}$$

式（3-79）成立的前提是调制矩阵个数 $M = N$。另外，矩阵只有具有正交性，才能保证式（3-79）有唯一解。

3.4.2 单像素相机

实际的单像素相机成像灵活，光电转换效率高，大大降低了对高复杂度、高代价光探测器的要求，其成像流程如图 3-23 所示。

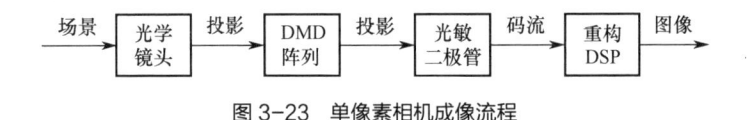

场景 → 光学镜头 →投影→ DMD 阵列 →投影→ 光敏二极管 →码流→ 重构 DSP →图像

图 3-23 单像素相机成像流程

利用光学镜头将场景中得到光源照射的目标投影到**数字微镜器**（DMD）上，DMD 是一种借助大量的微小镜片来反射入射光而实现光调制的器件。微镜阵列中的每个单元都可借助电压信号控制以分别进行 $\pm 12°$ 的机械翻转，如此就可将入射光分别进行对称角度的反射或完全吸收而不输出。这样就构成了一个由 1 和 0 组成的随机测量矩阵。以对称角度反射出来的光被光敏二极管（目前常用的快速、敏感、低价、高效的单像素传感器，在低光照时也有使用血崩二极管的情况）所接收，其电压随反射光强度的变化而变化。量化后可给出一个测量值，其中每次 DMD 的随机测量模式对应测量矩阵中的一行，此时如果将输入图像看成一个矢量，则该次测量的结果为它们的点乘积。将此投影操作重复 M 次，则通过 M 次随机配置 DMD 上每个微镜的翻转角度，就可获得 M 个测量结果。根据总变分重构法（可用 DSP 实现），就可用远小于原始场

景图像像素的 M 个测量值重构图像（其分辨率与微镜阵列的分辨率相同）。这相当于在图像采集的过程中实现了对图像数据的压缩。

单像素相机与传统的多像素面阵相机相比，主要优势如下。

（1）能量收集效率更高，暗噪声较低，适用于极弱光和远距离的场景。

（2）灵敏度更高，在不可见光波段和非常规成像方面的优势明显且成本很低。

（3）时间分辨率高，可用于物体的 3D 成像。

当然，单像素相机成像的最大劣势是需要进行多次测量才能成像（本质上利用时间换取空间）。理论上，如果要捕获一个具有 N 个像素点目标的图像，至少需要用 N 个掩膜图案进行调制，也就是至少需要 N 次测量，这大大限制了单像素相机成像应用的发展。在实际应用中，由于自然界图像信号具有稀疏性，所以可以利用**压缩感知**（CS）算法减少测量次数，使之更实用。

单像素相机成像的效果目前还离普通 CCD 相机成像的效果有一定的距离。图 3-24 给出一组示例。图 3-24（a）是对一张黑纸上的白色字母 R 的成像效果，像素个数为 256×256；图 3-24（b）是用单像素相机成像的效果，此时 M 为像素个数的 16%（进行了 11000 次测量）；图 3-24（c）是另一种用单像素相机成像的效果，此时 M 为像素个数的 2%（进行了 1300 次测量）。

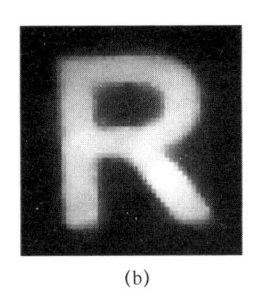

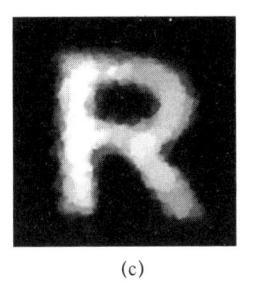

图 3-24　单像素相机成像效果示例

由图 3-24 可见，虽然测量数量有所减少，但质量差距也很明显。另外，机械翻转微镜需要一定的时间，因此成像时间比较长（常以分钟为单位）。事实上，在可见光范围内，用单像素相机成像的成本比一般 CCD 相机或 CMOS 相机要高。这是由于可见光谱与硅材料的光电响应区域一致，所以 CCD 相机或 CMOS 器件的集成度高且价格低。但在其他光谱范围，如红外谱段，单像素相机就比较有优势。由于红外谱段的探测器件很昂贵，单像素相机就可与其竞争了。单像素相机有优势的还有激光雷达成像、太赫兹成像、X 射线成像等。单像素相机成像提供了一种可以用单一探测器和大视场照明进行成像的方案，使得单像素相机在一些探测和照明技术不成熟的成像需求领域中很有潜力。

3.4.3 单像素 3D 成像

前面讨论的都是 2D 成像,将单像素成像从 2D 成像扩展到 3D 成像也很方便。目前主要的方法可分为两种:直接法和重建法。

(1)直接法。单像素成像从 2D 成像向 3D 成像扩展有天然的优势。单像素探测器是逐点成像的,因此可以记录每次单像素探测器所用的时间,借助 3.2.2 小节的飞行时间法,通过测量光飞行时间来测量深度信息[13]。为了获取高精度的深度信息,这类方法要求探测器具有较高的时间分辨率。

(2)重建法。将单像素成像从不同角度获得的 2D 图像结合起来,可获得具有深度信息的 3D 图像。例如,可使用光度立体技术(见 7.2 节)和多个位于不同位置的单像素探测器来进行 3D 重建[14]。其中,使用每个单像素探测器所捕获的光强序列与对应结构化掩膜序列的关联来重建 2D 图像,因为每幅 2D 图像都可以看作对物体不同角度的成像结果,所以通过像素配准就可以重建 3D 图像。

下面介绍当前单像素 3D 成像研究和应用中比较常见的两类方案。

1. 基于强度信息的 3D 成像

基于强度信息的方法主要借助了**由影调恢复形状**(见 9.1 节)。一种基于由影调恢复形状重构物体表面的实验装置在光源的上下左右等距地安置了 4 个单像素探测器,对投射到物体表面并被反射回来的光场进行探测[15]。因为单像素探测器完全不具备空间分辨能力,所以光源端的投影设备将唯一地决定重构物体的分辨率。根据成像系统的互逆性原理,单像素探测器的分布方位将决定重构物体的阴影分布。这里因为物体表面朝向的变化会导致不同视角的 4 个单像素探测器获得不同的探测值,所以经过计算就可得到不同视角下的具有不同明暗分布的 2D 图像。

进一步,在假设物体表面各处反射率相同的前提下,根据不同探测器的探测值重构亮度值,可以得到不同像素点的表面法向量,而根据这些表面法向量可以进一步求得相邻像素点之间的梯度分布,从物体表面一个给定点开始积分计算,可以初步获得物体的深度变化,再经过后续的优化步骤后,可以获得经典立体视觉的 3D 重构效果。在此基础上,还出现了一种 3D 单像素视频成像的方法,其中使用了一种被称为进化压缩感知的单像素压缩方法,能在高帧速率投影的同时较大限度地保留空间分辨率[16]。

2. 基于结构投影的 3D 成像

这类方法的原理类似于结构光成像（见 3.2.4 小节）。常见的主要有傅里叶单像素 3D 成像技术和基于数字光栅的单像素 3D 成像技术。

1）傅里叶单像素 3D 成像技术

傅里叶单像素成像（FSI）通过获取目标图像的傅里叶频谱来重构高质量的图像[17]。FSI 采用相移的方式产生结构光照明进行频谱采集，然后对得到的频谱进行傅里叶反变换得到重构图像。对于由 N 个像素组成的长×宽为 $K \times L$ 的矩形图像，令 u 和 v 分别表示图像 X 方向和 Y 方向的空间频率，则产生的傅里叶矩阵可以表示为

$$\boldsymbol{P}_\phi(u,v) = \cos\left[2\pi\left(\frac{ux}{K} + \frac{vy}{L}\right) + \phi\right] \tag{3-80}$$

其中，ϕ 表示相位。具体来说，为了获取傅里叶系数，在相同的频率下需要设置不同的相位值才能解出频谱。常用的四步相移法在 $0 \sim 2\pi$ 使用 4 个等距的相位。如果将对应的 4 个单像素探测值记为 $D_0, D_{\pi/2}, D_\pi, D_{3\pi/2}$，则空间频率 (u, v) 对应的傅里叶系数可表示为

$$F(u,v) = (D_\pi - D_0) + \mathrm{j}(D_{3\pi/2} - D_{\pi/2}) \tag{3-81}$$

式（3-81）表明，对于具有 N 个像素的图像，需要 $4N$ 次采样才能完全恢复其图像信息。

傅里叶单像素 3D 成像技术是基于 2D 傅里叶变换的单像素成像技术，它是利用条纹投影轮廓技术提取物体深度信息的 3D 成像方法[18]。

2）基于数字光栅的单像素 3D 成像技术

数字光栅具有快速的切换能力，借助数字光栅的数字相移技术具有较高的精度和适用性，很适合用于光学立体测量。

常用的四步相移法可以在高相位精度和快速计算之间取得较好的平衡。在四步相移法中，每步的相移距离为 $\pi/2$，相移条纹强度分布可以写为

$$I_n(x,y) = I_a(x,y) + I_m(x,y)\cos\left(\phi + \frac{2\pi n}{4}\right) \tag{3-82}$$

其中，$n = 1, 2, 3, 4$；$I_a(x, y)$ 是平均光强；$I_m(x, y)$ 是调制强度；ϕ 为所需的相位：

$$\phi(x,y) = \arctan\frac{I_1(x,y) - I_3(x,y)}{I_4(x,y) - I_2(x,y)} \tag{3-83}$$

如上可得到一个在 $[-\pi, \pi]$ 中具有相位跳变的包裹相位。经过空间相位解包后，可以得到物体的绝对相位分布。

3.5 生物视觉与立体视觉

双目视觉能够实现人类立体视觉,即基于左右视网膜上图像位置的差异来感知深度,这是由于每只眼睛观察物体的角度略有不同(产生了双目视差)。为了充分利用人类视觉的这种能力,在从自然界获取图像时要考虑人类视觉的特性,在将这些图像展示给人类时也要考虑人类视觉的特性。

3.5.1 生物视觉和双目视觉

在头盔显示器(HMD)中使用的视觉显示器主要有 3 种显示类型[19]:①单目(使用一只眼睛看一幅图像);②生物双目(使用两只眼睛看两幅相同的图像);③双目立体(使用两只眼睛看两幅不同的图像)。这 3 种显示类型的联系和区别如图 3-25 所示。

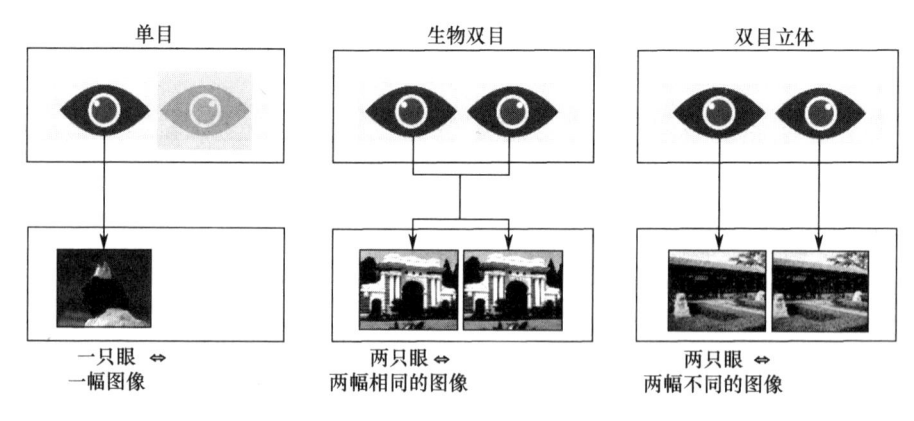

图 3-25 3 种显示类型的联系和区别

目前,在显示方面有一个从单眼到双眼的趋势。最初的显示是单目的,当前的显示是生物双目的,但有两个独立的光学路径,因此有可能使用不同的图像来显示信息,以创建双目立体模式下的立体深度(显示立体图像或 3D 图像)。

3.5.2 从单目到双目立体

在现实世界中,当一个人把目光聚焦在一个物体上时,两只眼睛会聚,这样物体就会落在各视网膜的中心凹上,几乎没有视差,如图 3-26 所示。

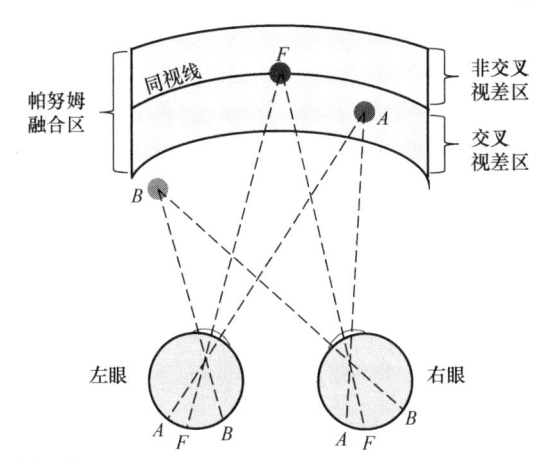

注：彩插页有对应彩色图片。

图 3-26　同视线和帕努姆融合区

在图 3-26 中，目标 F 是聚焦的对象，通过该固定点的弧称为**同视线**（包含空间中所有落在两只眼睛视网膜对应像点的线）。这相当于设置了一条基线，根据该基线可以判断相对深度。在同视线的两侧都有一个图像可以被融合的区域，在此范围中可以感知到与焦点物体处于不同深度的单个物体。这个空间区域被称为**帕努姆融合区**或**双眼单视清晰区**（ZCSBV）。落在帕努姆融合区前方（交叉视差区）或后方（非交叉视差区）的物体将呈现**双眼复视**，虽然仍能以定性立体视觉的形式促进深度感知，但不太可靠或不太准确。例如，目标 A 位于帕努姆融合区以内，因此将被视为单个像点，而目标 B 位于帕努姆融合区之外，因此将出现复视。

同视线的空间定位及所导致的帕努姆融合区的不断变化取决于个人聚焦的位置和眼睛接近的位置。它的大小在个体之间和个体内部都会有所不同，具体取决于疲劳程度、亮度和瞳孔大小等因素，但在中央凹处观察时，距焦点 10～15 弧分的差异可以提供清晰的深度线索。然而，一般认为可以提供舒适的双眼观察而没有不良症状的范围只占帕努姆融合区的中间的 1/3 部分（大约 0.5 交叉和非交叉屈光度）。

参考文献

[1] 刘兴盛, 李安虎, 邓兆军, 等. 单相机三维视觉成像技术研究进展[J]. 激光与光电子学进展, 2022, 59(14): 87-105.

[2] BALLARD D H, BROWN C M. Computer Vision[M]. London: Prentice Hall, 1982.

[3] 李峰, 王健, 刘小阳, 等. 三维激光扫描原理与应用[M]. 北京: 地震出版社, 2020.

[4] 杨必胜, 董震. 点云智能处理[M]. 北京: 科学出版社, 2020.

[5] SHAPIRO L, STOCKMAN G. Computer Vision[M]. UK London: Prentice Hall, 2001.

[6] DORRAH A H, CAPASSO F. Tunable structured light with flat optics[J]. Science, 2022, 376(6591): 367-377.

[7] 刘巽亮. 光学视觉传感[M]. 北京: 北京科学技术出版社, 1998.

[8] GOSHTASBY A A. 2-D and 3-D Image Registration — for Medical, Remote Sensing, and Industrial Applications[M]. Hoboken: Wiley-Interscience, 2006.

[9] 章毓晋. 图像工程（上册）——图像处理[M]. 4 版. 北京: 清华大学出版社, 2018.

[10] DUARTE M F, DAVENPORT M A, TAKBAR D, et al. Single-pixel imaging via compressive sampling[J]. IEEE Signal Processing Magazine, 2008, 25(2): 83-89.

[11] SHAPIRO J H. Computational ghost imaging[J]. Physical Review A, 2008, 78(6): 061802.

[12] 翟鑫亮, 吴晓燕, 孙艺玮, 等. 单像素成像理论与方法[J]. 红外与激光工程, 2021, 50(12): 14.

[13] HOWLAND G A, LUM D J, WARE M R, et al. Photon counting compressive depth mapping[J]. Optics Express, 2013, 21(20): 23822-23837.

[14] SUN B Q, EDGAR M P, BOWMAN R, et al. 3D computational imaging with single-pixel detectors[J]. Science, 2013, 340(6134): 844-847.

[15] 孙宝清, 江山, 马艳洋, 等. 单像素成像在特殊波段及三维成像的应用发展[J]. 红外与激光工程, 2020, 49(3): 16.

[16] ZHANG Y, EDGAR M P, SUN B Q, et al. 3D single-pixel video[J]. Journal of Optics, 2016, 18(3): 35203.

[17] ZHANG Z B, MA X, ZHANG J G. Single-pixel imaging by means of Fourier spectrum acquisition[J]. Nature Communications, 2015, 6(1): 1-6.

[18] RADWELL N, MITCHELL K J, GIBSON G M, et al. Single-pixel infrared and visible microscope[J]. Optica, 2014, 1(5): 285-289.

[19] POSSELT B N, WINTERBOTTOM M. Are new vision standards and tests needed for military aircrew using 3D stereo helmet-mounted displays? [J]. BMJ Military Health, 2021, 167: 442-445.

第 4 章
3D 点云数据采集及加工

3D 点云数据可以借助激光扫描或摄影测量等方式获得,也可以看作对物理世界 3D 数字化的一种表达。点云数据是一类时间空间数据,其数据结构比较简单,存储空间比较紧凑,对复杂表面局部细节的表达比较完整,已在很多领域得到了广泛应用[1]。但是,获得的原始 3D 点云数据往往缺少相互之间的关联,并且数据量非常大,这给对它的加工处理带来了许多挑战[2]。

本章各节内容安排如下。

4.1 节对点云数据进行概括介绍,包括点云数据获取方式、类型、加工任务及 LiDAR 测试数据集。

4.2 节讨论点云数据预处理,包括点云数据补漏、去噪、地面区域滤波、精简/压缩,以及多平台点云数据配准、点云数据与影像数据配准。

4.3 节介绍激光点云 3D 建模,分别讨论德劳内三角网法和面片拟合法。

4.4 节介绍 3D 模型的纹理映射,分别讨论颜色纹理映射法、几何纹理映射法、过程纹理映

射法。

4.5 节介绍点云特征描述，包括全局和局部特征描述符及利用朝向直方图标记、旋转投影统计和三正交局部深度图的描述方法。

4.6 节对点云理解与深度学习进行讨论，主要是面临的挑战和各种网络模型。

4.7 节介绍借助仿生优化来配准点云数据，具体分析布谷鸟搜索和改进的布谷鸟搜索，以及它们在点云配准中的应用。

4.1 点云数据概况

点云数据在获取方式、获取设备、数据形式、存储格式等多个方面都有其特殊性，因而其加工任务和要求与普通数据有所不同。

4.1.1 点云数据获取方式

目前点云数据的获取方式主要有激光扫描方式和摄影测量方式，两者在实用中互补，如 3.2.3 小节介绍的激光雷达（LiDAR）。

激光扫描方式通过在不同的平台上将激光扫描仪、全球定位系统和惯性测量单元进行集成，进行激光发射器的位置、姿态信息与到目标区域的距离的联合解算，从而获取目标区域的 3D 点云。

摄影测量方式通过特定的专业软件，对拍摄的多视角影像数据进行位置和姿态的恢复，生成具有颜色信息的密集影像点云。

利用 3D 激光扫描技术与摄影测量技术获得的点云数据有如下区别。

（1）数据源不同：3D 激光扫描技术直接采集激光点云（无须再加工），获取的点云精度高、数据均匀、分布规则、目标之间隔明显；摄影测量技术利用连续拍摄的具有一定重叠度的影像进行空间定位并通过平差方式获取加密点的点云，这些点云往往起伏较大、分布杂乱、噪声多、精度差，点云中的所有点常连成一个整体。

（2）数据配准方式不同：激光点云通过各站间的同名点进行坐标配准；摄影测量点云利用内定向、相对定向和绝对定向的方法生成整体的点云。

（3）坐标转换方式不同：3D 激光扫描技术只有在大地坐标转换时需要进行控制点测量，也可以使用相对坐标；摄影测量技术往往需要进行辅助的控制测量，用以进行 3D 点云数据的高精度重建。

（4）测量精度不同：激光点云分布规则、均匀，精度较高；摄影测量点云是通过生成加密点来生成的，其过程受影像匹配精度的影响较大，精度相对较低。

（5）3D 模型的构建方式不同：3D 激光扫描技术通过过滤地面点的方式生成 3D 地面模型，通过面片分割或手工建模方式构建精确的建筑物 3D 模型；摄影测量技术通过影像匹配或立体观测的方式绘制 3D 模型。

（6）彩色和纹理信息的获取方式不同：3D 激光扫描仪借助附带的摄像机采集影像彩色纹理，然后通过影像与点源匹配的方式为点云赋值 RGB 颜色，存在一定的误差，并且受拍摄角度的影响该影像有时很难作为纹理直接使用；摄影测量设备直接拍摄目标照片，在进行影像定位时即可将影像纹理赋值给点云，不需要额外处理。

（7）对外界环境的要求不同：3D 激光扫描仪可以在白天或黑夜采集激光点云数据；摄影测量设备只能在光线良好的白天拍摄照片（这样才能容易地自动寻找像对中的同名点）。

（8）遮挡、阴影产生的误差不同：3D 激光扫描仪在受到地物遮挡后会在点云中形成空白漏洞；摄影测量设备在受到地物遮挡或阴影影响后会干扰影像匹配精度，造成较大的匹配误差。

3D 激光扫描技术与摄影测量技术对比如表 4-1 所示。

表 4-1　3D 激光扫描技术与摄影测量技术的对比

对 比 项 目	3D 激光扫描技术	摄影测量技术
成像系统	高功率准直单色系统	框幅式摄影或线阵扫描成像系统
几何系统	极坐标几何系统	透视投影几何系统
数据获取方式	逐点采样，可直接获取点的 3D 坐标	可瞬间获取一个区域的 2D 影像，但不能直接获取点的 3D 坐标
数据获取过程	动态	间歇
工作方式	主动式测量	被动式测量
工作条件	全天候作业	受天气影响大
目标探测能力	较强	较弱
3D 重建效率	较低	较高
纹理重建效率	有限	较高

4.1.2　点云数据类型

利用不同方式获取的点云数据各有特点，如表 4-2 所示[3]。

表 4-2　不同点云数据类型的优缺点

点云数据类型	优　　点	缺　　点
基于图像 3D 重建的点云数据	具有颜色、纹理和深度信息，适合 3D 场景	受光照和环境影响大，丢失了重建信息
基于 Kinect 的 RGB-D 数据	点云密集、有深度，适合近距离 3D 室内小场景	点云易受光照影响，视野小，仅适用于室内场景
利用车载激光雷达获取的点云数据	精度高、点云密集，具有 3D 空间和强度信息，受环境因素影响较小	受限于平台，只能生成具有线性道路轨迹的点云场景；无法提取场景颜色信息
利用静态（固定式）激光雷达获取的点云数据	精度高、点云密集，具有 3D 空间和强度信息，适合 3D 户外场景	采集设备无法移动，点云场景不完整
利用航空/航拍激光雷达获取的点云数据	信息精度高、点云稀疏，适合 3D 户外场景（大规模粗略建模）	无法再现地面细节，激光雷达无法提取场景颜色信息
基于碰撞的全景图像和激光点云的融合数据	精度高、点云密集，移动建模，具有全画幅 3D 空间色彩和强度信息，适合 3D 户外场景	仅靠激光点云无法提取场景颜色信息

4.1.3　点云数据加工任务

在获取 3D 点云后，需要进行多种加工以充分利用，主要内容如下[4]。

（1）点云质量改善。包括点云位置修正、点云反射强度校正、点云数据属性整合等。

（2）点云模型构建。点云模型包括数据模型（负责点云的存储、管理、查询、索引等基本操作，以及数据模型和逻辑模型的设计等）、处理模型（负责点云的预处理、点云特征提取、点云分类等）、表达模型（负责点云处理结果的应用分析）。

（3）点云特征描述。点云特征描述要刻画点云形态结构，点云特征主要分为人工设计的特征和深度网络学习的特征。人工设计的特征依赖设计者的先验知识，常有一定的参数敏感性，如基于特征值的描述符、自旋影像、快速点特征直方图、旋转投影统计特征描述、二进制形状上下文等。深度网络学习的特征是基于深度学习从大量训练数据中自动学习出来的，可包含大量的参数，具有较强的描述能力。根据深度学习模型的不同，深度网络学习的特征分为三类：基于体素的特征、基于多视图的特征和基于不规则点的特征。

（4）点云语义信息提取。这是指从大量杂乱无章的点云数据中识别和提取目标要素，为场景高层次理解提供底层对象和分析依据。一方面，点云场景中包含目标高密度、高精度的 3D 信息，提供了目标的真实 3D 视角和缩影；另一方面，点云的高密度、大规模、空间离散特性，以及场景中 3D 目标的数据不完整性和目标间的重叠性、遮挡性、相似性等现象也给语义信息提取带来了巨大的挑战。

（5）点云目标结构化重建与场景理解。为刻画点云场景中目标的功能与结构及多目标间的位置关系，需要对点云场景中的目标进行结构化表达，以支撑复杂的计算分析和进一步的场景解释。基于点云的 3D 目标结构化重建不同于基于 Mesh 结构的数字表面模型重建，前者的关键在于准确提取不同功能结构体的 3D 边界，从而把离散无序的点云转化为具有拓扑特性的几何基元组合模型。

4.1.4 LiDAR 测试数据集

近年来，许多大学和行业已经发布了大量的点云数据集，可以为测试各种方法提供公平的比较。这些公共基准数据集由虚拟场景或真实场景组成，特别关注点云分类、分割、配准和目标检测（参见参考文献[5]）工作。它们在深度学习中特别有用，因为它们可以提供大量的真实标签用于训练网络。

一些常用的 LiDAR 测试数据集（仅考虑移动 LiDAR 扫描）如表 4-3 所示。

表 4-3 一些常用的 LiDAR 测试数据集

数 据 集	容 量	分 割 类 别	目标检测类别
Apollo[6]	5.28×10^3 幅图像	—	多于 6×10^4 个汽车实例
ASL 数据集[7]	8 个序列	—	—
BLVD[8]	654 个视频片段	—	2.49×10^5 个 3D 注释
DBNet[9]	1×10^3 千米驾驶数据	—	—
IQmulus[10]	3.00×10^8 个点	50	—
KITTI 里程计[11]	22 个序列	—	—
MIMP[12]	超过 5.14×10^7 个点	—	—
NCLT[13]	27 个序列	—	—
NPM3D[14]	1.43×10^9 个点	50	—
nuScenes[15]	1×10^3 个驾驶场景	—	23 类和 8 个属性
牛津机器人车[16]	100 个序列	—	—
语义 KITTI[17]	22 个序列	28	—
Whu-TLS[18]	1.74×10^9 个点	—	—

4.2 点云数据预处理

点云数据在获取时会因为多种原因而不完善、不完备，有时数据量又非常大，因此常需要先进行预处理（一个算法综述可见参考文献[19]）。常见的点云数据预处理包括补漏、去噪、地面区域滤波、精简/压缩、配准等。

4.2.1 点云数据补漏

被测目标本身的一些原因（如自身遮挡、表面法线与入射激光线接近平行，以及各种导致反射光强度不足的因素）会造成点云数据在某些位置缺失，形成漏洞。例如，对人体进行扫描而得到的 3D 点云常在头顶、腋下等体侧部位有漏洞存在。

点云数据补漏除可以使用通用的修补方法（如逆向工程的预处理）外，还可以先将点云数据转化为网格形式，再使用基于网格模型的方法进行修补[20]。一种三阶段补漏方法的主要步骤为：①将扫描点云重构为三角面片网格模型，识别其上的漏洞；②确定漏洞边界的类型；③根据漏洞边界的类型进行修补。对缺失点的计算可采用非均匀有理 B 样条（NURBS）曲线的方法[21]。

4.2.2 点云数据去噪

导致点云数据中产生噪声点的因素主要包括[22]：

（1）被测目标表面因素，如表面粗糙度、材质、距离、角度等。例如，表面反射率过低会导致入射激光被吸收而得不到足够的反射，距离过远或入射角度过大会导致反射信号弱。

（2）扫描系统自身因素，如设备的测距/定位精度、分辨率、激光光斑尺寸、扫描仪振动等。

（3）采集过程中外界的干扰因素，如移动物体、空中飞虫等。

可以采用各种滤波器来消除噪声点和野点。一种对点云数据滤波技术的分类讨论可见参考文献[23]，其中主要的 6 类技术如表 4-4 所示。

表 4-4 6 类点云数据滤波技术

类　　别	原理/特点
基于统计的滤波技术	利用了与点云性质匹配的统计概念，如似然性、主分量、贝叶斯统计、L_1 稀疏性
基于邻域的滤波技术	使用点与其邻域之间的相似性度量来确定对点的滤波位置，而相似度取决于点、法线或区域的位置
基于投影的滤波技术	通过不同的投影策略调整点云中每个点的位置以实现点云滤波，如局部最优投影（LOP）、特征保持局部最优投影（FLOP）等
基于信号处理的滤波技术	将原来对信号进行处理的方法扩展至对点云的滤波，如拉普拉斯算子、维纳滤波器等
基于偏微分方程的滤波技术	是对图像三角网格滤波技术的扩展，如对点云滤波的各向异性几何扩散方程进行离散化和求解、使用方向曲率和主曲率等
混合滤波技术	结合上述两种或多种技术进行滤波，如先用加权局部最优投影（WLOP）来滤除噪声，再使用基于均值漂移的离群值去除来检测和消除野点

下面具体描述两种滤波器[4]。

1．统计野点消除滤波器

统计野点消除滤波器主要用于消除野点（离群点）。它的基本思路是通过统计输入点云区域内点云的分布密度来判定野点。点云越聚集的地方分布密度越大；反之，分布密度小的地方点云越不聚集。例如，将每个点与 K 个近邻点的平均距离作为一个密度度量指标，如果某个点的邻域的密度小于一定的密度阈值，则该点为野点，可以将其除去。

统计野点消除方法的主要步骤如下。

（1）搜索感兴趣点的 K 个近邻点，分别计算该感兴趣点与 K 个近邻点之间的距离，将距离均值作为该点的平均距离。

（2）假设输入点云中所有点的密度满足由均值和标准差所决定的高斯分布，计算目标点云中所有点之间的平均距离和标准差。设置距离阈值为平均距离加 1～3 倍的标准差。

（3）根据设定的距离阈值，将步骤（1）中求得的点的平均距离与之进行比较，平均距离大于距离阈值的点被标记为野点，并将其除去。

2．半径野点消除滤波器

半径野点消除滤波器以半径为判别依据，以消除在输入点云的一定范围中没有达到足够邻域点数量的所有点。设置邻域点数阈值为 N，逐个以当前点为中心，确定一个半径为 d 的球体。计算当前球体内邻域点的数量，当数量大于 N 时，该点被保留，反之被消除。

半径野点消除方法的主要步骤如下。

（1）计算输入点云中每个点的半径为 d 的球体内的近邻点数 n。

（2）设置邻域点数阈值 N。

（3）如果 $n < N$，则标记该点为野点；如果 $n \geqslant N$，则不标记。

（4）对所有点重复上述过程，最后将标记点除去。

4.2.3　点云数据地面区域滤波

航拍得到的点云数据中常包含地面区域。在利用激光雷达数据生成数字地面模型时，需要去除地面区域，否则会对场景的分割等造成干扰。主要方法包括基于高程的滤波方法、基于模型的滤波方法、基于区域生长的滤波方法、基于窗口移动的滤波方法和基于三角网的滤波方法，它们的对比如表 4-5[3] 所示。

表 4-5 地面区域滤波方法对比

滤波方法	原理	特点
基于高程的滤波方法	根据点云中的点分布进行滤波,手动设置或自适应寻找高程 z 方向阈值,将点云中 z 值小于阈值的点作为地面点过滤掉	快速,但鲁棒性差
基于模型的滤波方法	选择适合地面的模型(如基于 RANSAC 的平面模型、CSF 模型*),并使用拟合的内点作为地面点	适用于特定环境,鲁棒性较差,但滤波效果较好
基于区域生长的滤波方法	以点的法向量方向作为区域增长的标准,首先自适应地找到最有可能的地面点。在此基础上,根据其邻域点的法向量方向与其法向量方向的角度差,判断其是否生长。不断迭代直到找到所有地面点	当地面起伏不大时,可以很好地分离地面,但时间和空间成本都比较高
基于窗口移动的滤波方法	分布在地面上的点应具有连续性。设置合适的窗口大小以找到当前窗口中的最低点;然后通过最低点计算模型设置阈值,过滤掉所有高差超过阈值的点	速度比较快,但窗口大小过于依赖手动设置,而且只考虑了局部特征
基于三角网的滤波方法	将离散点按一定规律连接成多个覆盖整个区域的三角形,彼此不重叠,形成不规则的三角形网络。由种子点生成稀疏三角形网络,通过分析模型斜率进行初始分割,剔除斜率大的三角区域,再通过连通性分析得到各段高程差等特征	避免了地形平坦时的数据冗余,但数据结构复杂,空间复杂度高

*:布料模拟滤波(Cloth Simulation Filter,CSF)模型,对应一种在计算机图形学中模拟布料的 3D 算法。

4.2.4 点云数据精简/压缩

3D 激光扫描速度快、采集密度大,因此点云数据规模通常很大。这有可能导致计算量大、占用内存多、处理速度缓慢等问题。

对 3D 激光点云可以采用不同方式进行压缩。最简单的方法是重心压缩法,即仅保留点云栅格化后邻域里最接近重心的点。但该方法容易导致点云数据的特征缺失。对 3D 激光点云压缩还可使用被称为"八叉树"的数据结构,借助包围盒法进行压缩,既可以减少数据量,也有利于计算局部邻域数据的法向量、切平面和曲率值等[24]。

八叉树结构是通过递归分割点云空间来实现的。先构造点云数据的空间包围盒(外接立方体),作为根;再将其分割为大小相同的 8 个子立方体,作为根的子结点。如此递归分割,直到最小子立方体的边长等于给定的点距,此时点云空间被划分为 2 的幂次方个子立方体。

对一个空间包围盒进行递归八等分,假设剖分层数为 N,则八叉树空间模型可用一个 N 层的八叉树来表示。八叉树空间模型中的每个立方体与八叉树中的结点一一对应,它在八叉树空间模型中的位置可由对应结点的八叉树编码 Q 表示:

$$Q = q_{N-1} \cdots q_m \cdots q_1 q_0 \tag{4-1}$$

其中，结点序号 q_m 为八进制数，$m \in \{0, 1, \cdots, N-1\}$，$q_m$ 表示该结点在兄弟结点中的序号，q_{m+1} 表示该结点的父结点在其同胞兄弟结点中的序号。这样，从 q_0 到 q_{N-1} 可以完整地表达出八叉树中每个叶结点到根结点的路径。

点云数据编码的具体步骤如下。

（1）确定点云八叉树的剖分层数 N。N 应满足 $d_0 \times 2^N \geqslant d_{max}$，其中，$d_0$ 为精简的指定点距，d_{max} 为点云包围盒的最大边长。

（2）确定点云数据点所在子立方体的空间索引值 (i, j, k)。如果数据点为 $P(x, y, z)$，则有

$$\begin{cases} i = \text{Round}[(x - x_{min})/d_0] \\ j = \text{Round}[(y - y_{min})/d_0] \\ k = \text{Round}[(z - z_{min})/d_0] \end{cases} \quad (4\text{-}2)$$

其中，$(x_{min}, y_{min}, z_{min})$ 表示根结点对应的包围盒的最小顶点坐标。

（3）确定点云数据点所在子立方体的编码。将索引值 (i, j, k) 转换为二进制表达：

$$\begin{cases} i = i_0 2^0 + i_1 2^1 + \cdots + i_m 2^m + \cdots + i_{N-1} 2^{N-1} \\ j = j_0 2^0 + j_1 2^1 + \cdots + j_m 2^m + \cdots + j_{N-1} 2^{N-1} \\ k = k_0 2^0 + k_1 2^1 + \cdots + k_m 2^m + \cdots + k_{N-1} 2^{N-1} \end{cases} \quad (4\text{-}3)$$

其中，$i_m, j_m, k_m \in \{0, 1\}$，$m \in \{0, 1, \cdots, N-1\}$。根据式（4-1）就可得到子立方体所对应结点的八叉树编码 Q。

（4）从子立方体所对应结点的八叉树编码 Q，可以反求出其空间索引值 (i, j, k)：

$$\begin{cases} i = \sum_{m=1}^{N-1} (q_m \bmod 2) * 2^m \\ j = \sum_{m=1}^{N-1} (\lfloor q_m/2 \rfloor \bmod 2) * 2^m \\ k = \sum_{m=1}^{N-1} (\lfloor q_m/4 \rfloor \bmod 2) * 2^m \end{cases} \quad (4\text{-}4)$$

这里设沿 X 方向相邻结点间的差距为 1，沿 Y 方向的相邻结点间的差距为 2，沿 Z 方向的相邻结点间的差距为 4。

除了上面基于包围盒的传统数据精简方法，还有基于扫描线的数据精简方法和基于缩减多边形数量的方法。基于扫描线的数据精简方法利用扫描的特点（进行线扫描时每条扫描线上的点都在同一个扫描面内，并且有先后次序），可依据扫描线上前后点的斜率变化来判断是否可以精简[25]。对于点云数据，如果已经构造了不规则三角网（TIN）模型，则可通过缩减模型中多边形数量的方法进行数据精简，常用的一种方法是共顶点压缩法[25]。

4.2.5 多平台点云数据配准

在实际应用中，有时需要将从不同平台上获得的点云数据进行配准，以融合信息，获得更全面的数据。另外，使用同一个平台多次获得的点云数据有时也需要进行处理。例如，地面 3D 激光扫描在数据获取时受遮挡或视角限制，很难通过一次扫描获得目标的完整点云数据，常需要进行多角度的多次扫描。在获取点云数据时，每次扫描使用的都是以扫描仪位置为原点的局部坐标系，需要将这些数据统一转换到同一个坐标系中，才能重建目标真实的 3D 空间。由此可见，配准需要进行数据拼接和坐标转换。这些配准可以看作多平台多站点的点云数据的配准，是 3D 数据到 3D 数据的配准。

配准方法可分为 3 类：基于几何特征的方法、基于曲面特征的方法、基于迭代最近点（ICP）及其改进的算法。

基于几何特征的方法在配准时通过搜索相邻两幅点云图之间重叠部分（一般重叠 20% ~ 30% 较合适）的几何空间特征，求解它们之间的配准参数。根据几何特征的来源，基于几何特征的方法又可分为基于标靶几何特征的方法和基于拍摄物体几何特征的方法。城市建筑物的外形多由简单的、基本的几何形体构成，因此在对城市建筑物进行扫描时，常采用基于建筑物几何约束的点云数据配准方法。

常用的建筑物几何约束条件包括点在平面上的条件、两法线之间相互平行的条件。基于建筑物点、线、面几何特征约束的点云数据配准所用的具体约束条件包括共水平面条件、固定距离条件、共铅垂线条件、点在直线上的条件、点到直线的固定距离条件、两空间直线重合条件、两空间直线共面条件、直线固定方向条件、点在平面上的条件、点到平面的固定距离条件等。

基于曲面特征的方法要根据对两个点云数据集中对应点的邻域拟合所得到的曲面信息来进行配准。该类方法不需要迭代计算，过程比较简单，速度也比较快；缺点是曲面特征通常不是很精确，所含信息也比较有限，因此配准效果并不是很好。

迭代最近点配准也称迭代对应点配准，其计算精确度较高，功能较强大，有较多应用。

迭代最近点配准的基本算法有如下两个主要步骤。

（1）快速搜索相邻点云数据集中的最邻近点对。

（2）根据最邻近点对坐标的对应关系，计算出相应的变换（平移和旋转）参数。

设 P 和 Q 为两个点云数据集，且 $P \subseteq Q$，则算法具体步骤如下（参见图 4-1）。

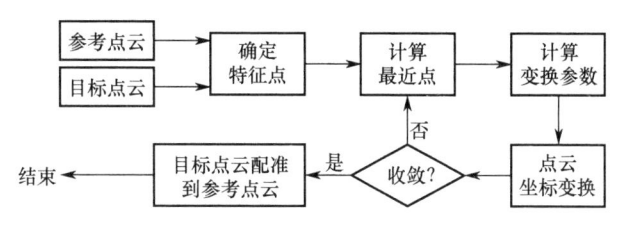

图 4-1 完整成像过程的坐标系转换示意

（1）对参考点云和目标点云进行采样以确定初始对应特征点，提高后续拼接速度。

（2）通过计算最近点进行配准。配准可分粗略配准和精确配准两步进行。粗略配准要缩小两个点云数据集之间的差异，以提高配准精度。

设参考点云坐标用 XYZ 表示，目标点云坐标用 xyz 表示，则坐标变换公式为[24]：

$$\begin{bmatrix} X \\ Y \\ Z \end{bmatrix} = k\boldsymbol{R}_x(\alpha)\boldsymbol{R}_y(\beta)\boldsymbol{R}_z(\gamma) \begin{bmatrix} x \\ y \\ z \end{bmatrix} + \begin{bmatrix} x_0 \\ y_0 \\ z_0 \end{bmatrix} \qquad (4-5)$$

其中，k 为两坐标系之间的比例缩放系数，x_0, y_0, z_0 分别为沿坐标轴 X, Y, Z 方向上的平移量，α, β, γ 分别是绕 3 个坐标轴的旋转角，$\boldsymbol{R}_x(\alpha)\boldsymbol{R}_y(\beta)\boldsymbol{R}_z(\gamma)$ 表示旋转矩阵：

$$\boldsymbol{R}_x(\alpha)\boldsymbol{R}_y(\beta)\boldsymbol{R}_z(\gamma) = \begin{bmatrix} \cos\alpha & -\sin\alpha & 0 \\ \sin\alpha & \cos\alpha & 0 \\ 1 & 1 & 0 \end{bmatrix} \begin{bmatrix} \cos\beta & 0 & \sin\beta \\ 0 & 1 & 0 \\ -\sin\beta & 0 & \cos\beta \end{bmatrix} \begin{bmatrix} 1 & 0 & 0 \\ 0 & \cos\gamma & -\sin\gamma \\ 0 & \sin\gamma & \cos\gamma \end{bmatrix} \qquad (4-6)$$

由式（4-5）可知，为实现点云数据的匹配，需要提取 3 对（或 3 对以上）特征点（控制点），或在公共区域内布置 3 个（或 3 个以上）的标靶点，以计算出 6 个变换参数（$\alpha, \beta, \gamma, x_0, y_0, z_0$）。

精确配准是在粗略配准的基础上对点云数据进行迭代，从而使目标函数值最小，实现精确和优化的配准。根据确定对应点集的方法，可采用点到点（Point-to-Point）、点到投影（Point-to-Projection）、点到面（Point-to-Surface）3 种方式，它们分别对应使用空间距离最短、投影距离最短、法方向距离最短来定义最近点。

下面仅介绍一个基于点到点的配准方法[24]。设两个点集为 $\boldsymbol{P} = \{p_i, i = 0, 1, 2, \cdots, m\}$ 和 $\boldsymbol{U} = \{u_i, i = 0, 1, 2, \cdots, n\}$。这里并不要求两个点集中的点之间存在一一对应关系，也不要求两个点集中的点个数相同，设 $m \geq n$。配准过程是指计算两个坐标系之间的平移矩阵和旋转矩阵（变换矩阵），使得来自 $\boldsymbol{P}$ 和 $\boldsymbol{U}$ 的同源点之间的距离最小。

精确配准的主要步骤如下。

（1）计算最近点，即对点集 $\boldsymbol{U}$ 中的每个点在点集 $\boldsymbol{P}$ 中借助距离测度找出最近的对应点，设点集 $\boldsymbol{P}$ 中由这些点组成的新点集为 $\boldsymbol{Q}_1 = \{q_i, i = 0, 1, 2, \cdots, n\}$。

（2）采用四元数法（见下），计算点集 U 与新点集 Q_1 之间的配准，得到配准变换矩阵 R 和 T。

（3）进行坐标变换，即利用变换矩阵 R 和 T 得到 $U_1 = RU_1 + T$。

（4）计算 U_1 与 Q_1 之间的距离差，$d_j = (\Sigma\|U_1 - Q_1\|^2)/N$，计算 U_1 与 P 的最近点集并变换到 U_2 中，计算 $d_{j+1} = (\Sigma\|U_2 - Q_2\|^2)/N$，如果 $d_{j+1} - d_j < e$（预先设定的阈值），则结束；否则，以点集 U_1 替换 U，重复上述步骤。

前面步骤（2）中的四元数表示刚体运动，四元数是有 4 个元素的矢量，可以看作由一个 3 × 1 的矢量部分和一个标量部分组成。利用它计算平移矩阵和旋转矩阵的步骤如下。

（1）分别计算点集 $P = \{p_i\}$ 和 $U = \{u_i\}$ 的质心：

$$p'_x = \frac{1}{m}\sum_{i=1}^{m} p_{ix} \qquad p'_y = \frac{1}{m}\sum_{i=1}^{m} p_{iy} \qquad p'_z = \frac{1}{m}\sum_{i=1}^{m} p_{iz} \qquad (4-7)$$

$$u'_x = \frac{1}{n}\sum_{i=1}^{n} u_{ix} \qquad u'_y = \frac{1}{n}\sum_{i=1}^{n} u_{iy} \qquad u'_z = \frac{1}{n}\sum_{i=1}^{n} u_{iz} \qquad (4-8)$$

（2）将点集 $P = \{p_i\}$ 和 $U = \{u_i\}$ 作相对于质心的平移：$q_i = p_i - p'$，$v_i = u_i - u'$。

（3）根据移动后的点集 $\{q_i\}$ 和 $\{v_i\}$，计算相关矩阵 K：

$$K = \frac{1}{N}\sum_{i=1}^{N} q_i(v_i)^T \qquad (4-9)$$

（4）用相关矩阵 K 中的元素 k_{ij}（$i, j = 1, 2, 3$），构造 4D 对称矩阵 K'：

$$K' = \begin{bmatrix} k_{11} + k_{12} + k_{13} & k_{23} - k_{32} & k_{13} - k_{31} & k_{12} - k_{21} \\ k_{23} - k_{32} & k_{11} - k_{22} - k_{33} & k_{12} + k_{21} & k_{13} + k_{31} \\ k_{13} - k_{31} & k_{12} + k_{21} & -k_{11} + k_{12} - k_{13} & k_{23} + k_{32} \\ k_{12} - k_{21} & k_{13} + k_{31} & k_{23} + k_{32} & -k_{11} - k_{12} + k_{13} \end{bmatrix} \qquad (4-10)$$

（5）计算 K' 的最大特征根所对应的单位特征矢量（最优选择矢量）：$s^* = [s_0, s_1, s_2, s_3]^T$。

（6）借助 s^* 与 R 的关系计算旋转矩阵 R：

$$R = \begin{bmatrix} s_0^2 + s_1^2 - s_2^2 - s_3^2 & 2(s_1 s_2 - s_0 s_3) & 2(s_1 s_3 + s_0 s_2) \\ 2(s_1 s_2 + s_0 s_3) & s_0^2 - s_1^2 + s_2^2 - s_3^2 & 2(s_2 s_3 + s_0 s_1) \\ 2(s_1 s_3 - s_0 s_2) & 2(s_2 s_3 + s_0 s_1) & s_0^2 - s_1^2 - s_2^2 + s_3^2 \end{bmatrix} \qquad (4-11)$$

（7）计算平移矩阵 T：$T = u' - Rp'$。

4.2.6 点云数据与影像数据配准

3D 激光点云缺少纹理和光谱信息，因此很多系统还配备了彩色摄像机。将 3D 激光点云与彩色影像进行配准，可生成具有纹理属性的彩色点云[24]。

这里的 2D 光学影像和 3D 激光点云的配准与前面 3D 点云间的配准不同，主要有如下 3 类算法。

（1）基于特征匹配的 2D-3D 配准算法。该类算法利用激光点云与光学图像之间的对应几何特征进行配准，即确定相对的配准参数（平移和旋转参数）。

（2）基于统计的 2D-3D 配准算法。该类算法的基本原理是穷举搜索光学图像的配准参数，将 3D 模型上的线特征反投影到 2D 影像上，并寻找与 2D 线特征差别最小的一组解作为最优的配准参数。该类算法与前一类算法均利用几何特征建立对应配准关系，但该类算法利用统计方法，可提高配准的自动化程度；但相当于要使用更多的几何特征。

（3）基于密集点云与激光点云配准的 3D-3D 配准算法。该类算法先利用密集匹配方法生成序列影像的 3D 点云，再将高精度定位定向系统（POS）输出值作为影像初始的配准参数，最后使用迭代最近点算法精确配准密集点云与激光点云。该类算法不需要提取特征，比较鲁棒；但较依赖 POS 的输出精度。在高楼林立或 GPS 信号弱的区域中，POS 的输出精度较差，初始的配准参数有可能不满足要求，从而使得算法不能收敛。

4.3　激光点云 3D 建模

本节主要考虑用 3D 表面模型对激光点云进行自动建模的方法[24]。

4.3.1　德劳内三角网法

对应不规则分布的 LiDAR 点云可以被形象化地描述成平面上的一个无序点集 P，其中每个点 p 对应它的高程值。一般用德劳内三角剖分法将其转换为不规则三角网（TIN）。基于逐点插入算法的德劳内三角网构建方法的步骤如下。

（1）遍历所有点，求出点集的包容盒，得到作为点集凸包的初始三角形并将其加入三角形链表。

（2）将点集中的点逐次加入。在三角形链表中找出外接圆包含插入点的所有三角形（称为该点的影响三角形），删除影响三角形的公共边，将插入点与影响三角形的全部顶点连接起来，从而完成该点在三角形链表中的插入。

（3）根据优化准则对新形成的三角形进行优化（如互换对角线），将形成的三角形加入三角形链表。

（4）循环执行第（2）步，直到点集中的所有点都被插入。

第（2）步的插入过程可借助图 4-2 来描述：图 4-2（a）表示将新点 P 插入已存在的 $\triangle ABC$ 和 $\triangle BCD$ 的三角形集合中；图 4-2（b）表示 $\triangle ABC$ 和 $\triangle BCD$ 的外接圆均包含点 P，因此它们都是点 P 的影响三角形；图 4-2（c）表示删除影响三角形的公共边的结果；图 4-2（d）表示将插入点 P 与两个影响三角形的全部顶点分别连接起来（所形成的新三角形均可加入三角形链表）。

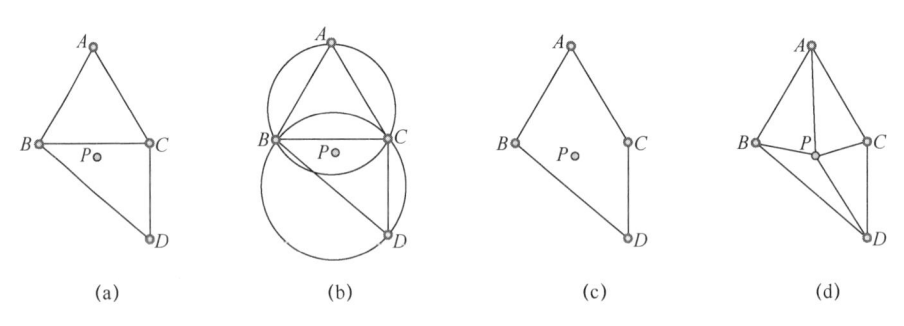

(a)　　　　　(b)　　　　　(c)　　　　　(d)

图 4-2　新点插入示意图

4.3.2　面片拟合法

如果先对激光点云进行分割以得到面片，再对这些面片进行拟合就可以构成 3D 模型的部件。点云分割是指将全部点云分割成与一个自然曲面一一对应的多个子区域，每个子区域仅包含从特定自然曲面上采集的扫描点。点云拟合是指基于分割后具有某种特征的点云，借助（数学）几何形状构造出点云所代表目标的几何形体。

1. 点云分割算法

对点云进行分割的算法很多，主要可分为基于边缘的、基于区域的、基于模型的、基于图论的和基于聚类的算法[3]。其中，比较简单的有 K-均值聚类算法、区域生长算法。

K-均值聚类算法是一种简单的激光点云分割算法。其基本思路是对数据进行无监督分类，具体做法是通过迭代的方法逐次更新各聚类中心的值，直到获得最好的聚类效果。假设要把样本集分成 K 个类，可用如下步骤描述算法。

（1）适当选择 K 个类的初始中心。

（2）在第 i 次迭代中，对于任意一个样本，计算其到 K 个中心的距离，并将样本归属到距离最近的中心所在的类。

（3）利用均值法更新该类的中心值：

$$Z_j = \frac{1}{n_j} \sum_{x \in K_j} x \qquad (4\text{-}12)$$

其中，x 代表样本；n_j 为同一类样本的个数；K_j 代表第 j 个类。

（4）对于所有的 K 个聚类中心，根据步骤（2）和步骤（3）连续进行迭代更新，直到进行了最大步数的迭代或目标函数

$$J(K, Z) = \sum_{i=1}^{M} \sum_{x \in K_i} \left\| x^{(i)} - Z_{K(i)} \right\|^2 \qquad (4\text{-}13)$$

的前后值的差小于一个阈值，迭代结束。

区域生长算法也是一种简单的激光点云分割算法。其基本思想是将具有相似性质的样本点集合起来构成区域。主要步骤如下。

（1）确定待分割区域中的种子点作为生长的起点。

（2）将种子点邻域中与种子点有相似特性的点吸收到种子点所在区域中。

（3）将新吸收来的点作为新种子点，继续搜索与新种子点有相似特性的点，直到不再有满足相似特性的点。

（4）根据步骤（2）和步骤（3）连续进行迭代更新，直到使用所有种子点进行了遍历。

2．平面拟合算法

激光点云所代表的目标可以具有各种几何特征，最基本的是平面。设空间平面方程为 $ax + by + cz = d$，其中，a, b, c 为平面法线的方向数，有 $a^2 + b^2 + c^2 = 1$；d 为原点到平面的距离，$d \geq 0$。

假设获得了一个平面的 N 个点的点云 $\{(x_i, y_i, z_i), i = 1, 2, \cdots, N\}$，任意一个点到该平面的距离为 $d_i = |ax_i + by_i + cz_i|$；另外，**最佳拟合平面应在条件** $a^2 + b^2 + c^2 = 1$ 下满足

$$\sum_i d_i^2 = \sum_i (ax_i + by_i + cz_i - d)^2 \qquad (4\text{-}14)$$

也最小。利用拉格朗日乘数法组成函数：

$$f = \sum_i d_i^2 - \lambda(a^2 + b^2 + c^2 - 1) \qquad (4\text{-}15)$$

将式（4-15）对 d 求导，并令导数为 0，得到

$$\frac{\partial f}{\partial d} = -2 \sum_i (ax_i + by_i + cz_i - d) = 0 \qquad (4\text{-}16)$$

从中解得

$$d = a \sum_i \frac{x_i}{N} + b \sum_i \frac{y_i}{N} + c \sum_i \frac{z_i}{N} \qquad (4\text{-}17)$$

将式（4-17）代入点到平面的距离公式，则有

$$d_i = |a(x_i - \bar{x}) + b(y_i - \bar{y}) + c(z_i - \bar{z})| \quad (4\text{-}18)$$

其中，$\bar{x} = \sum\limits_i \dfrac{x_i}{N}$，$\bar{y} = \sum\limits_i \dfrac{y_i}{N}$，$\bar{z} = \sum\limits_i \dfrac{z_i}{N}$。

进一步将式（4-15）对 a, b, c 求导，并令导数为 0，得到

$$\begin{cases} 2\sum\limits_i (a\Delta x_i + b\Delta y_i + c\Delta z_i)\Delta x_i - 2\lambda a = 0 \\ 2\sum\limits_i (a\Delta x_i + b\Delta y_i + c\Delta z_i)\Delta y_i - 2\lambda b = 0 \\ 2\sum\limits_i (a\Delta x_i + b\Delta y_i + c\Delta z_i)\Delta z_i - 2\lambda c = 0 \end{cases} \quad (4\text{-}19)$$

其中，$\Delta x_i = x_i - \bar{x}$，$\Delta y_i = y_i - \bar{y}$，$\Delta z_i = z_i - \bar{z}$。

借助式（4-19）所构成的特征值的方程为

$$\begin{bmatrix} \sum\limits_i \Delta x_i \Delta x_i & \sum\limits_i \Delta x_i \Delta y_i & \sum\limits_i \Delta x_i \Delta z_i \\ \sum\limits_i \Delta x_i \Delta y_i & \sum\limits_i \Delta y_i \Delta y_i & \sum\limits_i \Delta y_i \Delta z_i \\ \sum\limits_i \Delta x_i \Delta z_i & \sum\limits_i \Delta y_i \Delta z_i & \sum\limits_i \Delta z_i \Delta z_i \end{bmatrix} \begin{bmatrix} a \\ b \\ c \end{bmatrix} = \lambda \begin{bmatrix} a \\ b \\ c \end{bmatrix} \quad (4\text{-}20)$$

现在令 $\boldsymbol{A} = \begin{bmatrix} \sum\limits_i \Delta x_i \Delta x_i & \sum\limits_i \Delta x_i \Delta y_i & \sum\limits_i \Delta x_i \Delta z_i \\ \sum\limits_i \Delta x_i \Delta y_i & \sum\limits_i \Delta y_i \Delta y_i & \sum\limits_i \Delta y_i \Delta z_i \\ \sum\limits_i \Delta x_i \Delta z_i & \sum\limits_i \Delta y_i \Delta z_i & \sum\limits_i \Delta z_i \Delta z_i \end{bmatrix}$，$\boldsymbol{G} = [a \quad b \quad c]^\mathrm{T}$。因为 $a^2 + b^2 + c^2 = 1$，所以 $\boldsymbol{G}^\mathrm{T}\boldsymbol{G} = 1$。

进一步，由式（4-20）可知，$\boldsymbol{AG} = \lambda\boldsymbol{G}$，则有 $\boldsymbol{AGG}^\mathrm{T} = \lambda\boldsymbol{GG}^\mathrm{T}$；而由 $\lambda\boldsymbol{GG}^\mathrm{T} = \lambda$，得到 $\boldsymbol{AGG}^\mathrm{T} = \lambda$。这样，有

$$\boldsymbol{AG} = \begin{bmatrix} a\sum\limits_i \Delta x_i \Delta x_i + b\sum\limits_i \Delta x_i \Delta y_i + c\sum\limits_i \Delta x_i \Delta z_i, \\ a\sum\limits_i \Delta x_i \Delta y_i + b\sum\limits_i \Delta y_i \Delta y_i + c\sum\limits_i \Delta y_i \Delta z_i, \\ a\sum\limits_i \Delta x_i \Delta z_i + b\sum\limits_i \Delta y_i \Delta z_i + c\sum\limits_i \Delta z_i \Delta z_i \end{bmatrix} \quad (4\text{-}21)$$

$$\begin{aligned} \boldsymbol{AGG}^\mathrm{T} &= \begin{bmatrix} a^2\sum\limits_i \Delta x_i \Delta x_i + ab\sum\limits_i \Delta x_i \Delta y_i + ac\sum\limits_i \Delta x_i \Delta z_i, \\ ab\sum\limits_i \Delta x_i \Delta y_i + b^2\sum\limits_i \Delta y_i \Delta y_i + bc\sum\limits_i \Delta y_i \Delta z_i, \\ ac\sum\limits_i \Delta x_i \Delta z_i + bc\sum\limits_i \Delta y_i \Delta z_i + c^2\sum\limits_i \Delta z_i \Delta z_i \end{bmatrix} \\ &= \sum\limits_i (a\Delta x_i + b\Delta y_i + c\Delta z_i)^2 \end{aligned} \quad (4\text{-}22)$$

由 $\lambda\boldsymbol{GG}^\mathrm{T} = \lambda$，得到

$$\lambda = \sum\limits_i (a\Delta x_i + b\Delta y_i + c\Delta z_i)^2 = \sum\limits_i d_i^2 \quad (4\text{-}23)$$

因此有

$$\lambda = \sum_i d_i^2 \to \min \quad (4\text{-}24)$$

表示需要计算矩阵 A 的最小特征值，该最小特征值对应的特征矢量$[a \quad b \quad c]^T$就是需要计算的平面法向量。如上将 a, b, c, d 都计算出来了，平面就可以拟合了。

4.4　3D 模型的纹理映射

纹理映射可以看作将纹理空间的纹理像素（经过物体空间）映射至屏幕空间中的像素的过程。它通过将一幅图像贴到一个 3D 物体的表面上来增强真实感。纹理映射的实质是建立了从屏幕空间到纹理空间和从纹理空间到屏幕空间两个映射关系。

根据所使用的纹理函数的不同，纹理可分为 2D 纹理和 3D 纹理。**2D** 纹理图案定义在 2D 空间中。**3D** 纹理也称实体纹理，是纹理点与 3D 物体空间点之间具有一一对应映射关系的纹理函数。

根据纹理的表现形式，纹理又可分为颜色纹理、几何纹理和过程纹理。颜色纹理是指光滑表面的花纹、图案，以色彩或敏感度体现细节，一般在宏观层面使用，在物体表面贴上真实的色彩花纹，模拟真实的现实色彩。几何纹理由粗糙或不规则的细小凹凸组成，是基于物体表面微观几何形状的表面纹理，一般在亚宏观层面使用，以表现物体表面的凹凸不平、纹理细节，以及光线明暗的变化。过程纹理是各种规则或不规则动态变化的自然景象（如水波、云、烟等），可用于对复杂的、连续的曲面进行仿真。

从数学的观点，如果用(u, v)表示纹理空间，(x, y, z)表示物体空间，则映射可表示为$(u, v) = F(x, y, z)$；如果可逆，则$(x, y, z) = F^{-1}(u, v)$。纹理映射算法包括如下步骤。

（1）定义纹理对象，获取纹理。

（2）定义纹理空间和物体空间之间的映射函数。

（3）选择纹理的重采样方法，降低映射纹理的各种形变。

4.4.1　颜色纹理映射法

颜色主要用来反映物体表面各点呈现的色彩，把相邻点的颜色结合起来，也能体现出纹理特性。颜色纹理映射有不同的方法[24]。

1. 2D 纹理正向映射法

正向映射法一般采用 Catmull 算法。该算法通过映射函数，将纹理像素坐标一一投影到物体曲面坐标上，再经过表面参数化显示在屏幕空间中，如图 4-3 所示。先借助投影计算纹理像素坐标在物体曲面上的位置和尺寸，按双曲线插值将纹理像素中心灰度值赋给物体曲面上相应的点，并取对应点处赋予的纹理颜色值作为该处像素中心采样点的表面纹理属性，再使用光照模型来模拟计算该曲面点处的光亮度，赋予其灰度值。正向映射算法可表示为：$(u, v) \rightarrow (x, y) = [p(u, v), q(u, v)]$，其中 p 和 q 都代表投影函数。

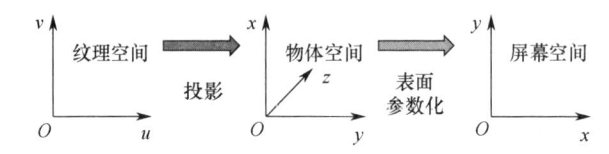

图 4-3 纹理正向映射流程图

正向映射实现纹理映射比较简单。因为它顺序存取纹理图案，所以在计算中可节约大量存储空间，提高计算速度。缺点是纹理映射值只是图像的灰度值，并且物体空间与纹理空间像素并不是一一对应的，会出现部分区域没有对应纹理像素或有多余纹理像素的情况，从而产生空洞或多射，引起图形变形混淆。

2. 2D 纹理反向映射法

反向映射法也称屏幕扫描法，通过映射函数将物体曲面坐标反向投影到纹理空间坐标上，能保证物体空间与纹理空间的一一对应。根据投影将纹理图像进行重采样后计算对应物体曲面空间的坐标中心的像素值，再将计算结果赋给物体曲面。反向映射算法可表示为：$(x, y) \rightarrow (u, v) = [f(x, y), g(x, y)]$，其中 f 和 g 都代表投影函数。

反向映射法需要对物体空间逐像素进行扫描搜索，对每个像素还要随时进行重采样，为了提高计算效率，需要动态存储物体图案，因而需要占用大量存储空间。为提高计算效率，一方面可对纹理图像优化搜索和匹配，另一方面可重建 3D 场景，优先获取像素信息。

3. 两步法纹理映射

复杂的物体曲面常是非线性的，很难直接用数学函数进行参数化，即难以直接建立纹理空间与物体空间的解析关系。一种解决思路是建立一个中间 3D 曲面，将从纹理空间到物体空间的映射分解为先从纹理空间到中间 3D 曲面，再从中间 3D 曲面到物体空间的两个简单映射的组合。

两步法纹理映射的基本过程如下。

（1）建立从 2D 纹理空间到中间 3D 曲面的映射，称为 T 映射：$T(u, v) \rightarrow T'(x', y', z')$。

（2）将映射到中间 3D 曲面上的纹理空间再映射到物体表面上，称为 T' 映射：$T'(x', y', z') \rightarrow O(x, y, z)$，其中 $O(x, y, z)$ 代表物体空间。

4.4.2 几何纹理映射法

对于某些表面不光滑、凹凸不平、光线照射会产生随机漫反射的物体曲面，需要使用几何纹理映射技术。一种方法是通过给物体表面各采样点的位置以微小扰动，改变物体表面微观的几何形状，从而引起物体表面光线的法向变化，并导致表面光亮度发生突变，从而产生凹凸不平的真实感（因此几何纹理映射也称凹凸纹理映射）。

实际中，为提高真实感，不仅需要对物体本身进行纹理映射，还需要对物体环境进行映射。几何纹理映射流程如图 4-4 所示。

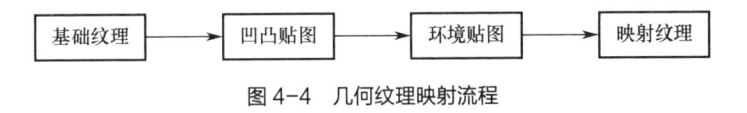

基础纹理 → 凹凸贴图 → 环境贴图 → 映射纹理

图 4-4 几何纹理映射流程

在图 4-4 中，环境贴图是借助环境纹理映射实现的，环境纹理映射通过对环境的映射（模拟表面对物体周围环境的反射），将环境场景的纹理映射到物体空间中。环境映射是对实际反射的一种近似模拟，可借助球体或立方体实现。立方体环境纹理映射采样均匀、绘制简单，可以直接从图像生成。环境纹理映射与复杂的光线跟踪算法相比，计算速度快，效率高。

2D 纹理映射指将 2D 纹理图案映射到 2D 物体空间的曲面上，是一种 2D 到 2D 的线性变换。实际中的纹理图案与物体空间曲面具有非线性的对应关系，纹理图案映射到物体曲面上时会产生变形，导致物体看起来不真实、不逼真。如果对具有多个曲面的物体表面进行 2D 映射，则不能保证相邻曲面间映射纹理的连续性。

3D 纹理映射直接将纹理定义在 3D 空间中，映射的纹理点与物体 3D 空间点通过映射函数一一对应，不会产生变形，更适合自然景物的模拟映射。

4.4.3 过程纹理映射法

过程纹理映射是 3D 纹理映射的一种方法。3D 纹理构造需要庞大的 3D 数组，有很大的内存消耗，而通过定义简单的过程迭代函数所生成的 3D 纹理，称为过程纹理。过程纹理是一种基

于解析表达的数学模型,可通过计算机计算生成复杂的纹理。

一种基于简单的规则纹理函数模拟木制品纹理效果的方法包括如下步骤。

(1)采用一组共轴圆柱体面定义表面纹理。

(2)模拟真实感纹理。

- 扰动:对共轴的圆柱体面半径进行正弦或其他数学函数的扰动,使木纹变化。
- 扭曲:在圆柱方向加一个小扭曲量,使木纹有一定的扭曲。
- 倾斜:沿圆柱轴的某个方向发生倾斜,使木纹产生波动,形成逼真的效果。

4.5 点云特征描述

对点云特征的有效描述是点云场景理解的基础。现有的 3D 点云特征描述符包括全局特征描述符和局部特征描述符。

4.5.1 全局特征描述符和局部特征描述符

全局特征描述符也称整体特征描述符,主要刻画目标的全局特征。常用的整体特征描述符包括形状函数集合(ESF)和矢量特征直方图(VFH)[3]。局部特征描述符种类比较多,如旋转图、**3D** 形状上下文(3DSC)、点特征直方图(PFH)、快速点特征直方图(FPFH)等。这些描述符的原理和特点如表 4-6 所示。

表 4-6 一些全局特征描述符和局部特征描述符

种 类	名 称	原 理	特 点
全局特征描述符	ESF	描述点云中由任意 3 个点组成的三角形的面积、边之间的夹角和顶点之间的距离	不需要预处理,有很强的特征描述性
	VFH	对 FPFH 进行扩展后,在相对法线计算中加入了导引方向	辨识度高
局部特征描述符	旋转图	通过计算所有顶点到基平面的投影坐标来获得描述符	抗刚体变换和背景干扰;但对密度变化敏感
	3DSC	统计球形邻域的不同网格中的点数,以得到描述符	辨别力强,抗噪
	PFH	参数化点与邻域的空间差异,并构成多比特位的直方图	对点云密度变化具有强鲁棒性;但计算复杂度高
	FPFH	通过计算查询点及其邻域与 PFH 相当的元组,重新计算 K 邻域	保留了 PFH 的大部分识别能力,相比于 PFH,降低了计算复杂度

全局特征描述符需要预先对目标进行分割，并且忽略了形状细节，因此很难从目标交错、重叠的杂乱场景中识别不完整或仅部分可见的物体。与此相反，局部特征描述符能刻画一定邻域范围内的局部表面特征，对目标交错、遮挡、重叠等具有较强的鲁棒性，更适合对不完整或仅部分可见物体的识别。

好的局部特征描述符应该兼顾描述性和鲁棒性。一方面，局部特征描述符应该有广泛的描述能力，能尽量多地刻画局部表面形状、纹理、回波强度等信息；另一方面，局部特征描述符应该对噪声、目标间的遮挡和重叠、点密度变化等有强的鲁棒性。

4.5.2 3种局部特征描述符

下面再具体介绍获得3种局部特征描述符的步骤。

1. 朝向直方图标记

朝向直方图标记（SHOT）是一种融合了点标记特征和直方图特征优点的局部特征描述符[26]，在描述性和鲁棒性之间有较好的平衡。获得SHOT描述符的主要步骤如下。

（1）对于点云中的点 p，先利用 p 的邻域点构建协方差矩阵，并对协方差矩阵进行分解，得到3个特征值（$\lambda_1 \geqslant \lambda_2 \geqslant \lambda_3$）和对应的特征矢量（$e_1, e_2, e_3$）。

（2）调整特征矢量（e_1, e_2, e_3）的方向，使其方向与大多数邻域点和 p 的连线的方向一致。

（3）以 p 为坐标原点，以 e_1 为 x 轴、以 e_2 为 y 轴、以 $e_1 \times e_2$ 为 z 轴构建坐标系。

（4）在半径方向（对数间距）、经线方向（等间距）和纬线方向（等间距）对球形邻域进行网格划分。

（5）对每个网格计算其中的点与 z 轴夹角的余弦值，并将这些余弦值转化为直方图表示。

（6）结合所有直方条的值，构成最终的SHOT描述符。

SHOT描述符的彩色扩展——CSHOT描述符，结合了彩色和形状特征，能够很好地平衡速度和准确性[27]。但CSHOT描述符的维数达1344，是一个非常高维的描述符。一种压缩改进是一系列可配置的颜色形状描述符，可以通过调整维数来取得内存占用和准确性之间的平衡[28]。

2. 旋转投影统计

旋转投影统计（RoPS）描述符是一种用于3D局部表面描述和目标识别的特征描述符[29]。它通过对多个投影面上的点数特征进行编码来提高描述符的特征刻画能力。获得RoPS描述符的主要步骤如下。

（1）借用 SHOT 描述符的方法构建局部坐标系（见 4.4.1 小节），并将邻域点转换到该局部坐标系中。

（2）将转换后的点云投影到 XY、XZ、YZ 三个坐标平面上，并对投影后的点云进行网格化。

（3）利用网格化后每个网格中的点数构建分布矩阵 D，并归一化矩阵 D 使得所有元素之和为 1。

（4）计算归一化后矩阵的 5 个统计特征（4 个中心矩和 1 个香农熵）并作为投影面的特征。

（5）将邻域点分别绕 X、Y、Z 轴旋转 N 次，每次旋转后重复上面的特征计算。

（6）将 N 次计算的特征结合起来，得到 RoPS 描述符（直方图形式）。

3. 三正交局部深度图

三正交局部深度图（TOLDI）借鉴了朝向直方图标记和旋转投影统计的思路[30]。获得 TOLDI 描述符的主要步骤如下。

（1）对于点云中的点 p，先利用 p 的邻域点构建协方差矩阵，并对协方差矩阵进行分解，得到 3 个特征值（$\lambda_1 \geq \lambda_2 \geq \lambda_3$）和对应的特征矢量（$e_1, e_2, e_3$）。

（2）调整 e_3 的方向，使其方向与大多数邻域点和 p 的连线的方向一致，并把 p 和 e_3 作为局部坐标系的原点和 Z 轴。

（3）把所有邻域点投影到 Z 轴的切平面上，计算投影点与 p 的连线向量的加权和（投影距离越远权重越小，投影距离越近权重越大），作为 X 轴，并由此确定 Y 轴。

（4）把所有邻域点投影到如上建立的局部坐标系中，并把转换后的点云投影到 XY、XZ、YZ 三个坐标平面上。

（5）对投影后的点云进行网格化，把网格中点的最小投影距离作为网格值，构成一幅投影距离图。

（6）将 3 个投影面的投影距离图串联起来，得到 TOLDI 描述符（直方图形式）。

4.6 点云理解与深度学习

计算能力的提高及张量数据理论的发展推动了深度学习在场景理解方面的广泛应用[31]。目前，基于深度学习的点云理解主要面临 3 个方面的挑战[3]。

（1）点云数据是分布在空间中的任意点，属于非结构化的数据。其没有结构化的网格，因而无法直接使用卷积神经网络滤波器。

（2）点云数据本质上是 3D 空间中的一系列点，从几何意义上来讲，点的顺序不影响它在底层矩阵结构中的表示方式，因此同一个点云可以由两个完全不同的矩阵来表示。

（3）点云数据中点的数量不同于图像中的像素，像素的数量是一个给定的常数（仅取决于摄像机），但点云中点的数量是不确定的，取决于传感器及扫描的场景等。另外，点云中各类目标的点数也不同，这导致了网络训练中的样本不平衡问题。

研究人员已提出了多种用于点云理解的深度学习网络，主要分为 3 大类：**基于 2D 投影的深度学习网络**、**基于 3D 体素化的 CNN** 和**基于点云中单个点的网络模型**[3]。

1. 基于 2D 投影的深度学习网络

随着深度学习在 2D 图像分割和分类方面不断取得进展，人们开始将 3D 点云投影到 2D 图像上，作为 CNN 的输入[32-33]。常用的 2D 投影图像有基于虚拟摄像机的 RGB 图像、基于虚拟摄像机的深度图、基于传感器获取的距离图像和全景图像等映射图像。这些投影方法将在 2D 图像中已经经过大量图像训练的目标检测与语义分割的网络模型作为预训练的模型并进行微调，较方便地在 2D 图像上获得较好的检测与分类效果。但这种方法可能丢失一些 3D 信息。

还有一些方法采用多视角投影技术进行点云分类，如 MVCNN[32]、Snapnet[34]和 DeePr3SS[35]等。这类方法容易造成 3D 结构信息的丢失，而且不同的投影角度等对物体的表征能力不同，对网络的泛化能力也有一定的影响。

2. 基于 3D 体素化的深度学习网络

在 2D CNN 模型的基础上，人们通过对点云进行体素化等操作构建了 3D CNN 模型，可以保留更多的 3D 结构信息，有利于对点云数据的高分辨率表达，在点云标记和目标分类等工作中取得了一定效果。为进一步提高体素的表达能力，相关学者还提出了多种多尺度体素的 CNN 方法，如 MS3_DVS[36]和 MVSNet[37]。

这类方法的基础是体素化[38]。在实际应用中，体素化常用基于 0-1 的方法来表示是否有数据点，还可采用基于体素网络密度的方法和基于网格点的方法。体素化的尺寸主要有 11×11×11、16×16×16、20×20×20、32×32×32 等。通过降采样体素化的方法可减少数据量。

基于 3D 体素化的 CNN 方法通过网格化提供点云结构，使用网格转换解决排列问题，还能得到数量不变的体素。但是 3D CNN 在卷积时计算量非常大，为此通常会降低体素的分辨率，但这又增加了量化的误差。此外，这种方法仅利用了点云的结构信息，并没有考虑点云的颜色、强度等信息。

3. 基于点云中单个点的网络模型

基于点云中单个点的网络模型可以充分利用点云的多模态信息，降低预处理过程中的计算复杂度。例如，针对室内点云场景的 PointNet 模型可对室内点云数据进行分类、部分分割、语义分割；其改进版 PointNet++模型可以获得多尺度的综合局部特征[39]；还有2种改进是 PointCNN 模型[40]和 PointFlowNet 模型[41]。另外，也有研究先对大规模点云进行分割或者分块处理，然后利用 PointNet 模型进行分类，从而克服原始的 PointNet 模型对于大规模点云处理的局限性，如 SPGraph[42]。

4.7 仿生优化配准点云

点云配准是一个全局优化问题。除了传统的优化方法，还有一些仿生群优化的方法，即通过模拟生物生活习性来解决优化问题。

4.7.1 布谷鸟搜索

布谷鸟搜索（CS）是一种模拟布谷鸟寻窝产卵行为的元启发式全局优化方法，借助莱维飞行机制进行全局搜索[43]。

布谷鸟寻窝产卵的行为有一些特点。布谷鸟具有独特的繁殖方式，它将自己的蛋产在其他鸟搭建的巢穴中，借助宿主鸟来孵化和养育自己的后代，通常称为巢寄生。布谷鸟可以将蛋寄生在许多鸟类的巢穴中，还能模仿宿主鸟的蛋的颜色和图案，以避免被发现。布谷鸟可以仅用10秒就在宿主鸟的巢穴中产下自己的蛋并携带宿主鸟的蛋离开。许多鸟类在发现自己巢穴中有布谷鸟的蛋后，会选择除去这些蛋或抛弃当前巢穴另寻他处重新筑巢。如果布谷鸟的蛋没有被宿主鸟认出来，则宿主鸟会将其孵化出来。通常布谷鸟的蛋会先于宿主鸟的蛋被孵化出来，布谷鸟的幼鸟还有一种本能——将宿主鸟的蛋推出巢穴，使得宿主鸟误认为孵化出来的布谷鸟幼鸟是自己的后代而喂养。布谷鸟的幼鸟还会模仿宿主鸟幼鸟的叫声以获得更多被喂食的机会。

莱维飞行机制是一种随机游走的数学模型，物体在进行随机游走时，其步长服从重尾（Heavy-Tailed）分布，即以较大的概率取极大的值（以较大的概率在局部位置进行大幅度的跳转以跳出局部最优，从而扩大搜索的范围）。对人类行为的研究（如 Ju/'hoansi 狩猎采集模式）也显示了莱维飞行的典型特征。

基本的布谷鸟搜索算法模拟了布谷鸟寻找适合产蛋的鸟巢位置的过程，将其抽象为数学模型，设计了基于莱维飞行机制的优化算法[44]。它基于3条理想的规则：

（1）每只布谷鸟每次只下一个蛋，并随机选择寄生巢来孵化。

（2）拥有高质量鸟蛋的最佳巢穴将传承给下一代。

（3）可选择的寄主巢的数量是固定的，布谷鸟下的蛋被宿主鸟发现的概率 $p \in [0, 1]$。

基于上述规则，宿主鸟可以除去布谷鸟的蛋或放弃巢穴另行建造，算法步骤如图4-5所示。

为简便，这里设巢穴中的每个蛋代表一个解，而每个布谷鸟蛋代表一个新解，计算的目标是用一个新的且可能更好的解（布谷鸟蛋）去替换巢穴中较差的解。上述算法可以方便地推广到每个巢穴中有多个蛋（代表一组解）的复杂情况。

```
Begin
    目标函数 f(x), x = (x₁, x₂, ..., x_d)ᵀ
    初始化 N 个宿主巢穴的位置 xᵢ (i = 1, 2, ..., N)
    计算各巢穴位置的适应度值 Fᵢ = f(xᵢ)
    while (当前迭代次数值 < 最大迭代次数值) or (不满足停止准则)
        采用莱维飞行机制随机游动获得新的巢穴位置 xⱼ
        计算新的适应度值 Fⱼ = f(xⱼ)
        if (Fᵢ > Fⱼ)
            用新的解替换原解
        end
        按概率 p 丢弃差的解，并建新解
        保留最好的解
        对所有的解进行排序，找出当前最好的解
    end
    后处理，可视化
end
```

图4-5　布谷鸟搜索算法步骤

4.7.2　改进的布谷鸟搜索

布谷鸟搜索算法具有参数少、模型简单的特点，因而有较好的通用性和鲁棒性，也有全局收敛性。但是它也有一些局限性，具体如下。

（1）在迭代过程中，算法以随机游动的方式产生新的位置，这有一定的盲目性，会导致不能很快搜索到全局最优值，搜索精度也难以提高。

（2）在搜索到当前位置后，算法总是以贪婪方式选取较好的解，容易陷入局部寻优。

（3）算法总是以固定概率丢弃差的解并生成新解，没有学习和继承种群内优势群体的优良经验，会增加搜索的时间。

针对上述问题，人们提出了许多改进方法，具体如下。

（1）结合模式搜索和由粗到细的策略。虽然布谷鸟搜索算法具有很好的全局搜索能力，但是其局部搜索性能相对较差。为此可在布谷鸟搜索算法框架下，将具有高效的由粗到细搜索能力的模式搜索（Pattern Search）嵌入进去以加强局部求解精度。模式搜索方法的原理是寻找搜索区域的最低点，可以先确定一条通往区域中心的山谷，然后沿该山谷线方向进行搜索[45]。这种策略的本质是通过不断进行迭代，实现搜索步长的模式改进，以加快算法的收敛。

（2）利用自适应竞争排名的机制。为避免算法陷入局部最优，可以根据适应度值对巢穴进行竞争排名，用排名靠前的巢穴构成优势巢穴集合。使用这种机制，在迭代初期，所构建的优势巢穴集合较小，有利于算法快速搜索到全局较优解，加速收敛；在迭代中后期，搜索的范围可以比较大，使算法保持种群多样性，不易陷入局部最优。

（3）采用合作分享的优势集搜索机制。基本的布谷鸟搜索算法采用随机游动的搜索策略，启发信息不足，搜索速度较慢。为此，可使用合作分享的优势集搜索机制，取代混合变异和交叉操作方式来生成新解，强化对优势经验的学习。

改进的布谷鸟搜索算法步骤如图 4-6 所示[46]。

```
begin
    目标函数 f(x), x = (x_1, x_2, ..., x_d)^T
    初始化 N 个宿主巢穴的位置 x_i (i = 1, 2, ..., N)，设迭代次数的初始值为 1
    计算各巢穴位置的适应度值 F_i = f(x_i)
    while （当前迭代次数值 < 最大迭代次数值）or（满足求解精度条件）
    （全局搜索阶段）
    采用莱维飞行机制随机游动获得新的巢穴位置 x_j
    计算新的适应度值 F_j = f(x_j)
        if (F_i > F_j)
            用新的解替换原解
        end
        按概率 p 丢弃差的解，并建新解
    （局部开发阶段）
    自适应竞争排名构建机制：选取排名前 M 的优势巢穴
```

图 4-6 改进的布谷鸟搜索算法步骤

```
    合作分享机制：利用所得到的新巢穴位置替换丢弃位置并保留最好的解
    if (mod(迭代次数，模式搜索参数) = 0)
        模式搜索和由粗到细的策略：将新巢穴位置作为模式搜索的起始位置进行局部搜索，获得更新的巢穴
        位置
    end
    if (f(更新的巢穴位置) < f(原位置))
        用更新的巢穴位置替换原位置
    end
    迭代次数+1，并保留最好的解
  end
end
```

图 4-6　改进的布谷鸟搜索算法步骤（续）

4.7.3　点云配准应用

考虑 4.2.5 节的点云配准问题。配准过程需要获得两个点集坐标系之间的平移矩阵和旋转矩阵，使得来自两个点集的同源点之间的距离最小。

在实际应用中，一般要先对点集进行一定的采样，以降低点云后续处理的数据量，提高运算效率。选取特征点是降低数据量的一种有效手段。选取特征点的方法很多。如果设点云数据集包括 N 个点，任意一点 p_i 的坐标为 (x_i, y_i, z_i)，则利用固有形状标记法（ISS）选取特征点的主要步骤如下。

（1）对每个点 p_i 定义一个局部坐标系，并设对每个点的搜索半径都为 r。

（2）对每个点 p_i 查询其周围半径 r 范围内的所有点并计算其权值：

$$w_{ij} = \frac{1}{|p_i - p_j|} \quad |p_i - p_j| < r \tag{4-25}$$

（3）计算每个点 p_i 的协方差矩阵：

$$\text{cov}(p_i) = \frac{\sum_{|p_i - p_j| < r} w_{ij}(p_i - p_j)(p_i - p_j)^T}{\sum_{|p_i - p_j| < r} w_{ij}} \tag{4-26}$$

（4）计算每个点 p_i 的协方差矩阵 $\text{cov}(p_i)$ 的特征值 $\{\lambda_i^1, \lambda_i^2, \lambda_i^3\}$，降序排列。

（5）设置阈值 T_1 和 T_2，将满足下式的点确定为特征点：

$$\frac{\lambda_i^2}{\lambda_i^1} \leq T_1 \quad \frac{\lambda_i^3}{\lambda_i^2} \leq T_2 \tag{4-27}$$

无论是否提取特征点，3D 点云配准都要确定两个点云集合之间的变换矩阵（包括平移矩

阵和旋转矩阵）。在理想情况下，变换求解误差为 0。但在实际情况中，各种因素会产生误差，这样，3D 点云配准问题就成为一个优化问题，要寻找最优变换矩阵，使得两个点集之间的欧氏距离最小。

如果使用改进的布谷鸟搜索算法，就要将对应距离最小作为全局搜索的准则，以实现点云集合的有效配准。这里需要对 6 个变换参数进行编码。旋转参数 α, β, γ 与平移变量 x_0, y_0, z_0 的取值范围不同，因此还需要对参数编码进行归一化操作。例如，将参数编码随机生成 6 个约束范围内的解 $s_1, s_2, s_3, s_4, s_5, s_6$，组成一组解 $S = [s_1, s_2, s_3, s_4, s_5, s_6]$，归一化得到 $S' = [s_1', s_2', s_3', s_4', s_5', s_6']$，其中 $s_i' = (s_i - l_i)/(u_i - l_i)$（$i = 1, 2, \cdots, 6$），$u_i$ 和 l_i 分别是 s_i 的上下限，以使参数编码的数值在[0, 1]内。这样，让每个参数对应算法中巢穴的位置，整个点云配准问题就转化成一个求解 6D 空间内的函数优化问题。

参考文献

[1] ENGIN I C, MAERZ N H. Investigation on the processing of LiDAR point cloud data for particle size measurement of aggregates as an alternative to image analysis[J]. Journal of Applied Remote Sensing, 2022, 16(1).

[2] MIRZAEI K, ARASHPOUR M, ASADI E, et al. 3D point cloud data processing with machine learning for construction and infrastructure applications: A comprehensive review[J]. Advanced Engineering Informatics, 2022: 51.

[3] 李勇, 佟国峰, 杨景超, 等. 三维点云场景数据获取及其场景理解关键技术综述[J]. 激光与光电子学进展, 2019, 56(4): 1-4.

[4] 杨必胜, 董震. 点云智能处理[M]. 北京: 科学出版社, 2020.

[5] 秦静, 王伟滨, 邹启杰, 等. 基于激光雷达点云的 3D 目标检测方法综述[J]. 计算机科学, 2023, 50(S1): 259-265.

[6] SONG X, WANG P, ZHOU D, et al. Apollocar3D: A large 3D car instance understanding benchmark for autonomous driving[C]. Proceedings of the IEEE Conference on Computer Vision and Pattern Recognition, 2019: 5452-5462.

[7] POMERLEAU F, LIU M, COLAS F, et al. Challenging data sets for point cloud registration algorithms[J]. Int. J. Robot. Res., 2012, 31: 1705-1711.

[8] XUE J, FANG J, LI T, et al. BLVD: Building A large-scale 5D semantics benchmark for autonomous driving[C]. Proceedings of the International Conference on Robotics and Automation, 2019: 20-24.

[9] CHEN Y, WANG J, LI J, et al. Lidar-video driving dataset: Learning driving policies effectively[C]. Proceedings of the IEEE Conference on Computer Vision and Pattern Recognition, 2018: 5870-5878.

[10] VALLET B, BREDIF M, SERNA A, et al. TerraMobilita/IQmulus urban point cloud classification benchmark[J]. Computers & Graphics, 2015, 49:126-133.

[11] GEIGER A, LENZ P, URTASUN R. Are we ready for autonomous driving? The KITTI vision benchmark suite[C]. Proceedings of the Conference on Computer Vision and Pattern Recognition, 2012: 3642-3649.

[12] WANG C, HOU S, WEN C, et al. Semantic line framework-based indoor building modeling using backpacked laser scanning point cloud[J]. ISPRS J. Photogramm. Remote Sens., 2018, 143: 150-166.

[13] CARLEVARIS-BIANCO N, USHANI A K, EUSTICE R M. University of Michigan North Campus long-term vision and LiDAR dataset[J]. Int. J. Robot. Res., 2016, 35: 1023-1035.

[14] ROYNARD X. Paris-Lille-3D: a large and high-quality ground truth urban point cloud dataset for automatic segmentation and classification[J]. The International journal of robotics research, 2017, 37(6):545-557.

[15] CAESAR H, BANKITI V, LANG A H, et al. nuScenes: A multimodal dataset for autonomous driving[J]. arXiv 2019, arXiv:1903.11027.

[16] MADDERN W, PASCOE G, LINEGAR C, et al. 1000km: The Oxford RobotCar dataset[J]. Int. J. Robot. Res., 2017, 36: 3-15.

[17] BEHLEY J, GARBADE M, MILIOTO A, et al. SemanticKITTI: A dataset for semantic

scene understanding of LiDAR sequences[C]. Proceedings of IEEE/CVF International Conference on Computer Vision, 2019.

[18] DONG Z, LIANG F, YANG B, et al. Registration of large-scale terrestrial laser scanner point clouds: A review and benchmark[C]. ISPRS J. Photogramm. Remote Sens., 2020, 163: 327-342.

[19] 樊轶铖, 张俊琪, 崔宸, 等. 点云预处理算法综述[J]. 信息与计算机（理论版）, 2023, 35(6): 206-209.

[20] 孙晓东. 点云数据研究与形状分析[M]. 北京: 电子工业出版社, 2021.

[21] 施法中. 计算机辅助几何设计与非均匀有理B样条（修订版）[M]. 北京: 高等教育出版社, 2013.

[22] 赵志祥, 董秀军, 吕宝雄, 等. 地面三维激光扫描技术应用理论与实践[M]. 北京: 中国水利水电出版社, 2019.

[23] HAN X F, JIN J S, WANG M J. A review of algorithms for filtering the 3D point cloud[J]. Signal Processing: Image Communication, 2017, 57: 103-112.

[24] 李峰, 王健, 刘小阳, 等. 三维激光扫描原理与应用[M]. 北京: 地震出版社, 2020.

[25] 吴青华, 屈家奎, 周保兴. 三维激光扫描数据处理技术及其工程应用[M]. 济南: 山东大学出版社, 2020.

[26] TOMBARI F, SALTI S, DI STEFANO L. Unique signatures of histograms for local surface description[C]. ECCV, 2010: 356-369.

[27] TOMBARI F, SALTI S, DI STEFANO L. A combined texture-shape descriptor for enhanced 3D feature matching[C]. Proceedings of International Conference on Image Processing, 2011: 809-812.

[28] SEIB V, PAULUS D. Shortened color-shape descriptors for point cloud classification from RGB-D cameras[C]. IEEE International Conference on Autonomous Robot Systems and Competitions, 2021: 203-208.

[29] GUO Y, SOHEL F, BENNAMOUN M, et al. Rotational projection statistics for 3D local

surface description and object recognition[J]. International Journal of Computer Vision, 2013, 105(1): 63-86.

[30] YANG J, ZHANG Q, XIAO Y, et al. TOLDI: An effective and robust approach for 3D local shape description[J]. Pattern Recognition, 2017, 65: 175-187.

[31] 龚靖渝, 楼雨京, 柳奉奇, 等. 三维场景点云理解与重建技术[J]. 中国图象图形学报, 2023, 28(6): 1741-1766.

[32] SU H, MAJI S, KALOGERAKIS E, et al. Multi-view convolutional neural networks for 3D shape recognition[C]. IEEE International Conference on Computer Vision, 2015: 945-853.

[33] QI C R, SU H, NIESNER M, et al. Volumetric and multi-view CNNs for object classification on 3D data[J]. IEEE Conference on Computer Vision and Pattern Recognition, 2016: 5694-5656.

[34] BOULCH A, GUERRY J, Le SAUX B, et al. SnapNet 3D point cloud semantic labeling with 2D deep segmentation networks[J]. Computers & Graphics, 2018: 189-198.

[35] LAWIN F J, DANELLJAN M, TOSTEBERG P, et al. Deep projective 3D semantic segmentation[C]. International Conference on Computer Analysis of Images and Patterns, 2017: 95-107.

[36] ROYNARD X, DESCHAUD J E, FRANCOIS G. Classification of point cloud scenes with multiscale voxel deep network[J]. DOI: 10.48550/arxiv1804.03583, 2018.

[37] WANG L, HUANG Y C, SHAN J, et al. MSNet multi-scale convolutional network for point cloud classification[J]. Remote Sensing, 2018, 10(4): 612.

[38] XU Y S, TONG X H, STILLA U. A voxel-based representation of 3D point clouds: Methods, applications, and its potential use in the construction industry[J]. Automation in Construction, 2021, 126.

[39] CHARLES R Q, SU H, MOK C, et al. PointNet: Deep learning on point sets for 3D classification and segmentation[C]. IEEE Conference on Computer Vision and Pattern Recognition, 2017: 77-85.

[40] LI Y, BU R, SUN M C, et al. PointCNN: Convolution on χ transformed points[C]. Neural Information Processing Systems, 2018.

[41] BEHL A, PASCHALIDOU D, DONNE S, et al. PointFlowNet: Learning representations for rigid motion estimation from point clouds[C]. 2019IEEE/CVF Conference on CVPR, 2019.

[42] LANDRIEU L, SIMONOVSKY M. Large scale point cloud semantic segmentation with superpoint graphs[C]. IEEE Conference on Computer Vision and Pattern Recognition, 2018: 4558-4567.

[43] YANG X S, DEB S. Engineering optimization by cuckoo search[J]. International Journal of Mathematical Modelling and Numerical Optimisation, 2010, 1(4): 330-343.

[44] YANG X S, DEB S. Cuckoo search via levy flights[C]. 2009 World Congress on Nature & Biologically Inspired Computing (NaBIC), 2009: 210-214.

[45] HOOKE R, JEEVES T A. "Direct search" solution of numerical and statistical problems[J]. Journal of the ACM, 1961, 8(2): 212-229.

[46] 马卫. 仿生群智能优化算法及在点云配准中的应用研究[M]. 南京：东南大学出版社, 2021.

第 5 章
双目立体视觉

人类视觉系统是一个天然的立体视觉系统。人的双目(每个都相当于一个摄像机)从两个视点观察同一个场景,所获得的信息在人脑中结合起来就形成了对 3D 客观世界的描述。在计算机视觉中,采集不同视角下的一组图像(两幅或多幅),并借助三角测量的原理可以获得不同图像中对应像素之间的**视差**(同一个 3D 空间点投影到 2D 图像上时,其对应成像点在各幅图像上位置的差),并进一步根据视差获得深度信息和重建 3D 场景。

在立体视觉中,计算视差是获得深度信息的关键步骤,而其中的主要挑战是要确定不同图像(对双目立体视觉来说是两幅图像,对多目立体视觉来说是多幅图像)上 3D 空间点投影后的对应性,也就是一个匹配问题。本章仅讨论双目立体视觉(多目立体视觉将在第 6 章讨论)。

本章各节内容安排如下。

5.1 节讨论基于区域的双目立体匹配的原理和几种常用技术。

5.2 节介绍基于特征的双目立体匹配的基本步骤和方法,还对近年两种常用特征点(SIFT

和 SURF）进行具体分析。

5.3 节介绍一种检测立体匹配所获得的视差图中的误差并进行校正的算法。

5.4 节介绍基于深度学习技术的立体匹配方法，包括各种立体匹配网络和一种具体方法。

5.1 基于区域的双目立体匹配

确定双目图像中对应点的关系是获得深度图像的关键步骤。下面的讨论仅以**双目横向模式**为例，如果考虑各种模式中独特的几何关系，则由双目横向模式获得的结果也可推广到其他模式。

确定对应点之间的关系可采用点点对应匹配的方法。但如果直接用单点灰度搜索，则会受到图像中许多点具有相同灰度及存在图像噪声等因素的影响。目前实用的技术主要分为两大类，即灰度相关和特征匹配。前一类是基于区域的方法，即考虑每个需要匹配的点的邻域性质；后一类是基于特征的方法，即先选取图像中具有唯一或特殊性质的点作为匹配点，然后对点进行匹配。后一类方法采用的特征主要是图像中的拐点和角点坐标、边缘线段、目标轮廓等。上述两类方法分别类似于图像分割时基于区域的方法和基于边缘的方法。本节先介绍基于区域的方法，基于特征的方法在 5.2 节中介绍。

5.1.1 模板匹配

基于区域的方法需要考虑点的邻域性质，而邻域常借助**模板**（也称子图像或窗）来确定。当给定左图像中的一个点而需要在右图像中搜索与其对应的点时，可提取以左图像中的点为中心的邻域作为模板，将其在右图像上平移并计算其与各位置的相关性，根据相关值确定是否匹配。如果匹配，则认为右图像中匹配位置的中心点与左图像中的那个点构成对应点对。这里可取相关值最大处为匹配处，也可先给定一个阈值，先将满足相关值大于阈值的点提取出来，再根据一些其他条件从中选择。

1．基本原理

这里最基本的匹配方法一般称为**模板匹配**（其原理也可用于更复杂的匹配），其本质是用一个较小的图像（模板）与一幅较大图像中的一部分（子图像）进行匹配。匹配的目的是确定大图像中是否存在小图像，若存在，则进一步确定小图像在大图像中的位置。在模板匹配中，模板通常是正方形的，但也可以是矩形的或其他形状的。现在考虑要找一个尺寸为 $J \times K$ 的模板图像 $w(x, y)$ 与一个尺寸为 $M \times N$ 的大图像 $f(x, y)$ 的匹配位置，设 $J \leq M$ 且 $K \leq N$。在最简单的情况下，$f(x, y)$ 和 $w(x, y)$ 之间的相关函数可写为

$$c(s,t) = \sum_x \sum_y f(x,y) w(x-s, y-t) \qquad (5\text{-}1)$$

其中，$s = 0, 1, 2, \cdots, M-1$；$t = 0, 1, 2, \cdots, N-1$。根据**最大相关准则**就可确定最佳匹配位置。

式（5-1）中的求和是对 $f(x, y)$ 和 $w(x, y)$ 相重叠的图像区域进行的。图 5-1 给出了相关的示意，其中假设 $f(x, y)$ 的原点在左上角，$w(x, y)$ 的原点在其中心。对任何在 $f(x, y)$ 中给定的位置 (s, t)，根据式（5-1）可以算得 $c(s, t)$ 的一个特定值。当 s 和 t 变化时，$w(x, y)$ 在图像区域中移动并给出函数 $c(s, t)$ 的所有值。$c(s, t)$ 的最大值指示与 $w(x, y)$ 的最佳匹配位置。注意，对接近 $f(x, y)$ 边缘的 s 和 t，匹配精度会受到图像边界的影响[1]，其误差正比于 $w(x, y)$ 的尺寸。

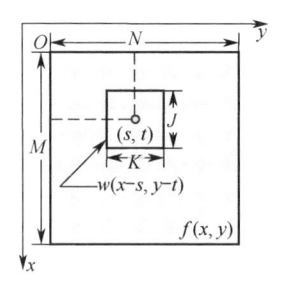

图 5-1 模板匹配示意

除了根据最大相关准则来确定最佳匹配位置，还可以使用**最小均方误差函数**：

$$M_{\text{me}}(s,t) = \frac{1}{MN} \sum_x \sum_y [f(x,y) w(x-s, y-t)]^2 \qquad (5\text{-}2)$$

在 VLSI 硬件中，平方运算较难实现，因此可用绝对值代替平方值，得到**最小平均差值函数**：

$$M_{\text{ad}}(s,t) = \frac{1}{MN} \sum_x \sum_y |f(x,y) w(x-s, y-t)| \qquad (5\text{-}3)$$

式（5-1）所定义的相关函数有一个缺点，即对 $f(x, y)$ 和 $w(x, y)$ 幅度值的变化比较敏感，例如，当 $f(x, y)$ 的值加倍时，$c(s, t)$ 的值也会加倍。为了解决这个问题，可定义如下相关系数：

$$C(s,t) = \frac{\sum_x \sum_y [f(x,y) - \overline{f}(x,y)][w(x-s, y-t) - \overline{w}]}{\sqrt{\sum_x \sum_y [f(x,y) - \overline{f}(x,y)]^2 [w(x-s, y-t) - \overline{w}]^2}} \qquad (5\text{-}4)$$

其中，$s = 0, 1, 2, \cdots, M-1$；$t = 0, 1, 2, \cdots, N-1$；$\overline{w}$ 是 w 的均值（只需要算一次）；$\overline{f}(x, y)$ 代表

$f(x, y)$中与$w(x, y)$当前位置相对应区域的均值。

式（5-4）中的求和是对$f(x, y)$和$w(x, y)$的共同坐标进行的。因为相关系数已尺度变换到[−1, 1]中，所以其值的变化与$f(x, y)$和$w(x, y)$的幅度变化无关。

还有一种方法是计算模板和子图像之间的灰度差，建立满足**平均平方差**（MSD）的两组像素间的对应关系。这类方法的优点是匹配结果不易受模板灰度检测精度和密度的影响，因而可以得到很高的定位精度和密集的视差表面[2]；缺点是依赖图像灰度的统计特性，对物体表面结构及光照反射等较为敏感，因此在空间物体表面缺乏足够纹理细节、成像失真较大（如基线长度过大）的场景中存在一定困难。实际匹配中也可采用一些灰度的导出量，但有实验表明，在使用灰度、灰度微分大小和方向、灰度拉普拉斯值及灰度曲率作为匹配参数进行的匹配比较中，利用灰度取得的效果比利用灰度导出量取得的效果要好[3]。

模板匹配作为一种基本的匹配技术（其他一些典型匹配技术见第9章）在许多方面得到了应用，尤其在图像仅有平移的情况中。前面利用对相关系数的计算，可将相关函数归一化，解决幅度变化带来的问题。但要对图像尺寸和旋转进行归一化是比较困难的。对尺寸的归一化需要进行空间尺度变换，而这个过程需要大量的计算。对旋转进行归一化则更困难。如果$f(x, y)$的旋转角度可知，则只要将$w(x, y)$旋转相同角度，使之与$f(x, y)$对齐就可以了。但在不知道$f(x, y)$旋转角度的情况下，要寻找最佳匹配就需要将$w(x, y)$以所有可能的角度旋转。实际中这种方法是行不通的，因而在任意旋转或对旋转没有约束的情况下，很少直接使用基于区域的方法。

2．减少计算量

用代表匹配基元的模板进行图像匹配的方法要解决计算量会随基元数量指数增加的问题。如果图像中的基元数量为n，而模板中的基元数量为m，则模板与图像的基元之间存在$O(n^m)$个可能的对应关系，这里组合数为$C(n, m)$或C_m^n。

为减少模板匹配的计算量，一方面可利用一些先验知识（如立体匹配时的极线约束，见5.1.2小节）减少需要匹配的位置；另一方面可利用在相邻匹配位置上模板覆盖范围有相当大的重合的特点来减少重新计算相关值的次数[4]。顺便指出，相关值也可通过快速傅里叶变换（FFT）转换到频域中计算，因此可基于频域变换进行配准（见9.4.1小节）。如果$f(x, y)$和$w(x, y)$的尺寸相同，则在频域中计算会比直接在空域中计算效率更高。实际上，$w(x, y)$一般远小于$f(x, y)$。有人曾估计过，如果$w(x, y)$中的非零项少于132（约相当于一个13 × 13的子图像），则直接使用式（5-1）在空域中计算的效率比在频域中计算的要高。当然这个数字与所用计算机和编程算法都有关系。另外，式（5-4）中相关系数的计算在频域中很难实现，因此一般都直接在空域中进行。

为实现高效的模板匹配，可以使用**几何哈希法**。它的基础是三个点可以定义一个 2D 平面，即如果选择三个不共线的点 P_1, P_2, P_3，就可以用这三个点的线性组合来表示任意一个点：

$$Q = P_1 + s(P_2 - P_1) + t(P_3 - P_1) \qquad (5\text{-}5)$$

式（5-5）在仿射变换下不会变化，即 (s, t) 的数值只与三个不共线的点有关，而与仿射变换本身无关。这样，(s, t) 的值可看作点 Q 的仿射坐标。这个特性对线段也适用：三个不平行的线段可以用来定义一个仿射基准。

几何哈希法要构建一个哈希表，这个哈希表可帮助匹配算法快速地确定一个模板在图像中的潜在位置。哈希表可按如下方法构建：对模板中任意三个不共线的点（基准点组），计算其他点的仿射坐标 (s, t)。这些点的仿射坐标 (s, t) 将被用作哈希表的索引。对于每个点，哈希表保留对当前基准点组的指标（序号）。如果要在图像中搜索多个模板，则需要保留更多的模板索引。

为搜索一个模板，随机地在图像中选择一个基准点组，并计算其他点的仿射坐标 (s, t)。用这个仿射坐标 (s, t) 作为哈希表的索引，可以获得基准点组的指标。这样就得到了图像中这个基准点组出现的一个投票。如果随机选出的点与模板上的基准点组不对应，就不用接受投票。不过，如果随机选出的点与模板上的基准点组对应，就要接受投票。如果许多投票都被接受，就表明图像中很可能有这个模板，并且可得到基准点组的指标。因为所选的基准点组会有一定的概率不合适，所以算法需要迭代以增加找到正确匹配的概率。事实上，只需要找到一个正确的基准点组，就可以确定匹配的模板。因此，如果在图像中找到了 N 个模板点中的 k 个，则在 m 次尝试中至少有一次正确选择基准点组的概率为

$$p = 1 - [1 - (k/N)^3]^m \qquad (5\text{-}6)$$

如果图像中出现模板中点的数量与图像中点的数量的比值 k/N 为 0.2，希望模板匹配的可能性是 99%（$p = 0.99$），那么需要尝试的次数 m 为 574 次。

5.1.2 立体匹配

根据模板匹配的原理，可利用区域灰度的相似性来搜索两幅图像的对应点。具体来说，就是在立体图像对中，先选定左图像中以某个像素为中心的一个窗口，以该窗口中的灰度分布构建模板，再用该模板在右图像中进行搜索，找到最匹配的窗口位置，则此时匹配窗口中心的像

素与左图像的拟匹配像素对应。

在上述搜索过程中，如果对模板在右图像中的位置没有任何先验知识或任何限定，则需要搜索的范围可能会覆盖整幅右图像。对左图像中的每个像素都如此进行搜索是很费时间的。为减少搜索范围，可考虑利用一些约束条件，如以下 3 种[5]。

（1）**兼容性约束**：黑色的点只能匹配黑色的点，更一般地说，就是两幅图像中源于同一类物理性质的特征才能匹配，也称**光度兼容性约束**。

（2）**唯一性约束**：一幅图像中的单个黑点只能与另一幅图像中的单个黑点相匹配。

（3）**连续性约束**：匹配点附近的视差变化在整幅图像（除遮挡区域或间断区域外的其余点）中都是光滑的（渐变的），也称**视差光滑性约束**。

在讨论立体匹配时，除了以上 3 种约束，还可考虑下面介绍的极线约束和 5.2.4 小节介绍的顺序性约束。

1. 极线约束

极线约束有助于在搜索过程中减少搜索范围，加快搜索进程。

先借助图 5-2 介绍**极点**和**极线**两个重要概念。它们也常被称为外极点和外极线或对极点和对极线。在图 5-2 中，坐标原点为左目光心，X 轴连接左右两目光心，Z 轴指向观察方向，左右两目间距为 B（也常称系统基线），左右两个像平面的光轴都在 XZ 平面内，交角为 θ。考虑左右两个像平面的联系。O_1 和 O_2 分别为左右像平面的光心，它们之间的连线称光心线，光心线与左右像平面的交点 e_1 和 e_2 分别称为左右像平面的极点（极点坐标分别用 e_1 和 e_2 表示）。光心线与空间点 W 在同一个平面中，这个平面称为**极平面**，极平面与左右像平面的交线 L_1 和 L_2 分别称为空间点 W 在左右像平面上投影点的极线。极线限定了双目图像对应点的位置，与空间点 W 在左像平面上投影点 p_1（坐标为 p_1）所对应的右像平面投影点 p_2（坐标为 p_2）必在极线 L_2 上。反之，与空间点 W 在右像平面上投影点所对应的左像平面投影点必在极线 L_1 上。

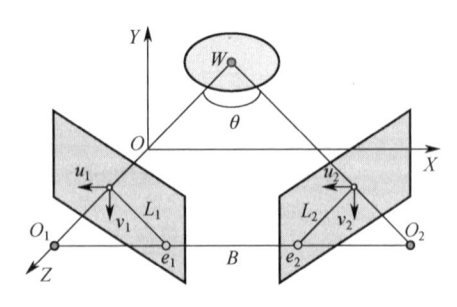

图 5-2 极点和极线示意

由上面的讨论可知，极点与极线具有对应性。极线限定了双目图像上对应点的位置，与空间点 W 在左像平面上投影点对应的右像平面投影点必在极线 L_2 上；反之，与空间点 W 在右像平面上的投影点对应的左像平面投影点必在极线 L_1 上。这就是**极线约束**。

在双目视觉中，当采用理想的平行光轴模型（各摄像机视线平行）时，极线与图像扫描线是重合的，这时的立体视觉系统称为平行立体视觉系统。在平行立体视觉系统中，也可以借助极线约束来减少立体匹配的搜索范围。在理想情况下，利用极线约束可将对整幅图像的搜索变为对图像中某一行像素的搜索。但需要指出，极线约束仅仅是一种局部约束条件，对一个空间点来说，其在极线上的投影点可能不止一个。

极线约束图示如图 5-3 所示，用（左边）一个摄像机观测空间点 W，所成像点 p_1 应在该摄像机光学中心与点 W 的连线上。但所有该线上的点都会成像在点 p_1 处，因此并不能由点 p_1 完全确定特定点 W 的位置/距离。现用第二个摄像机观测同一个空间点 W，所成像点 p_2 也应在该摄像机光学中心与点 W 的连线上。所有该线上的点 W 都投影到成像平面 2 中的一条直线上，该直线就是极线。

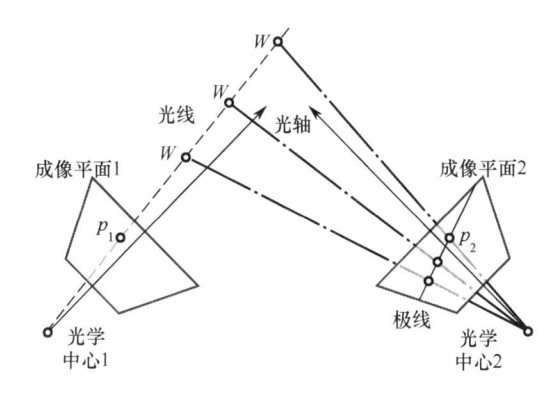

图 5-3　极线约束图示

由图 5-3 中的几何关系可知，对于成像平面 1 上的任何点 p_1，成像平面 2 中与其对应的所有点都（约束）在同一条直线上，这就是前面所说的极线约束。

2. 本质矩阵和基本矩阵

空间点 W 在两幅图像上的投影坐标点之间的联系可用有 5 个自由度的**本质矩阵**（也称**本征矩阵**）E 来描述[6]，E 又可分解为一个正交的旋转矩阵 R 和一个平移矩阵 T（$E = RT$）。如果左图像中的投影点 p_1 的坐标用 $\boldsymbol{p}_1$ 表示，右图像中的投影点 p_2 的坐标用 $\boldsymbol{p}_2$ 表示，则有

$$\boldsymbol{p}_2^\mathrm{T} \boldsymbol{E} \boldsymbol{p}_1 = 0 \tag{5-7}$$

在对应图像上通过点 p_1 和点 p_2 的极线分别满足 $\boldsymbol{L}_2 = \boldsymbol{E}\boldsymbol{p}_1$ 和 $\boldsymbol{L}_1 = \boldsymbol{E}^\mathrm{T}\boldsymbol{p}_2$。而在对应图像上通

过点 p_1 和点 p_2 的极点分别满足 $Ee_1 = 0$ 和 $E^T e_2 = 0$。

对本质矩阵的推导可参照图 5-4 进行。在图 5-4 中，设可以观察到点 W 在图像上的投影位置 p_1 和 p_2，另外还知道两个摄像机之间的旋转矩阵 R 和平移矩阵 T，那么就可得到 3 个 3D 向量 $O_1 O_2, O_1 W, O_2 W$。这 3 个 3D 向量肯定是共面的。因为在数学上，3 个 3D 向量 a, b, c 共面的准则可写为 $a \cdot (b \times c) = 0$，所以可使用这个准则来推导本质矩阵。该本质矩阵指示了同一个间点 W（坐标为 W）在两幅图像上的投影点坐标之间的联系。

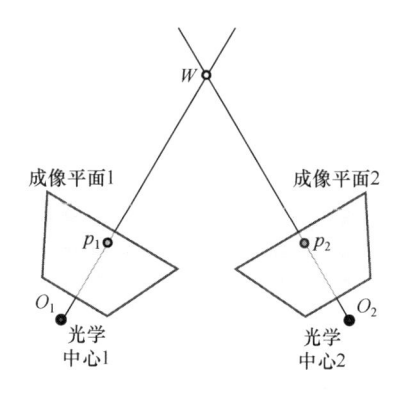

图 5-4 本质矩阵的推导

由第二个摄像机（右侧）的透视关系可知：向量 $O_1 W \propto R p_1$，向量 $O_1 O_2 \propto T$，并且向量 $O_2 W = p_2$。将这些关系与共平面条件结合起来，就可得到需要的结果：

$$p_2^T (T \times R p_1) = p_2^T E p_1 = 0 \quad (5\text{-}8)$$

在上面的讨论中，假设 p_1 和 p_2 是摄像机校正后的像素坐标。如果摄像机没有校正过，则需要用到原始的像素坐标 q_1 和 q_2。设摄像机的内参数矩阵为 G_1 和 G_2，则

$$p_1 = G_1^{-1} q_1 \quad (5\text{-}9)$$

$$p_2 = G_2^{-1} q_2 \quad (5\text{-}10)$$

将式（5-9）和式（5-10）代入式（5-7），则得到 $q_2^T (G_2^{-1})^T E G_1^{-1} q_1 = 0$，并可写为

$$q_2^T F q_1 = 0 \quad (5\text{-}11)$$

其中，

$$F = (G_2^{-1})^T E G_1^{-1} \quad (5\text{-}12)$$

称为**基本矩阵**（也称**基础矩阵**），因为它包含了所有用于摄像机校正的信息。基本矩阵有 7 个自由度（每个极点需要 2 个参数；将 3 条极线从一幅图像映射至另一幅图像需要 3 个参数，因为

两个1D投影空间中的投影变换具有3个自由度),而本质矩阵有5个自由度,基本矩阵比本质矩阵多2个自由度,但对比式(5-7)和式(5-11)可见,这2个矩阵的作用或功能是类似的。

本质矩阵和基本矩阵与摄像机的内、外参数有关。如果给定摄像机的内、外参数,则由极线约束可知,对于成像平面1上的任意点,只需在成像平面2中进行1D搜索就可确定其对应点的位置。进一步,对应性约束是摄像机内、外参数的函数,只要给定内参数,就可借助观察到的对应点的模式确定外参数,进而建立两个摄像机之间的几何关系。

3. 匹配中的影响因素

在实际中利用基于区域的匹配方法时,还有一些具体问题需要考虑和解决。下面是两个例子。

(1)由于在拍摄场景时受物体自身形状影响或存在物体互相遮挡的情况,被左边摄像机拍摄到的物体不一定全都能被右边摄像机拍摄到,所以用左图像确定的某些模板不一定能在右图像中找到完全匹配的位置。此时通常需要根据其他匹配位置的匹配结果进行插值,从而得到这些无法匹配点的数据。

(2)用模板图像的模式来表达单像素特性的前提是不同模板图像有不同模式,这样在匹配时才有区分性,即可反映不同像素的特点。但有时图像中有一些平滑区域,在这些平滑区域中得到的模板图像具有相同或相近的模式,匹配就会有不确定性,进而导致产生误匹配。为解决这个问题,有时需要将一些随机的纹理投影到这些表面上,以将平滑区域转化为纹理区域,从而获得具有不同模式的模板图像,消除不确定性。

下面给出一个当沿双目基线方向有灰度平滑区域时,立体匹配产生误差的示例。参见图5-5,其中图5-5(a)和图5-5(b)分别是一对立体图的左图像和右图像。图5-5(c)是利用双目立体匹配获得的视差图(这里为清楚起见,仅保留了物体匹配的结果),图中深色代表距离较远(深度较大),浅色代表距离较近(深度较小)。图5-5(d)是与图5-5(c)对应的3D立体图(等高图)显示。对照各图可知:由于场景中有一些位置(如塔楼、房屋等建筑的水平屋檐)的灰度值沿水平方向大致相近,所以当沿着极线方向对其进行搜索匹配时,很难确定对应点,产生了许多由误匹配造成的误差,反映在图5-5(c)中就是有一些与周围不协调的白色区域或黑色区域,而反映在图5-5(d)中就是有一些尖锐的毛刺。

4. 光学特性计算

利用双目图像的灰度信息还有可能进一步计算出物体表面的某些光学特性(参见7.2节)。这里对于表面的反射特性要注意两个因素:一是表面粗糙性带来的散射;二是表面致密性带来的镜面反射。这两个因素按如下方式结合:设 N 为表面面元法线方向的单位向量,S 为点光源方向的单位向量,V 为观察者视线方向的单位向量,在面元上得到的反射亮度 $I(x, y)$ 为合成反射率 $\rho(x, y)$ 和合成反射量 $R[N(x, y)]$ 的乘积(参见 2.1.2 小节的亮度成像模型),即

$$I(x, y) = \rho(x, y)R[N(x, y)] \tag{5-13}$$

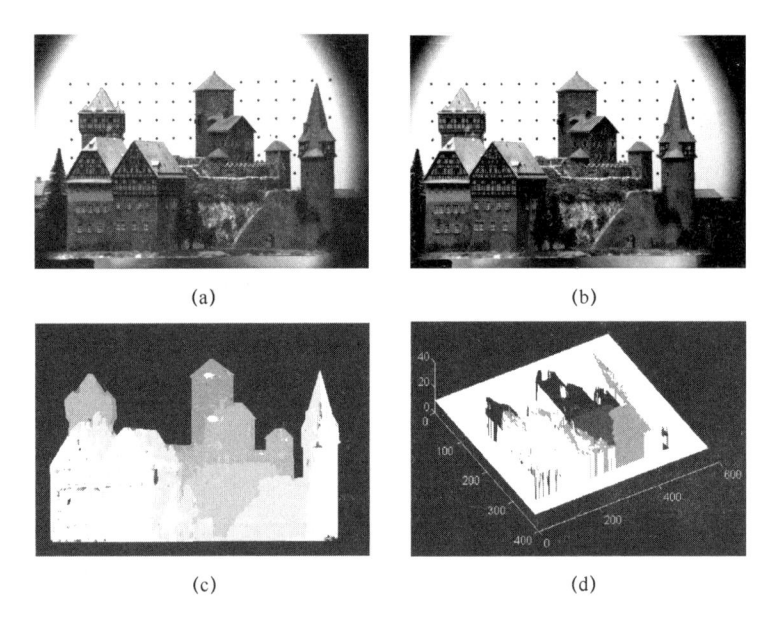

图 5-5 双目立体匹配受图像光滑区域影响示例

其中,

$$R[N(x, y)] = (1-\alpha)N \cdot S + \alpha(N \cdot H)^k \tag{5-14}$$

其中,ρ, α, k 为与表面光学特性有关的系数,可以从图像数据中算得。

式(5-14)中等号右边第一项考虑的是散射效应,它不因视线角而异;第二项考虑的是镜面反射效应。设 H 为镜面反射角方向的单位向量:

$$H = \frac{S+V}{\sqrt{2[1+(S \cdot V)]}} \tag{5-15}$$

式(5-14)中等号右边第二项通过向量 H 反映视线向量 V 的变化。在图 5-2 所采用的坐标系中:

$$\begin{aligned} V' &= \{0, 0, -1\} \\ V'' &= \{-\sin\theta, 0, \cos\theta\} \end{aligned} \tag{5-16}$$

5.2 基于特征的双目立体匹配

基于区域的匹配方法的缺点是依赖图像灰度的统计特性,对物体表面结构及光照反射等较为敏感,因此在空间物体表面缺乏足够纹理细节(如图 5-5 中沿极线方向)、成像失真较大(如基线长度过大)的场景中使用时存在一定困难。考虑到实际图像的特点,可先确定图像中一些显著的**特征点**(也称控制点、关键点或匹配点),然后借助这些特征点进行匹配。特征点在匹配中对环境照明的变化不太敏感,性能较为稳定。

5.2.1 基本步骤

特征点匹配的主要步骤如下。

(1)在图像中选取用于匹配的特征点。最常用的特征点是图像中的一些特殊点,如边缘点、角点、拐点、地标点等。5.2.2 小节和 5.2.3 小节介绍两种近年来应用较多的典型特征点。

(2)匹配立体图像对中的特征点对(见本小节和 5.2.4 小节,还可参考第 9 章中的内容)。

(3)计算匹配点对的视差,获取匹配点处的深度(类似于前面基于区域的方法)。

(4)对稀疏的深度值结果进行插值以获得稠密的深度图(由于特征点是离散的,所以不能在匹配后直接得到密集的视差场)。

下面介绍两种简单的有原理说明意义的匹配方法,并讨论两个特征点匹配的特点。

1. 利用边缘点的匹配

对于一幅图像 $f(x, y)$,利用对边缘点的计算可获得特征点图像:

$$t(x, y) = \max\{H, V, L, R\} \tag{5-17}$$

其中,H, V, L, R 均借助灰度梯度计算:

$$H = [f(x,y) - f(x-1,y)]^2 + [f(x,y) - f(x+1,y)]^2 \tag{5-18}$$

$$V = [f(x,y) - f(x,y-1)]^2 + [f(x,y) - f(x,y+1)]^2 \tag{5-19}$$

$$L = [f(x,y) - f(x-1,y+1)]^2 + [f(x,y) - f(x+1,y-1)]^2 \tag{5-20}$$

$$R = [f(x,y) - f(x+1,y+1)]^2 + [f(x,y) - f(x-1,y-1)]^2 \tag{5-21}$$

然后将 $t(x, y)$ 划分成互不重叠的小区域 W,在每个小区域中选取计算值最大的点作为特征点。

现在考虑对左图像和右图像构成的图像对进行匹配。对左图像的每个特征点,可将其在右

图像中所有可能的匹配点组成一个可能匹配点集。这样对左图像的每个特征点可得到一个标号集，其中的标号 l 就是左图像特征点与其可能匹配点的视差，或者是代表无匹配点的特殊标号。对每个可能的匹配点，计算下式以设定初始匹配概率 $P^{(0)}(l)$：

$$A(l) = \sum_{(x,y) \in W} [f_L(x,y) - f_R(x+l_x, y+l_y)]^2 \quad (5-22)$$

其中，$l = (l_x, l_y)$ 为可能的视差；$A(l)$ 代表两个区域之间的灰度拟合度，与初始匹配概率 $P^{(0)}(l)$ 成反比。换句话说，$P^{(0)}(l)$ 与可能匹配点邻域中的相似度有关。据此，可借助松弛迭代法，给可能匹配点邻域中视差比较接近的点以正的增量，而给其他点以负的增量，从而对 $P^{(0)}(l)$ 进行迭代更新。随着迭代的进行，正确匹配点的迭代匹配概率 $P^{(k)}(l)$ 会逐渐增大，而其他点的匹配概率 $P^{(k)}(l)$ 会逐渐减小。在经过一定次数的迭代后，将匹配概率 $P^{(k)}(l)$ 最大的点确定为匹配点。

2. 利用零交叉点的匹配

在进行特征点匹配时，也可选用**零交叉模式**来获得匹配基元[7]。利用（高斯函数的）拉普拉斯算子（可参见参考文献[8]）进行卷积可得到零交叉点。考虑零交叉点的连通性，可确定 16 种不同的零交叉模式，如图 5-6 中阴影所示。

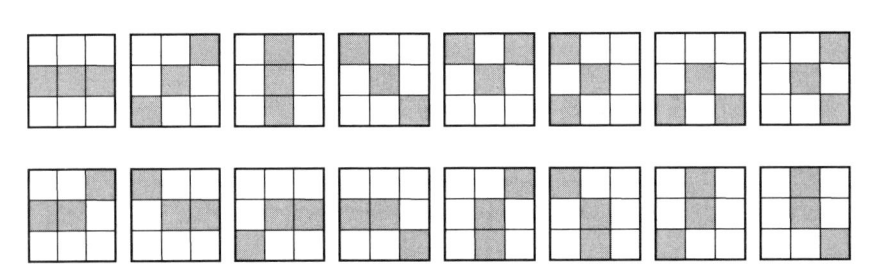

图 5-6 零交叉模式图示

对于左图像的每个零交叉模式，将其在右图像中所有可能的匹配点组成一个可能匹配点集。在立体匹配时，可借助水平极线约束，将左图像中所有非水平的零交叉模式组成一个点集，对其中每个点赋一个标号集并确定一个初始匹配概率。采取与"利用边缘点的匹配"类似的方法，通过松弛迭代可得到最终的匹配点。

3. 特征点深度

下面借助图 5-7（它是将图 5-2 中的极线去除，再将基线移到 X 轴上得到的，其中各字母的含义同图 5-2）来解释空间特征点与图像特征点之间的对应关系。

在 3D 空间坐标中，一个特征点 $W(x, y, -z)$ 通过**正交投影**后在左、右图像上分别为

$$(u', v') = (x, y) \tag{5-23}$$

$$(u'', v'') = [(x - B)\cos\theta - z\sin\theta, \ y] \tag{5-24}$$

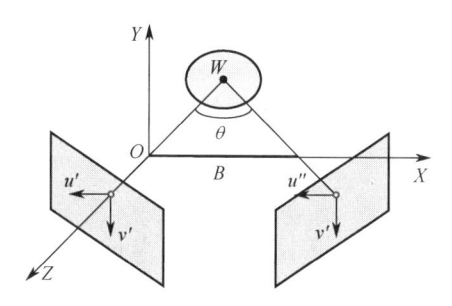

图 5-7 空间特征点与图像特征点示意图

这里对 u'' 的计算是按先平移、再旋转的坐标变换进行的。式（5-24）也可借助图 5-8 进行推导（这里给出了平行于图 5-7 中 XZ 平面的一个示意图）：

$$u'' = \overline{OS} = \overline{ST} - \overline{TO} = (\overline{QE} + \overline{ET})\sin\theta - \frac{B-x}{\cos\theta} \tag{5-25}$$

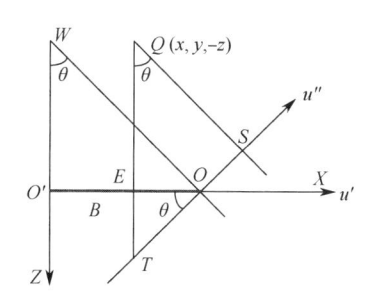

图 5-8 计算视差与深度关系的坐标安排

注意到 W 在 -Z 轴上，因此有

$$u'' = -z\sin\theta + (B-x)\tan\theta\sin\theta - \frac{B-x}{\cos\theta} = (x-B)\cos\theta - z\sin\theta \tag{5-26}$$

如果已经由 u' 确定了 u''（已建立了特征点之间的匹配），则从式（5-24）中可反解出投影到 u' 和 u'' 处的特征点的深度：

$$-z = u''\csc\theta + (B - u')\cot\theta \tag{5-27}$$

4．稀疏匹配点

由上面的讨论可见，特征点只是物体上的一些特定点，互相之间有一定间隔。仅由稀疏的匹配点并不能直接得到稠密的视差场，因而有可能无法精确地恢复物体外形。例如，图 5-9

（a）给出空间共面的 4 个点（与另一个空间平面的距离相等），这些点是通过视差计算得到的稀疏匹配点，设这些点位于物体的外表面，过这 4 个点的曲面可以有无穷多个，图 5-9（b）、图 5-9（c）和图 5-9（d）给出几个可能的例子。可见，仅由稀疏的匹配点并不能唯一地恢复物体外形，还需要结合其他条件或对稀疏匹配点进行插值，才能获得如区域匹配那样的密集视差图。

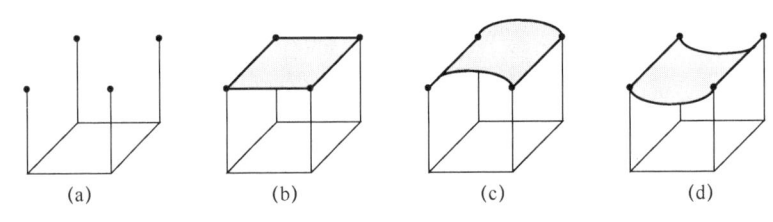

图 5-9　仅由稀疏的匹配点恢复物体外形图示

5.2.2　尺度不变特征变换

可将**尺度不变特征变换**（SIFT）看作一种检测图像中**显著特征**的方法[9]，它不仅能在图像中确定具有显著特征的点的位置，还能给出该点的一个描述矢量，也称 SIFT 算子或描述符，是一种局部描述符，其中包含三类信息：位置、尺度、方向。

SIFT 的基本思路和步骤如下。先获得图像的多尺度表达（可参见参考文献[1]），这可采用高斯卷积核（唯一线性核）与图像进行卷积。高斯卷积核是尺度可变的高斯函数：

$$G(x,y,\sigma)=\frac{1}{2\pi\sigma^2}\exp\left[-\frac{x^2+y^2}{2\sigma^2}\right] \quad (5\text{-}28)$$

其中，σ 是尺度因子。用高斯卷积核与图像卷积后的图像多尺度表达为

$$L(x,y,\sigma)=G(x,y,\sigma)\otimes f(x,y) \quad (5\text{-}29)$$

高斯函数是低通函数，与图像卷积后会使图像得到平滑。尺度因子的大小与平滑程度相关，σ 大对应大尺度，卷积后主要给出图像的概貌；σ 小对应小尺度，卷积后会保留图像的细节。为充分利用不同尺度的图像信息，用一系列尺度因子不同的高斯卷积核与图像卷积来构建高斯金字塔。一般设高斯金字塔相邻两层间的尺度因子系数为 k，如果第一层的尺度因子是 σ，则第二层的尺度因子是 $k\sigma$，第三层的尺度因子是 $k^2\sigma$，依次类推。

SIFT 接着在对图像的多尺度表达中搜索**显著特征点**，为此利用**高斯差**（DoG）算子。DoG 是两个不同尺度的高斯核卷积结果的差，类似于**拉普拉斯-高斯**（LoG）算子。如果用 h 和 k 代

表不同的尺度因子系数，则 DoG 金字塔可表示为

$$D(x,y,\sigma) = [G(x,y,k\sigma) - G(x,y,h\sigma)] \otimes f(x,y) = L(x,y,k\sigma) - L(x,y,h\sigma) \quad (5\text{-}30)$$

图像的 DoG 金字塔多尺度表达空间是一个 3D 空间（图像平面及尺度轴）。为在这样一个 3D 空间中搜索极值，需要将空间中某个点的值与其 26 个邻域体素（可参见参考文献[8]）的值进行比较。搜索结果确定了显著特征点的位置和所在尺度。

接下来，还要利用显著特征点邻域里像素的梯度分布确定每个点的方向参数。在图像中，(x,y) 处梯度的模（幅度）和方向分别为（各 L 所在尺度为各显著特征点所在尺度）

$$m(x,y) = \sqrt{[L(x+1,y) - L(x-1,y)]^2 + [L(x,y+1) - L(x,y-1)]^2} \quad (5\text{-}31)$$

$$\theta(x,y) = \arctan\left[\frac{L(x,y+1) - L(x,y-1)}{L(x+1,y) - L(x-1,y)}\right] \quad (5\text{-}32)$$

在获得每个点的方向后，可将邻域里像素的方向结合起来得到显著特征点的方向。具体可参见图 5-10，在已确定显著特征点的位置和所在尺度的基础上，先取以显著特征点为中心的 16×16 窗口，如图 5-10（a）所示。将窗口分成 16 个 4×4 的组，如图 5-10（b）所示。在各组内对每个像素计算其梯度，得到组内像素的梯度，如图 5-10（c）所示（箭头方向指示梯度方向，箭头长短与梯度大小成正比）。用 8 方向（间隔 45°）直方图统计各组内像素的梯度方向，取峰值方向为该组的梯度方向，如图 5-10（d）所示。这样对于 16 个组，每个组可得到一个 8D 的方向矢量，拼接起来得到一个 16×8 = 128D 的矢量。将这个矢量归一化，最后作为每个显著特征点的描述矢量，即 SIFT 描述符。实际中，SIFT 描述符的覆盖区域可方可圆，也称**显著片**。

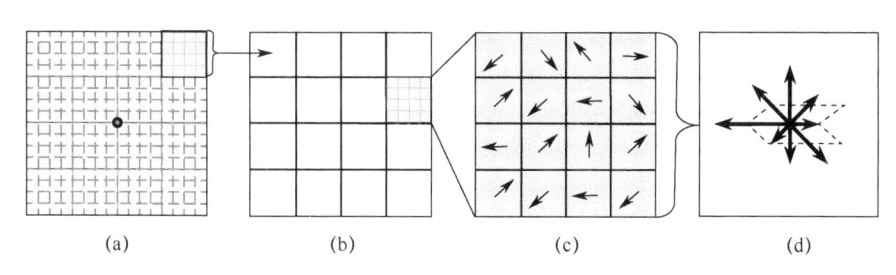

图 5-10 SIFT 描述矢量计算步骤

SIFT 描述符对于图像的尺度缩放、旋转和光照变化具有不变性，对于仿射变换、视角变化、局部形状失真、噪声干扰等也有一定的稳定性。这是因为在获取 SIFT 描述符的过程中，借助对梯度方向的计算和调整消除了旋转的影响，借助矢量归一化消除了光照变化的影响，利用邻域中像素方向信息的组合增强了鲁棒性。另外，SIFT 描述符本身信息量丰富，有较好的独特性（相对于仅含有位置和极值信息的边缘点或角点，SIFT 描述符有 128D 的描述矢量）。也是由于其独

特性（或特殊性），在一幅图像中往往能确定出大量的显著片，可供不同应用选择。当然，由于其描述矢量维数高，SIFT 描述符的计算量通常比较大（5.2.3 小节介绍一种对 SIFT 加速的描述符）。对 SIFT 的改进有很多，包括用 PCA 代替梯度直方图（有效降维），限制直方图各方向的幅度等。

借助 SIFT 可以在图像尺度空间中确定大量覆盖图像的不随图像的平移、旋转和放缩而变化的局部区域（一般对于一幅 256×384 的图像，可以获得上百个），它们受噪声和干扰的影响很小。例如，图 5-11 给出显著片检测结果示例，图 5-11（a）是一幅船舶图像，图 5-11（b）是一幅海滩图像，其中对所有检测出来的 SIFT 显著片均用覆盖在图像上的圆（这里用了圆形的显著片）来表示。

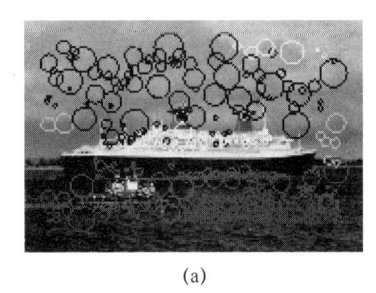

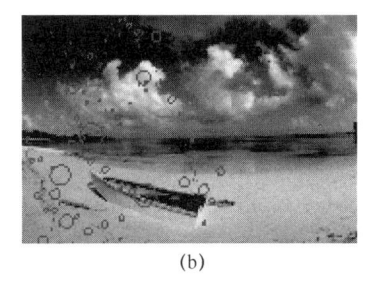

(a) (b)

注：彩插页有对应彩色图片。

图 5-11　显著片检测结果示例

5.2.3　加速鲁棒性特征

加速鲁棒性特征（SURF）也是一种检测图像中**显著特征点**的方法，基本思路是对 SIFT 加速，因此除具有 SIFT 方法稳定的特点外，还减少了计算复杂度，具有很好的检测和匹配实时性。

1. 基于海森矩阵确定感兴趣点

SURF 算法通过计算图像的二阶**海森矩阵**的行列式来确定感兴趣点的位置和尺度信息。图像 $f(x, y)$ 在位置 (x, y) 和尺度 σ 下的海森矩阵定义如下：

$$H[x, y, \sigma] = \begin{bmatrix} h_{xx}(x, y, \sigma) & h_{xy}(x, y, \sigma) \\ h_{xy}(x, y, \sigma) & h_{yy}(x, y, \sigma) \end{bmatrix} \quad (5\text{-}33)$$

其中，$h_{xx}(x, y, \sigma)$、$h_{xy}(x, y, \sigma)$ 和 $h_{yy}(x, y, \sigma)$ 分别是高斯二阶微分 $[\partial^2 G(\sigma)]/\partial x^2$、$[\partial^2 G(\sigma)]/\partial x \partial y$ 和 $[\partial^2 G(\sigma)]/\partial y^2$ 在 (x, y) 处与图像 $f(x, y)$ 卷积的结果。

海森矩阵的行列式为

$$\det(H) = \frac{\partial^2 f}{\partial x^2} \frac{\partial^2 f}{\partial y^2} - \frac{\partial^2 f}{\partial xy} \frac{\partial^2 f}{\partial xy} \tag{5-34}$$

其在尺度空间和图像空间中的最大值点称为**感兴趣点**。海森矩阵行列式的值是海森矩阵的特征值，可以根据行列式在图像点取值的正负来判断该点是否为极值点。

高斯滤波器在尺度空间的分析中是最优的，但实际中离散化和量化后，它会在图像发生 45° 角奇数倍的旋转时丢失重复性（因为模板是方形的，具有各向异性）。例如，图 5-12（a）和图 5-12（b）分别为沿 X 轴方向及沿 X 轴和 Y 轴中分线方向离散化且量化后的高斯二阶偏微分响应，有较大区别。

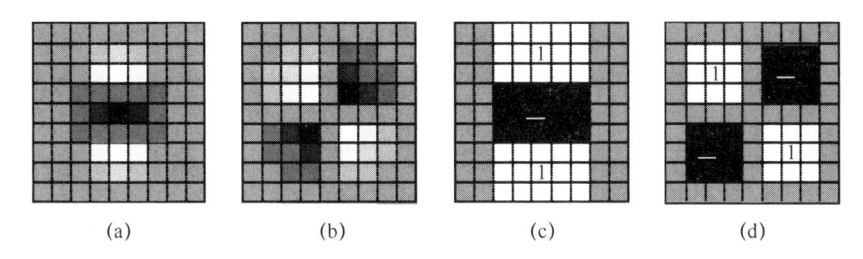

图 5-12　高斯二阶偏微分响应及其近似（浅色代表正值，深色代表负值，中间灰度代表 0）

在实际应用中，可使用盒滤波器来近似海森矩阵，从而借助积分图像（可参见参考文献[8]）取得更快的计算速度（与滤波器尺寸无关）。例如，图 5-12（c）和图 5-12（d）分别是对图 5-12（a）和图 5-12（b）的高斯二阶偏微分响应的近似，其中的 9×9 盒滤波器是对尺度为 1.2 的高斯滤波器的近似，也代表了计算响应的最低尺度（最高空间分辨率）。将对 $h_{xx}(x, y, \sigma)$、$h_{xy}(x, y, \sigma)$ 和 $h_{yy}(x, y, \sigma)$ 的近似值分别记为 A_{xx}、A_{xy} 和 A_{yy}，则近似海森矩阵的行列式为

$$\det(H_A) = A_{xx} A_{yy} - (w A_{xy})^2 \tag{5-35}$$

其中，w 是平衡滤波器响应的相对权重（对未采用高斯卷积核而使用了其近似的补偿），用来保持高斯核与近似高斯核之间的能量，可计算如下：

$$w = \frac{\|h_{xy}(1.2)\|_F \|A_{yy}(9)\|_F}{\|h_{yy}(1.2)\|_F \|A_{xy}(9)\|_F} = 0.912 \approx 0.9 \tag{5-36}$$

其中，$\|\bullet\|_F$ 代表 Frobenius 范数。

理论上，权重是依赖尺度的，但实际中可保持它为常数，因为它的变化对结果影响不大。进一步，滤波器响应要对尺寸归一化，这样可保证对任何滤波器尺寸都有常数的 Frobenius 范数。实验表明，近似计算的性能与离散化和量化后高斯滤波器的性能相当。

2. 尺度空间表达

对感兴趣点的检测需要在不同的尺度上进行。尺度空间一般用金字塔结构表示（可参见参考文献[1]）。但由于使用了盒滤波器和积分图像，并不需要将相同的滤波器用于金字塔各层，而是将不同尺寸的盒滤波器直接用于原始图像（计算速度相同），所以可通过对滤波器（高斯核）进行上采样而不用迭代地减小图像尺寸。将前面 9×9 盒滤波器的输出作为初始尺度层，接下来的各尺度层可通过对图像用越来越大的模板滤波来获得。由于不对图像进行下采样，保留了高频信息，所以不会发生**混叠效应**。

尺度空间被分成若干组，每个组代表通过将同一幅输入图像与尺寸增加的滤波器进行卷积而得到的一系列滤波响应图。组之间有加倍的关系，如表 5-1 所示。

表 5-1 尺度空间分组情况

组	1					2					…
间隔	1	2	3	4	…	1	2	3	4	…	…
盒滤波器边长	9	15	21	27	…	15	27	39	51	…	…
σ= 边长×1.2/9	1.2	2	2.8	3.6	…	2	3.6	5.2	6.8	…	…

每个组都被分成常数个尺度层。由于积分图像的离散本质，两个相邻尺度间的最小尺度差依赖在二阶偏微分的对应方向上或正或负的波瓣的长度 l_0（这个长度是滤波器边长的 1/3）。对于 9×9 的滤波器，l_0=3。对于两个相邻的层，其任意方向的尺寸至少要增加 2 个像素才能保证最后的尺寸为奇数（这样滤波器有一个中心像素），这导致模板（边）尺寸的总增加量为 6 个像素。对尺度空间的构建从使用 9×9 盒滤波器开始，接着使用尺寸为 15×15, 21×21, 27×27 的滤波器。图 5-13（a）和图 5-13（b）分别给出两个相邻尺度层（9×9 和 15×15）之间的滤波器 A_{yy} 和 A_{xy}，黑色波瓣的长度只可偶数个像素增加。注意对与 l_0 不同的方向，如对垂直滤波器的中心带的宽度，放缩模板会引入舍入误差。不过，由于这些误差远小于 l_0，所以这种近似是可以接受的。

对其他组有相同考虑。对每个新组，滤波器尺寸的增加是成倍的。同时，用于提取感兴趣点的采样间隔对每个新组都是成倍增加的，这可以减少计算时间，而在准确度方面的损失与传统方法对图像亚采样是可比的。用于第 2 组的滤波器尺寸为 15, 27, 39, 51。用于第 3 组的滤波器尺寸为 27, 51, 75, 99。如果原始图像的尺寸仍然比对应的滤波器尺寸大，那还可进行第 4 组的计算，使用尺寸为 51, 99, 147, 195 的滤波器。图 5-14 给出所用滤波器的全貌，各组互相重叠以保证平滑地覆盖所有可能的尺度。在典型的尺度空间分析中，每组所能检测到的感兴趣点的数量减少得非常快。

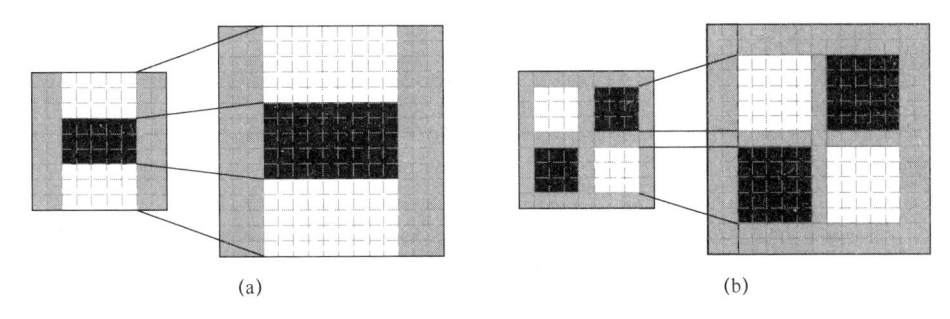

(a)　　　　　　　　　　　　　　　(b)

图 5-13　两个相邻尺度层（9×9 和 15×15）之间的滤波器

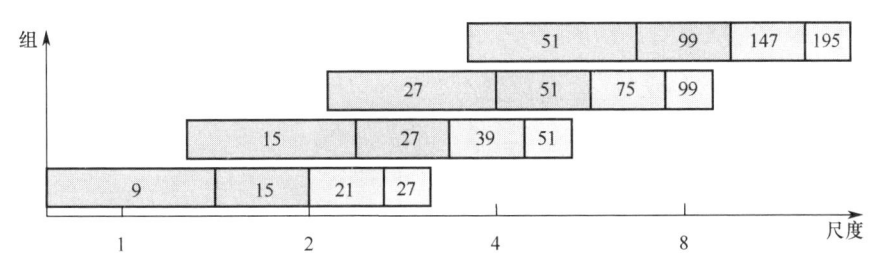

图 5-14　不同组中滤波器边长的图示（对数水平轴）

尺度的大幅度变化，尤其是这些组间第 1 个滤波器之间的变化（从 9～15 的变化是 1.7），使尺度的采样相当粗糙。为此也可使用具有较细采样尺度的尺度空间。这时先将图像 2 倍放缩，再用尺寸为 15 的滤波器开始第 1 组。接下来的滤波器尺寸为 21, 27, 33, 39。然后开始第 2 组，其尺寸以 12 个像素为步长增加。后面的组以此类推。如此前两个滤波器之间的尺度变化只有 1.4（21/15），此时通过二次插值可以检测到的最小尺度为 $\sigma = (1.2 \times 18/9)/2 = 1.2$。

由于 Frobenius 范数对任何尺寸的滤波器都保持常数，所以可认为已经在尺度上归一化了，不再需要对滤波器的响应进行加权。

3. 感兴趣点的描述和匹配

SURF 描述符描述感兴趣点邻域中亮度的分布，类似于用 SIFT 提取出来的梯度信息。区别是 SURF 基于一阶哈尔小波在 X 和 Y 方向的响应（而不是梯度），这样可以充分利用积分图像来提高计算速度；并且描述符长度只有 64，这可在减少特征计算和匹配时间的同时提高鲁棒性。

借助 SURF 描述符进行匹配包括 3 个步骤：①确定一个围绕感兴趣点的朝向；②构建一个与所选朝向对齐的方形区域并从中提取 SURF 描述符；③匹配两个区域间的描述特征。

1）确定朝向

为了取得对图像旋转的不变性，对感兴趣点要确定一个朝向。首先在围绕感兴趣点的半径为 6σ 的圆形邻域中计算沿 X 轴和 Y 轴方向的哈尔小波响应，这里 σ 为感兴趣点被检测到的尺度。采样步长依赖尺度并定为 σ。为与其他部分保持一致，取小波的尺寸也依赖尺度并定为 4σ 的边长。这样可再次利用积分图来快速滤波。根据哈尔小波模板的特点，在任何尺度上都只需 6 次操作即可计算在 X 轴和 Y 轴方向的响应。

一旦计算出小波响应并用中心在感兴趣点的高斯分布进行加权，就可将响应表示成坐标空间中的点，其水平坐标对应横向的响应强度，垂直坐标对应竖向的响应强度。朝向可通过计算在一个弧度尺寸为 $\pi/3$ 的扇形滑动窗口中的响应和来得到（步长为 $\pi/18$），如图 5-15 所示。

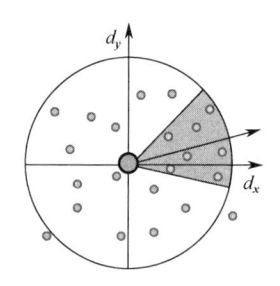

图 5-15　确定朝向示意图

对窗口中的水平和垂直响应分别求和，这两个和可构成一个局部的朝向向量。所有窗口中的最长向量就定义了感兴趣点的朝向。滑动窗口的尺寸是需要仔细选择的参数，小的尺寸主要体现单个优势的梯度，而大的尺寸趋向于在向量中产生不明显的最大值。

2）提取基于哈尔小波响应和的描述符

为提取描述符，第 1 步是构建围绕感兴趣点的方形区域，使其具有如上确定出的朝向（以保证旋转不变性）。窗的尺寸是 20σ。这些方形区域被规则地分裂成更小的 $4\times 4 = 16$ 个子区域，这样可以保留重要的空间信息。对每个子区域，在规则的 5×5 网格内计算哈尔小波响应。为简便，用 d_x 代表沿水平方向的哈尔小波响应，用 d_y 代表沿垂直方向的哈尔小波响应。这里"水平"和"垂直"是相对于所选的感兴趣点来说的，如图 5-16 所示。

接下来，对小波响应 d_x 和 d_y 分别求和；为了利用有关亮度变化的极化信息，对小波响应 d_x 和 d_y 的绝对值 $|d_x|$ 和 $|d_y|$ 也分别求和。这样，从每个子区域可得到一个 4D 的描述矢量 V，$V = (\sum d_x, \sum d_y, \sum|d_x|, \sum|d_y|)$。对所有的 16 个子区域，把描述矢量联起来，就得到一个长度为 64D 的描述矢量。这样得到的小波响应对照明的变化不敏感。而对反差（标量）的不变性是靠将描

述符转化为单位矢量来得到的。

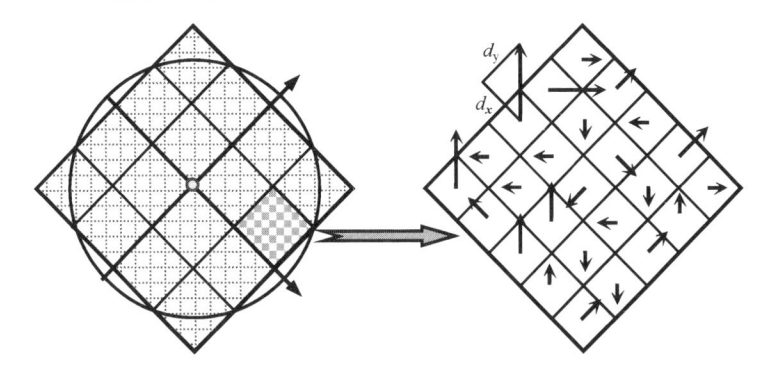

图 5-16　围绕感兴趣点的方形区域

图 5-17 给出 3 个不同的亮度模式及从对应子区域中获得的描述符。左边为均匀模式，描述符的各分量都很小；中间为沿 X 轴方向的交替模式，仅 $\sum|d_x|$ 大，其余都小；右边为亮度沿水平方向逐渐增加的模式，$\sum d_x$ 和 $\sum|d_x|$ 都大。可见，对于不同的亮度模式，描述符有明显的区别。还可以想象，如果将这 3 个局部亮度模式结合起来，可得到一个特定的描述符。

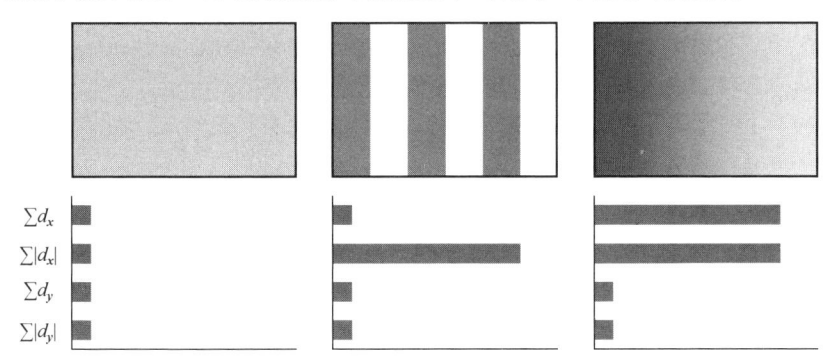

图 5-17　不同的亮度模式及它们的描述符

SURF 的原理在某种程度上与 SIFT 的原理有类似之处，它们都基于梯度信息的空间分布。但实际中 SURF 常比 SIFT 的性能好。原因是 SURF 集合了子区域中的所有梯度信息，而 SIFT 则仅依赖各独立梯度的朝向。这个差别使 SURF 更加抗噪声，一个例子如图 5-18 所示。在无噪声时，SIFT 只有一个梯度指向；而在有噪声时（边缘不再光滑），SIFT 除主要梯度朝向不变外，在其他方向也有一定的梯度分量。但 SURF 的响应在两种情况下均基本一致（噪声被平滑了）。

对采样点数和子区域个数的评价实验表明，按 4×4 划分的方形子区域能给出最好的结果。进一步的细分将会导致鲁棒性变差并大量增加匹配时间。另外，使用 3×3 的子区域获得的短描述符（SURF-36，即 3×3 = 9 个子区域，每个子区域 4 个响应）会使性能略有降低（与其他描述

符相比还可接受），但计算要快得多。

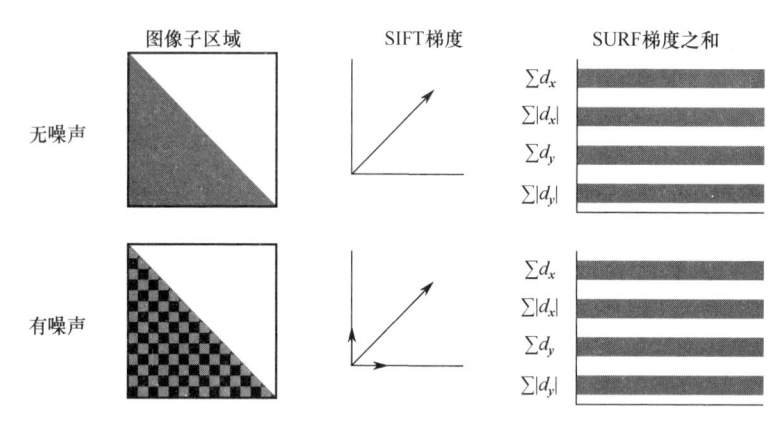

图 5-18　SIFT 与 SURF 的对比

另外，SURF 描述符还有一种变型，即 SURF-128。它也使用前面的求和，但将这些值分得更细。对 d_x 与 $|d_x|$ 的求和按照/根据 $d_y < 0$ 和 $d_y \geq 0$ 分开计算。类似地，对 d_y 与 $|d_y|$ 的求和也按照/根据 $d_x < 0$ 和 $d_x \geq 0$ 分开来计算。这样特征的数量翻倍，描述符的鲁棒性和可靠性都有提高。不过，虽然描述符本身计算起来较快，但在匹配时仍会因为维数高而使计算量增加较多。

3）快速索引以进行匹配

为了在匹配时能快速索引，可以考虑感兴趣点的拉普拉斯值（海森矩阵的秩）的符号。在一般情况下，感兴趣点是在**斑块**类结构中检测处理的。拉普拉斯值的符号可将暗背景中的亮斑块与亮背景中的暗斑块区分开来。这里并不需要额外的计算，因为拉普拉斯值的符号已经在检测步骤中计算了。在匹配步骤中，只需比较拉普拉斯值的符号就可以。借助这点信息可在不降低描述符性能的前提下加快匹配的速度。

SURF 算法的优点包括不受图像旋转和尺度变化的影响，抗模糊；而缺点是受视点变化和照明变化的影响较大。

5.2.4　动态规划匹配

特征点的选取与对它们所采用的匹配方法常有密切的联系。对特征点的匹配需要建立特征点间的对应关系，为此可利用**顺序性**约束条件，采用**动态规划**的方法来进行[10]。

以图 5-19（a）为例，考虑被观察物体可见表面上的三个特征点，将它们按顺序命名为 A, B, C。它们与在两幅成像图像上投影的顺序（沿极线）正好相反，见 c, b, a 和 c', b', a'。这两个顺序相反的规律称为顺序性约束。顺序性约束是一种理想的情况,在实际场景中并不能保证总成立。例如,在如图 5-19(b)所示的情况下,一个小的物体横在后面的大物体前,遮挡了大物体的一部分,使原来的 c 点和 a' 点在图像上看不到,图像上投影的顺序也不满足顺序性约束。

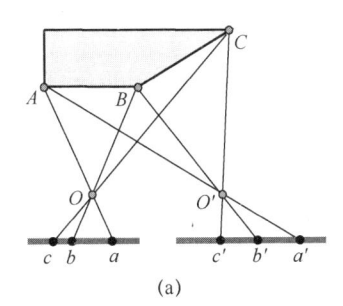

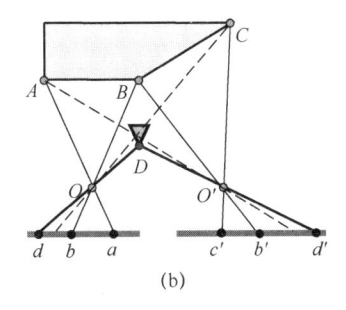

图 5-19 顺序性约束示意图

不过在多数实际情况下,顺序性约束都是一个合理的约束,因此可用来设计基于动态规划的立体匹配算法。下面以在两条极线上确定了多个特征点(见图 5-19),还要建立它们之间的对应关系为例来讨论。这里匹配各特征点对的问题可以转化成匹配同一极线上相邻特征点之间间隔的问题。图 5-20 给出了两个特征点序列,将它们排列在两个灰度剖面上。尽管由于遮挡等原因,有些特征点间的间隔退化成一个点,但顺序性约束确定的特征点顺序仍被保留了下来。

根据图 5-20(a),可将匹配各特征点对的问题描述为一个在特征点对应结点的**图**上搜索最优路径的问题,图表达中的结点之间的弧可以给出间隔之间的匹配路径。在图 5-20(a)中,上、下两个轮廓线分别对应两个极线,两轮廓间的四边形对应特征点间的间隔(零长度间隔导致四边形退化为三角形)。由动态规划确定的匹配关系如图 5-20(b)所示,每段斜线对应一个四边形间隔,而垂直或水平线对应退化后的三角形。

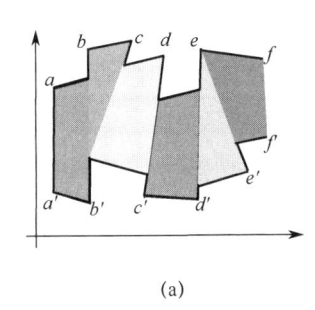

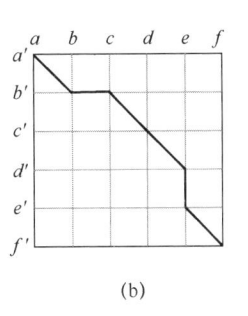

图 5-20 基于动态规划的匹配

该算法的复杂度正比于两条极线上特征点个数的乘积。

5.3 视差图误差检测与校正

在实际的应用中,周期性模式、光滑区域的存在,以及遮挡效应、约束原则的不严格性等都会导致视差图出现误差。视差图是后续 3D 重建等工作的基础,因此在视差图的基础上进行误差检测和校正处理非常重要。

下面介绍一个比较通用、快速的**视差图误差检测与校正算法**[11]。该算法的特点首先是能直接对视差图进行处理,独立于产生该视差图的具体立体匹配算法,这样它可以作为一个通用的视差图后处理方法附加在各种立体匹配算法之后,而不需要对原有的立体匹配算法进行修改;其次是计算量只与误匹配像素点的数量成正比,因此计算量较小。

5.3.1 误差检测

借助前面讨论过的顺序性约束,先来定义**顺序匹配约束**。假设 $f_L(x, y)$ 与 $f_R(x, y)$ 是一对(水平)图像,O_L、O_R 分别是其成像中心。设 P 和 Q 是空间中不重合的两点,P_L 和 Q_L 是 P 和 Q 在 $f_L(x, y)$ 上的投影,P_R 和 Q_R 是 P 和 Q 在 $f_R(x, y)$ 上的投影,如图 5-21(参见 3.3 节中关于双目成像的讨论)所示。

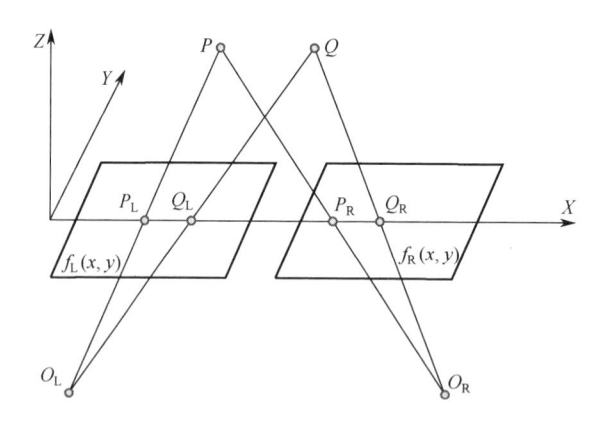

图 5-21 定义顺序匹配约束的示意图

$X(\cdot)$ 表示像素点的 X 坐标,则由图 5-21 可知,在正确匹配时,如果 $X(P) < X(Q)$,则应有 $X(P_L) \leq X(Q_L)$ 和 $X(P_R) \leq X(Q_R)$;而如果 $X(P) > X(Q)$,则应有 $X(P_L) \geq X(Q_L)$ 和 $X(P_R) \geq X(Q_R)$。因此,如果下列条件成立($\Rightarrow$ 表示隐含):

$$X(P_L) \leqslant X(Q_L) \Rightarrow X(P_R) < X(Q_R)$$
$$X(P_L) \geqslant X(Q_L) \Rightarrow X(P_R) > X(Q_R)$$
(5-37)

则称 P_R, Q_R 满足顺序匹配约束，否则就称这里发生了交叉。由图 5-21 可见，顺序匹配约束对点 P 和点 Q 的 Z 坐标有一定的限制，这在实际应用中比较容易确定。

根据顺序匹配约束的概念可以检测匹配交叉区间。令 $P_R = f_R(i, j)$ 和 $Q_R = f_R(k, j)$ 为 $f_R(x, y)$ 中第 j 行中任意两像素，则其在 $f_L(x, y)$ 中的匹配点可分别记为 $P_L = f_L(i + d(i, j), j)$ 和 $Q_L = f_L(k + d(k, j), j)$。定义 $C(P_R, Q_R)$ 为 P_R 和 Q_R 间的交叉标号，如果式（5-37）成立，则记为 $C(P_R, Q_R) = 0$；否则，记为 $C(P_R, Q_R) = 1$。定义对应像素点 P_R 的交叉数 N_c 为

$$N_c(i, j) = \sum_{k=0}^{N-1} C(P_R, Q_R) \quad k \neq i$$
(5-38)

其中，N 为第 j 行中的像素数。

5.3.2 误差校正

如果将交叉数不为零的区间称为交叉区间，则对交叉区间中的误匹配可借助下述算法进行校正。

假设 $\{f_R(i, j) | i \subseteq [p, q]\}$ 是对应 P_R 的交叉区间，则该区间内所有像素点的**总交叉数** N_{tc} 为

$$N_{tc}(i, j) = \sum_{k=0}^{q} N_C(i, j)$$
(5-39)

对交叉区间中误匹配点进行校正的步骤如下。

（1）找出具有最大交叉数的像素 $f_R(l, j)$，这里：

$$l = \max_{i \subseteq [p, q]} [N_C(i, j)]$$
(5-40)

（2）确定对匹配点 $f_R(k, j)$ 的新搜索范围 $\{f_L(i, j) | i \subseteq [s, t]\}$，其中

$$\begin{cases} s = p - 1 + d(p - 1, j) \\ t = q + 1 + d(q + 1, j) \end{cases}$$
(5-41)

（3）从该搜索范围中找到能够减小总交叉数 N_{tc} 的新匹配点（可用最大灰度相关匹配技术）。
（4）用新的匹配点来校正 $d(k, j)$，消除对应当前最大交叉数像素的误匹配。

上述步骤可迭代使用，在校正好一个误匹配像素后，再继续对剩下的误差像素进行校正。在校正 $d(k, j)$ 后，先通过式（5-38）重新求出交叉区间中的 $N_c(i, j)$，进而根据式（5-39）计算 N_{tc}，然后依照上述迭代方法进行下一轮校正处理，直到 $N_{tc} = 0$。因为校正原则是使 $N_{tc} = 0$，所以可称之为**零交叉校正算法**。经过校正后，可得到符合顺序匹配约束的视差图。

上述检测误差并消除的过程可举例说明如下。设对一幅图像第 j 行中[153, 163]里的视差进

行计算，结果如表 5-2 所示，而这段区间内各匹配点的分布情况如图 5-22 所示。根据 $f_L(x, y)$ 与 $f_R(x, y)$ 的对应关系可知，[160, 162]中的匹配点是误匹配点。根据式（5-38）计算交叉数可得到表 5-3。

表 5-2 交叉区间的视差

i	153	154	155	156	157	158	159	160	161	162	163
$d(i,j)$	28	28	28	27	28	27	27	21	21	21	27

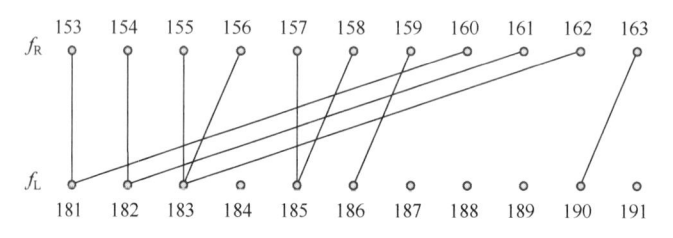

图 5-22 交叉区间校正前的匹配点分布图

表 5-3 [153, 163]中的水平交叉数

i	153	154	155	156	157	158	159	160	161	162	163
N_c	0	1	2	2	3	3	3	6	5	3	0

由表 5-3 可知，$[f_R(154,j), f_R(162,j)]$ 是交叉区间。由式（5-39）可求出 $N_{tc}=28$；再由式（5-40）可知，此时具有最大交叉数的像素是 $f_R(160,j)$；接着，根据式（5-41）确定出新匹配点 $f_R(160,j)$ 的搜索范围为 $\{f_L(i,j)|\ i \subseteq [181, 190]\}$。利用最大灰度相关匹配技术，从该搜索范围中找到对应 $f_R(160,j)$ 且能够减小 N_{tc} 的新匹配点 $f_L(187,j)$，将对应 $f_R(160,j)$ 的视差值 $d(160,j)$ 校正为 $d(160,j) = X[f_L(187,j)] - X[f_R(160,j)] = 27$。接下来，依照上述迭代方法进行下一轮校正，直到整个区间的 $N_{tc}=0$。交叉区间校正后的匹配点分布如图 5-23 所示。从图 5-23 可看出，[160, 162]中原有的误匹配点都被消除了。

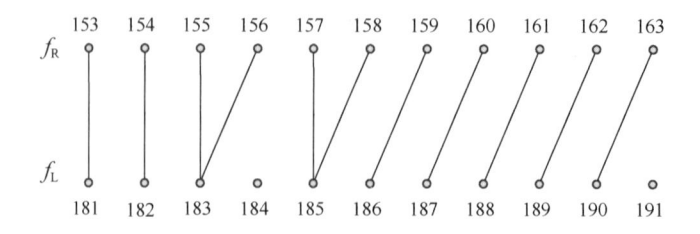

图 5-23 交叉区间校正后的匹配点分布

需要指出，上述算法只能消除交叉区间中的误匹配点。由于顺序匹配约束只针对交叉区间进行处理，所以无法检测出交叉数为零的区间中的误匹配点，也不能对其校正。

最后给出一个利用上述误差检测和消除方法得到的结果[11]。这里选用图 5-5 中的图像进行匹配。图 5-24（a）为原始图像的一部分，图 5-24（b）为用双目视觉得到的视差图，图 5-24（c）为进一步用校正算法处理后得到的结果。比较图 5-24（b）和图 5-24（c）可知，原来视差图中有许多误匹配点（过白、过黑区域），而处理后，相当一部分误匹配点被消除掉了，视差图质量得到了明显的改善。

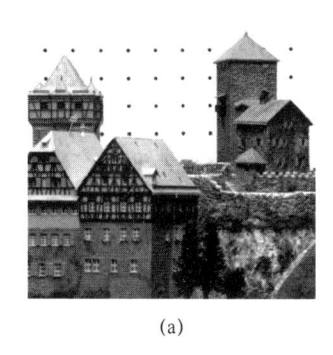

图 5-24 误差检测和消除示例

5.4 基于深度学习的立体匹配

随着深度学习技术的发展，其在立体匹配方面也得到了广泛应用。与传统的基于人工特征的匹配算法不同，基于深度学习的立体匹配算法通过卷积、池化和全连接等操作对图像进行非线性变换，可以提取更多的图像特征进行代价计算。与人工特征相比，深度学习可以获得更多的上下文信息，更多地利用图像的全局信息，并通过预训练获得模型参数以提高算法的鲁棒性。同时，使用 GPU 加速技术也可以获得更快的处理速度，满足许多应用领域的实时性要求[12]。

5.4.1 立体匹配网络

目前，用于立体匹配的图像网络主要包括图像金字塔网络、孪生网络和生成对抗网络[13]。

1. 使用图像金字塔网络的方法

在**卷积层**和全连接层之间设置空间金字塔**池化层**，可以将不同大小的图像特征转换为固定长度的表示[14]。这可以避免卷积的重复计算，并确保输入图像大小的一致性。

表 5-4 列出了使用**图像金字塔网络**的几种典型方法的特点、原理和效果。

表 5-4 使用图像金字塔网络的几种典型方法的特点、原理和效果

方法来源	特点和原理	效 果
参考文献[15]	使用卷积神经网络提取图像特征进行代价计算	用深度学习特征取代了人工特征
参考文献[16]	在特征提取中引入金字塔池化模块，采用多尺度分析和 3D CNN 结构	解决了梯度消失和梯度爆炸的问题，适用于弱纹理、遮挡、光线不均匀等情况
参考文献[17]	构建分组代价计算	通过替换 3D 卷积层提高了计算效率
参考文献[18]	设计了半全局聚合层和局部引导聚合层	通过替换 3D 卷积层提高了计算效率

2．使用孪生网络的方法

孪生网络的基本结构如图 5-25[19]所示。先利用两个权值共享卷积神经网络（CNN）将待匹配的两幅输入图像转换为两个特征矢量，然后根据两个特征矢量之间的 L_1 距离确定两幅图像之间的相似性。

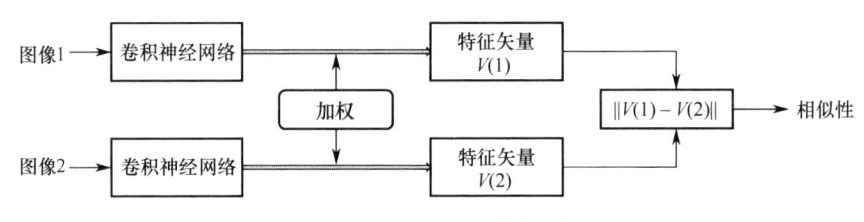

图 5-25 孪生网络的基本结构

现行的方法对孪生网络的基本结构进行了一些改进。表 5-5 给出了它们的特点、原理和效果。

表 5-5 使用孪生网络的几种改进方法的特点、原理和效果

方法来源	特点和原理	效 果
参考文献[20]	使用 ReLU 函数和小卷积核来加深卷积层	匹配精度得到提高
参考文献[21]	在提取特征时，首先在低分辨率代价卷积中计算视差图，然后使用层次细化网络引入高频细节	以颜色输入为导向，可生成高质量边界
参考文献[22]	使用金字塔池化以连接两个子网络。第一个子网络由孪生网络和 3D 卷积网络组成，可以生成低精度的视差图；第二个子网络是一个全卷积网络，它将低精度的视差图恢复到原始分辨率	可以获得多尺度特征
参考文献[23]	在低分辨率视差图上处理深度不连续性，在视差细化阶段恢复到原始分辨率	深度间断处的连续性得到改善

3．使用生成对抗网络的方法

生成对抗网络（GAN）由生成模型和判别模型组成。生成模型学习样本特征以使生成的图像与原始图像相似，而判别模型用于区分"生成"图像和真实图像[24]。这个过程迭代地运行，直到最终判别结果达到纳什均衡，即真假概念均为 0.5。

已有一些方法对使用 GAN 的基本方法进行了一些改进，它们的特点、原理和效果如表 5-6 所示。

表 5-6　使用 GAN 的几种改进方法的特点、原理和效果

方法来源	特点和原理	效　　果
参考文献[25]	使用基于双目视觉的 GAN 框架，包括两个生成子网络和一个判别网络。在对抗学习中，两个生成子网络分别用于训练和重建视差图。通过相互制约和监督，可以生成两个不同视角的视差图，将它们融合后输出最终数据	这种无监督模型在不均匀的光照条件下运行良好
参考文献[26]	使用生成模型来处理遮挡区域	可恢复出良好的视差效果
参考文献[27]	生成对抗模型使用深度卷积来获得具有相邻帧的多个深度图	深度图中遮挡区域的视觉效果得到了改善
参考文献[28]	使用左、右摄像头获取的两幅图像生成一幅全新的图像，用于改善视差图匹配不佳的部分	改善了视差图中光照较差的区域

5.4.2　基于特征级联 CNN 的匹配

为了提高在复杂环境、光照变化、弱纹理等困难场景下视差估计的准确性和鲁棒性，一种基于**特征级联卷积神经网络**（特征级联 CNN）的双目立体匹配方法[29]被提出。

用于双目匹配的特征级联 CNN 流程图如图 5-26 所示。它使用图像块作为输入来解决在弱纹理区域中仅依赖单个灰度信息时遇到的错误匹配问题。对于特征提取，使用卷积和 ReLU 函数（Conv + ReLU）的级联（图 5-26 中的梯形）来生成初始特征图。一个全卷积密集块（具体见下文）被用来增强高频信息，并产生特征张量。对特征张量的尺寸进行调整，然后将特征张量通过全连接和 ReLU 函数（FC + ReLU）的堆叠层进行分类和重组。最后，使用 **Sigmoid 函数**来预测相似度。网络模型的性能可以通过二元交叉熵（BCE）损失函数值来进行评估。

全卷积密集块的详细结构如图 5-27 所示。与标准的 CNN 模型相比，密集连接机制以前馈方式迭代地连接所有先前层的特征图[30]。它的输出是四个连续操作的结果。这四个操作分别是

批量归一化（BN）、ReLU函数、卷积（Conv）和具有一定随机损失率的丢弃（Dropout）。将浅层提取的特征图通过"跳过连接"（Skip Connection）机制级联到后续子层，补偿深度卷积丢失的局部特征信息。使用这种密集连接的方法构建立体匹配模型，可以有效降低网络模型的空间复杂度，增强图像纹理细节。

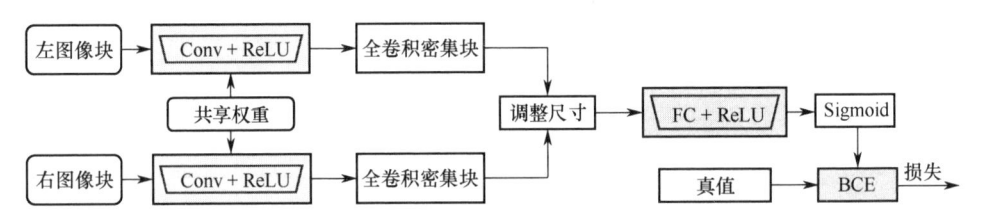

图 5-26　用于双目匹配的特征级联 CNN 流程图

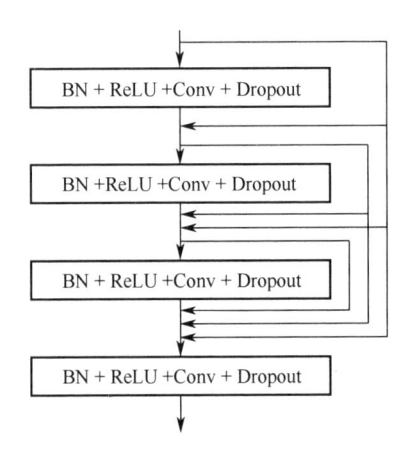

图 5-27　全卷积密集块的详细结构

参考文献

[1]　章毓晋. 图像工程（上册）——图像处理[M]. 4版. 北京：清华大学出版社，2018.

[2]　KANADE T, YOSHIDA A, ODA K, et al. A stereo machine for video-rate dense depth mapping and its new applications[C]. Proceedings of 15CVPR, 1996: 196-202.

[3]　LEW M S, HUANG T S, WONG K. Learning and feature selection in stereo matching[J]. IEEE-PAMI, 1994, 16(9): 869-881.

[4]　章毓晋. 图像工程（附册）——教学参考及习题解答[M]. 北京：清华大学出版社，2002.

[5] FORSYTH D, PONCE J. Computer Vision: A Modern Approach[M]. 2nd ed. UK London: Prentice Hall, 2012.

[6] DAVIES E R. Machine Vision: Theory, Algorithms, Practicalities[M]. 3rd ed. Amsterdam: Elsevier, 2005.

[7] KIM Y C, AGGARWAL J K. Positioning three-dimensional objects using stereo images[J]. IEEE-RA, 1987, 1: 361-373.

[8] 章毓晋. 图像工程（中册）——图像分析[M]. 4 版. 北京: 清华大学出版社, 2018.

[9] NIXON M S, AGUADO A S. Feature Extraction and Image Processing[M]. 2nd ed. Maryland: Academic Press, 2008.

[10] FORSYTH D, PONCE J. Computer Vision: A Modern Approach[M]. UK London: Prentice Hall, 2003.

[11] 贾波, 章毓晋, 林行刚. 视差图误差检测与校正的通用快速算法[J]. 清华大学学报, 2000, 40(1): 28-31.

[12] LI J, LIU T, WANG X F. Advanced pavement distress recognition and 3D reconstruction by using GA-DenseNet and binocular stereo vision[J]. Measurement, 2022, 201: #111760 (DOI: 10.1016/j.measurement.2022.111760).

[13] 陈炎, 杨丽丽, 王振鹏. 双目视觉的匹配算法综述[J]. 图学学报, 2020, 41(5): 702-708.

[14] HE K M, ZHANG X Y, REN S Q, et al. Spatial pyramid pooling in deep convolutional networks for visual recognition[J]. IEEE Transactions on Pattern Analysis and Machine Intelligence, 2015, 37(9): 1904-1916.

[15] ŽBONTAR J, LECUN Y. Computing the stereo matching cost with a convolutional neural network[J]. IEEE Conference on Computer Vision and Pattern Recognition (CVPR), 2015: 1592-1599.

[16] CHANG J, CHEN Y. Pyramid stereo matching network[C]. IEEE Conference on Computer Vision and Pattern Recognition (CVPR), 2018: 5410-5418.

[17] GUO X Y, YANG K, YANG W K, et al. Group-wise correlation stereo network[C]. IEEE Conference on Computer Vision and Pattern Recognition (CVPR), 2019: 3268-3277.

[18] ZHANG F H, PRISACARIU V, YANG R G, et al. GA-NET: Guided aggregation net for end-to-end stereo matching[C]. IEEE Conference on Computer Vision and Pattern Recognition (CVPR), 2019: 185-194.

[19] BROMLEY J, BENTZ J W, BOTTOU L, et al. Signature verification using a "Siamese" time delay neural network[J]. International Journal of Pattern Recognition and Artificial Intelligence, 1993, 7(4): 669-688.

[20] ZAGORUYKO S, KOMODAKIS N. Learning to compare image patches via convolutional neural networks[C]. IEEE Conference on Computer Vision and Pattern Recognition (CVPR), 2015: 4353-4361.

[21] KHAMIS S, FANELLO S, RHEMANN C, et al. StereoNet: Guided hierarchical refinement for real-time edge-aware depth prediction[C]. ECCV, 2018: 596-613.

[22] LIU G D, JIANG G L, XIONG R, et al. Binocular depth estimation using convolutional neural network with Siamese branches[J]. IEEE International Conference on Robotics and Biomimetics (ROBIO), 2019: 1717-1722.

[23] GUO C G, CHEN D Y, HUANG Z Q. Learning efficient stereo matching network with depth discontinuity aware super-resolution[J]. IEEE Access, 2019, 7: 159712-159723.

[24] LUO J Y, XU Y, TANG C W, et al. Learning inverse mapping by AutoEncoder based generative adversarial nets[J]. Neural Information Processing, 2017: 207-216.

[25] PILZER A, XU D, PUSCAS M, et al. Unsupervised adversarial depth estimation using cycled generative networks[C]. International Conference on 3D Vision (3DV), 2018: 587-595.

[26] MATIAS L P N, SONS M, SOUZA J R, et al. VeIGAN: Vectorial inpainting generative adversarial network for depth maps object removal[C]. IEEE Intelligent Vehicles Symposium (IV), 2019: 310-316.

[27] LORE K G, REDDY K, GIERING M, et al. Generative adversarial networks for depth map estimation from RGB video[C]. IEEE Conference on Computer Vision and Pattern Recognition Workshops (CVPRW), 2018: 1177-1185.

[28] LIANG H, QI L, WANG S T, et al. Photometric stereo with only two images: a generative approach[C]. IEEE 2nd International Conference on Information Communication and Signal Processing (ICICSP), 2019: 363-368.

[29] WU J J, CHEN Z, ZHANG C X. Binocular stereo matching based on feature cascade convolutional network[J]. Acta Electronica Sinica, 2021, 49(4): 690-695.

[30] HUANG G, LIU Z, Van Der MAATEN L, et al. Densely connected convolutional networks[C]. IEEE Conference on Computer Vision and Pattern Recognition, 2017: 4700-4708.

第 ❻ 章
多目立体视觉

第 5 章介绍的双目立体视觉技术直接参考了人类视觉系统的结构。当使用摄像机进行图像采集时，还可使用包含多于两个摄像机（或将一个摄像机先后放置在多于两个位置上）的系统来获取同一场景的不同图像并进一步获得深度信息。这种技术称为多目立体视觉技术。使用多目的方法比使用双目的方法复杂，但有一定的优点，包括减少双目立体视觉技术中图像匹配的不确定性，消除由物体表面光滑区域引起的误匹配和减少由物体表面周期性模式造成的误匹配。

本章在双目立体视觉技术的基础上，讨论将其基本原理扩展到多种多目立体视觉技术中，解决双目立体视觉技术中存在的一些问题。

本章各节内容安排如下。

6.1 节介绍水平多目立体匹配，并分析在多目基础上借助引进倒距离来减少周期性模式造成的误匹配的原理。

6.2 节介绍正交三目立体匹配,通过同时沿水平方向和垂直方向匹配来消除由图像灰度光滑区域引起的误匹配。

6.3 节将单方向多目技术与正交三目技术相结合,讨论更一般的正交多目立体匹配。

6.4 节介绍一种共使用 5 个摄像机的等基线多摄像机组,具体讨论其实现图像采集和图像合并的方法。

6.5 节介绍一个仅使用单个摄像机但结合多面镜子的反射折射系统,主要讨论其总体结构及成像和标定模型。

6.1 水平多目立体匹配

由 3.3.1 小节中的讨论可知,在采用双目横向模式的立体视觉中,两幅图像中的视差 d 与两个摄像机之间的基线 B 有如下关系(λ 表示摄像机焦距):

$$d = B\frac{\lambda}{|\lambda - Z|} \approx B\frac{\lambda}{Z} \quad (6\text{-}1)$$

其中,最后一步是考虑在一般情况下有 $Z \gg \lambda$ 时的简化。

由式(6-1)可知,对给定的物体距离 Z,视差 d 与基线长度 B 成正比。基线长度 B 越大,对距离的计算越准确。但基线长度过长带来的问题是需要对较大的视差范围进行搜索以寻求匹配点,这不仅增加了计算量,而且在图像中具有周期性的重复特征时,误匹配的概率也会增加(具体见下文)。

为解决上述问题,可以利用多目立体视觉[1]的方法,即利用多个摄像机获取多对相关的图像,每对图像采用的基线并不是很长(因此搜索的视差范围并不是很大),但多对图像结合起来等效于构建了较长的基线,可以提高视差测量的准确性,同时在图像中具有周期性的重复特征时,不会增加误匹配的概率。

6.1.1 多目图像和 SSD

从双目到多目,最直接的方法是沿原来双目的基线延长线增加摄像机构成多目。对双目横向模式来说,就是采用一组沿着(水平)基线方向的图像序列进行立体匹配,成为多目横向模式。这种方法的基本思想是通过计算多对图像间**平方差的和**(SSD)来减少总体的误匹配[2]。假设摄像机沿着垂直于光轴的水平线移动(也可使用多个摄像机),在点 $P_0, P_1, P_2, \cdots, P_M$ 采集一

系列图像 $f_i(x, y)$，$i = 0, 1, 2, \cdots, M$（见图 6-1），从而得到一系列图像对，它们的基线分别为 B_1，B_2，$\cdots$，B_M。

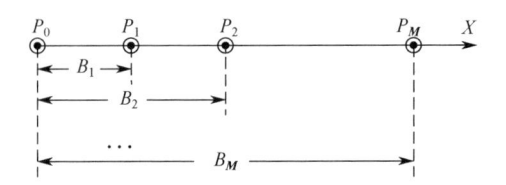

图 6-1 多目图像采集位置示意图

根据图 6-1，在点 P_0 处采集的图像与在点 P_i 处采集的图像之间的视差为

$$d_i = B_i \frac{\lambda}{Z} \quad i = 1, 2, \cdots, M \tag{6-2}$$

因为这里仅考虑水平方向，可将图像函数 $f(x, y)$ 用 $f(x)$ 简化表示，则在各位置得到的图像为

$$f_i(x) = f(x - d_i) + n_i(x) \tag{6-3}$$

其中，认为噪声 $n_i(x)$ 的分布满足均值为 0、方差为 σ_n^2 的高斯分布，即 $n_i(x) \sim N(0, \sigma_n^2)$。

在 $f_0(x)$ 中位置 x 的 SSD 值为

$$S_d(x; \hat{d}_i) = \sum_{j \in W} [f_0(x + j) - f_i(x + \hat{d}_i + j)]^2 \tag{6-4}$$

其中，W 为匹配窗口；$\hat{d}_i$ 是在位置 x 处的视差估计值。SSD 是一个随机变量，因此可计算它的期望值并将其作为一个全局评价函数（设 N_W 为匹配窗中的像素数）：

$$\begin{aligned} E[S_d(x; \hat{d}_i)] &= E\left\{ \sum_{j \in W} [f(x + j) - f(x + \hat{d}_i - d_i + j) + n_0(x + j) - n_i(x + \hat{d}_i + j)]^2 \right\} \\ &= \sum_{j \in W} [f(x + j) - f(x + \hat{d}_i - d_i + j)]^2 + 2N_W \sigma_n^2 \end{aligned} \tag{6-5}$$

式（6-5）表明，当 $d_i = \hat{d}_i$ 时，$S_d(x; \hat{d}_i)$ 取得极小值。如果图像在 x 和 $x + p$ 处（$p \neq 0$）具有相同的灰度模式，即

$$f(x + j) = f(x + p + j) \quad j \in W \tag{6-6}$$

则根据式（6-5）可得

$$E[S_d(x; \hat{d}_i)] = E[S_d(x; \hat{d}_i + p)] = 2N_W \sigma_n^2 \tag{6-7}$$

这表明 SSD 的期望值在 x 和 $x + p$ 两个位置都有可能取得极值，即存在不确定性问题，从而会产生误差（误匹配）。在 $x + p$ 处产生误匹配的情况对所有的图像对都会发生（误匹配位置与基线长度和数量都没有关系），此时即使使用多目图像也不能避免误差。

6.1.2 倒距离和 SSSD

现在引入**倒距离**（或称深度倒数）的概念，通过搜索正确的倒距离来搜索正确的视差。倒距离 t 满足：

$$t = \frac{1}{Z} \tag{6-8}$$

根据式（6-1），有

$$t_i = \frac{d_i}{B_i \lambda} \tag{6-9}$$

$$\hat{t}_i = \frac{\hat{d}_i}{B_i \lambda} \tag{6-10}$$

其中，t_i 和 $\hat{t}_i$ 分别为真实的倒距离和估计的倒距离。

将式（6-10）代入式（6-4），则对应 t 的 SSD 为

$$S_t(x;\hat{t}_i) = \sum_{j \in W} [f_0(x+j) - f_i(x + B_i \lambda \hat{t}_i + j)]^2 \tag{6-11}$$

它的期望值为

$$E[S_t(x;\hat{t}_i)] = \sum_{j \in W} \{f(x+j) - f[x + B_i \lambda (\hat{t}_i - t_i) + j]\}^2 + 2N_W \sigma_n^2 \tag{6-12}$$

将对应 M 个倒距离的 SSD 求和，得到 **SSD 的和**（Sum of SSD，SSSD），它可表示为

$$S_{t(12\cdots M)}^{(S)}(x;\hat{t}) = \sum_{i=1}^{M} S_t(x;\hat{t}_i) \tag{6-13}$$

这个新度量函数的期望值为

$$E[S_{t(12\cdots M)}^{(S)}(x;\hat{t})] = \sum_{i=1}^{M} S_t(x;\hat{t}) = \sum_{i=1}^{M} \sum_{j \in W} \{f(x+j) - f[x + B_i \lambda (\hat{t}_i - t_i) + j]\}^2 + 2N_W \sigma_n^2 \tag{6-14}$$

现在再考虑前述的图像在 x 和 $x + p$ 处有相同模式的问题，参见式（6-6），此时

$$E[S_t(x;t_i)] = E[S_t(x;t_i + p/B_i\lambda)] = 2N_W \sigma_n^2 \tag{6-15}$$

需要注意，这里不确定性问题依然存在，因为在倒距离为 $t_p = t_i + p/(B_i\lambda)$ 处仍有极小值。但是这里 t_p 由两项组成，随着 B_i 的变化，虽然 t_p 也会变化，t_i 却不会变化。换句话说，每个摄像机所获得的视差均与倒距离成正比，但对于不同的摄像机，它们所获得的视差又各不相同。这是在 SSSD 中使用倒距离时的一个重要性质，它可以帮助消除由周期模式引起的不确定性问题。具体来说，就是通过选用不同的基线，使各对图像间平方差之和的极小值处在不同的位置。以使用

了两条基线 B_1 和 B_2 ($B_1 \neq B_2$) 为例，由式 (6-14) 可得

$$E[S_{t(12)}^{(S)}(x;\hat{t})] = \sum_{j \in W}\{f(x+j) - f[x+B_1\lambda(\hat{t}_1-t_1)+j]\}^2 + \\ \sum_{j \in W}\{f(x+j) - f[x+B_2\lambda(\hat{t}_2-t_2)+j]\}^2 + 4N_W\sigma_n^2 \quad (6\text{-}16)$$

可以证明，当 $t \neq \hat{t}$ 时，有[1]

$$E[S_{t(12)}^{(S)}(x;\hat{t})] > 4N_W\sigma_n^2 = E[S_{t(12)}^{(S)}(x;t)] \quad (6\text{-}17)$$

即在正确的匹配位置 t，会有一个真正的最小值 $S_{t(12)}^{(S)}(x;t)$。可见使用两条长度不同的基线，借助新度量函数能解决由重复模式引起的不确定性问题。

新旧度量函数的比较如图 6-2[1]所示。图 6-2 (a) 是 $f(x)$ 的曲线，其表达式为

$$f(x,y) = \begin{cases} 2 + \cos\dfrac{x\pi}{4}, & -4 < x < 12 \\ 1, & x \leqslant -1,\ x \geqslant 12 \end{cases} \quad (6\text{-}18)$$

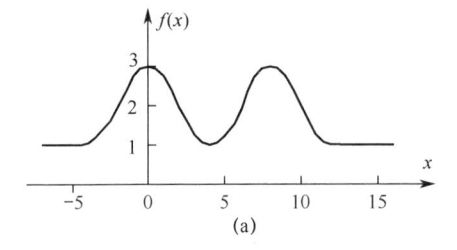

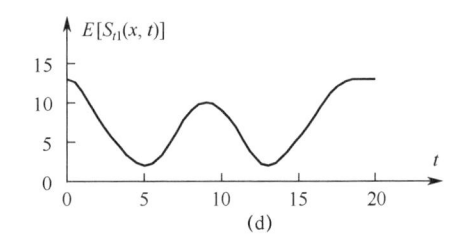

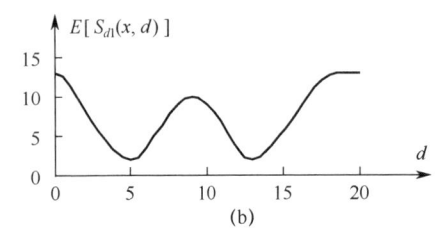

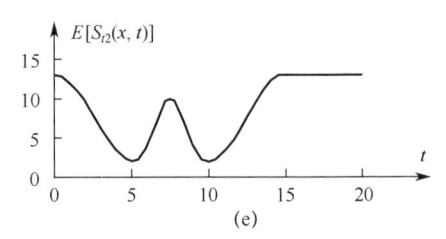

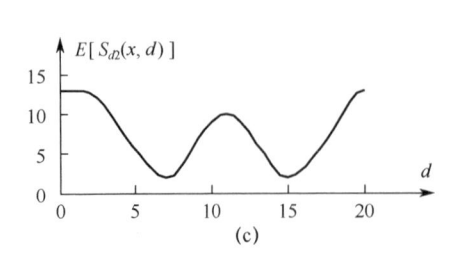

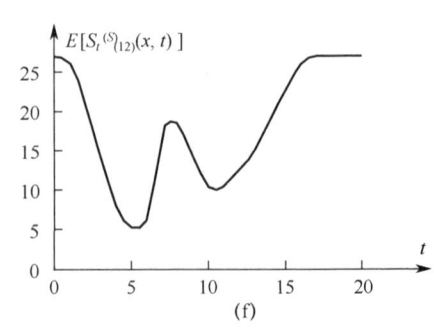

图 6-2 新旧度量函数的比较

设对应基线 B_1 的 $d_1 = 5$，$\sigma_n^2 = 0.2$，窗口尺寸为5。图 6-2（b）画出 $E[S_{d1}(x; d)]$ 的曲线，在 $d_1 = 5$ 和 $d_1 = 13$ 处都有极小值，因此存在不确定性问题。匹配点的选择与噪声、搜索范围或区间、搜索策略均有关。现在假设利用了具有较长基线 B_2 的一对图像，新基线长度是旧基线长度的 1.5 倍，这时 $E[S_{d2}(x; d)]$ 的曲线如图 6-2（c）所示，它在 $d_2 = 7$ 和 $d_2 = 15$ 处都有极小值，不确定性问题仍然存在，而且两个极小值间的距离不变。

如果利用倒距离的 SSD，则在基线长度分别为 B_1 和 B_2 时，$E[S_{t1}(x; t)]$ 和 $E[S_{t2}(x; t)]$ 的曲线分别如图 6-2（d）和图 6-2（e）所示。由这些图可见，两条曲线仍各有两个极小值，$E[S_{t1}(x; t)]$ 的极小值在 $t_1 = 5$ 和 $t_1 = 13$ 处，而 $E[S_{t2}(x; t)]$ 的极小值在 $t_2 = 5$ 和 $t_2 = 10$ 处。这表明如果仅使用倒距离，匹配的不确定问题还有可能存在。但可以注意到，两条曲线此时在正确匹配位置（$t = 5$）的极小值没有变化，而在假匹配位置的极小值随基线长度的变化而发生了变化（$E[S_{t2}(x; t)]$ 的极小值变到了 $t_2 = 10$ 处）。因此当将两个倒距离的 SSD 函数相加以得到倒距离的 SSSD 后，它的期望值曲线 $E[S_{t(12)}^{(s)}(x; t)]$ 如图 6-2（f）所示。由图可见，正确匹配位置处的极小值由于重叠的原因比假匹配位置处的极小值要小（两者之间的差值随重叠图像数量的增加而增加），或者说，在正确匹配位置有全局最小值，这样就解决了不确定性问题。

考虑 $f(x)$ 是周期函数的情况，设其周期为 T。这样每个 $S_t(x, t)$ 都是 t 的周期函数，其周期是 $T/B_i\lambda$。这表明每隔一个 $T/B_i\lambda$ 区段就有一个极小值。如果使用两个基线，则得到的 $S_{t(12)}^{(s)}(x; t)$ 仍然是 t 的周期函数，但它的周期 T_{12} 会增加为

$$T_{12} = \text{LCM}\left(\frac{T}{B_1\lambda}, \frac{T}{B_2\lambda}\right) \tag{6-19}$$

这里 LCM 代表**最小公倍数**，可见 T_{12} 不会比 T_1 或 T_2 小。进一步，通过选择合适的基线 B_1 和 B_2，有可能使匹配搜索区间中仅有一个极小值，即消除了不确定性问题。

6.2 正交三目立体匹配

多目（多摄像机）的安置并不一定要限定在同一行或同一列上。这里先考虑将三目分别安置在互相正交的两个方向上的情况。

6.2.1 正交三目

由图 4-5 可知，双目视觉在处理平行于极线方向（水平扫描线方向）的匹配时，会由于在**灰度光滑区域**没有明显的特征而产生误匹配。此时匹配窗口中的灰度值会在一定范围内取相同

值，因而无法确定匹配位置。这种由灰度光滑区域造成的误匹配问题在双目立体匹配中不可避免。6.1 节介绍的水平多目立体匹配方法并不能消除这种误匹配（虽然它可以消除由周期性模式造成的误匹配）。

在实际应用中，一般水平方向上灰度比较光滑的区域在垂直方向上常可能具有比较明显的灰度差异。换句话说，垂直方向上并不光滑。这启示人们可利用垂直方向上的图像对进行垂直搜索以解决在这些区域中进行水平方向匹配时易产生的误匹配问题。当然，对于垂直方向上的灰度光滑区域，仅利用垂直方向上的图像对也有可能产生误匹配问题，需要借助水平方向上的图像对进行水平匹配。

1. 消除光滑区域误匹配

由于图像中水平灰度光滑区域和垂直灰度光滑区域都有可能出现，所以需要同时采集水平图像对和垂直图像对。在最简单的情况下，可在平面上布置两对正交的采集位置，如图 6-3 所示。这里左图像 L 和右图像 R 组成水平立体图像对，其基线为 B_h，左图像 L 和顶图像 T 组成垂直立体图像对，其基线为 B_v。这两对图像构成一组正交三目图像。

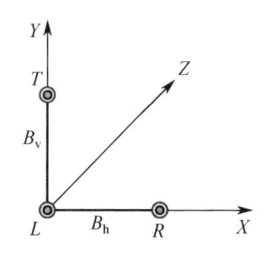

图 6-3 正交三目图像的摄像机位置

可参照 6.1 节的方法对正交三目立体匹配的特点进行分析。设在三个采集位置获得的图像可分别表示为（因为这里是正交采集，所以图像用 $f(x, y)$ 表示）

$$\begin{cases} f_L(x,y) = f(x,y) + n_L(x,y) \\ f_R(x,y) = f(x-d_h, y) + n_R(x,y) \\ f_T(x,y) = f(x, y-d_v) + n_T(x,y) \end{cases} \quad (6\text{-}20)$$

其中，d_h 和 d_v 分别为水平和垂直视差，可参见式（6-3）。在以下讨论中，设 $d_h = d_v = d$，此时对应水平方向和垂直方向的 SSD 分别为

$$\begin{aligned} S_h(x,y;\hat{d}) &= \sum_{j,k \in W}[f_L(x+j, y+k) - f_R(x+\hat{d}+j, y+k)]^2 \\ S_v(x,y;\hat{d}) &= \sum_{j,k \in W}[f_L(x+j, y+k) - f_R(x+j, y+\hat{d}+k)]^2 \end{aligned} \quad (6\text{-}21)$$

将它们加起来，得到正交视差度量函数 $O^{(S)}(x, y; \hat{d})$：

$$O^{(S)}(x, y; \hat{d}) = S_h(x, y; \hat{d}) + S_v(x, y; \hat{d}) \qquad (6\text{-}22)$$

考虑 $O^{(S)}(x, y; \hat{d})$ 的期望值：

$$E[O^{(S)}(x, y; \hat{d})] = \sum_{j,k \in W} [f(x+j, y+k) - f(x + \hat{d} - d + j, y + k)]^2 +$$

$$\sum_{j,k \in W} [f(x+j, y+k) - f(x + j, y + \hat{d} - d + k)]^2 + 4N_w \sigma_n^2 \qquad (6\text{-}23)$$

其中，N_w 代表匹配窗口 W 中的像素个数。由式（6-23）可知，当 $\hat{d} = d$ 时有

$$E[O^{(S)}(x, y; d)] = 4N_w \sigma_n^2 \qquad (6\text{-}24)$$

可见在正确视差值处，$E[O^{(S)}(x, y; \hat{d})]$ 取得了极小值。由上面的讨论可见，在采用正交三目图像时，消除单方向的重复模式并不需要使用倒距离。

正交三目立体匹配消除单方向灰度光滑区域误匹配的示例如图 6-4 所示，其中图 6-4（a）、图 6-4（b）、图 6-4（c）依次为一组带有水平和垂直方向灰度光滑区域的正方锥图像的左图像、右图像和顶图像，图 6-4（d）为仅用水平双目图像通过立体匹配得到的视差图，图 6-4（e）为仅用垂直双目图像通过立体匹配得到的视差图，图 6-4（f）为使用正交三目图像通过立体匹配得到的视差图，图 6-4（g）、图 6-4（h）、图 6-图 6-4（i）分别为对应图 6-4（d）、图 6-4（e）、图 6-4（f）的 3D 透视图。从这些图像可以看出，在由水平双目图像得到的视差图中，水平灰度光滑区域处产生了明显的误匹配（水平黑色条带）；在由垂直双目图像得到的视差图中，垂直灰度光滑区域处产生了明显的误匹配（垂直黑色条带）；而在由正交三目图像得到的视差图中，各种单方向灰度光滑区域所导致的误匹配都被消除了，即各种区域里视差计算的结果都正确，这些结果在各 3D 透视图中也看得非常清楚。

2．减少周期性模式误匹配

正交三目立体匹配方法不仅能减少由灰度光滑区域造成的误匹配，也能减少由**周期性模式**造成的误匹配。下面以物体在水平和垂直两个方向都有周期性重复模式为例进行分析。假设 $f(x, y)$ 是周期函数，其水平和垂直周期分别是 T_x 和 T_y，即

$$f(x+j, y+k) = f(x + j + T_x, y + k + T_y) \qquad (6\text{-}25)$$

其中，$T_x \neq 0$，$T_y \neq 0$ 且为常数。利用式（6-21）~式（6-24）可以推导出

$$E[S_h(x, y; \hat{d})] = E[S_h(x, y; \hat{d} + T_x)] \qquad (6\text{-}26)$$

$$E[S_v(x, y; \hat{d})] = E[S_v(x, y; \hat{d} + T_y)] \qquad (6\text{-}27)$$

$$E[O^{(S)}(x,y;\hat{d})] = E[S_h(x,y;\hat{d}+T_x) + S_v(x,y;\hat{d}+T_y)] = E[O^{(S)}(x,y;\hat{d}+T_{xy})] \tag{6-28}$$

$$T_{xy} = \text{LCM}(T_x, T_y) \tag{6-29}$$

由式（6-29）可知，若 $T_x \neq T_y$，则 $O^{(S)}(x,y;d)$ 的期望周期 T_{xy} 一般要比 $S_h(x,y;d)$ 的期望周期 T_x 和 $S_v(x,y;d)$ 的期望周期 T_y 都要大。

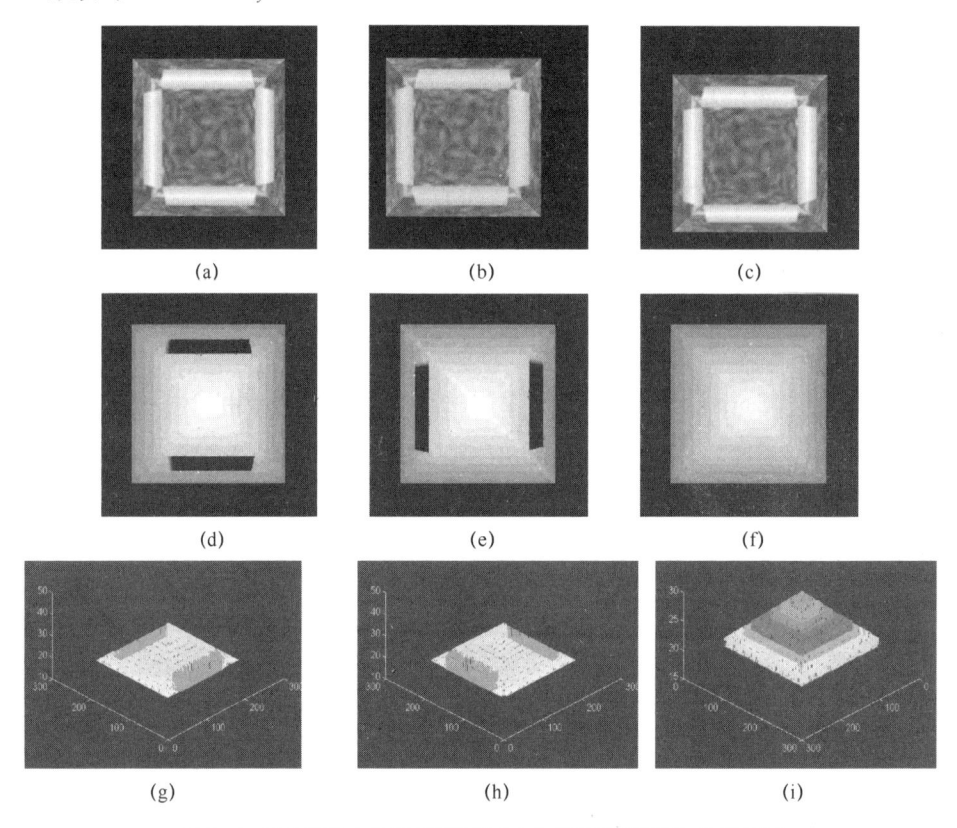

图 6-4 正交三目立体匹配消除单方向灰度光滑区域误匹配的示例

进一步考虑为匹配而进行视差搜索的范围。如设 $d \in [d_{\min}, d_{\max}]$，则 $E[S_h(x,y;d)]$，$E[S_v(x,y;d)]$，$E[O^{(S)}(x,y;d)]$ 中出现极小值的次数 N_v，N_h，N 分别为

$$N_h = \frac{d_{\max} - d_{\min}}{T_x} \tag{6-30}$$

$$N_v = \frac{d_{\max} - d_{\min}}{T_y} \tag{6-31}$$

$$N = \frac{d_{\max} - d_{\min}}{\text{LCM}(T_x, T_y)} \tag{6-32}$$

由式（6-29）~式（6-32）可知

$$N \leqslant \min(N_h, N_v) \tag{6-33}$$

这说明当以 $O^{(S)}(x, y; d)$ 替代 $S_h(x, y; d)$ 和 $S_v(x, y; d)$ 作为相似性度量函数时，在相同的视差搜索范围内，$E[O^{(S)}(x, y; d)]$ 出现极小值的次数要比 $E[S_h(x, y; d)]$ 和 $E[S_v(x, y; d)]$ 出现极小值的次数都要少，也就是说，误匹配的概率减小了。在实际应用中，可设法限定视差搜索范围，进一步避免误匹配。

正交三目立体匹配消除周期性模式误匹配的示例如图 6-5 所示，其中图 6-5（a）、图 6-5（b）、图 6-5（c）分别为一组带有周期性重复纹理（水平与垂直方向的周期比为 2∶3）的正方形棱台图像的左图像、右图像和顶图像，图 6-5（d）为仅用水平双目图像通过立体匹配得到的视差图，图 6-图 6-5（e）为仅用垂直双目图像通过立体匹配得到的视差图，图 6-5（f）为使用正交三目图像通过立体匹配得到的视差图，图 6-5（g）、图 6-5（h）、图 6-图 6-5（i）分别为对应图 6-5（d）、图 6-5（e）、图 6-5（f）的 3D 透视图。由于周期性模式的影响，图 6-5（d）和图 6-5（e）中都有许多误匹配；而在由正交三目图像得到的视差图中，绝大多数误匹配都被消除了。正交三目立体匹配的效果在各 3D 透视图中也看得很清楚。

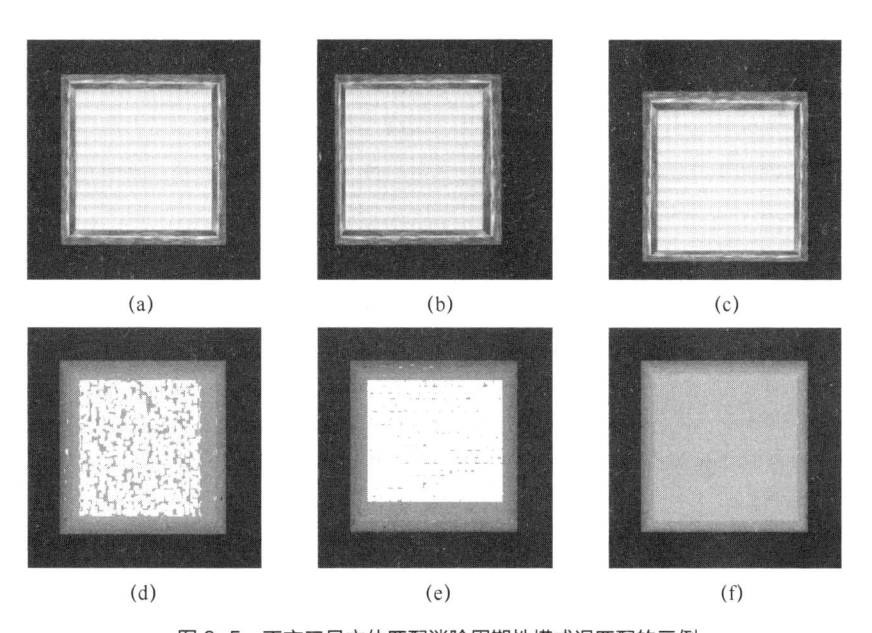

图 6-5　正交三目立体匹配消除周期性模式误匹配的示例

(g)   (h)   (i)

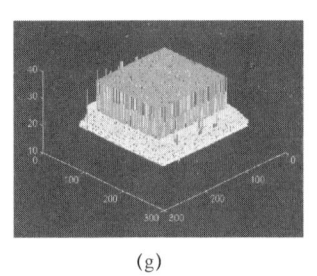

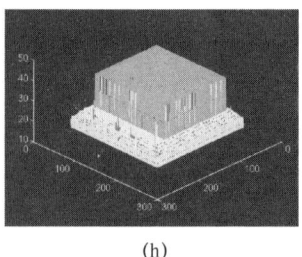

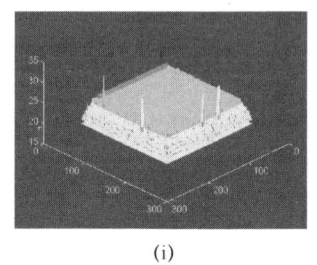

图 6-5　正交三目立体匹配消除周期性模式误匹配的示例（续）

在三目视觉中，为尽可能地减少歧义性，也为了保证对特征定位的准确性，需要生成两条极线。这两条极线在至少一个图像空间里要尽可能正交，这有助于唯一地确定所有的匹配特征。第三个摄像机的投影中心应该不与另外两个摄像机的投影中心在一条线上，否则极线将会共线。一旦一个特征被唯一地定义了，使用更多的摄像机并不能减少歧义的影响。但是，使用更多的摄像机有可能产生进一步的佐证数据，并且借助平均手段可进一步减少定位误差，还有可能获得 3D 深度感知准确性和范围的些许提升和增加。

6.2.2　基于梯度分类的正交匹配

由于正交三目立体匹配方法能减少多种误差，所以已有多种实现方法。一种正交三目立体匹配方法的主要步骤如下[3]：首先利用一定的相关匹配算法（如以边缘点为匹配特征，见 5.2.1 小节），分别通过水平图像对、垂直图像对得到两幅相互独立的完整视差图；再根据一定的融合准则，并使用松弛技术将这两幅视差图合并为一幅视差图。这种方法需要运用动态规划算法、融合准则、松弛技术等进行复杂的合成运算，因此计算量较大，实现复杂。下面介绍一种基于梯度分类的快速正交立体匹配方法。

1．算法流程

这种方法的基本思想是先比较图像各区域沿水平和垂直两个方向的平滑程度，在水平方向更为光滑的区域采用垂直图像对进行匹配，在垂直方向更为光滑的区域采用水平图像对进行匹配，这样就不需要分别计算两幅完整的视差图了，而且两部分区域视差的合成也非常简单。至于一个区域是水平方向更为光滑还是垂直方向更为光滑，可借助计算该区域的梯度方向来确定。该算法的流程框图如图 6-6 所示，主要由下述 4 个步骤组成。

（1）通过计算 $f_L(x, y)$ 的梯度来获取 $f_L(x, y)$ 中各点的梯度方向信息。

（2）根据 $f_L(x, y)$ 中各点的梯度方向信息，利用分类判决准则将 $f_L(x, y)$ 划分为两部分：梯度方向更接近水平方向的水平区域和梯度方向更接近垂直方向的垂直区域。

（3）在梯度方向更接近水平方向的区域用水平图像对进行匹配以计算视差，在梯度方向更接近垂直方向的区域用垂直图像对进行匹配以计算视差。

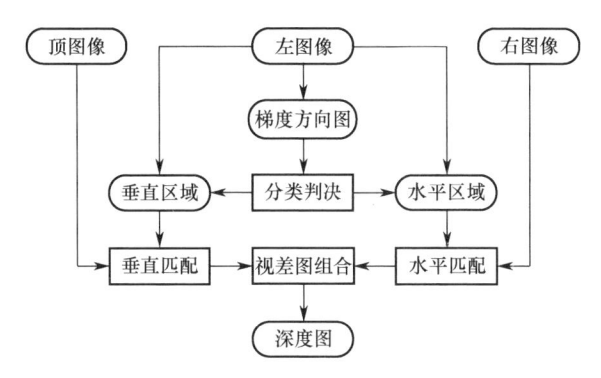

图 6-6　利用梯度方向的 2D 搜索立体匹配算法流程框图

（4）将所得两部分视差值合并成一幅完整的视差图，进而得到深度图。

在计算梯度图时，考虑到仅需要比较或判断梯度方向是更接近水平方向还是更接近垂直方向，因此可用下列运算复杂度较低的简单方法。对于 $f_L(x, y)$ 中任意像素 (x, y)，选取其水平、垂直梯度值 G_h 和 G_v：

$$G_h(x,y) = \sum_{i=1}^{W/2} \sum_{j=y-W/2}^{y+W/2} \left| f_L(x-i,j) - f_L(x+i,j) \right| \tag{6-34}$$

$$G_v(x,y) = \sum_{j=1}^{W/2} \sum_{i=x-W/2}^{x+W/2} \left| f_L(x,y-j) - f_L(x,y+j) \right| \tag{6-35}$$

根据算得的梯度值，可运用如下分类判决准则：对于 $f_L(x, y)$ 中任意一个像素，如果 $G_h > G_v$，则将该像素划归为水平区域，借助水平图像对进行匹配；如果 $G_h < G_v$，则将该像素划为垂直区域，借助垂直图像对进行匹配。

图 6-7 给出利用上述基于梯度分类的正交三目立体匹配方法消除图 5-5 中图像灰度光滑区域对匹配的影响的一个示例。图 6-7（a）为与图 5-5（a）的左图像和图 5-5（b）的右图像相对应的顶图像。图 6-7（b）为左图像的梯度图像（白色代表大梯度值，黑色代表可忽略的小梯度值），这里仅在大梯度值位置计算梯度方向。图 6-7（c）和图 6-7（d）分别为接近水平方向的梯度图和接近垂直方向的梯度图（浅色对应较大梯度值，深色对应较小梯度值）。图 6-7（e）和图 6-7（f）分别为用水平图像对和垂直图像对进行匹配后得到的视差图（浅色对应较大视差值，深色对应较小视差值），图 6-7（g）为综合图 6-7（e）和图 6-7（f）得到的完整的视差图，图 6-7（h）为与图 6-7（g）对应的 3D 透视图。将图 6-7（g）和图 6-7（h）分别与图 5-5（c）和图 5-5（d）比较，可见利用正交三目立体匹配可以大大减少误匹配区域。

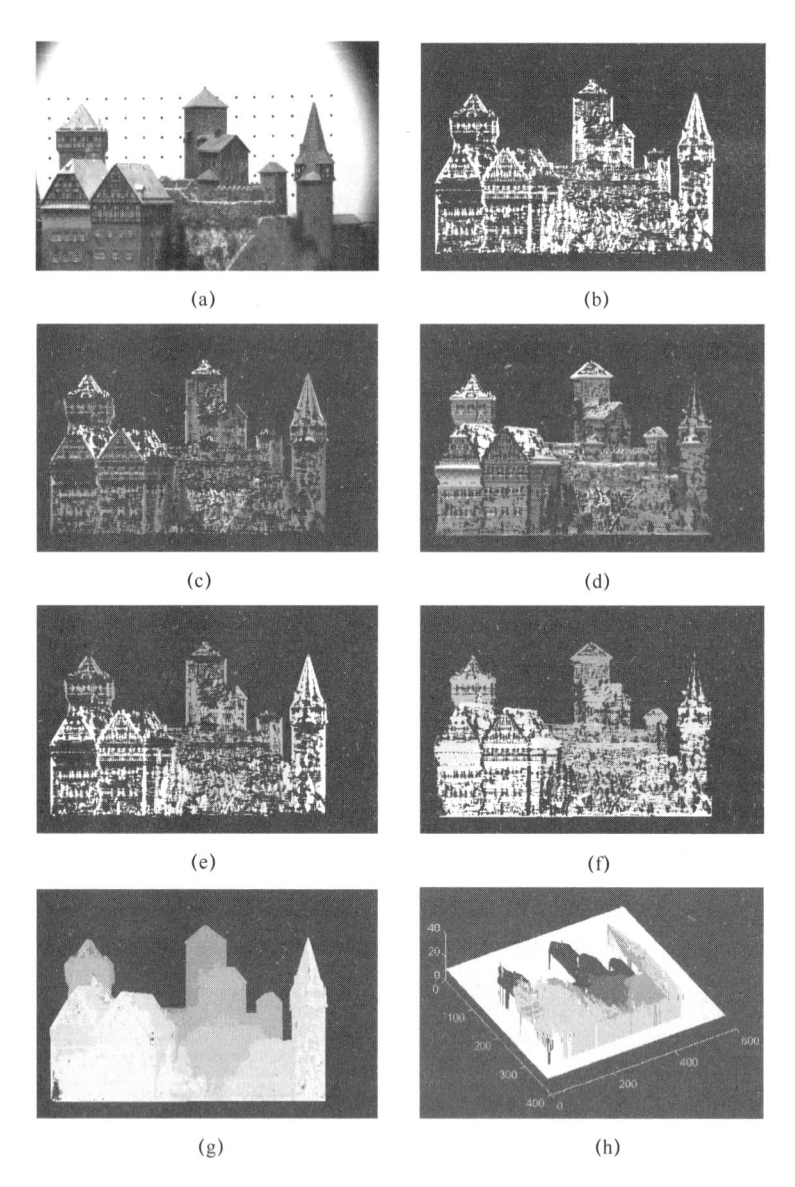

图 6-7　正交三目方法消除图像灰度光滑区域影响示例

2. 关于模板尺寸的讨论

在上述方法中，使用了两种不同尺寸的**模板**，其中梯度模板用于计算梯度方向信息，匹配（搜索）模板用于计算灰度区域的相关信息。这里梯度模板的尺寸和匹配模板的尺寸对匹配性能都有较大影响[4]。

梯度模板尺寸的影响可以图 6-8 为例来说明,图中给出分别以 A, B, C 为顶点和以 B, C, E, D 为顶点的两个具有不同灰度的区域。假设待匹配点 P 位于水平边缘线段 BC 附近,若梯度模板选得过小如图 6-8(a)中的矩形,没有包含边缘 BC 上的点,则由于 $G_h \approx G_v$,难以区分水平区域和垂直区域,对点 P 将有可能用水平图像对进行匹配,这样由于水平方向比较光滑就有可能造成误匹配。若梯度模板选得足够大,如图 6-8(b)中的矩形,包含了边缘 BC 上的点,则必有 $G_h < G_v$,则对点 P 就将用垂直图像对进行匹配,可以避免误匹配。但需要注意的是,过大的模板除了带来运算量大的问题,还有可能覆盖多个不同边缘而导致方向确定错误。

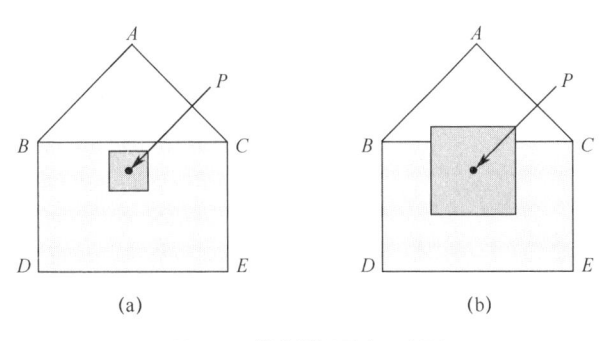

图 6-8 梯度模板影响示意图

匹配模板的尺寸对性能也有较大影响。匹配模板大,能够包容足够大的用于匹配的强度变化,误匹配会减少,但有可能产生较大的匹配模糊。其中又可分两种情况,参见图 6-9,其中以 A, B, C 为顶点和以 B, C, E, D 为顶点的两个区域具有不同的纹理(其余部分为光滑区域)。

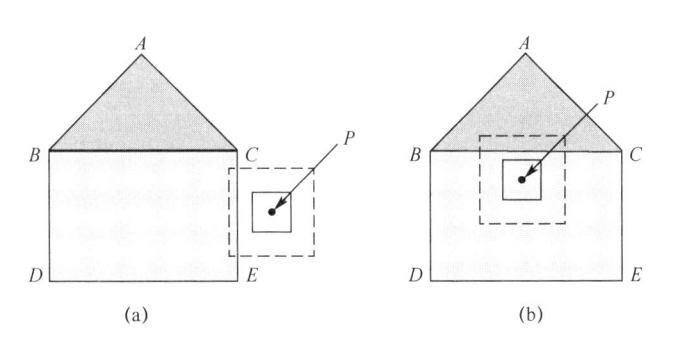

图 6-9 匹配模板影响示意图

(1)如图 6-9(a)所示,在纹理区域和光滑区域的边界区域匹配时:若模板较小,只覆盖光滑区域,则匹配计算会有随机性;若模板较大,覆盖了两个区域,则可确定合适的匹配图像对并得到正确的匹配。

（2）如图6-9（b）所示，在两个纹理区域相邻的边界区域匹配时：由于模板总包容在纹理区域内，不管模板大小，正确的匹配都比较有保障。

3. 正交三目视差图校正

第5章中介绍的对视差图中误差进行检测和校正的算法对由正交三目立体匹配得到的视差图也适用。其中关于顺序匹配约束的定义既可用于水平图像对，也可经过相应的调整用于垂直图像对。正交三目中对视差图进行误差检测与校正的算法流程图如图6-10所示。这里涉及的图像包括左图像$f_L(x, y)$、右图像$f_R(x, y)$、顶图像$f_T(x, y)$和视差图$d(x, y)$。先借助水平方向的顺序匹配约束进行校正，得到沿水平方向校正好的视差图$d_X(x, y)$，再借助垂直方向的顺序匹配约束进行校正，最后得到满足全局（既沿水平方向也沿垂直方向）顺序匹配约束的新视差图$d_{XY}(x, y)$。

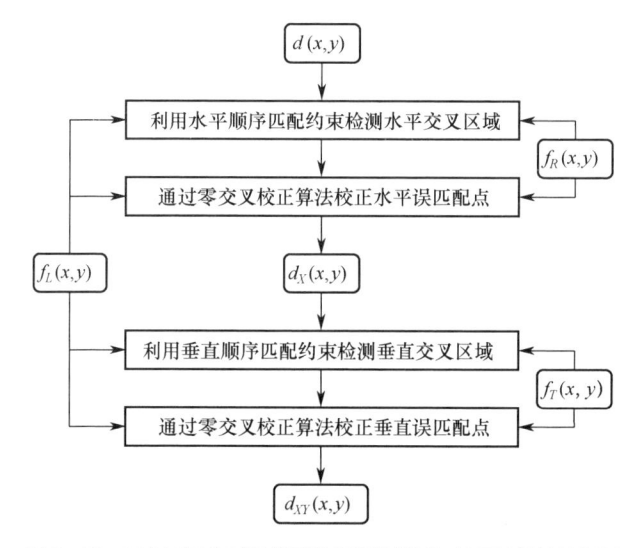

图6-10 正交三目中对视差图进行误差检测与校正的算法流程图

6.3 多目立体匹配

6.2节介绍的正交三目立体匹配是多目立体匹配的一种特殊情况。在更一般的情况下，可以不止使用三目，各目连线也可以不正交。下面分别讨论两种比正交三目立体匹配更一般的情况。

6.3.1 任意排列三目立体匹配

在三目立体成像系统中，3个摄像机可以构成直线或直角三角形以外的其他任意形式的排列。图6-11所示为任意排列三目立体成像系统示意图，其中C_1, C_2, C_3分别为3个像平面的光心，这3个光心能确定一个三焦平面。参见5.1.2小节对**极线约束**的介绍，可知给定物点W（一般情况下并不位于三焦平面上），它与任意两个光心点能定一个极平面。该平面与对应光心的像平面的交线即为**极线**。极线L_{ij}代表图像i中与图像j对应的极线。匹配总是在极线上进行的。在三目立体成像系统中，每个像平面上有两条极线，两条极线的交点也是物点W和光心的连线与对应像平面的交点。

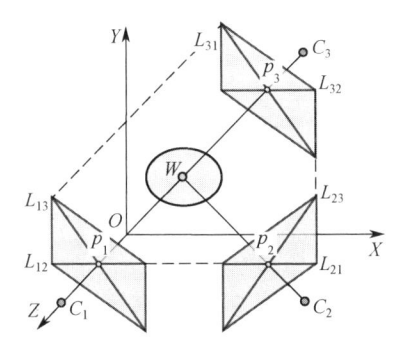

图6-11　任意排列三目立体成像系统示意图

如果3个摄像机都观察物点W，则得到的3个像点的坐标分别为$\boldsymbol{p}_1, \boldsymbol{p}_2, \boldsymbol{p}_3$。每对摄像机能确定一个极线约束，如果用$\boldsymbol{E}_{ij}$代表图像$i$与图像$j$间的**本质矩阵**，则有

$$\boldsymbol{p}_1^T \boldsymbol{E}_{12} \boldsymbol{p}_2 = 0 \tag{6-36}$$

$$\boldsymbol{p}_2^T \boldsymbol{E}_{23} \boldsymbol{p}_3 = 0 \tag{6-37}$$

$$\boldsymbol{p}_3^T \boldsymbol{E}_{31} \boldsymbol{p}_1 = 0 \tag{6-38}$$

如果用$\boldsymbol{e}_{ij}$代表图像i与图像j的极点坐标，则因为有$\boldsymbol{e}_{31}^T \boldsymbol{E}_{12} \boldsymbol{e}_{32} = \boldsymbol{e}_{12}^T \boldsymbol{E}_{23} \boldsymbol{e}_{13} = \boldsymbol{e}_{23}^T \boldsymbol{E}_{31} \boldsymbol{e}_{21} = 0$，所以上述三个方程不独立。不过上述任意两个方程都是独立的，因此当本质矩阵已知时，用任意2个像点的坐标就可预测出第3个像点的坐标。

相比于双目系统，三目系统增加了第3个摄像机，这可以消除仅用双目图像匹配而导致的不确定性。虽然6.2节介绍的方法均直接利用两对图像同时进行匹配，但在大多数三目立体匹配算法中，常先利用一对图像建立对应关系，再用第3幅图像来验证，即用第3幅图像来检查前两幅图像的匹配情况[5]。

下面介绍一种典型的方法,如图6-12所示,考虑用3个摄像机对含有A, B, C, D四个点的场景成像。在图6-12中,标有1, 2, 3, 4, 5, 6的六个点代表对前两幅图像(光心分别为O_1和O_2)里四个点不正确的重建位置。以标有1的点为例,它是将a_2和b_1误匹配得到的结果。当把由前两幅图像重建的3D空间点1再投影到第3幅图像上时,就可发现误匹配的问题:它既不与a_3重合,也不与b_3重合,因此可判断为不正确的重建位置。

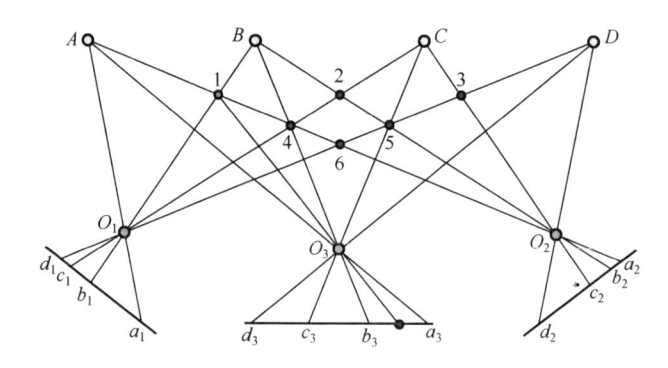

图 6-12 利用第3幅图像减少不确定性图示

上述方法先重建与前两幅图像中匹配点对应的3D空间点,再将其投影到第3幅图像上。如果在第3幅图像中如上得到的投影点附近没有与此相容的点,那么这个匹配很有可能是一个错误的匹配。在实际应用中,并不需要显式地进行重建和再投影。如果摄像机已经标定(甚至仅仅弱标定[5]),而且已知一个3D空间点在第1幅图像和第2幅图像中的2个像点,那么对相应的极线取交集就可以预测该3D空间点在第3幅图像中的位置。

下面再介绍几种不同的匹配方法。

1. 基于极线的三目匹配

基于极线的三目匹配借助沿极线的搜索来消除歧义和实现匹配[6]。参见图 6-13,用 L_j^i 代表图像i中的第j条极线。如果已知L_1^1和L_1^2是由图像1和图像2得到的对应极线,则为发现图像1中点a在图像2中的对应点,只需要沿L_1^2搜索边缘。设沿着L_1^2找到两个可能的点b和c,但还不知道应选哪个。令在图像2中通过点b和点c的极线分别是L_2^2和L_3^2,在图像3中通过点b和点c的极线分别是L_2^3和L_3^3。现在考虑由图像1和图像3构成的立体图像对,如果L_1^1和L_1^3是对应的极线且沿L_1^3仅有一个点d处在L_1^3和L_2^3的交线上,那就可得到图像1中的点a和图像2中的点b互相对应的结论,因为它们都对应图像3中的点d。由第3幅图像提供的约束消除了点b和点c都有可能对应点a的问题。

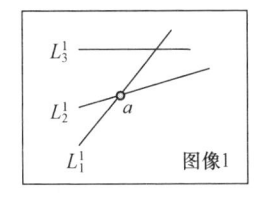

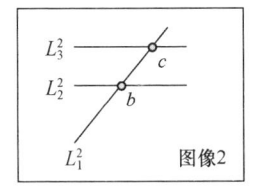

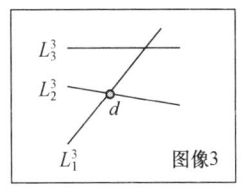

图 6-13 基于极线的三目匹配示意图

2. 基于边缘线段的三目匹配

基于边缘线段的三目匹配利用从图像中检测出的边缘线段来实现三目立体匹配[7]。首先检测出图像中的边缘线段，然后定义一个**线段邻接图**，该图中的结点代表边缘线段，而结点之间的弧表示所对应的边缘线段是邻接的。对每个边缘线段，可用它的长度和方向、中点位置等局部几何特征进行表达。如此获得 3 幅图像的线段邻接图 G_1, G_2, G_3 后，可按如下步骤进行匹配（参见图 6-14）。

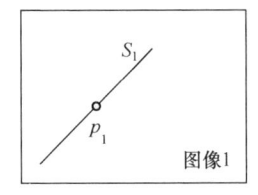

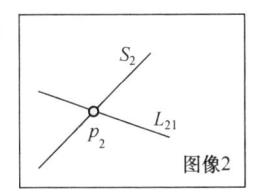

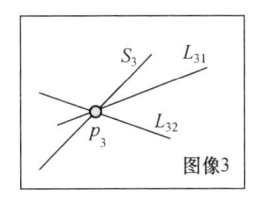

图 6-14 基于边缘线段的三目匹配示意图

（1）对 G_1 中的某个线段 S_1，计算 S_1 的中点 p_1 在图像 2 中的极线 L_{21}，p_1 在图像 2 中的对应点 p_2 将在极线 L_{21} 上。

（2）考虑 G_2 中与极线 L_{21} 相交的线段 S_2，设 L_{21} 与 S_2 的交点为 p_2；对每个线段 S_2，比较它与线段 S_1 的长度和方向，如果差值小于给定的阈值，则认为它们可能匹配。

（3）对每个可能匹配的线段，进一步计算其在图像 3 中的极线 L_{32}，设它与 p_1 在图像 3 中的极线 L_{31} 的交点为 p_3；在 p_3 附近搜索与线段 S_1 和 S_2 的长度和方向的差值小于给定阈值的线段 S_3，如可找到，则 S_1, S_2, S_3 组成一组匹配线段。

将以上步骤对图中的所有线段进行，最终得到所有匹配线段，实现图像的匹配。

3. 基于曲线的三目匹配

在前面基于边缘线段的三目匹配中，隐含地认为对拟匹配物体的轮廓是用多边形来近似的。如果物体是由多面体构成的，则这种轮廓表达会很紧凑；但对于许多自然物体，随着其轮廓复杂程度的增加，用来表达它们的多边形的边数有可能需要成倍增加才能保证逼近的精度。

另外，由于视角的变化，两幅图像中对应的多边形并不能保证它们的顶点处在对应的极线上。在这种情况下，需要更多的计算，如使用改进的极线约束[8]。

要解决上述问题，可以基于曲线进行匹配（对物体的局部轮廓用高于一阶的多项式来逼近）。参见图 6-15，假设已在图像 1 中检测出一条曲线 T_1^1（上标指示图像，下标指示序号，这里即指图像 1 中的第 1 条曲线），它是物体表面一条 3D 曲线的图像，下一步要在图像 2 中搜索与其对应的曲线。为此，可任选 T_1^1 上一点 p_1^1（该点的单位切线向量为 t_1^1，曲率为 k_1^1），考虑图像 2 中的极线 L_{21}（图像 2 中与图像 1 对应的极线）。设这条极线在图像 2 中与曲线族 T_j^2 相交。这里图中取 $j=2$，即极线 L_{21} 与曲线 T_2^1 和 T_2^2 交于点 p_1^2 和 p_2^2（这两点的单位切线向量分别为 t_1^2 和 t_2^2，曲率分别为 k_1^2 和 k_2^2）。接下来在图像 3 中要考虑与点 p_1^1 所在极线 L_{31} 相交的来自图像 2 的极线。这里图中取 $j=2$，即考虑极线 L_{31} 及对应点 p_1^2 和 p_2^2 的极线 $L_{32,1}$ 和 $L_{32,2}$（下标逗号后的数字表示序号）。这两条极线分别与极线 L_{31} 交于点 p_1^3 和点 p_2^3）。

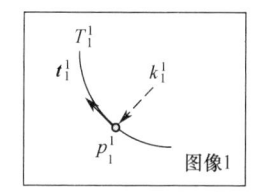

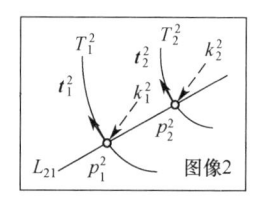

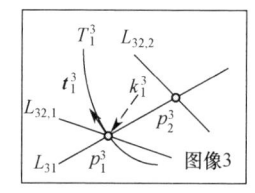

图 6-15　基于曲线的三目匹配示意图

如果点 p_1^1 和 p_1^2 是对应的，那么理论上应在曲线 T_1^3 上还可找到一个其切线单位向量和曲率可从该两点的切线单位向量和曲率算得的点 p_1^3。如果找不到，则可能：①没有很接近 p_1^3 的点；②有通过点 p_1^3 的曲线，但其切线单位向量与预期不符；③有通过点 p_1^3 的曲线，并且其切线单位向量与预期相符，但曲率与预期不符。上述任意一种情况都表明点 p_1^1 和点 p_1^2 不是对应的。

在一般情况下，对每对点 p_1^1 和 p_j^2，都在图像 3 中计算对应点 p_1^1 的极线 L_{31} 与对应点 p_j^2 的极线 $L_{32,j}$ 的交点 p_j^3，以及点 p_j^3 处的单位切线向量 t_j^3 和曲率 k_j^3。对每个交点 p_j^3，都搜索最接近的曲线 T_j^3，并根据下面 3 个逐渐强化（Increase in Stringency）的条件判断执行：①如果曲线 T_j^3 与点 p_j^3 的距离超过一定的阈值，则取消它们之间的对应关系；否则②计算点 p_j^3 处的单位切线向量 t_j^3，如果其与由点 p_1^1 和 p_j^2 计算出的单位切线向量的差超过一定的阈值，则取消它们之间的对应关系；否则③计算点 p_j^3 处的曲率 k_j^3，如果其与由点 p_1^1 和 p_j^2 计算出的曲率的差超过一定的阈值，则取消它们之间的对应关系。

经过上面的过滤，对图像 1 中的点 p_1^1 仅在图像 2 中保留一个可能的对应点 p_j^2，并进一步

在点 p_j^2 和 p_j^3 的邻域中搜索最接近的曲线 T_j^2 和 T_j^3。上述过程对图像 1 中所有选出的点进行，最终的结果是在曲线 T_j^1、T_j^2 和 T_j^3 上确定出一系列的对应点 p_j^1、p_j^2 和 p_j^3。

6.3.2 正交多目立体匹配

在 6.1 节中已指出，用单方向的多目图像代替单方向的双目图像可消除单方向周期模式的影响。在 6.2.1 小节中又指出，用正交三目图像代替单方向的双目图像（或多目图像）可消除灰度光滑区域的影响。两者结合起来可以构成正交多目图像序列，采用正交多目立体匹配方法同时消除上述两种影响的效果会更好[9]。正交多目图像序列的拍摄位置示意图如图 6-16 所示。让摄像机沿着水平线上各点 $L, R_1, R_2, \cdots$ 及垂直线上各点 $L, T_1, T_2, \cdots$ 拍摄，就可以获得正交基线的立体图像系列。对正交多目图像的分析可通过将 6.1 节单方向多目图像分析的方法和 6.2.1 小节正交三目图像分析的方法及结果相结合而得到。

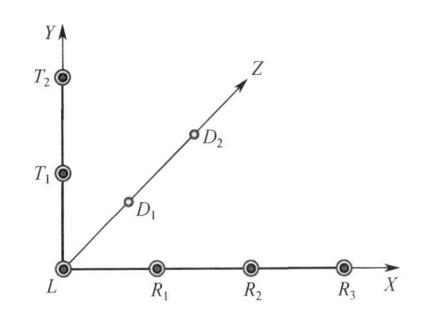

图 6-16　正交多目图像序列的拍摄位置示意图

一个采用正交多目立体匹配方法对真实图像的测试实验结果如下。

图 6-17（a）为采用正交多目图像［除包括图 5-5（a），图 5-5（b）和图 6-7（a）外，还在沿着图 6-16 的水平线方向和垂直线方向上各增加了一幅图像，相当于增加了图 6-16 中 R_2 和 T_2 两个位置进行采集］得到的一个视差计算结果，图 6-17（b）为对应的 3D 透视图显示。将图 6-17（a）和图 6-17（b）分别与图 6-7（g）和图 6-7（h）相比，可见这里的效果更好一些（误匹配点更少）。

理论上，不仅在水平方向和垂直方向，甚至在深度方向（沿 Z 轴方向）也可采集多幅图像（如在图 6-16 中 D_1 和 D_2 两个位置进行采集）。但实践表明，在深度方向采集的图像对恢复场景 3D 信息的贡献不明显。

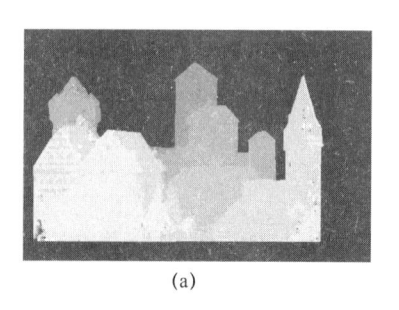

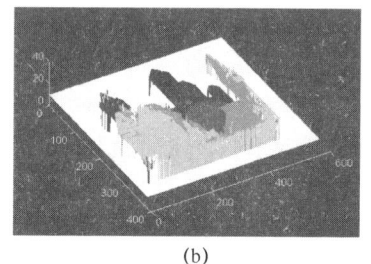

图 6-17 正交多目立体匹配的结果

另外，各种多目立体匹配的情况也可看作本节方法的推广。例如，一个四目立体匹配示意图如图 6-18 所示。图 6-18（a）是对物体点 W 的投影成像，它在 4 幅图像上的成像点分别为 p_1, p_2, p_3, p_4。它们分别是 4 条射线 R_1, R_2, R_3, R_4 依次与 4 个像平面的交点。图 6-18（b）则是对过物体点 W 的一条直线 L 的投影成像，该直线在 4 幅图像上的成像结果分别是 4 条直线 l_1, l_2, l_3, l_4，这 4 条直线分别位于 4 个平面 Q_1, Q_2, Q_3, Q_4 上。从几何上讲，通过 C_1 和 p_1 的射线一定也穿过平面 Q_2, Q_3, Q_4 的交点。从代数上讲，给出**四焦张量**和任意 3 条通过 3 个像点的直线，就可以推出第 4 个像点的位置[5]。

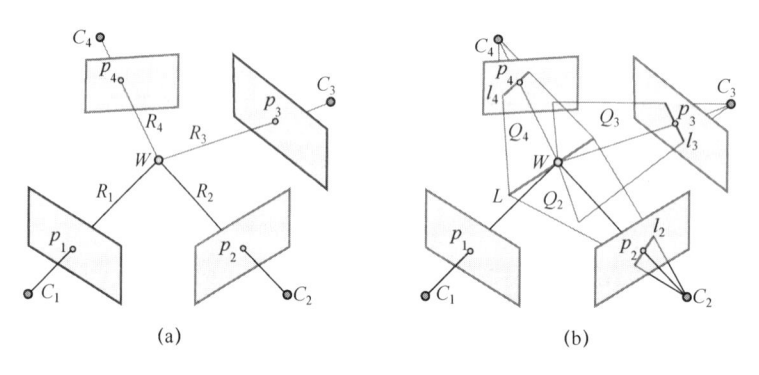

图 6-18 四目立体匹配示意图

6.4 等基线多摄像机组

多目立体视觉有很多形式，例如，参考文献[10]提供了一个多眼立体视觉测量系统的源代码及部分照片和视频；参考文献[11]介绍了由一个投影仪与两个摄像机构成的三目立体视觉系统。下面简要介绍一种**等基线多摄像机组**（EBMCS），其中共使用了 5 个摄像机[12]。

6.4.1 图像采集

等基线多摄像机组将 5 个摄像机排列成一个拍摄朝向相互平行的十字，如图 6-19 所示。其中，C0 是中心摄像机，C1 是右摄像机，C2 是顶摄像机，C3 是左摄像机，C4 是底摄像机。

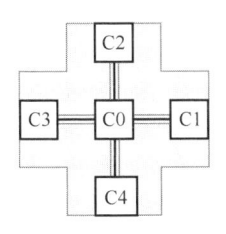

图 6-19 等基线多摄像机组位置示意图

由图 6-19 可见，中心摄像机四周的 4 个摄像机分别与中心摄像机构成 4 对双目平行模式的立体摄像机，它们的基线是等长的，因此称为等基线多摄像机组。

从图像加工的角度来看，C0 和 C1 采集的就是一对水平双目的立体图像。为方便，也可以把每对图像都看作用水平双目模式得到的图像。当然，这里需要进行一定的转换。对 C0 和 C2 采集的立体图像对需要逆时针旋转 90°；对 C0 和 C4 采集的立体图像对需要顺时针旋转 90°；而对 C0 和 C3 采集的立体图像对可进行镜像翻转。这样，就相当于把 4 对立体图像相对于中心摄像机采集的图像进行了标定，在计算视差图时，它们的结果就可以进行结合比较了。

对摄像机的（几何）标定和对所采集图像的矫正使用了一系列具有 11×8 个黑白相间正方形（大小为 24mm×24mm）的棋盘图像，利用的是其在水平方向的 10 行角点和垂直方向的 7 列角点。该系列图像由 10 组构成，每组包含来自 5 个摄像机的 5 幅图像。对标定参数的计算可参见参考文献[13]，矫正算法可参见参考文献[14]。

由于使用了多个摄像机，所以除了进行几何标定，还对来自 EBMCS 的图像进行颜色标定。因为这里使用的视差图是灰度图，所以颜色标定实际上是对像素点强度的标定。式（6-39）给出用来调整强度的三角滤波器的表达式：

$$\hat{f} = f + k\left(1 - \frac{|M - f|}{M}\right) \quad (6-39)$$

其中，f 是标定前的强度；$\hat{f}$ 是标定后的强度；k 是针对图像中的特征点选择的强度修正因子；M 是图像灰度范围的中间值。通常，灰度范围为 0~256，可取 $M \geqslant 128$。

对从 5 个摄像机所采集的图像中得到的视差图也进行图像变换。视差图是从经过标定、矫正（以及旋转和镜面反射等变换）的图像中获得的。因此，每个视差图的点对应这些变换之后的中心图像的点。然而，不同的立体摄像机中的变换参数是不同的。因此，中心图像需要根据所使用的立体摄像机进行各种修改。这里需要合并视差图以获得质量更高的结果，因此要求通过使这些视差图引用相同的图像来统一结果。视差图的统一是通过对其执行与在获取这些视差图的图像上执行的变换相反的变换来获得的。所有产生的视差图中的点对应标定和矫正之前输入中心图像的点。

6.4.2 图像合并方法

从每对摄像机可以获得一幅视差图，EBMCS 可提供四幅视差图。下一步要将这四幅视差图合并成一幅单一的视差图。可以采用两种不同的方法：**算术平均合并方法**（AMMM）、**例外去除合并方法**（EEMM）。

不管使用哪种方法，最终得到的视差图（最终结果视差图）中各坐标点的视差值都取决于合并前各视差图中位于相同坐标点的视差值。但是，由于物体的某些部分可能在图像采集时受到遮挡而使得某个或某几个视差图中相应位置的视差值无法计算，所以最终结果视差图中某些位置的合并视差值的数量可能少于 EBMCS 中包含的摄像机对的数量。如果用 N 表示 EBMCS 中的摄像机对的数量，用 M_x 表示在合并前视差图中位于坐标 x 处且在合并后视差图中仍位于坐标 x 处的点的数量，则 $M_x \leqslant N$。最终结果视差图中位于坐标 x 处的视差值为

$$D_f(\boldsymbol{x}) = \frac{\sum_{1 \leqslant i \leqslant M_x} D_i(\boldsymbol{x})}{M_x} \tag{6-40}$$

其中，D_i 表示在索引为 i 的合并前视差图中的视差值。

在不同的合并前，视差图中位于相同坐标的视差值之间有可能存在显著差异。AMMM 不排除任何值而仅对它们进行平均。但是，如果存在显著差异，则表明至少有一个合并前视差图中包含不正确的视差值。为了消除潜在的错误差异，可以使用 EEMM。

设执行 EEMM 合并后的视差值由 $E(\boldsymbol{x})$ 表示，$E(\boldsymbol{x})$ 取决于合并前视差图 i 中坐标 $\boldsymbol{x}$ 处的每个视差值 $D_i(\boldsymbol{x})$。如果一个合并前视差图中不包含坐标 $\boldsymbol{x}$ 处的视差值，则 $E(\boldsymbol{x})$ 的值为 0。包含坐标 $\boldsymbol{x}$ 处的视差值的合并前视差图的数量不同，函数 $E(\boldsymbol{x})$ 的计算方式也不同。

如果只有一个索引为 i 的合并前视差图包含视差值 $D_i(\boldsymbol{x})$，则 $E(\boldsymbol{x})$ 的值等于 $D_i(\boldsymbol{x})$。当在坐标 $\boldsymbol{x}$ 处具有视差的合并前视差图的数量为 2 时，EEMM 计算相应视差值之间的差异值。差异值为 $|D_i(\boldsymbol{x}) - D_j(\boldsymbol{x})|$，其中 i 和 j 是所考虑的合并前视差图的索引。

EEMM 指定了一个最大可接受的差异值,记为 T。大于 T 的差异值表明该差异值是不确定的,EEMM 会声明视差值未定且 $E(x)$ 的值等于 0。如果视差值之间的差异不大于 T,则 $E(x)$ 等于视差值 $D_i(x)$ 和 $D_j(x)$ 的算术平均值:

$$E(\boldsymbol{x}) = \begin{cases} \dfrac{D_i(\boldsymbol{x}) + D_j(\boldsymbol{x})}{2}, & \text{如果 } |D_i(\boldsymbol{x}) - D_j(\boldsymbol{x})| \leqslant T \\ 0, & \text{如果 } |D_i(\boldsymbol{x}) - D_j(\boldsymbol{x})| > T \end{cases} \quad (6\text{-}41)$$

在合并来自不同合并前视差图的 3 个视差值 $D_i(x)$,$D_j(x)$,$D_k(x)$ 的情况下,需要计算每两个视差值之间的差异值,再由这些差异值来确定对 $E(x)$ 的计算。由于一共有 3 个差异值需要进行判断,所以将最大可接受差异的条件设置得更严格(此时最大可接受的差异值 $S = T/2$)。对 $E(x)$ 的计算分为 4 种情况:

$$E(\boldsymbol{x}) = \begin{cases} \dfrac{\sum_{l \in i,j,k} D_l(\boldsymbol{x})}{3}, & \text{如果 } |D_i(\boldsymbol{x}) - D_j(\boldsymbol{x})| \leqslant S, \ |D_i(\boldsymbol{x}) - D_k(\boldsymbol{x})| \leqslant S, \ |D_j(\boldsymbol{x}) - D_k(\boldsymbol{x})| \leqslant S \\ D_i(\boldsymbol{x}), & \text{如果 } |D_i(\boldsymbol{x}) - D_j(\boldsymbol{x})| \leqslant S, \ |D_i(\boldsymbol{x}) - D_k(\boldsymbol{x})| \leqslant S, \ |D_j(\boldsymbol{x}) - D_k(\boldsymbol{x})| > S \\ \dfrac{D_i(\boldsymbol{x}) + D_j(\boldsymbol{x})}{2}, & \text{如果 } |D_i(\boldsymbol{x}) - D_j(\boldsymbol{x})| \leqslant S, \ |D_i(\boldsymbol{x}) - D_k(\boldsymbol{x})| > S, \ |D_j(\boldsymbol{x}) - D_k(\boldsymbol{x})| > S \\ 0, & \text{如果 } |D_i(\boldsymbol{x}) - D_j(\boldsymbol{x})| > S, \ |D_i(\boldsymbol{x}) - D_k(\boldsymbol{x})| > S, \ |D_j(\boldsymbol{x}) - D_k(\boldsymbol{x})| > S \end{cases}$$

$$(6\text{-}42)$$

由式(6-42)可见,当所有 3 个差异值都不大于 S 时,合并后视差图的 $E(x)$ 等于所有合并前视差值的算术平均值。当有 1 个差异值大于 S 时,$E(x)$ 等于满足最大可接受差异值的其他两个条件中的那个视差值。当有 2 个差异值大于 S 时,$E(x)$ 等于满足最大可接受差异值的那个条件中的两个视差值的算术平均值。当所有 3 个差异都大于 S 时,$E(x)$ 为未定(取为 0)。

EEMM 中的最后一种情况发生在 4 个合并前视差图 i, j, k, l 在坐标 x 处都有视差值时。在这种情况下,合并方法首先对来自不同合并前视差图的视差值进行排序。排序后去除两个极值(最大值和最小值)。然后,对两个剩余的视差值计算算术平均值:

$$E(\boldsymbol{x}) = \frac{D_j(\boldsymbol{x}) + D_k(\boldsymbol{x})}{2}, \quad \text{如果 } D_i(\boldsymbol{x}) \leqslant D_j(\boldsymbol{x}) \leqslant D_k(\boldsymbol{x}) \leqslant D_l(\boldsymbol{x}) \quad (6\text{-}43)$$

6.5 单摄像机多镜反射折射系统

为实现立体视觉,需要使用双目或多目,即需要使用双摄像机或多个摄像机。如果仅有单个摄像机,那就需要移动摄像机进行拍摄,以获得两幅或多幅不同视角的(相同视场的)图像。下面介绍一种单摄像机多镜反射折射系统[15]。该系统是一种具有垂直和水平基线结构的单

摄像机多镜反射折射系统，空间结构紧凑，实现了使用多个中心或非中心的"立体图像采集器对"来实现同时数据采集。为了使 3D 重建过程通用并适应各种类型的系统配置，采用一种灵活的标定和重建算法。该算法将系统近似为多个中央子摄像机，以球形表示进行立体匹配并优化多个立体图像对的重建结果。虽然该系统主要用于生成 3D 点云数据（见第 8 章），但其设计思想对其他数据采集和匹配也有启发。

6.5.1 总体系统结构

总体系统结构如图 6-20 所示。它由 1 台摄像机和 5 面镜子组成，水平和垂直布局相结合。焦点为 O_1 的顶镜为主镜，其余为副镜/子镜。4 面副镜对称地放置在垂直于主镜和摄像机光轴的平面内，俯视图（沿摄像机光轴方向，鸟瞰图）如图 6-20（a）所示。通过将主镜和副镜分两层布置，结合了垂直和水平结构的优点，以紧凑的方式实现更长的基线。摄像机可以一次拍摄 5 面镜子的反射图像，构成了 4 个立体图像对。以 O_1-XYZ 为参考系，考虑如图 6-20（b）和图 6-20（c）所示的（侧视）XZ 平面，副镜 O_2 的相对位置可以用 $\boldsymbol{P} = [B_x, 0, -B_z]^T$ 表示，其中，B_x 和 B_z 分别是系统的水平和垂直基线。其他副镜的相对位置也可根据对称性得到。

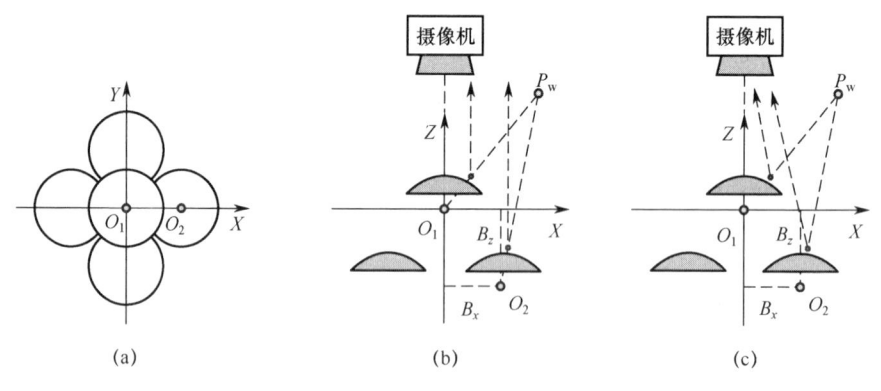

图 6-20　总体系统结构

该系统设计有以下特点。

（1）主镜和 4 面副镜组成了包含 4 个双目立体对的系统。在实际应用中，由于系统中的潜在遮挡，有可能无法使所有镜子都捕捉到目标。然而，这种设计可使场景中的每个目标可以被至少两个立体对看到，这为通过融合立体对实现更高的重建精度提供了可能。

（2）与一般纯水平[16]或纯垂直[17]基线布局相比，主镜和副镜之间的特殊布局以紧凑的方式实现了更长的立体基线。

（3）反光镜和摄像头选型灵活。与只能使用有限的摄像机和镜子类型组合的传统中央折反射系统不同，该系统可以通过中心或非中心配置来构建。如图6-20（b）所示，指向5个抛物面镜的正交摄像机可以被视为5个不同的中心摄像机。如图6-20（c）所示，指向多个抛物线、双曲线或球面镜的透视摄像机可构成多个非中心摄像机。通过有效的系统建模，可以统一和简化3D重建过程。

6.5.2 成像和标定模型

多目立体视觉系统可以由不同类型的摄像机和镜子配置而成。为了使3D重建过程统一并适用于所有类型的配置，需要一个通用的成像和标定模型。这里考虑将每个镜子及其对应的子图像视为一个虚拟子摄像机，则整个系统可以被视为多个**虚拟摄像机**的组合。一旦标定了各虚拟摄像机，就可以通过联合标定整个阵列来进一步优化参数。

1. 虚拟子摄像机模型

为了增强系统的通用性，采用**广义统一模型**（GUM）来描述每个虚拟子摄像机的成像过程[18]。该模型不仅适用于中央摄像机，还适用于许多非中央系统。下面仅讨论有关投影的一些内容。

在GUM中，投影过程可以描述如下。

（1）任意空间点 P_w 首先可以通过刚体变换转换为单位球面上的点 $P_s = [x_s, y_s, z_s]^T$，然后在球心上进行中心投影。

（2）参照单位球体内的第二投影中心 $C_p(-q_1, -q_2, -q_3)^T$，将 P_s 投影到归一化平面上得到点 P_t。系统的非中心特性可以通过这个偏心的投影中心 C_p 得到很好的补偿。

$$P_t = \left(\frac{x_s + q_1}{z_s + q_3}, \frac{y_s + q_2}{z_s + q_3}, 1 \right)^T \tag{6-44}$$

（3）考虑到真实摄像机的失真，径向失真以 P_t 为单位进行补偿。

（4）应用广义透视投影得到像素点[19]：

$$p = KP_t = \begin{bmatrix} g_1 & g_1\alpha & u_0 \\ 0 & g_2 & v_0 \\ 0 & 0 & 1 \end{bmatrix} P_t \tag{6-45}$$

其中，K 是广义透视投影的内参矩阵；g_1 和 g_2 是焦点长度；α 是偏斜因子；(u_0, v_0) 是主点坐标。

通过使用一系列棋盘格的标定图像，可以独立地计算每个子摄像机的内参和外参。

2. 多镜位置的联合标定

在虚拟摄像机阵列的概念中，每个镜子及其在像素平面中所占的区域都被视为一个虚拟子摄像机。将镜子参数集成到虚拟子摄像机中，将镜子之间的相对位置转化为虚拟子摄像机之间的刚体变换。每个子摄像机独立标定后，需要联合优化子摄像机的相对位置，以提高子摄像机之间的一致性。

设 c_1 为主摄像机的参考坐标。c_i（$i = 2, 3, 4, 5$）相对于 c_1 的刚体变换可以用 $T_{(ci\text{-}c1)}$ 表示：

$$T_{(c_i-c_1)} = \begin{bmatrix} R_{3\times3} & t_{3\times1} \\ \mathbf{0} & 1 \end{bmatrix} \quad i = 2, 3, 4, 5 \tag{6-46}$$

其中，$R_{3\times3}$ 是旋转矩阵；$t_{3\times1}$ 是平移矢量。

给定世界坐标系中的每个 3D 点 $P_{w,ij}$ 及其对应的主摄像机中的成像像素 $p_{1,ij}$ 和第 i 台摄像机中的 $p_{i,ij}$，计算重投影误差的步骤如下。

（1）将世界点 $P_{w,ij}$ 首先利用 $T_{w\text{-}c_1}$ 变换到 c_1 坐标系中：

$$P_{c_1,ij} = (P_{w,ij})^{-1} P_{w,ij} \tag{6-47}$$

（2）用矩阵 $T_{(c_i\text{-}c_1)}$ 将 $P_{c_1,ij}$ 转换为 $P_{c_i,ij}$：

$$P_{c_i,ij} = (T_{(c_i-c_1)})^{-1} P_{c_1,ij} \tag{6-48}$$

（3）用第 i 个子摄像机的内参数矩阵 K_i 将 $P_{c_i,ij}$ 转换为重投影像素坐标 $p_{i',ij}$：

$$p_{i',ij} = K_i P_{c_i,ij} \tag{6-49}$$

（4）计算重投影误差 e：

$$e = \| p_{i',ij} - p_{i,ij} \|^2 \tag{6-50}$$

如果令函数 G 表示从 $P_{w,ij}$ 获得 $p_{i',ij}$ 的整个过程，则可以通过最小化如式（6-50）所示的重投影误差来计算最优刚体变换 $T_{(ci\text{-}c1)}$：

$$\underset{T_{(c_i-c_1)}}{\arg\min} \sum_{i,j} \| G(K_i, T_{w,c_1}, T_{(c_i-c_1)}, P_{w,ij}) - p_{i,ij} \|^2 \tag{6-51}$$

由于每个虚拟摄像机都已经按照前面的虚拟子摄像机模型描述进行了标定，所以已经获得了 G 中参数的初始值。接下来可使用非线性优化算法（如 Levenberg-Marquardt 算法）来求解式（6-51）。

参考文献

[1] OKUTOMI M, KANADE T. A multiple—baseline stereo[J]. IEEE-PAMI, 1993, 15(4):

353-363.

[2] MATTHIES L, SZELISKI R, KANADE T. Kalamn filter-based algorithms for estimating depth from image sequences[J]. IJCV, 1989, 3: 209-236.

[3] OHTA Y, WATANABE M, IKEDA K. Improved depth map by right angled tri-nocular stereo[C]. Proc. 8ICPR, 1986: 519-521.

[4] JIA B, ZHANG Y J, LIN X G. Study of a fast tri-nocular stereo algorithm and the influence of mask size on matching[C]. Proceedings of International Workshop on Image, Speech, Signal Processing and Robotics, 1998: 169-173.

[5] FORSYTH D, PONCE J. Computer Vision: A Modern Approach[M]. UK London: Prentice Hall, 2003.

[6] GOSHTASBY A A. 2-D and 3-D Image Registration-for Medical, Remote Sensing, and Industrial Applications[M]. Hoboken: Wiley-Interscience, 2005.

[7] AYACHE N, LUSTMAN F. Fast and reliable passive trinocular stereovision[C]. Proc. First ICCV, 1987: 422-427.

[8] FAUGERAS O. Three-dimensional Computer Vision: A Geometric Viewpoint[M]. Cambridge: MIT Press, 1993.

[9] JIA B, ZHANG Y J, LIN X G. Stereo matching using both orthogonal and multiple image pairs[C]. Proc. ICASSP, 2000, 4: 2139-2142.

[10] WU H. Code and dataset[EB/OL]. (2022-04-05)[2022-12-11].

[11] 周舵, 王鹏, 孙长库, 等. 投影仪和双相机组成的三目立体视觉系统标定方法[J]. 光学学报. 2021, 41(11): 120-130.

[12] KACZMAREK A L. Stereo vision with Equal Baseline Multiple Camera Set (EBMCS) for obtaining depth maps of plants[J]. Computers and Electronics in Agriculture, 2017, 135: 23-37.

[13] ZHANG Z. A flexible new technique for camera calibration[J]. IEEE Transactions on Pattern Analysis and Machine Intelligence, 2000, 22: 1330-1334.

[14] HARTLEY R I. Theory and practice of projective rectification[J]. International Journal of Computer Vision, 1999, 35: 115-127.

[15] CHEN S Y, XIANG Z Y, ZOU N. Multi-stereo 3D reconstruction with a single-camera multi-mirror catadioptric system[J]. Measurement Science and Technology, 2020, 31: 015102.

[16] CARON G, MARCHAND E, MOUADDIB E M. 3D model based pose estimation for omnidirectional stereovision[J]. Proceedings of IEEE/RSJ Int. Conf. on Intelligent Robots and Systems, 2009: 5228-5233.

[17] LUI W L D, JARVIS R. Eye-full tower: A GPU-based variable multi-baseline omnidirectional stereovision system with automatic baseline selection for outdoor mobile robot navigation[J]. Robotics and Autonomous Systems, 2010, 58(6): 747-761.

[18] XIANG Z, DAI X, GONG X. Noncentral catadioptric camera calibration using a generalized unified model[J]. Optics Letters, 2013, 38: 1367-1369.

第 7 章
单目多图像场景恢复

前两章介绍的立体视觉方法根据摄像机在不同位置获得的两幅或多幅图像来恢复物体的深度。这里的深度信息（距离信息）可以看作从多幅图像中的冗余信息转化来的。获取含有冗余信息的多幅图像也可以利用在同一位置采集光照和/或物体变化的图像来实现。这些图像可以仅用一个（固定）摄像机得到，因此也可统称为单目方法（立体视觉的方法都是基于多目多幅图像的方法，虽然可以用一个摄像机在多个位置拍摄，但实际上由于视角不同仍等同于多目）。从这样获得的（单目）多幅图像中可以确定物体的表面朝向，而由物体的表面朝向可直接得到物体各部分之间的相对深度，在实际中也常可以进一步进行计算而得到物体的绝对深度[1]。

本章各节内容安排如下。

7.1 节先对单目图像场景恢复方法给予概括介绍，并根据单目多图像和单目单图像进行分类分析。

7.2 节介绍由光照恢复形状的基本原理，讨论利用一系列视角相同但光照不同的图像确定物体表面朝向的光度立体方法。

7.3 节讨论由运动恢复形状的基本原理，在建立描述运动物体的光流场的基础上，分析光流与物体表面朝向和相对深度的关系。

7.4 节介绍一种由轮廓恢复形状的方法，结合分割技术和卷积神经网络技术来分解视觉外壳并估计人体姿势。

7.5 节结合近期研究进展，从光源标定、非朗伯表面反射模型、彩色光度立体和 3D 重建方法对光度立体技术进行综述。

7.6 节具体介绍一种借助多尺度聚合的生成对抗网络（GAN）实现未标定光度立体视觉技术，从而获取物体法向信息的方法。

7.1 单目图像场景恢复

前两章介绍的立体视觉方法是场景恢复中的一类重要方法，优点是几何关系非常明确，缺点是需要确定双目或多目图像中的对应点。由前两章的内容可以看到，确定对应点是立体视觉方法的主要工作，也是一个很困难的问题，特别是在照明不一致和有阴影的时候。另外，采用立体视觉方法需要让物体上的若干点同时出现在需要确定对应点的所有图像中。实际中受视线遮挡的影响，并不能保证不同的摄像机有相同的视场，导致对应点检测困难且影响匹配效果。此时如果缩短基线长度，有可能减弱遮挡的影响，但对应点的匹配精度会下降。

为了避免复杂的对应点匹配问题，常采用**单目图像场景恢复**的方法，即仅使用位置固定的单个摄像机（但可拍摄单幅或多幅图像）采集图像，并利用所获取图像中各种 3D 线索来恢复物体的方法[2]。由于在将 3D 世界投影为 2D 图像时有 1D 信息（深度信息）的丢失，所以此时恢复物体的关键就是要恢复所丢失的那 1D 深度信息，实现场景的 3D 重建[3-4]。

从更一般的角度来说，恢复物体就是要恢复物体的本征特性。在物体的各种本征特性中，3D 目标的形状是最基本和最重要的。一方面，目标的许多其他特征，如表面法线、物体边界等都可以从形状推出来；另一方面，人们一般先用形状来定义目标，在此基础上再利用目标的其他特征进一步描述目标。各种不同的从形状恢复物体的方法常被冠以"**由 X 恢复形状**"的名称，这里的 X 可以代表影调变化、纹理改变、物体运动、照度变化、焦距大小、物体位姿、轮廓位置、阴影尺寸等。

值得指出的是，在从 3D 物体获取 2D 图像的过程中，一些有用信息确实由于投影而丢失了，但也有一些信息在转换形式后保留了下来（或者说在 2D 图像中还有物体的 3D 线索）。下面是几个示例。

（1）在成像中变换光源位置可得到不同光照条件下的多幅图像，同一物体表面的图像亮度随物体形状而不同，因而可用来确定 3D 物体的形状。这时的多幅图像不是对应不同的视点，而是对应不同的光照，这称为**由光照恢复形状**。

（2）如果物体在图像采集过程中有运动，则在由多幅图像组成的图像序列中会产生光流，光流的大小和方向随物体表面朝向的不同而不同，因而可用来确定运动物体的 3D 结构，这称为**由运动恢复形状**，也有人称之为由运动恢复结构[5]。

（3）如果物体在图像采集过程中围绕自身旋转运动，则在每幅图像中都会比较容易地获得物体的轮廓（物体与背景的分界线，也称剪影），将这些轮廓结合起来，可将物体的表面形状恢复出来，这称为**由轮廓恢复形状**，或**由剪影恢复形状**（SfS）。

（4）在成像过程中，原来物体的一些有关形状的信息在成像时会转换成图像中与原物体形状对应的明暗度信息（或者说在光照确定的情况下，图像中的亮度变化与物体形状有关），因此根据图像的影调可以设法将物体的表面形状恢复出来，这称为**由影调恢复形状**。

（5）在透视投影情况下，一些有关物体形状的信息会保留在物体表面纹理的变化之中（物体表面的不同朝向会导致不同的表面纹理变化），因此通过对纹理变化的分析可以确定物体表面不同的取向，进而设法将其表面形状恢复出来，这称为**由纹理恢复形状**。

（6）为了聚焦不同距离的物体而导致的焦距变化与物体深度之间也有密切的联系，借此可根据对物体清晰成像的焦距来确定对应物体的距离，这称为**由焦距恢复形状**。

（7）如果 3D 物体模型和摄像机焦距均已知，则透视投影能建立 3D 物体点与图像上成像点之间的对应联系，借此用若干对应点之间的联系就可计算 3D 物体的几何形状和位姿。

上面列举的 7 个例子中，前 3 种情况需要采集多幅图像，将分别在本章接下来各节进行介绍；后 4 种情况只需采集单幅图像，将在第 8 章中介绍。上述方法也可以联合使用，如可将由运动恢复形状与由影调恢复形状结合起来进行 3D 重建，从而实现磨损碎屑分析[6]。

7.2 由光照恢复形状

由光照恢复形状根据**光度立体**原理进行。光度立体也称**光度体视**或**光度立体视觉**，是一种利用场景内的光度信息（光照方向、强度等）来重建物体 3D 信息的方法。具体来说，就是借助一系列在相同观察视角（同一视点）、不同光源方向下采集的图像恢复物体表面朝向（法向），并在此基础上恢复物体 3D 几何结构的方法。

光度立体方法基于 3 个条件：①入射光线为平行光或者来自无限远处的点光源；②假设物体表面反射模型为朗伯反射模型，即入射光均匀散射到各方向，观察者从任何一个角度观察都是一样的；③摄像机模型为正交投影模型。

光度立体方法常用于照明条件比较容易控制或确定的环境中，成本较低，常可获得比较详尽的局部细节。对于理想的朗伯表面（见 7.2.2 小节），常可获得较好的效果，所用形状恢复的 4 个步骤如下：①建立光照模型；②标定光源信息；③求解表面反射率和/或法向信息；④计算深度信息。

7.2.1 物体亮度和图像亮度

物体亮度和图像亮度是光度学中两个既有联系又有区别的概念。在成像时，前者与**辐射亮度**或者**辉度**有关，而后者与**辐照度**或者**照度**有关。具体来说，前者对应由物体（看作光源）表面射出的光通量，它是光源表面单位面积在单位立体角内发出的功率，单位是 $Wm^{-2}sr^{-1}$；后者对应照射到物体表面的光通量，它是射到物体表面的单位面积的功率，单位是 Wm^{-2}。在光学成像时，物体在（成像系统的）图像平面上成像，因此物体亮度对应物体表面射出的光通量，而图像亮度则对应图像平面得到的光通量。

需要注意的是，对 3D 物体成像后，得到的图像亮度取决于许多因素，例如，一个理想的漫射表面在受到点光源照射时所反射的光强度与入射光强度、表面光反射系数和光入射角（视线与入射线间的夹角）的余弦都成正比。在更一般的情况下，图像亮度受物体本身的形状、在空间中的姿态、表面反射特性，以及物体与图像采集系统的相对朝向和位置、采集装置的敏感度、光源的辐射强度和分布等的影响，并不代表场景的本征特性。

1．物体亮度和图像亮度的关系

一个点光源的辐射亮度（物体亮度）和成像得到的图像上对应点的照度（图像亮度）之间有密切的联系[7]。考虑如图 7-1 所示的情况，一个直径为 d 的镜头放在距图像平面 λ 处（λ 为镜头焦距）。设物体表面某块面元的面积为 δO，而对应图像面元的面积为 δI。从物体面元到镜头中心的光线与光学轴的夹角为 α，与物体表面面元法线 N 的夹角为 θ。物体沿光轴离开镜头的距离值为 z（因为这里设从镜头指向图像的方向为正向，所以图中考虑方向将其记为 $-z$）。

从镜头中心看到的图像像元的面积为 $\delta I \times \cos\alpha$，而图像像元与镜头中心的实际距离为 $\lambda/\cos\alpha$，因此图像像元所对的**立体角**（可参见参考文献[8]）为 $\delta I \times \cos\alpha/(\lambda/\cos\alpha)^2$。类似可知，

从镜头中心看到的物体面元所对的立体角为 $\delta O \times \cos\theta / (z/\cos\alpha)^2$。由两个立体角相等可得

$$\frac{\delta O}{\delta I} = \frac{\cos\alpha}{\cos\theta}\left(\frac{z}{\lambda}\right)^2 \tag{7-1}$$

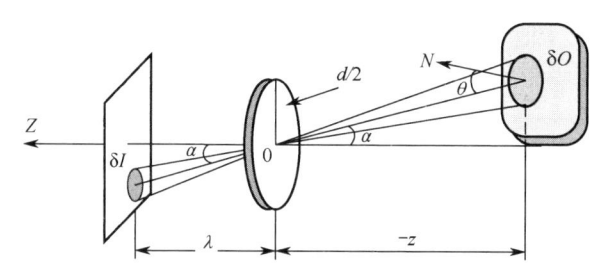

图 7-1 物体表面面元与对应的图像像元

再来看物体表面射出的光有多少将穿越镜头。因为镜头面积为 $\pi(d/2)^2$，所以由图 7-1 可知，从物体面元看到的镜头所对立体角为

$$\Omega = \frac{\pi d^2}{4}\cos\alpha \frac{1}{(z/\cos\alpha)^2} = \frac{\pi}{4}\left(\frac{d}{z}\right)^2 \cos^3\alpha \tag{7-2}$$

这样由物体表面面元 δO 射出并穿越镜头的功率为

$$\delta P = L \times \delta O \times \Omega \times \cos\theta = L \times \delta O \times \frac{\pi}{4}\left(\frac{d}{z}\right)^2 \cos^3\alpha \cos\theta \tag{7-3}$$

其中，L 为物体表面在朝着镜头方向上的物体亮度。由于从物体其他区域射来的光线不会到达图像面元 δI，所以该面元得到的照度为

$$E = \frac{\delta P}{\delta I} = L \times \frac{\delta O}{\delta I} \times \frac{\pi}{4}\left(\frac{d}{z}\right)^2 \cos^3\alpha \cos\theta \tag{7-4}$$

将式（7-1）代入式（7-4），最终得到

$$E = L \times \frac{\pi}{4}\left(\frac{d}{\lambda}\right)^2 \cos^4\alpha \tag{7-5}$$

由式（7-5）可见，所测量出的面元照度 E 与感兴趣的物体亮度 L 成正比，并且与镜头的面积成正比，与镜头焦距的平方成反比。摄像机运动所产生的照度变化体现在夹角 α 上。

2．双向反射分布函数

当对观测物体成像时，物体亮度 L 不仅与入射到物体表面的光通量和入射光被反射的比例有关，还与光反射的几何因素有关，即与光照方向和视线方向有关。现在来看如图 7-2 所示的坐标系，其中，N 为表面面元的法线；OR 为一任意参考线；一条光线 L 的方向可用该光线与面

元法线间的夹角 θ（称为极角）和该光线在物体表面的正投影与参考线之间的夹角 ϕ（称为方位角）表示。

借助这样的坐标系，可用 (θ_i, ϕ_i) 表示入射到物体表面的光线的方向，并用 (θ_e, ϕ_e) 表示反射到观察者视线的方向，如图 7-3 所示。

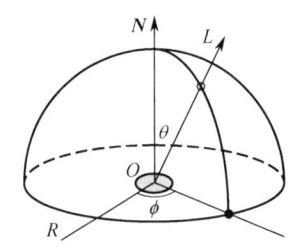

图 7-2 指示光线方向的极角 θ 和方位角 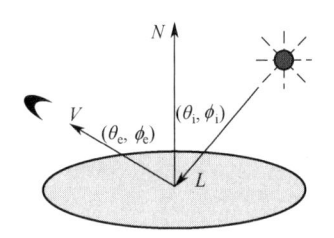 ϕ 图 7-3 双向反射分布函数示意图

由此可定义对理解表面反射非常重要的**双向反射分布函数**（BRDF），以下把它记为 $f(\theta_i, \phi_i; \theta_e, \phi_e)$。它表示光线沿方向 $\boldsymbol{L}(\theta_i, \phi_i)$ 入射到物体表面而观察者在方向 $\boldsymbol{V}(\theta_e, \phi_e)$ 所观察到的表面明亮情况。双向反射分布函数的单位是立体角的倒数（sr^{-1}），它的取值从零到无穷大（此时任意小的入射都会导致观察到辐射）。注意 $f(\theta_i, \phi_i; \theta_e, \phi_e) = f(\theta_e, \phi_e; \theta_i, \phi_i)$，即双向反射分布函数关于入射和反射方向对称。设沿 (θ_i, ϕ_i) 方向入射到物体表面而使物体得到的照度为 $\delta E(\theta_i, \phi_i)$，由 (θ_e, ϕ_e) 方向观察到的反射（发射）亮度为 $\delta L(\theta_e, \phi_e)$，双向反射分布函数就是亮度和照度的比值，即

$$f(\theta_i, \phi_i; \theta_e, \phi_e) = \frac{\delta L(\theta_e, \phi_e)}{\delta E(\theta_i, \phi_i)} \tag{7-6}$$

现在进一步考虑扩展光源（可参见参考文献[8]）的情况。在图 7-4 中，天空（可看作半径为 1 的半球面）上的一个无穷小面元沿极角的宽度为 $\delta\theta_i$，沿方位角的宽度为 $\delta\phi_i$。与这个面元对应的立体角是 $\delta\omega = \sin\theta_i \delta\theta_i \delta\phi_i$（其中 $\sin\theta_i$ 考虑了折合后的球面半径）。如令 $E_o(\theta_i, \phi_i)$ 为沿 (θ_i, ϕ_i) 方向单位立体角的照度，则面元的照度为 $E_o(\theta_i, \phi_i)\sin\theta_i \delta\theta_i \delta\phi_i$，而整个表面接收到的照度为

$$E = \int_{-\pi}^{\pi} \int_{0}^{\pi/2} E_o(\theta_i, \phi_i) \sin\theta_i \cos\theta_i d\theta_i d\phi_i \tag{7-7}$$

其中，$\cos\theta_i$ 考虑了表面沿 (θ_i, ϕ_i) 方向投影（投影到与法线垂直的平面上）的影响。

为得到整个表面的亮度，需要将双向反射分布函数和面元照度的乘积在光可能射入的半球面上加起来，借助式（7-6），有

$$L(\theta_e, \phi_e) = \int_{-\pi}^{\pi} \int_{0}^{\pi/2} f(\theta_i, \phi_i; \theta_e, \phi_e) E_o(\theta_i, \phi_i) \sin\theta_i \cos\theta_i \mathrm{d}\theta_i \mathrm{d}\phi_i \qquad (7\text{-}8)$$

以上结果是一个双变量（θ_e 和 ϕ_e）函数，这两个变量指示了射向观察者的光线的方向。

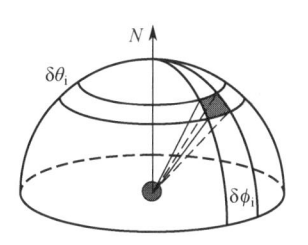

图 7-4 在扩展光源情况下求取表面亮度示意图

双向反射分布函数既与光的入射相关，也与对光的观测相关。四种基本的光入射和观测方式如图 7-5 所示，其中 θ 表示入射角，ϕ 表示方位角。它们是漫入射 d_i 和定向 (θ_i, ϕ_i) 入射及漫反射 d_e 和定向 (θ_e, ϕ_e) 观测两两的组合。它们的反射比依次为：漫入射-漫反射 $\rho(d_i; d_e)$；定向入射-漫反射 $\rho(\theta_i, \phi_i; d_e)$；漫入射-定向观测 $\rho(d_i; \theta_e, \phi_e)$；定向入射-定向观测 $\rho(\theta_i, \phi_i; \theta_e, \phi_e)$。

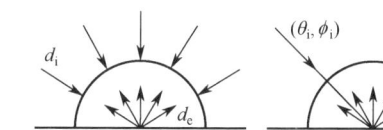

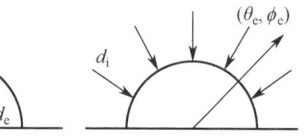

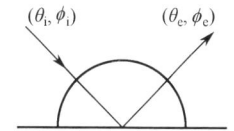

图 7-5 四种基本的光入射和观测方式

7.2.2 表面反射特性和亮度

双向反射分布函数指示了表面的反射特性，不同的表面具有不同的反射特点。下面仅考虑两种极端的情况：理想散射表面和理想镜面反射表面。

1. 理想散射表面

理想散射表面也称**朗伯表面**或**漫反射表面**，从所有观察方向看它都同样亮（与观察视线与表面法线之间的夹角无关），并且它完全不吸收地反射所有入射光。由此可知，理想散射表面的 $f(\theta_i, \phi_i; \theta_e, \phi_e)$ 是个常数（不依赖角度），这个常数可如下算得。对于一个表面，它在所有方向上的亮度积分应该与该表面得到的总照度相等，即

$$\int_{-\pi}^{\pi} \int_{0}^{\pi/2} f(\theta_i, \phi_i; \theta_e, \phi_e) E(\theta_i, \phi_i) \cos\theta_i \sin\theta_e \cos\theta_e \mathrm{d}\theta_e \mathrm{d}\phi_e = E(\theta_i, \phi_i) \cos\theta_i \qquad (7\text{-}9)$$

其中，两边均乘 $\cos\theta_i$ 以转换到 N 方向上。从式（7-9）中可解出理想散射表面的 BRDF：

$$f(\theta_i, \phi_i; \theta_e, \phi_e) = \frac{1}{\pi} \quad (7\text{-}10)$$

进而可知对于理想散射表面，其亮度 L 和照度 E 的联系为

$$L = \frac{E}{\pi} \quad (7\text{-}11)$$

实际中常见的磨砂表面会发散地反射光线，理想情况下的磨砂表面模型就是朗伯模型。朗伯表面的反射性仅依赖入射角 i。进一步，反射性随 i 的变化量是 $\cos i$。对给定的反射光强度 L，可知入射角满足 $\cos i = C \times L$，C 是一个常数，即常数反射系数（Albedo）。因此，i 也是一个常数。由此可得到结论：表面法线处在一个围绕入射光线方向的方向圆锥上，该圆锥的半角是 i，圆锥的轴指向照明的点源，即圆锥以入射光方向为中心。

在两条线上相交的两个方向圆锥在空间中可定义两个方向，如图 7-6 所示。因此，要使表面法线完全没有歧义，还需要第三个圆锥。当使用三个光源时，各表面法线一定与三个圆锥中的每一个都有共同的顶点：两个圆锥有两条交线，而第三个处于常规位置的圆锥将把范围缩减为单条线，从而对表面法线的方向给出唯一的解释和估计。需要注意的是，如果有些点隐藏在后面，没有被某个光源的光线射到，则仍会有歧义。事实上，三个光源不能处在同一条直线上，而应该在表面上相对分得比较开，并且互相之间不遮挡。

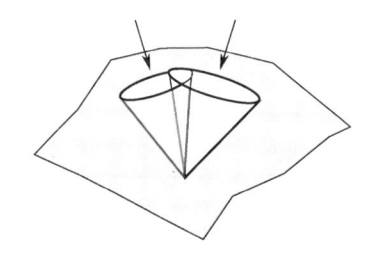

图 7-6 在两条线上相交的两个方向圆锥

如果表面的绝对反射系数 R 未知，则可以考虑需要第四个圆锥。使用四个光源能确定一个未知或非理想特性表面的朝向。但这种情况并不总是必要的。例如，三条光线在互相正交时，相对于各轴的夹角的余弦之和一定是 1，这说明只有两个角度是独立的。因此，用三组数据就可以确定 R 及两个独立的角度，即得到完全的解。在实际应用中，使用四个光源能确定任何不一致的解释，这种不一致有可能来自有高光反射元素的情况。

2. 理想镜面反射表面

理想镜面反射表面像镜面一样全反射（如物体上的高亮区就是物体局部对光源进行镜面反射的结果），这样反射的光波长仅取决于光源，而与反射面的颜色无关。与理想散射表面不同，一个理想镜面反射表面可以将所有从(θ_i, ϕ_i)方向射入的光全部反射到(θ_e, ϕ_e)方向上，此时入射角与反射角相等，如图 7-7 所示。理想镜面反射表面的 BRDF 正比于（比例系数为k）两个脉冲$\delta(\theta_e - \theta_i)$和$\delta(\phi_e - \phi_i - \pi)$的乘积。

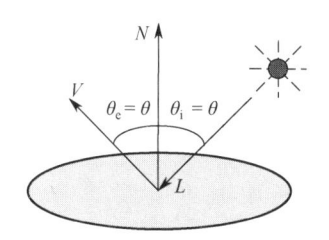

图 7-7 理想镜面反射表面示意图

为求比例系数 k，对表面所有方向的亮度求积分，它应与表面得到的总照度相等，即

$$\int_{-\pi}^{\pi}\int_{0}^{\pi/2} k\delta(\theta_e - \theta_i)\delta(\phi_e - \phi_i - \pi)\sin\theta_e\cos\theta_e \mathrm{d}\theta_e \mathrm{d}\phi_e = k\sin\theta_i\cos\theta_i = 1 \quad (7\text{-}12)$$

从中可解出理想镜面反射表面的 BRDF：

$$f(\theta_i, \phi_i; \theta_e, \phi_e) = \frac{\delta(\theta_e - \theta_i)\delta(\phi_e - \phi_i - \pi)}{\sin\theta_i\cos\theta_i} \quad (7\text{-}13)$$

当光源是扩展光源时，将式（7-13）代入式（7-8），可得到理想镜面反射表面的亮度：

$$L(\theta_e, \phi_e) = \int_{-\pi}^{\pi}\int_{0}^{\pi/2} \frac{\delta(\theta_e - \theta_i)\delta(\phi_e - \phi_i - \pi)}{\sin\theta_i\cos\theta_i} E(\theta_i, \phi_i)\sin\theta_i\cos\theta_i \mathrm{d}\theta_i \mathrm{d}\phi_i = E(\theta_e, \phi_e - \pi)$$

$$(7\text{-}14)$$

可见，极角没有变化，但方位角转了 180°。

实际中，理想散射表面和理想镜面反射表面都是极端情况，比较少见，许多表面可看作既有一部分理想散射表面的性质，又有一部分理想镜面反射表面的性质（进一步讨论见 7.5.2 小节）。换句话说，实际表面的 BRDF 是式（7-10）和式（7-13）的加权和。

7.2.3 物体表面朝向

物体表面的朝向是对表面的一个重要描述。对于一个光滑的表面，其上每点都有一个对应的切面，可以用这个切面的朝向来表示表面在该点的朝向。而表面的法线向量，即与切面垂直的（单位）向量则可以指示切面的朝向。如果借用高斯球坐标系（参见参考文献[8]），并将这个法线向量的尾端放在球的中心，那么向量的顶端与球面将在一个特定点相交，这个相交点可用来标记表面朝向。法线向量有两个自由度，因此交点在球面上的位置可用两个变量表示，如

使用极角和方位角或者使用经度和纬度。

上述变量的选定与坐标系的设置有关。一般为了方便，常使坐标系的一个轴与成像系统的光轴重合，并将坐标原点放在镜头的中心处，让另外两个轴与图像平面平行。在右手系中，可让 Z 轴指向图像，如图 7-8 所示。这样，物体表面就可用与镜头平面正交的距离 $-z$ 来描述。

现在将表面法线向量用 z 及 z 对 x 和 y 的偏导数写出来。表面法线与表面切面上的所有线都垂直，因此求切面上任意两条不平行直线的外（叉）积就可得到表面法线，这可参见图 7-9。

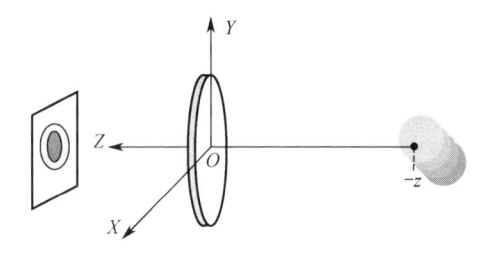

图 7-8　用与镜头平面正交的距离来描述表面　　　图 7-9　用偏微分参数化表面朝向

如果从一个给定点 (x, y) 沿 X 轴方向取一个小的步长 δx，根据泰勒展开式可知，沿 Z 轴方向的变化为 $\delta z = \delta x \times \partial z / \partial x + e$，其中 e 包括高阶项。以下分别用 p 和 q 代表 z 对 x 和 y 的偏导，一般也将 (p, q) 称为表面梯度。这样沿 X 轴方向的向量为 $[\delta x\ \ 0\ \ p\delta x]^{\mathrm{T}}$，则平行于向量 $\boldsymbol{r}_x = [1\ \ 0\ \ p]^{\mathrm{T}}$ 的直线过切面的 (x, y) 处。类似地，平行于向量 $\boldsymbol{r}_y = [0\ \ 1\ \ q]^{\mathrm{T}}$ 的直线也过切面的 (x, y) 处。表面法线可通过求这两条直线的外积得到。最后要确定的是让法线指向观察者还是离开观察者。如果让它指向观察者（取反向），则有

$$\boldsymbol{N} = \boldsymbol{r}_x \times \boldsymbol{r}_y = [1\ \ 0\ \ p]^{\mathrm{T}} \times [0\ \ 1\ \ q]^{\mathrm{T}} = [-p\ \ -q\ \ 1]^{\mathrm{T}} \tag{7-15}$$

这里表面法线上的单位向量为

$$\hat{\boldsymbol{N}} = \frac{\boldsymbol{N}}{|\boldsymbol{N}|} = \frac{[-p\ \ -q\ \ 1]^{\mathrm{T}}}{\sqrt{1 + p^2 + q^2}} \tag{7-16}$$

下面计算物体表面法线和镜头方向间的夹角 θ_{e}。设物体相当接近光轴，则从物体到镜头的单位观察向量 $\hat{\boldsymbol{V}}$ 可认为是 $[0\ \ 0\ \ 1]^{\mathrm{T}}$，因此由两个单位向量的点积运算结果可得

$$\hat{\boldsymbol{N}} \cdot \hat{\boldsymbol{V}} = \cos \theta_{\mathrm{e}} = \frac{1}{\sqrt{1 + p^2 + q^2}} \tag{7-17}$$

当光源与物体之间的距离比物体本身的线度大很多时，光源方向可仅用一个固定的向量来指示，与该向量相对应的表面朝向和光源射出的光线是正交的。如果物体表面的法线用 $[-p_{\mathrm{s}}\ \ -q_{\mathrm{s}}\ \ 1]^{\mathrm{T}}$ 表示，则当光源和观察者都在物体的同一边时，光源光线的方向可用梯度 $(p_{\mathrm{s}}, q_{\mathrm{s}})$ 来指示。

7.2.4 反射图和图像亮度约束方程

现在考虑将像素灰度（图像亮度）与像素梯度（表面朝向）联系起来。

1. 反射图

考虑点光源照射一个朗伯表面，照度为 E，根据式（7-10），其亮度 L 为

$$L = \frac{1}{\pi} E \cos\theta_i \qquad \theta_i \geqslant 0 \tag{7-18}$$

其中，θ_i 为表面法线向量 $[-p \ -q \ 1]^T$ 和指向光源向量 $[-p_s \ -q_s \ 1]^T$ 间的夹角。注意，由于亮度不能为负，所以有 $0 \leqslant \theta_i \leqslant \pi/2$。求这两个单位向量的内积可得

$$\cos\theta_i = \frac{1 + p_s p + q_s q}{\sqrt{1 + p^2 + q^2}\sqrt{1 + p_s^2 + q_s^2}} \tag{7-19}$$

将其代入式（7-18），可得到物体亮度与表面朝向的关系。将这样得到的关系函数记为 $R(p,q)$，并将其作为梯度 (p,q) 的函数以等值线形式画出的图称为**反射图**。一般将 PQ 平面称为**梯度空间**，其中每个点 (p,q) 对应一个特定的表面朝向。特别地，处在原点的点代表所有垂直于观察方向的平面。反射图取决于目标表面材料的性质和光源的位置，或者说在反射图中综合了表面反射特性和光源分布的信息。

图像照度正比于若干常数，包括焦距 λ 平方的倒数和光源的固定亮度。实际应用中常将反射图归一化以便于统一描述。对于由一个远距离点光源照射的朗伯面，有

$$R(p,q) = \frac{1 + p_s p + q_s q}{\sqrt{1 + p^2 + q^2}\sqrt{1 + p_s^2 + q_s^2}} \tag{7-20}$$

由式（7-20）可知，物体亮度与表面朝向的关系可从反射图获得。对朗伯表面来说，等值线是嵌套的圆锥曲线，这是因为由 $R(p,q) = c$（常数）可得 $(1 + p_s p + q_s q)^2 = c^2(1 + p^2 + q^2)(1 + p_s^2 + q_s^2)$。$R(p,q)$ 的最大值在 $(p,q) = (p_s, q_s)$ 处取得。

图 7-10 给出 3 个朗伯表面反射图示例，其中图 7-10（a）为 $p_s = 0, q_s = 0$ 时的情况（对应嵌套的同心圆）；图 7-10（b）为 $p_s \neq 0, q_s = 0$ 时的情况（对应椭圆或双曲线）；图 7-10（c）为 $p_s \neq 0, q_s \neq 0$ 时的情况（对应双曲线）。

现在考虑另一种极端情况，称为**各向同性辐射表面**。如果一个物体表面可向各方向均匀辐射（物理上并不可实现），则当倾斜地看它时会觉得比较亮。这是因为倾斜减少了可见的表面积，而由假设可知，辐射本身并不变化，因此单位面积上的辐射量就会较大。此时表面的亮度取决

于辐射角余弦的倒数。考虑到物体表面在光源方向上的投影，可知亮度正比于 $\cos\theta_i/\cos\theta_e$。因为 $\cos\theta_e = 1/(1+p^2+q^2)^{1/2}$，所以有

$$R(p,q) = \frac{1+p_s p + q_s q}{\sqrt{1+p_s^2+q_s^2}} \tag{7-21}$$

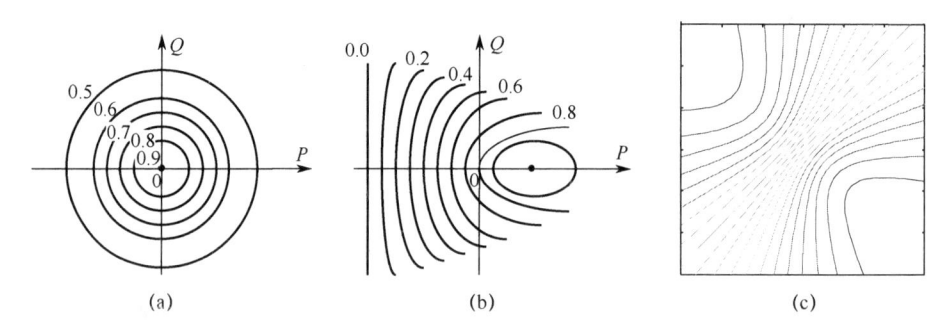

图 7-10　3 个朗伯表面反射图示例

等值线现在是平行直线，这是因为由 $R(p,q) = c$ 可得 $(1+p_s p + q_s q) = c(1+p_s^2+q_s^2)^{1/2}$。这些直线与方向 (p_s, q_s) 正交。

图 7-11 所示为各向同性辐射表面反射图示例，这里设 $p_s/q_s = 1/2$，因此等值线（直线）的斜率为 2。

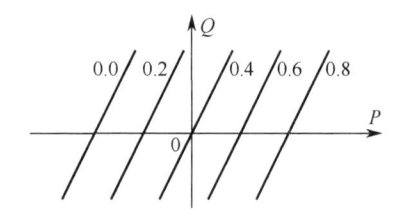

图 7-11　各向同性辐射表面反射图示例

2. 图像亮度约束方程

反射图可反映表面亮度与表面朝向之间的依赖关系。图像上一个点的照度 $E(x,y)$ 是正比于物体表面对应点的亮度的。设在该点的表面梯度是 (p,q)，则该点的亮度可记为 $R(p,q)$。如果通过归一化将比例系数定成单位值，则可得

$$E(x,y) = R(p,q) \tag{7-22}$$

这个方程称为**图像亮度约束方程**，它表明在图像中 (x,y) 处像素的灰度 $I(x,y)$ 取决于该像素由 (p,q) 表达的反射特性 $R(p,q)$。图像亮度约束方程把图像平面 XY 中任意一个位置 (x,y) 的亮度与用

某一梯度空间 PQ 表达的采样单元的取向(p, q)联系在一起。图像亮度约束方程在由图像恢复目标表面形状中起着重要作用。

现设一个具有朗伯表面的球体被一个点光源照射，并且观察者也处在点光源位置。因为此时有 $\theta_e = \theta_i$ 和 (p_s, q_s) = (0, 0)，所以由式（7-20）可知亮度与梯度的关系是

$$R(p,q) = \frac{1}{\sqrt{1+p^2+q^2}} \tag{7-23}$$

如果这个球体的中心在光轴上，则它的表面方程为

$$z = z_0 + \sqrt{r^2 - (x^2 + y^2)} \qquad x^2 + y^2 \leqslant r^2 \tag{7-24}$$

其中，r 为球的半径；$-z_0$ 为球中心与镜头间的距离（见图 7-12）。

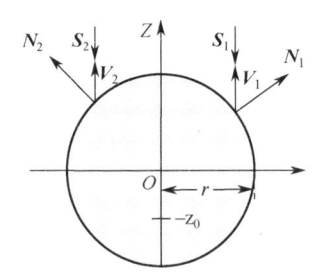

图 7-12 球面亮度随位置变化

根据 $p = -x/(z - z_0)$ 和 $q = -y/(z - z_0)$，可得 $(1 + p^2 + q^2)^{1/2} = r/(z - z_0)$，最后得到

$$E(x, y) = R(p, q) = \sqrt{1 - \frac{x^2 + y^2}{r^2}} \tag{7-25}$$

由式（7-25）可见，亮度从图像中心处的最大值逐步减小为图像边缘处的零值。考虑图 7-12 中标出的光源方向 S 以及视线方向 V 和表面方向 N，也可得到相同结论。人在观察这样一种阴影变化时，会认为图像是由圆形或球形物体成像得到的。但如果球的表面各部分具有不同的反射特性，则得到的图像和产生的感觉都会不同。例如，当反射图由式（7-21）表示，而且(p_s, q_s) = (0, 0) 时，会得到一个均匀亮度的圆盘。对习惯观察具有朗伯表面反射特性的人来说，这样一个球面看起来会比较"平坦"。

7.2.5 图像亮度约束方程求解

对于给定的一幅图像，人们常常希望能恢复出原来成像物体的形状。从由 p 和 q 确定的表面朝向到由反射图 $R(p, q)$ 确定的亮度的对应关系是唯一的，反过来却不一定。实际中常有无穷多个

表面朝向可给出相同的亮度,在反射图上这些对应相同亮度的朝向是由等值线连起来的。在有些情况下,常常可以利用亮度最大或最小的特殊点来确定表面朝向。根据式(7-20),对一个朗伯表面来说,只有当$(p, q) = (p_s, q_s)$时,才有$R(p, q) = 1$,因此给定了表面亮度,就可以唯一地确定表面朝向。但在一般情况下,从图像亮度到表面朝向的对应关系并不是唯一的,这是因为在每个空间位置上,亮度只有一个自由度(亮度值),而朝向有两个自由度(两个梯度值)。

这样看来,为恢复表面朝向,需要引进新的信息。要确定两个未知数p和q,应有两个方程,利用不同光线下(见图7-13)采集的两幅图像可对每个图像点产生两个方程:

$$R_1(p,q) = E_1 \\ R_2(p,q) = E_2 \tag{7-26}$$

如果这些方程是线性独立的,那么p和q有唯一的解。如果这些方程不是线性的,那么对p和q来说,或者没有解,或者有多个解。亮度与表面朝向的对应不唯一是一个病态问题,采集两幅图像相当于用增加设备的办法来提供附加条件,从而求解病态问题。

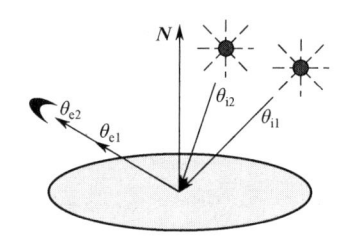

图7-13 光度立体中照明情况的变化

对图像亮度约束方程求解的计算可如下进行。设

$$R_1(p,q) = \sqrt{\frac{1 + p_1 p + q_1 q}{r_1}} \\ R_2(p,q) = \sqrt{\frac{1 + p_2 p + q_2 q}{r_2}} \tag{7-27}$$

其中,

$$r_1 = 1 + p_1^2 + q_1^2 \\ r_2 = 1 + p_2^2 + q_2^2 \tag{7-28}$$

可见,只要$p_1/q_1 \neq p_2/q_2$,就可从上面各式解得

$$p = \frac{(E_1^2 r_1 - 1)q_2 - (E_2^2 r_2 - 1)q_1}{p_1 q_2 - p_2 q_1} \\ q = \frac{(E_2^2 r_2 - 1)p_1 - (E_1^2 r_1 - 1)p_2}{p_1 q_2 - p_2 q_1} \tag{7-29}$$

由上可见，若给定两幅在不同光照条件下采集的对应图像，则成像物体上各点的表面朝向都可得到唯一解。

下面介绍求解图像亮度约束方程的一个示例。图 7-14（a）和图 7-14（b）为两幅在不同光照条件下（同一个光源处于两个不同位置）对同一个球体采集的对应图像。图 7-14（c）为用上述方法计算出表面朝向后将各点的朝向向量画出来的结果，可见接近球中心的朝向比较垂直于纸面，而接近球边缘的朝向比较平行于纸面。注意，在光线照射不到的地方或仅一幅图像有光照的地方，表面朝向无法确定。

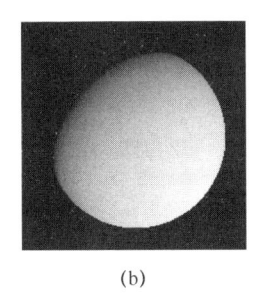

(a)　　　　　　　　　　(b)　　　　　　　　　　(c)

图 7-14　用光度立体方法计算表面朝向示例

在许多实际应用中，常使用 3 个不同的光源，这不仅可以使方程线性化，更重要的是可提高精确度和增加可求解的表面朝向范围。另外，新增的第 3 个图像还可用来恢复表面反射系数。下面具体说明。

表面反射性质常可用两个因子（系数）的乘积来描述，一个是几何项，代表对光反射角的依赖；另一个是入射光被表面反射的比例，称为反射系数。

一般情况下物体表面各部分的反射特性是不一致的。在最简单的情况下，亮度仅是反射系数和某些朝向函数的乘积。这里反射系数的取值介于 0 和 1。设有一个类似于朗伯表面的表面（从各方向看有相同亮度，但并不反射所有入射光），它的亮度可表示为 $\rho\cos\theta_i$，ρ 为表面反射系数（它有可能随着在表面上的位置变化而变化）。为了恢复反射系数和梯度 (p, q)，需要 3 类信息，这些信息可从对 3 幅图像的测量中得到。

现在引进 3 个光源方向上的单位向量：

$$\boldsymbol{S}_j = \frac{[-p_j \ -q_j \ 1]^\mathrm{T}}{\sqrt{1+p_j^2+q_j^2}} \quad j=1,2,3 \tag{7-30}$$

则照度为

$$E_j = \rho(\boldsymbol{S}_j \cdot \boldsymbol{N}) \quad j=1,2,3 \tag{7-31}$$

其中，

$$N = \frac{[-p \ -q \ 1]^{\mathrm{T}}}{\sqrt{1+p^2+q^2}} \quad (7\text{-}32)$$

为表面法线的单位向量。这样对单位向量 N 和表面反射系数 ρ 可得到 3 个方程：

$$\begin{aligned} E_1 &= \rho(\boldsymbol{S}_1 \cdot \boldsymbol{N}) \\ E_2 &= \rho(\boldsymbol{S}_2 \cdot \boldsymbol{N}) \\ E_3 &= \rho(\boldsymbol{S}_3 \cdot \boldsymbol{N}) \end{aligned} \quad (7\text{-}33)$$

将这些方程结合可得到

$$\boldsymbol{E} = \rho(\boldsymbol{S} \cdot \boldsymbol{N}) \quad (7\text{-}34)$$

其中，矩阵 S 的行就是光源方向的向量 S_1, S_2, S_3，而向量 E 的 3 个元素就是 3 个亮度测量值。

设 S 为非奇异，由式 (5-34) 出发可以得到

$$\rho \boldsymbol{N} = \boldsymbol{S}^{-1} \cdot \boldsymbol{E} = \frac{1}{\boldsymbol{S}_1 \cdot (\boldsymbol{S}_2 \times \boldsymbol{S}_3)} [E_1(\boldsymbol{S}_2 \times \boldsymbol{S}_3) + E_2(\boldsymbol{S}_3 \times \boldsymbol{S}_1) + E_3(\boldsymbol{S}_1 \times \boldsymbol{S}_2)] \quad (7\text{-}35)$$

表面法线的方向是常数与 3 个向量线性组合的乘积，这 3 个向量中的每一个都与两个光源的方向垂直。如果将各向量都与使用第三个光源时得到的亮度相乘，通过确定向量的值就可确定唯一的反射系数。

最后，给出用三幅图像恢复反射系数的一个示例，如图 7-15 所示。设将一个光源分别放在空间三个位置 (-3.4, -0.8, -1.0), (0.0, 0.0, -1.0), (-4.7, -3.9, -1.0) 上采集三幅图像。根据亮度约束方程可得三组方程，从而将表面朝向和反射系数 ρ 算出来。图 7-15（a）给出这三组反射特性曲线。由图 7-15（b）可见：在反射系数 $\rho = 0.8$ 时，三条反射特性曲线交于一点 $p = -0.1, q = -0.1$；而在其他情况下，不会有交点。

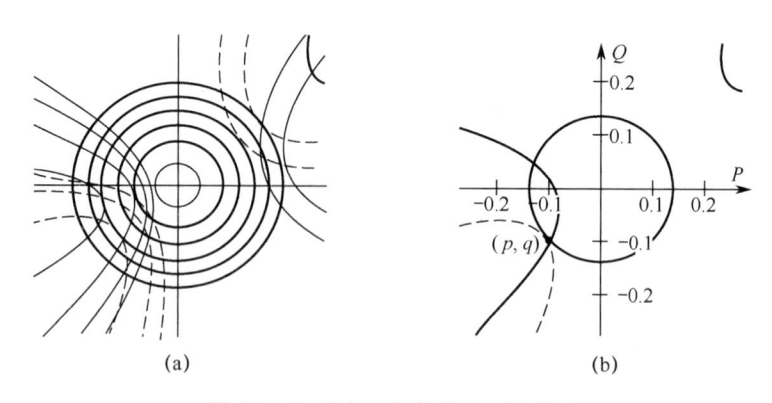

图 7-15 用三幅图像恢复反射系数示例

7.3 由运动恢复形状

在由光照恢复形状中,通过移动光源改变光照来揭示物体各表面的朝向。事实上,固定光源而改变物体的位姿也有可能将不同的物体表面展现出来。物体的位姿变化可通过物体的运动来实现,因此,对序列图像或视频中的物体运动进行检测也能揭示物体各部分的形状结构。

对运动的检测可基于图像亮度随时间的变化来进行。需要注意的是,虽然摄像机的运动或物体的运动会导致视频各帧之间的亮度变化,但是照明条件的改变也会导致图像亮度随时间的变化,因此图像平面上亮度随时间的变化并不一定总对应运动。一般用光流(向量)来表示图像亮度随时间的变化,但有时与场景中的实际运动是有差别的。

7.3.1 光流和运动场

运动可用运动场描述,运动场由图像中每个点的运动(速度)向量构成。当目标在摄像机前运动或摄像机在一个固定的环境中运动时,都有可能获得对应的图像变化,这些变化可用来恢复(获得)摄像机和目标间的相对运动及物体中多个目标间的相互关系。

运动场给图像中每个点赋予一个运动向量。设在某个特定的时刻,图像中一点 P_i 对应目标表面的某个点 P_o(见图 7-16),利用投影方程可以将这两个点联系在一起。

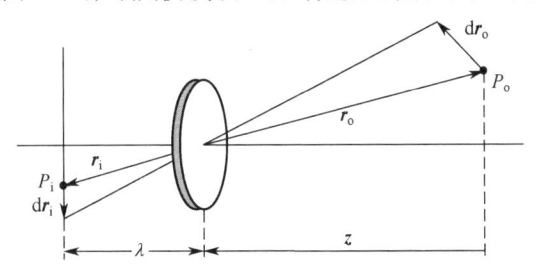

图 7-16 用投影方程联系的物点和像点

令目标点 P_o 相对于摄像机的运动速度为 V_o,则这个运动会导致对应的图像点 P_i 产生速度为 V_i 的运动。这两个速度分别为

$$V_o = \frac{dr_o}{dt}$$
$$V_i = \frac{dr_i}{dt}$$
(7-36)

其中,r_o 和 r 的关系为

$$\frac{1}{\lambda}r_\text{i} = \frac{1}{r_\text{o} \cdot z}r_\text{o} \tag{7-37}$$

其中，λ 为镜头焦距；z 为镜头中心到目标的距离。对式（7-37）求导可得到赋给每个点的速度向量，而这些速度向量构成运动场。

视觉心理学认为，当人与被观察物体之间发生相对运动时，被观察物体表面带光学特征部位的移动给人提供了运动及结构的信息。当摄像机与目标物体间有相对运动时，所观察到的亮度模式运动称为**光流**或**图像流**，或者说物体带光学特征部位的移动投影到视网膜平面（图像平面）上就形成光流。光流表达了图像的变化，它包含目标运动的信息，可用来确定观察者相对于目标的运动情况。光流有 3 个要素：①运动（速度场），这是光流形成的**必要条件**；②带光学特性的部位（如有灰度的图像点），它能携带信息；③成像投影（从物体到图像平面），因此光流能被观察到。

光流与运动场虽有密切关系但又不完全对应。物体中的目标运动导致图像中的亮度模式运动，而亮度模式的可见运动产生光流。在理想情况下，光流与运动场相对应，但实际中也有不对应的时候。换句话说，运动产生光流，因而有光流一定存在运动，然而并不是有运动就必定有光流。

下面举几个例子来说明一下光流和运动场的区别。首先考虑光源固定的情况下有一个具有均匀反射特性的圆球在摄像机前旋转，如图 7-17（a）所示。这时球面图像各处有亮度的空间变化，但这个空间变化并不随球面的转动而改变，因此图像并不随时间发生（灰度）变化。在这种情况下，尽管运动场不为零，但光流到处为零。接下来考虑固定的圆球受到运动光源照射的情况，如图 7-17（b）所示。图像中各处的灰度将会随光源运动而产生由光照条件改变导致的变化。在这种情况下，尽管光流不为零，但圆球的运动场到处为零。这种运动也称表观运动（光流是亮度模式的表观运动）。上述两种情况都可看作光学错觉。

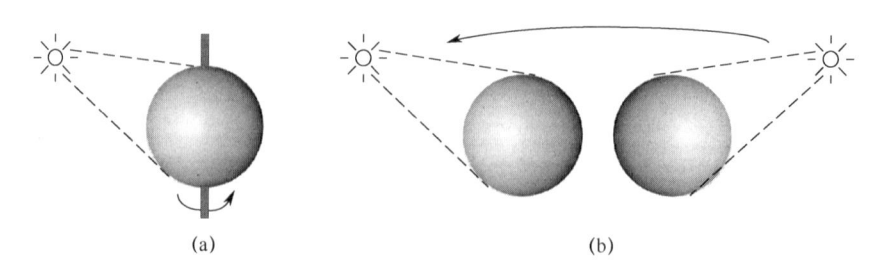

图 7-17 光流并不等价于运动场示例

由上例可见，光流并不等价于运动场。不过在绝大多数情况下，光流与运动场还是有一定的对应关系的，因此在许多情况下可根据光流与运动场的对应关系，由图像变化来估计相对运动。但需要注意，这里也有一个确定不同图像间对应点的问题。

参见图 7-18，其中各封闭曲线代表等亮度曲线。考虑在时刻 t 有一个图像点 P 具有亮度 E，如图 7-18（a）所示。在 $t + \delta t$ 时，P 对应哪个图像点呢？换句话说，要解决这个问题，需要知道亮度模式是如何变化的。一般在 P 附近会有许多点具有相同的亮度 E。如果亮度在这部分区域连续变化，那么 P 应该在一个等亮度的曲线 C 上。在 $t + \delta t$ 时，会有一些具有相同亮度的等亮度曲线 C' 在原来 C 的附近，如图 7-18（b）所示。然而很难说 C' 上的哪个点 P' 对应原来 C 上的点 P，因为两条等亮度曲线 C 和 C' 的形状可能完全不同。因此尽管可以确定曲线 C 与曲线 C' 对应，但不能确定点 P 与点 P' 对应。

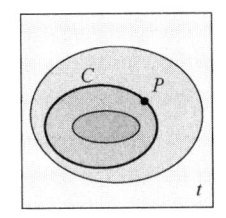

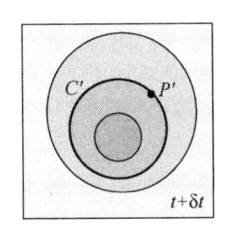

图 7-18 两幅不同时刻的图像中的对应点问题

由上可见，仅依靠变化图像中的局部信息并不能唯一地确定光流。进一步还可再考虑图 7-17，如果图像中有一块亮度均匀且不随时间变化的区域，那么它最可能产生的光流到处为零，但实际上对亮度均匀区域可赋给它任意的向量移动模式。

光流可以表达图像中的变化，光流中既包含被观察物体运动的信息，也包含与其有关的物体结构信息。通过对光流的分析可以达到确定物体 3D 结构及观察者与运动物体之间相对运动的目的。在运动分析中，可借助光流描述图像变化并推算物体结构和运动，其中第一步是以 2D 光流（或相应参考点的速度）表达图像中的变化，第二步是根据光流计算结果推算运动物体的 3D 结构和其相对于观察者的运动。

7.3.2 光流场和光流方程

场景中物体的运动会导致运动期间所获得的图像中的物体处在不同的相对位置，这种位置上的差别称为**视差**，它对应物体运动反映在图像上的位移向量（包括大小和方向）。如果用视差除以时差，就得到速度向量（也有人称之为瞬时位移向量）。光流可看作带有灰度的图像点在图像平面上运动而产生的瞬时速度场，据此可建立基本的光流约束方程，也称**光流方程**或**图像流方程**。

1. 光流方程

设在时刻 t,某个特定的图像点在 (x, y) 处,在时刻 $t + \mathrm{d}t$,该图像点移动到 $(x + \mathrm{d}x, y + \mathrm{d}y)$ 处。如果时间间隔 $\mathrm{d}t$ 很小,则可以期望(或假设)该图像点的灰度保持不变,换句话说,有

$$f(x, y, t) = f(x + \mathrm{d}x, y + \mathrm{d}y, t + \mathrm{d}t) \tag{7-38}$$

将式(7-38)右边用泰勒级数展开,令 $\mathrm{d}t \to 0$,取极限并略去高阶项可得

$$-\frac{\partial f}{\partial t} = \frac{\partial f}{\partial x}\frac{\mathrm{d}x}{\mathrm{d}t} + \frac{\partial f}{\partial y}\frac{\mathrm{d}y}{\mathrm{d}t} = \frac{\partial f}{\partial x}u + \frac{\partial f}{\partial y}v = 0 \tag{7-39}$$

其中,u 和 v 分别为图像点在 X 和 Y 方向的移动速度,它们构成一个速度向量。如果记

$$f_x = \frac{\partial f}{\partial x} \quad f_y = \frac{\partial f}{\partial y} \quad f_t = \frac{\partial f}{\partial t} \tag{7-40}$$

就得到光流方程

$$f_x u + f_y v + f_t = 0 \tag{7-41}$$

也可以写成

$$[f_x, f_y] \cdot [u, v] = -f_t \tag{7-42}$$

光流方程表明,运动图像中某一点的灰度时间变化率是该点灰度空间变化率与该点空间运动速度的乘积。

在实际应用中,灰度时间变化率可用沿时间方向的一阶差分平均值来估计:

$$\begin{aligned} f_t \approx &\frac{1}{4}[f(x, y, t+1) + f(x+1, y, t+1) + f(x, y+1, t+1) + f(x+1, y+1, t+1)] - \\ &\frac{1}{4}[f(x, y, t) + f(x+1, y, t) + f(x, y+1, t) + f(x+1, y+1, t)] \end{aligned} \tag{7-43}$$

灰度空间变化率可分别用沿 X 方向和 Y 方向的一阶差分平均值来估计:

$$\begin{aligned} f_x \approx &\frac{1}{4}[f(x+1, y, t) + f(x+1, y+1, t) + f(x+1, y, t+1) + f(x+1, y+1, t+1)] - \\ &\frac{1}{4}[f(x, y, t) + f(x, y+1, t) + f(x, y, t+1) + f(x, y+1, t+1)] \end{aligned} \tag{7-44}$$

$$\begin{aligned} f_y \approx &\frac{1}{4}[f(x, y+1, t) + f(x+1, y+1, t) + f(x, y+1, t+1) + f(x+1, y+1, t+1)] - \\ &\frac{1}{4}[f(x, y, t) + f(x+1, y, t) + f(x, y, t+1) + f(x+1, y, t+1)] \end{aligned} \tag{7-45}$$

2. 最小二乘法光流估计

将式(7-43)~式(7-45)代入式(7-42)后,可用最小二乘法来估计光流分量 u 和 v。在连续两幅图像 $f(x, y, t)$ 和 $f(x, y, t+1)$ 上取具有相同 u 和 v 的同一个目标上的 N 个不同位置的像素,

以 $\hat{f}_t^{(k)}, \hat{f}_x^{(k)}, \hat{f}_y^{(k)}$ 分别表示在第 k 个位置对 f_t, f_x, f_y 的估计（$k = 1, 2, \cdots, N$），记

$$\boldsymbol{f}_t = \begin{bmatrix} -\hat{f}_t^{(1)} \\ -\hat{f}_t^{(2)} \\ \vdots \\ -\hat{f}_t^{(N)} \end{bmatrix} \quad \boldsymbol{F}_{xy} = \begin{bmatrix} \hat{f}_x^{(1)} & \hat{f}_y^{(1)} \\ \hat{f}_x^{(2)} & \hat{f}_y^{(2)} \\ \vdots & \vdots \\ \hat{f}_x^{(N)} & \hat{f}_y^{(N)} \end{bmatrix} \tag{7-46}$$

则对 u 和 v 的最小二乘估计为

$$[u, v]^{\mathrm{T}} = (\boldsymbol{F}_{xy}^{\mathrm{T}} \boldsymbol{F}_{xy})^{-1} \boldsymbol{F}_{xy}^{\mathrm{T}} \boldsymbol{f}_t \tag{7-47}$$

图 7-19 给出光流检测示例。图 7-19（a）为带有图案球体的侧面图像，图 7-19（b）为将球体（绕上下轴）向右旋转一个小角度得到的图像。球体在 3D 空间里的运动反映到 2D 图像上基本是平移运动，因此在检测到的光流中，光流较大的部位沿经线分布，如图 7-19（c）所示，这反映了边缘水平移动的结果。

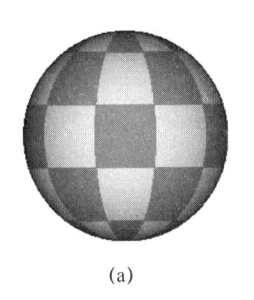

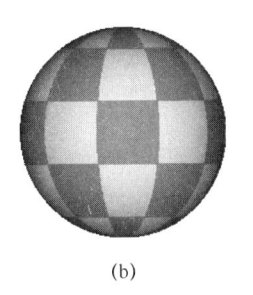

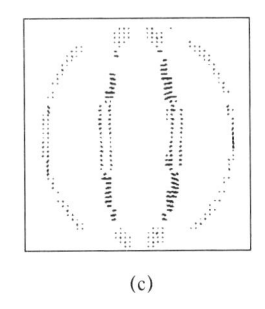

图 7-19　光流检测示例

7.3.3　光流方程求解

如何解式（7-41）给出的光流方程呢？这个问题的本质是根据图像点灰度值的梯度来计算光流分量。这需要分不同的情况来考虑，下面介绍几种常见的情况。

1．刚体运动时的光流方程求解

光流的计算就是对光流方程求解，即根据图像点灰度值的梯度求光流分量。光流方程限制了 3 个方向梯度与光流分量的关系，由式（7-41）可看出，这是一个关于速度分量 u 和 v 的线性约束方程。如果以速度分量为轴建立一个速度空间（其坐标系见图 7-20），则满足式（7-41）的 u 和 v 值都在一条直线上。由图 7-20 可得

$$u_0 = -\frac{f_t}{f_x} \quad v_0 = -\frac{f_t}{f_y} \quad \theta = \arctan\left(\frac{f_x}{f_y}\right) \tag{7-48}$$

注意，该直线上的各点均为光流方程的解。换句话说，仅一个光流方程并不足以唯一地确定 u 和 v 两个量。事实上，仅用一个方程去解两个变量是一个病态问题，必须附加其他约束条件才能求解。

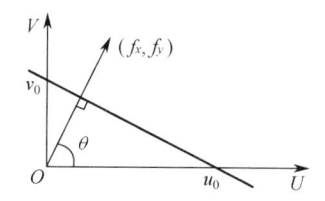

图 7-20　满足光流约束方程的 u 和 v 值在一条直线上

在许多情况下，可将研究目标看作无变形刚体，其上各相邻点具有相同的光流运动速度，可利用这个条件来求解光流方程。根据目标上相邻点具有相同光流速度的条件可知，光流速度的空间变化率为零，即

$$(\nabla u)^2 = \left(\frac{\partial u}{\partial x} + \frac{\partial u}{\partial y}\right)^2 = 0 \tag{7-49}$$

$$(\nabla v)^2 = \left(\frac{\partial v}{\partial x} + \frac{\partial v}{\partial y}\right)^2 = 0 \tag{7-50}$$

可将这两个条件与光流方程结合，通过解最小化问题来计算光流。设

$$\varepsilon(x,y) = \sum_x \sum_y \{(f_x u + f_y v + f_t)2 + \lambda^2[(\nabla u)^2 + (\nabla v)^2]\} \tag{7-51}$$

其中，λ 的取值要考虑图像中的噪声情况。如果噪声较强，说明图像数据本身的置信度较低，需要更多地依赖光流约束，因此 λ 需要取较大值；反之，λ 需要取较小值。

为了使式（7-51）中的总误差最小，可将 ε 对 u 和 v 分别求导并取导数为零，这样得到

$$f_x^2 u + f_x f_y v = -\lambda^2 \nabla u - f_x f_t \tag{7-52}$$

$$f_y^2 v + f_x f_y u = -\lambda^2 \nabla v - f_y f_t \tag{7-53}$$

式（7-52）和式（7-53）也称 Euler 方程。如果令 $\bar{u}$ 和 $\bar{v}$ 分别表示 u 邻域和 v 邻域的均值（可用图像局部平滑算子计算得到），并令 $\nabla u = u - \bar{u}$ 和 $\nabla v = v - \bar{v}$，则可将式（7-52）和式（7-53）变为

$$(f_x^2 + \lambda^2)u + f_x f_y v = \lambda^2 \bar{u} - f_x f_t \tag{7-54}$$

$$(f_y^2 + \lambda^2)v + f_x f_y u = \lambda^2 \bar{v} - f_y f_t \tag{7-55}$$

由式（7-54）和式（7-55）可得

$$u = \bar{u} - \frac{f_x(f_x\bar{u} + f_y\bar{v} + f_t)}{\lambda^2 + f_x^2 + f_y^2} \tag{7-56}$$

$$v = \bar{v} - \frac{f_y(f_x\bar{u} + f_y\bar{v} + f_t)}{\lambda^2 + f_x^2 + f_y^2} \tag{7-57}$$

式（7-56）和式（7-57）提供了用迭代方法求解$u(x,y)$和$v(x,y)$的基础。实际中常用如下松弛迭代方程进行求解：

$$u^{(n+1)} = \bar{u}^{(n)} - \frac{f_x[f_x\bar{u}^{(n)} + f_y\bar{v}^{(n)} + f_t]}{\lambda^2 + f_x^2 + f_y^2} \tag{7-58}$$

$$v^{(n+1)} = \bar{v}^{(n)} - \frac{f_y[f_x\bar{u}^{(n)} + f_y\bar{v}^{(n)} + f_t]}{\lambda^2 + f_x^2 + f_y^2} \tag{7-59}$$

这里可取$u^{(0)} = 0, v^{(0)} = 0$（过原点直线）。式（7-58）和式（7-59）有一个简单的几何解释，即一个新(u, v)点的迭代值是该点邻域的平均值减去一个调节量，这个调节量处在亮度梯度的方向上，参见图7-21。因此，迭代的过程是使直线沿亮度梯度运动的过程，该直线总与亮度梯度的方向垂直。解式（7-58）和式（7-59）的具体流程还可参照第8章的图8-10。

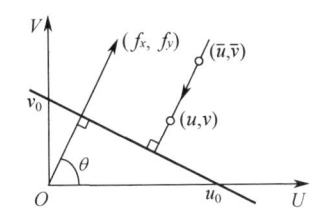

图7-21 用迭代法求解光流的几何解释

2．平滑运动时的光流方程求解

对前面的式（7-52）和式（7-63）进一步分析可发现，亮度梯度完全为零的区域中的光流实际上是无法确定的，而在亮度梯度变化很快的区域中，光流计算所产生的误差有可能较大。有一种常用的光流方程求解方法是，考虑在图像的大部分区域中运动场变化一般比较缓慢稳定这个平滑条件。这时可考虑最小化一个与平滑相偏离的测度，常用的测度是对光流速度梯度之幅度平方的积分：

$$e_s = \iint [(u_x^2 + u_y^2) + (v_x^2 + v_y^2)] \mathrm{d}x\mathrm{d}y \tag{7-60}$$

另外还可以考虑最小化光流约束方程的误差：

$$e_c = \iint [f_x u + f_y v + f_t]^2 \mathrm{d}x\mathrm{d}y \tag{7-61}$$

因此合起来需要最小化 $e_s+\lambda e_c$，其中 λ 是加权量。如果对亮度的测量精确，则 λ 应取大点，反之，如果图像噪声比较大，则 λ 可取小点。

图 7-22 给出光流检测实例。图 7-22（a）为一个足球的图像，图 7-22（b）和图 7-22（c）分别为将图 7-22（a）绕垂直轴旋转和绕视线顺时针旋转得到的图像，图 7-22（d）和图 7-22（e）分别为在这两种旋转情况下检测到的光流。

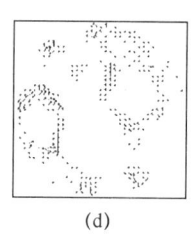

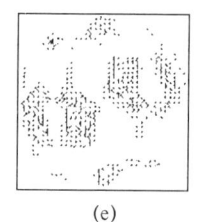

| (a) | (b) | (c) | (d) | (e) |

图 7-22　光流检测实例

由上面得到的光流图可以看出：足球表面黑白块交界处的光流值比较大，因为这些地方灰度变化得比较剧烈；而在黑白块的内部，光流值很小或为 0，因为在足球运动时，这些点的灰度基本没有变化（类似于有运动无光流）。不过由于足球表面并非完全平滑，所以在某些对应足球表面黑白块的内部地方也有一定的光流。

3. 灰度突变时的光流方程求解

光流在目标相互重叠的边缘处会有间断，要将前述光流检测方法从一个区域推广到另一个区域就需要确定间断的地方。这带来了一个与"先有鸡还是先有蛋"类似的问题。如果有一个准确的光流估计，就很易发现光流快速变化的地方，从而将图像分成不同的区域；反之，如果能将图像很好地分成不同的区域，就可得到对光流的准确估计。解决这个矛盾问题的方法是，将对区域的分割结合到光流的迭代求解过程中。具体来说，就是在每次迭代后都寻找光流快速变化的地方，并在这些地方做出标记，从而避免下次迭代时得到的光滑解会穿越这些间断。在实际应用中，一般先要将确定光流变化程度的阈值取得很高，以避免过早过细地划分图像，再随着对光流的估计越来越好而逐步降低阈值。

更一般地讲，光流约束方程不仅适用于灰度连续区域，而且适用于灰度存在突变的区域。换句话说，光流约束方程适用的一个条件是图像中可以有（有限个）突变性的"不连续"存在，但"不连续"周围的变化应该是均匀的。

参见图 7-23（a），XY 为图像平面，I 为灰度轴，物体以速度 (u,v) 沿 X 方向运动。

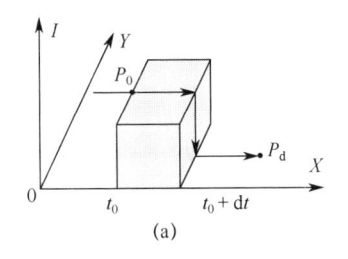

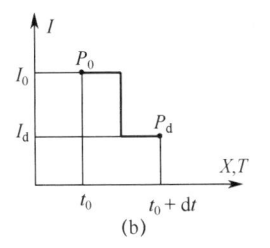

图 7-23 灰度突变时的光流方程求解示意

在 t_0 时,点 P_0 处的灰度为 I_0,点 P_d 处的灰度为 I_d;在 $t_0 + dt$ 时刻,P_0 处的灰度移到 P_d 处形成光流。这样 P_0 和 P_d 之间有灰度突变,灰度梯度为 $\nabla f = (f_x, f_y)$。现在来看图 7-23(b),如果从路径看灰度变化,因为 P_d 处的灰度是 P_0 处的灰度加上 P_0 与 P_d 间的灰度差,所以有

$$I_d = \int_{P_0}^{P_d} \nabla f \cdot dl + I_0 \tag{7-62}$$

如果从时间过程看灰度变化,则因为观察者在 P_d 看到灰度由 I_d 变为 I_0,所以有

$$I_0 = \int_{t_0}^{t_0+dt} f_t dt + I_d \tag{7-63}$$

由于在这两种情况下灰度的变化应是相同的,所以将式(7-62)和式(7-63)结合起来,可解出

$$\int_{P_0}^{P_d} \nabla f \cdot dl = -\int_{t_0}^{t_0+dt} f_t dt \tag{7-64}$$

将 $dl = [u \quad v]^T dt$ 代入,并考虑到线积分限与时间积分限这两者应当对应,可得

$$f_x u + f_y v + f_t = 0 \tag{7-65}$$

这说明此时仍然可以使用前面处理无间断的方法进行求解。

可以证明,光流约束方程在一定条件下同样适用于由背景和物体间的过渡导致的速度场不连续的情况,条件是图像要有足够的采样密度。例如,为从纹理图像序列中得到应有的信息,空间的采样率应小于图像纹理的尺度。时间上的采样距离也应该比速度场变化的尺度小,甚至应该小很多,使位移量比图像纹理的尺度小。光流约束方程适用的另一个条件是,在图像平面中每个点上的灰度变化应该完全是由图像中特定模式的运动引起的,不应该包括反射性质变化带来的影响。这个条件也可表述成,在不同时刻图像中一个模式位置的变化导致产生光流速度场,但该模式本身没有变化。

4. 基于高阶梯度的光流方程求解

前面对光流方程的求解仅利用了图像灰度的一阶梯度。有一种观点认为,光流约束方程本身已包含对光流场的平滑性约束,因此,为解光流约束方程,需要考虑图像本身在灰度上的连

续性（图像灰度的高阶梯度）以对灰度场进行约束。

对光流约束方程中的各项在(x, y, t)处用泰勒级数展开，取二阶得到

$$f_x = \frac{\partial f(x+dx, y+dy, t)}{\partial x} = \frac{\partial f(x,y,t)}{\partial x} + \frac{\partial^2 f(x,y,t)}{\partial x^2}dx + \frac{\partial^2 f(x,y,t)}{\partial x \partial y}dy \quad (7\text{-}66)$$

$$f_y = \frac{\partial f(x+dx, y+dy, t)}{\partial y} = \frac{\partial f(x,y,t)}{\partial y} + \frac{\partial^2 f(x,y,t)}{\partial y \partial x}dx + \frac{\partial^2 f(x,y,t)}{\partial y^2}dy \quad (7\text{-}67)$$

$$f_t = \frac{\partial f(x+dx, y+dy, t)}{\partial t} = \frac{\partial f(x,y,t)}{\partial t} + \frac{\partial^2 f(x,y,t)}{\partial t \partial x}dx + \frac{\partial^2 f(x,y,t)}{\partial t \partial y}dy \quad (7\text{-}68)$$

$$u(x+dx, y+dy, t) = u(x,y,t) + u_x(x,y,t)dx + u_y(x,y,t)dy \quad (7\text{-}69)$$

$$v(x+dx, y+dy, t) = v(x,y,t) + v_x(x,y,t)dx + v_y(x,y,t)dy \quad (7\text{-}70)$$

将式（7-66）~式（7-70）代入光流约束方程，得到

$$\begin{aligned}
&(f_x u + f_y v + f_t) + (f_{xx} u + f_{yy} v + f_x u_x + f_y v_x + f_{tx})dx + \\
&(f_{xy} u + f_{yy} v + f_x u_y + f_y v_y + f_{ty})dy + (f_{xx} u_x + f_{yx} v_x)dx^2 + \\
&(f_{xy} u_x + f_{xx} u_y + f_{yy} v_x + f_{xy} v_y)dxdy + (f_{xy} u_y + f_{yy} v_y)dy^2 = 0
\end{aligned} \quad (7\text{-}71)$$

因为各项独立，所以可分别得到 6 个方程，即

$$f_x u + f_y v + f_t = 0 \quad (7\text{-}72)$$

$$f_{xx} u + f_{yy} v + f_x u_x + f_y v_x + f_{tx} = 0 \quad (7\text{-}73)$$

$$f_{xy} u + f_{yy} v + f_x u_y + f_y v_y + f_{ty} = 0 \quad (7\text{-}74)$$

$$f_{xx} u_x + f_{yx} v_x = 0 \quad (7\text{-}75)$$

$$f_{xy} u_x + f_{xx} u_y + f_{yy} v_x + f_{yy} v_y + f_{xy} v_y = 0 \quad (7\text{-}76)$$

$$f_{xx} u_y + f_{yy} v_y = 0 \quad (7\text{-}77)$$

直接求解上述 6 个二阶梯度方程是比较复杂的，借助光流场的空间变化率为零的条件 [参见前面获得式（7-49）和式（7-50）时的讨论]，可假定 u_x, u_y, v_x, v_y 近似为 0，这样上述 6 个方程只剩下 3 个，即

$$f_x u + f_y v + f_t = 0 \quad (7\text{-}78)$$

$$f_{xx} u + f_{yy} v + f_{tx} = 0 \quad (7\text{-}79)$$

$$f_{xy} u + f_{yy} v + f_{ty} = 0 \quad (7\text{-}80)$$

由这三个方程解两个未知数，可使用最小二乘法。

在借助梯度求解光流约束方程时，假设图像是可微的，即目标在帧图像之间的运动应足够

小（小于一像素/帧），若过大则前述假设不成立，无法精确求解光流约束方程。此时可采取的方法之一是降低图像的分辨率，这样相当于对图像进行低通滤波，起到了减慢光流速度的效果。

7.3.4 光流与表面取向

光流包含了物体结构的信息，因此可从物体表面运动的光流解得表面的取向。客观世界的每一个点和物体表面的取向都可用一个以观察者为中心的正交坐标系 XYZ 表示。考虑一个单目的观察者位于坐标原点，设该名观察者具有一个球形的视网膜，这样客观世界就可认为被投影到一个单位图像球上。图像球有一个由经度 ϕ 和纬度 θ 组成的坐标系。客观世界的点可用这两个图像球坐标加一个与原点的距离 r 来表示，如图 7-24 所示。

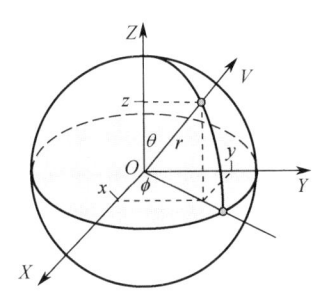

图 7-24　球面坐标与直角坐标

从球面坐标到直角坐标和从直角坐标到球面坐标的变换分别为

$$x = r\sin\theta\cos\phi \tag{7-81}$$

$$y = r\sin\theta\sin\phi \tag{7-82}$$

$$z = r\cos\theta \tag{7-83}$$

和

$$r = \sqrt{x^2 + y^2 + z^2} \tag{7-84}$$

$$\theta = \arccos\left(\frac{z}{r}\right) \tag{7-85}$$

$$\phi = \arccos\left(\frac{y}{x}\right) \tag{7-86}$$

借助坐标转换，一个任意运动点的光流可如下确定。设 $(u, v, w) = (dx/dt, dy/dt, dz/dt)$ 为该点在 XYZ 坐标系中的速度，则 $(\delta, \varepsilon) = (d\phi/dt, d\theta/dt)$ 为该点在图像球坐标系中沿 ϕ 和 θ 方向的角速度：

$$\delta = \frac{v\cos\phi - u\sin\phi}{r\sin\theta} \quad (7\text{-}87)$$

$$\varepsilon = \frac{(ur\sin\theta\cos\phi + vr\sin\theta\sin\phi + wr\cos\theta)\cos\theta - rw}{r^2\sin\theta} \quad (7\text{-}88)$$

式（7-87）和式（7-88）是在ϕ和θ方向上光流的一般表达式。下面考虑一个简单情况下的光流计算。假设物体静止，而观察者以速度 S 沿 Z 轴（正向）运动。这时有 $u=0, v=0, w=-S$，代入式（7-87）和式（7-88）可分别得到

$$\delta = 0 \quad (7\text{-}89)$$

$$\varepsilon = S\sin\theta/r \quad (7\text{-}90)$$

它们构成简化了的光流方程，是求解表面取向（及边缘检测）的基础。根据光流方程的解就可以判断光流场中各点是否为边界点、表面点或空间点。其中在边界点和表面点这两种情况下还可确定边界的种类和表面的取向[9]。

这里只介绍一下如何借助光流求取表面方向。先看图 7-25（a），设 R 为物体表面给定面元上的一点，焦点在 O 处的单目观察者沿着视线 OR 观察该面元。设面元的法线向量为 N，可以将 N 分解到两个互相垂直的方向上，一个在 ZR 平面中，与 OR 的夹角为 σ，如图 7-25（b）所示；另一个在与 ZR 平面垂直的平面（与 XY 平面平行）中，与 OR 的夹角为 τ，如图 7-25（c）所示，其中 Z 轴由纸中指出来。在图 7-25（b）中，ϕ 为常数，而在图 7-25（c）中，θ 为常数。在图 7-25（b）中，ZOR 平面构成沿视线的"深度剖面"，而在图 7-25（c）中，"深度剖面"与 XY 平面平行。

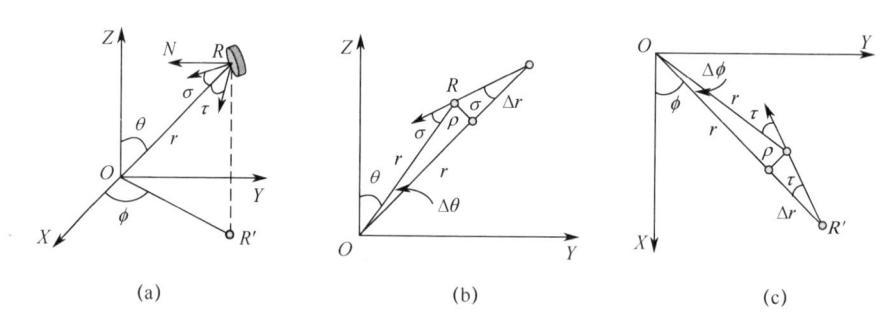

图 7-25 借助光流求取表面方向示意图

现在讨论如何确定 σ 和 τ。先考虑 ZR 平面中的 σ，参见图 7-25（b）。如果给 θ 一个小的增量 $\Delta\theta$，则 r 的变化为 Δr。过 R 作辅助线 ρ，可见一方面有 $\rho/r = \tan\Delta\theta \approx \Delta\theta$，另一方面有 $\rho/\Delta r = \tan\sigma$，联立消去 ρ，可得

$$r\Delta\theta = \Delta r\tan\sigma \quad (7\text{-}91)$$

再考虑与 RZ 平面垂直的平面中的 τ，参见图 7-25（c）。如果给 φ 一个小的增量 Δφ，则 r 的长度变化为 Δr。现作辅助线 ρ，可见一方面有 ρ/r = tanΔφ ≈ Δφ，另一方面有 ρ/Δr = tanτ。联立消去 ρ，可得

$$rΔφ = Δr \tan τ \qquad (7\text{-}92)$$

进一步，分别对式（7-91）和式（7-92）取极限，可得

$$\cot σ = \frac{1}{r}\frac{∂r}{∂θ} \qquad (7\text{-}93)$$

$$\cot τ = \frac{1}{r}\frac{∂r}{∂φ} \qquad (7\text{-}94)$$

其中，r 可通过式（7-84）确定。因为这里 ε 既是 φ 的函数也是 θ 的函数，所以可将式（7-90）改写成

$$r = \frac{S\sin θ}{ε(φ,θ)} \qquad (7\text{-}95)$$

分别对 φ 和 θ 求偏导，得

$$\frac{∂r}{∂φ} = S\sin θ \frac{-1}{ε^2}\frac{∂ε}{∂φ} \qquad (7\text{-}96)$$

$$\frac{∂r}{∂θ} = S\left(\frac{\cos θ}{ε} - \frac{\sin θ}{ε^2}\frac{∂ε}{∂θ}\right) \qquad (7\text{-}97)$$

注意，由 σ 和 τ 确定的表面朝向与观察者的运动速度 S 无关。将式（7-95）~式（7.97）代入式（7-93）和式（7-94），可得到求解 σ 和 τ 的公式：

$$σ = \operatorname{arccot}\left[\cot θ - \frac{∂(\ln ε)}{∂θ}\right] \qquad (7\text{-}98)$$

$$τ = \operatorname{arccot}\left[-\frac{∂(\ln ε)}{∂φ}\right] \qquad (7\text{-}99)$$

7.3.5　光流与相对深度

利用光流对运动进行分析还可获得摄像机和目标之间在世界坐标系中 X, Y, Z 方向的互速度 u, v, w。如果在 $t_0 = 0$ 时一个目标点的坐标为 (X_0, Y_0, Z_0)，设光学系统的焦距为 1 且目标运动速度为常数，则在时刻 t 该点的图像坐标为

$$(x,y) = \left(\frac{X_0 + ut}{Z_0 + wt}, \frac{Y_0 + vt}{Z_0 + wt}\right) \qquad (7\text{-}100)$$

由于在式（7-100）中有 Z 坐标，所以非直接地包含了摄像机与运动目标之间的距离信息，

可借助光流来进一步确定[10]。令 $D(t)$ 是一个点与**扩展焦点**（FOE）的 2D 图像距离（可参见参考文献[11]），$V(t)$ 是它的速度（dD/dt）。这些量与光流参数的联系为

$$\frac{D(t)}{V(t)} = \frac{Z(t)}{w(t)} \tag{7-101}$$

式（7-101）是确定运动目标间距离的基础。设运动是朝向摄像机的，比例 Z/w 给出了一个以匀速 w 运动的目标穿过图像平面的时间。基于图像中以速度 w 沿 Z 轴运动的任意一点的距离知识，可以计算该图像上任何其他以相同速度 w 运动的点的距离：

$$Z'(t) = \frac{Z(t)V(t)D'(t)}{D(t)V'(t)} \tag{7-102}$$

其中，$Z(t)$ 是已知距离；$Z'(t)$ 是未知距离。

根据式（7-102），世界坐标 X 和 Y 与图像坐标 x 和 y 间的联系可用观测位置和速度给出：

$$\begin{aligned} X(t) &= \frac{x(t)w(t)D(t)}{V(t)} \\ Y(t) &= \frac{y(t)w(t)D(t)}{V(t)} \\ Z(t) &= \frac{w(t)D(t)}{V(t)} \end{aligned} \tag{7-103}$$

7.4 由分割轮廓恢复形状

由轮廓恢复形状是捕获和重建动态目标的有效方法，也称**由剪影恢复形状**。它先根据视觉观察来提取目标的剪影（也称侧影），然后将光线从相机中心投射至该剪影轮廓，最后将得到的 3D 圆锥与投影中心相交以恢复目标形状。相交的体积称为**视觉外壳**（类似于点集合的凸包）。

下面介绍一种用轮廓分割技术对传统的基于体素的由轮廓恢复形状的方法的扩展，即由分割轮廓恢复形状的方法（segmented SfS，sSfS）。这种方法允许单独对目标（这里是人体）部件进行 3D 重建，从而提供对目标形状（尤其是凹面部分）的估计结果[12]。

所用图像序列是借助 34 个彩色摄像机采集的。在人体周围的矩形位置上均匀布置 15 根柱子，每个柱子上装有 2 个摄像机，其高度为 0.5~3 米。人体正面有 4 根柱子，背面有 5 根柱子，左右两边各有 3 根柱子。在这样围成的矩形区域上方 3.5 米处还有 4 个摄像机。

所采用的由分割轮廓恢复形状的流程图如图 7-26 所示。主要包括两大模块：上方点线围绕的部分用来进行传统的视觉外壳估计，它基于在选定体积中创建体素网格空间，并利用体素中心在轮廓上的投影来估计重建的体素；下方虚线围绕的部分用来分割轮廓图像中的人体，对

各部分进行重建，并将这些重建结果合并。

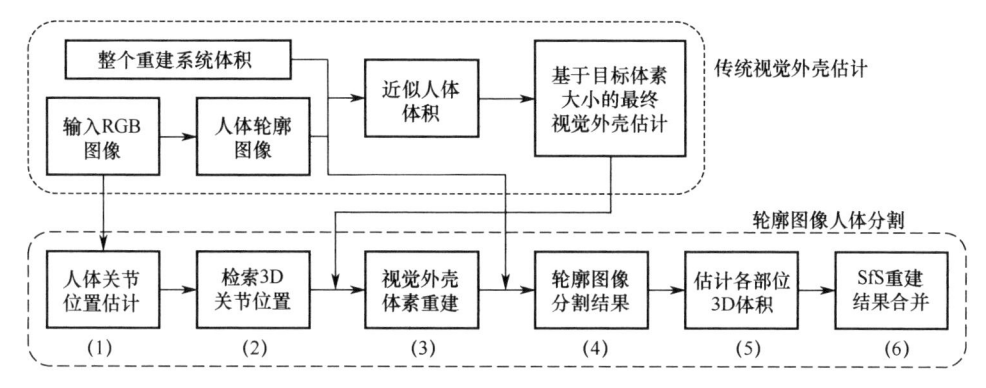

图 7-26 由分割轮廓恢复形状的流程图

图 7-26 中下方虚线围绕的各编号对应的方框分别代表：

（1）使用基于 CNN 的人体姿势预训练模型在 2D 彩色图像上估计人体关节位置。

（2）通过将从每个摄像机中心的 3D 位置引导的光线投射到每个关节处并计算最佳交点来检索 3D 关节位置。

（3）对人体视觉外壳进行体素重建。

（4）通过将分割点投影到轮廓上来分割轮廓图像。

（5）估计每个身体部位的 3D 体积。

（6）分别将每个身体部位的 SfS 重建结果合并为一个整体 sSfS 身体模型。

对图 7-26 的整体概括说明如下。

传统的视觉外壳估计根据整个重建系统的体积和从 RGB 图像中抽取的人体轮廓[13]来估计人体的围盒（对应人体的体积），从而给出体素表达的视觉外壳。

由分割轮廓恢复形状采用了从粗到精的 sSfS 方法来分别重建选定的身体部位，并将这些结果合并起来得到最终输出。这里，对每个身体部位的视觉外壳估计仍采用传统的视觉外壳估计方法。为此，需要对轮廓图像进行 2D 人体分割。因此，实现了一种自定义方法以将 3D 人体分割映射为 2D 轮廓。这里可采用的方法很多，如基于图像姿势估计的 CNN 身体分割[14-15]。为了分割轮廓图像上的身体部位，可借助人体姿势 CNN[16]从受试者 RGB 图像中获得人体关节的估计位置。

在这种方法中，首先，通过光线投射从每个对应的 2D 关节位置找到每个近似 3D 关节位置，并将其作为所有 3D 射线的最近点。这样，就可以估计出关节在重建系统内摄像机 3D 空间中的位置，如图7-26中（2）所示。其次，通过将每个体素指定给最近的骨骼（定义为两个关节之间的片段），使用3D关节来分割重建的视觉外壳，获得对视觉外壳的体素重建（该步骤也可以通过其他人体3D分割方法[17-18]来实现）。然后，将每个部位的视觉外壳体素投影到轮廓图像上，以获得身体各部位轮廓图像的分割结果。在轮廓图像中身体各部位被分割后，根据传统的SfS算法对每个身体部位进行重建，使用相同的体素投票阈值，估计出各部位的3D体积。最后，身体部位的单个体素模型被合并起来，形成最终的SfS重建结果。

根据轮廓分割的结果，可以分别对每个分割出来的身体部位进行重建。这种方法允许我们找到轮廓估计中的错误，并跳过检测效果不佳的身体部位的图像。为了识别错误，定义轮廓的不确定像素比（强度值在[1, 254]内的像素）为

$$F = \frac{M}{N} \quad (7\text{-}104)$$

其中，M为强度值在[1, 254]内的像素个数；N为强度值为255的部位投影图像中像素的个数。通过对每个部位轮廓图像应用一个简单的F_t阈值，只获得身体轮廓的高质量部分进行重建，从而提高最终视觉外壳的质量。

7.5　光度立体技术综述

光度立体技术一直在发展中，下面概括介绍其涉及的光源标定、非朗伯表面反射模型、彩色光度立体和3D重建方法[19]。

7.5.1　光源标定

光源是实现光度立体技术的重要装置。光源有多种，一个简单的光源分类图如图7-27所示。光源首先可分为无穷点光源和近场光源两类。光度立体的前提假设是入射光为平行光，现实中往往难以制造出很大面积的平行光，因此通常将很远处（一般取光源与物体的距离十倍于物体宽度）的点光源（近似无穷点光源）所发出的光近似地看成平行光。近场光源由于光源过近，难以将光线看成平行光。理想的光源是点光源，但在实际应用中，光源有一定尺度，不能看作点光源，而称为扩展光源。扩展光源根据其形状，又分为线光源和面光源。

光源标定是指放置标定物等辅助物体来估计光源的信息，包括光源的方向和强度等。光源信息的准确性对光度立体技术的性能和效果有极大的影响。光源标定的方法很多，图7-28给出

一个光源标定方法分类图。

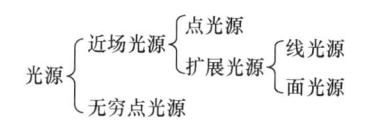

```
         ┌ 近场光源 ┌ 点光源
         │         │ 扩展光源 ┌ 线光源
光源 ─────┤         └         └ 面光源
         │
         └ 无穷点光源
```

图 7-27　简单的光源分类图

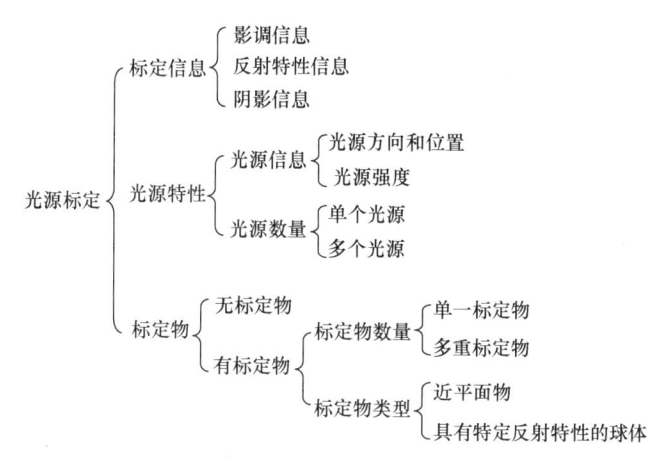

```
              ┌ 标定信息 ┌ 影调信息
              │         │ 反射特性信息
              │         └ 阴影信息
              │
              │          ┌ 光源信息 ┌ 光源方向和位置
光源标定 ─────┤ 光源特性 ┤         └ 光源强度
              │          │ 光源数量 ┌ 单个光源
              │          └         └ 多个光源
              │
              │          ┌ 无标定物
              └ 标定物 ┤
                         │         ┌ 标定物数量 ┌ 单一标定物
                         └ 有标定物┤           └ 多重标定物
                                   │           ┌ 近平面物
                                   └ 标定物类型 └ 具有特定反射特性的球体
```

图 7-28　光源标定方法分类图

从标定所用的信息来看，常使用物体表面的影调信息、阴影信息或是反射特性信息（也可以将三种信息结合使用）。从光源特性的角度，可以区分光源信息（光源强度、方向和位置）与光源数量（单个或多个）。如图 7-28 下方所示，也可从标定物角度对光源标定进行分类。标定物的使用是为了利用不同标定物的反射特性获取更加精确的光源信息。常用的标定物包括正方体、差分球、中空透明玻璃球、镜面等。

光源标定方法的选取也取决于光源的类别。例如，近场光源会导致光照分布不均匀，此时可以利用带有朗伯反射特性的白纸作为标定物来补偿不同光源的强度分布[20]。

最后需要指出，对光源的标定通常需要选择特殊的标定物并进行单独的标定实验，这给光度立体技术的应用增加了难度，也限制了光度立体技术的应用。如何简化或者省略这一步骤，实现光源自标定，是一个十分有价值的研究方向[21]。近期一项工作可参见参考文献[22]。

7.5.2　非朗伯表面反射模型

在 7.2.2 小节中讨论的理想散射表面和理想镜面反射表面在实际应用中很少见，实际的物体表面常具有差异很大的反射特性，一般称为**非朗伯表面**。

针对非朗伯表面建立的基本反射模型主要包括：

（1）Phong 反射模型。**Phong 反射模型**[23]将光照简单地分为以下几个光分量：漫反射、镜面反射、环境光，对于不同材质的物体表面，各分量的比重不同。改进的 **Blinn-Phong 反射模型**[24]在高光分量上采用半角向量和法向量的数量积替代 Phong 反射模型中观察向量和反射向量的积。

（2）Torrance-Sparrow 反射模型。Torrance-Sparrow 反射模型[25]是从辐射度学和微表面理论推导出粗糙表面的高光反射模型。

（3）Cook-Torrance 反射模型。Cook-Torrance 反射模型[26]综合了 Torrance- Sparrow 反射模型和 Blinn-Phong 反射模型的特点，用于渲染高光和金属质感。该模型在计算机图形学领域得到了广泛使用。

（4）Ward 反射模型。**Ward 反射模型**[27]是一个各向异性（椭圆形）反射率数学模型，使用高斯分布描述镜面反射成分，带有四个具有物理含义的参数。

非朗伯表面模型的影响之一是会产生高光和阴影信息。高光在光源标定时是有用信息，在重建时则是噪声。高光和阴影会影响 3D 重建的效果甚至导致重建错误，因此需要采取各种手段将它们分离出来并除去。也可使用图像中所包含的额外信息（如重影现象）来消除高光影响[28]。

7.5.3 彩色光度立体

彩色光度立体也称**多光谱光度立体**，指直接使用彩色图像作为输入的光度立体。经典光度立体的输入是灰度图像。现在使用摄像机获得的图像多是彩色的，如果将其转为灰度图像可能会损失一些信息，利用彩色光度立体就可避免这个问题。另外，由于彩色空间的信息比灰度空间的信息丰富，对高光点或异常点的处理多了一些选择。例如，有人基于双色反射模型，假定物体反射率由漫反射分量和高光分量组成，利用四光源彩色光度立体技术，在存在高光和阴影的情况下，可以在检出物体高光的同时计算出物体表面的法向（信息）[29]。

借助彩色光度立体技术，还可以用采集到的彩色图像的 3 个通道替换原始的 3 幅灰度图像，从而利用一幅彩色图像即可实现表面重建。这种方法可以避免由分时带来的位置变动的影响，实现快速 3D 重建甚至实时 3D 重建。另外，将卷积神经网络用于多光谱光度立体的一项工作可参见参考文献[30]。

7.5.4　3D 重建方法

一些典型 3D 重建方法的概况如表 7-1 所示，包括它们的原理、优点和缺点[19]。

表 7-1　一些典型 3D 重建方法的概况

方　法	原　理	优　点	缺　点
路径积分法[31]	根据格林公式对梯度进行直接积分	容易实现，速度快	有误差累积，受数据误差和噪声影响较大
最小二乘法	通过最小化函数，牺牲局部信息，搜索最佳拟合曲面	有较好的整体优化效果	丢失局部信息，数据量较大时计算量大
傅里叶基函数法[32]	用基函数逼近梯度数据来获取最佳逼近曲面	全局效果较好，计算效率高	推导复杂，难以应用到其他基函数中
泊松方程法[33]	将最小化函数的泛函问题转化为泊松方程求解问题	可以基于傅里叶基函数，也可以拓展到正弦和余弦函数	需要根据不同的边界条件来确定使用何种基函数进行投影
变分法[34]	基于全局思路使用迭代方法求解泊松方程	迭代过程简单，可以解决整体畸变问题	计算时间长，有误差累积
金字塔法[35]	基于高度空间迭代过程得到子表面，不断缩小采样间隔，最后拼接整个表面	能保证全局形状优化，有一定的抗噪性	丢失局部细节信息，需要迭代修正
代数法	通过修正梯度场的旋度值误差，用泊松方程进行重建	不依赖积分路径，可抑制局部误差累积	局部细节表面的重建有一定偏差
奇异值分解法[36]	通过奇异值分解得到一个与真实法向量相差一个变换矩阵的向量	不需要对光源进行标定	计算效率较低，会产生通用浅浮雕问题

随着深度学习技术的高速发展，在光度立体领域已有许多相关的工作。深度学习方法具有自主学习的性质，可以摆脱光度立体对光源模型和反射模型的苛刻假设。例如，将全卷积网络应用到非朗伯表面上，可不要求训练数据和测试数据的光源信息一致[37]；利用有监督的深度学习技术，可增强对非朗伯表面的阴影抑制能力，提升反射率模型的灵活性[38]。另外，卷积神经网络可用于学习非凸物体表面图像与表面法向之间的关系[39]。还有专门的**深度光度立体网络**（Deep Photometric Stereo Network，DPSN），可以在已知光源方向的前提下学习反射率和表面法向之间的映射关系[40]。

7.6 基于 GAN 的光度立体

基于深度学习的方法近年来也被引入标定的光度立体方法，如参考文献[41]。这些方法并不需要构造复杂的反射率模型，而是直接学习从给定方向的反射率观测结果到法向信息的映射。

传统的光度立体视觉方法大多假设一个简化的反射率模型（理想的朗伯模型或简易反射率模型），然而在现实世界中，物体大多数具有非朗伯表面（漫反射与镜面反射组合而成），并且一种特定的简易模型也仅对一小部分材料有效。同时，光源信息的标定也是一个复杂且烦琐的过程。解决这个问题就需要使用未标定的光度立体视觉技术[42]，即需要仅通过固定视点下的多幅图像就能直接计算图像中的法向信息。

下面介绍一种借助多尺度聚合的**生成对抗网络**（GAN）实现未标定光度立体视觉技术，从而获取物体法向信息的方法[43]。

7.6.1 网络结构

多尺度聚合的生成对抗网络的结构如图 7-29 所示。整个网络主要由两大部分构成：生成器（包括多尺度聚合网络和微调模块）、判别器。多尺度聚合网络的作用是从任意数量的输入图像中学习法向信息之间的映射，利用**多尺度聚合**使局部特征与全局特征更好地融合，再通过最大池化层对多个输入特征进行聚合，最后经过 L_2 归一化层得到法向信息。这样生成的法向信息图比基于全卷积算法生成的图像更加准确。微调模块包括 4 个残差块、1 个全卷积层（卷积+Leaky ReLU）和 1 个 L_2 归一化层，其作用是对精度较低的法向图进行微调以生成精度更高的结果图，从而获得更精确的法向信息。判别器的输入为生成器生成的法向信息图与真实的法向信息图，输出为所生成的法向信息图为真实的法向信息图的概率（先计算经过多个卷积层提取输入特征后得到的评测值，再求它们的均值）。

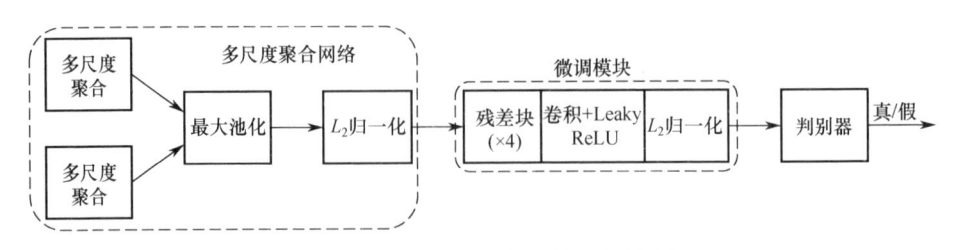

图 7-29 多尺度聚合的生成对抗网络的结构

多尺度聚合网络基于 U-Net，并利用了卷积神经网络的属性（如平移不变性和参数共享）。网络由多个相同的模块组成，每个模块包含多个卷积层和反卷积层，如图 7-30 所示。在图 7-30 中，浅灰色光滑方块代表卷积层（包括 3×3 卷积，后接 Leaky ReLU），卷积层之间的多边形区代表平均池化层，深色粗糙块代表反卷积层（包括 4×4 反卷积），卷积层和反卷积层之间的⊗代表残差计算。

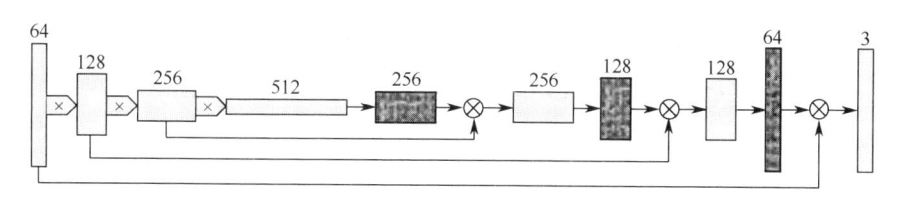

图 7-30　多尺度聚合模块流程图

输入图像先经过 4 个卷积核大小为 3×3、步长为 1 的卷积层，每次卷积后经过 Leaky ReLU 激活层并进行正则化处理，再通过步长为 2 的平均池化层，达到下采样目的。另一部分由 3 个反卷积层与卷积层组成，通过卷积核大小为 4×4、步长为 2 的反卷积层，再与对应下采样部分的特征图进行特征融合，之后送入卷积层。最后对得到的结果进行最大池化与归一化处理，得到最终结果。

对网络结构的几个考虑如下。

（1）采用跳跃连接以达到多尺度特征聚合：对于每幅图像中的特征，采用多尺度特征聚合可以使局部与全局特征更好地融合，从而在每幅图中观测到更全面的信息。

（2）利用最大池化方法对多个特征进行聚合：光度立体有多个输入，最大池化可以很自然地从不同光线方向捕捉图像中的强特征；而且最大池化在训练过程中可轻松忽略掉非激活的特性，使网络具有更强的鲁棒性。

（3）对池化后的特征进行 L_2 归一化处理：可以得到粗粒度的法向信息图。

（4）在多尺度聚合模块和微调模块中采用残差结构：采用跳跃连接的方式可以解决梯度消失的问题[44]。

7.6.2　损失函数

生成器模型的**损失函数** L_G 由两部分组成：法向量的余弦相似度损失 L_{normal} 和对抗损失 L_{gen}：

$$L_G = k_1 L_{normal} + k_2 L_{gen} \tag{7-105}$$

其中，可取 $k_1 = 1$, $k_2 = 0.01$。

首先生成一个较粗糙的法向图 $N' = M(x)$，之后通过细化模块 $R(\ )$ 对粗糙的结果进行进一步细化，目的是生成精度更高的法向图 $N'' = R[M(x)]$，最后将法向图 N'' 送入判别器。给定大小为 $H \times W$ 的图像，法向量的余弦相似度损失 L_{normal} 定义为

$$L_{\text{normal}} = \frac{1}{HW}\sum_{x,y}(1 - N_{x,y} \cdot N'_{x,y}) + \frac{1}{HW}\sum_{x,y}(1 - N_{x,y} \cdot N''_{x,y}) \quad (7\text{-}106)$$

其中，$N_{x,y}$ 表示点 (x, y) 处的真实法向信息，如果真实的法向信息与预测的法向信息相差很小，则 $N_{x,y}$ 与 $N'_{x,y}$ 的点乘值接近 1，L_{normal} 值会很小，反之亦然。对式（7-106）右边第 2 项的分析与此类似。

生成器对抗损失 L_{gen} 定义如下：

$$L_{\text{gen}} = -\min_{G} E_{x \sim p_g}[D(x)] \quad (7\text{-}107)$$

判别器损失函数为

$$L_{\text{D}} = \min_{D}\{E_{x \sim p_g}[D(x)] - E_{N \sim p_r}[D(N)]\} \quad (7\text{-}108)$$

其中，$x \sim p_g$ 表示输入数据 x 符合 p_g 分布；$N \sim p_r$ 表示真实法向信息 N 符合 p_r 分布。

参考文献

[1] LEE J H, KIM C S. Single-image depth estimation using relative depths[J]. Journal of Visual Communication and Image Processing, 2022, 84: #103459 (DOI: 10.1016/j.jvcir.2022.103459).

[2] PIZLO Z, ROSENFELD A. Recognition of planar shapes from perspective images using contour-based invariants[J]. CVGIP: Image Understanding, 1992, 56(3): 330-350.

[3] 宋巍，朱孟飞，张明华，等. 基于深度学习的单目深度估计技术综述[J]. 中国图象图形学报, 2022, 27(2): 292-328.

[4] 罗会兰，周逸风. 深度学习单目深度估计研究进展[J]. 中国图象图形学报, 2022, 27(2): 390-403.

[5] Swanborn D J B, Stefanoudis P V, Huvenne V A I, et al. Structure-from-motion photogrammetry demonstrates that fine-scale seascape heterogeneity is essential in shaping

mesophotic fish assemblages[J]. Remote Sensing in Ecology and Conservation, 2022, 8(6): 904-920.

[6] WANG S, WU T H, WANG K P, et al. 3-D particle surface reconstruction from multiview 2-D images with structure from motion and shape from shading[J]. IEEE Transaction on Industrial Electronics, 2021, 68(2): 1626-1635.

[7] HORN B K P. Robot Vision[M]. Cambridge: MIT Press, 1986.

[8] 章毓晋. 图像工程（下册）——图像理解[M]. 4版. 北京: 清华大学出版社, 2018.

[9] BALLARD D H, BROWN C M. Computer Vision[M]. UK London: Prentice Hall, 1982.

[10] SONKA M, HLAVAC V, BOYLE R. Image Processing, Analysis, and Machine Vision[M]. 3rd ed. USA: Thomson, 2008.

[11] 章毓晋. 图像工程（中册）——图像分析[M]. 4版. 北京: 清华大学出版社, 2018.

[12] KRAJNIK W, MARKIEWICZ L, SITNIK R. sSfS: Segmented shape from silhouette reconstruction of the human body[J]. Sensors, 2022, 22: 925.

[13] LU E, COLE F, DEKEL T, et al. Omnimatte: Associating objects and their effects in video[C]. Proceedings of the IEEE Conference on Computer Vision and Pattern Recognition, 2021: 4505-4513.

[14] LIN K, WANG L, LUO K, et al. Cross-domain complementary learning using pose for multi-person part segmentation[J]. IEEE Transactions on Circuits System and Video Technology, 2021, 31: 1066-1078.

[15] LI P, XU Y, WEI Y, et al. Self-correction for human parsing[J]. IEEE Transactions on Pattern Analysis and Machine Intelligence, 2022, 44(6): 3260-3271.

[16] XIAO B, WU H, WEI Y. Simple baselines for human pose estimation and tracking[C]. Proceedings of the European Conference on Computer Vision (ECCV), 2018: 8-14.

[17] JERTEC A, BOJANIC D, BARTOL K, et al. On using PointNet architecture for human body segmentation[C]. Proceedings of the 2019 11th International Symposium on Image and Signal Processing and Analysis (ISPA), 2019: 23-25.

[18] UESHIMA T, HOTTA K, TOKAI S. Training PointNet for human point cloud segmentation with 3D meshes[C]. Proceedings of the Fifteenth International Conference on Quality Control by Artificial Vision, 2021: 12-14.

[19] 邓学良, 何扬波, 周建丰. 基于光度立体的三维重建方法综述[J]. 现代计算机, 2021, 27(23): 133-143.

[20] XIE W, SONG Z, ZHANG X. A novel photometric method for real-time 3D reconstruction of fingerprint[C]. International Symposium on Visual Computing, 2010: 31-40.

[21] SHI B, MATSUSHITA Y, WEI Y, et al. Self-calibrating photometric stereo[C]. Proceedings of Computer Vision and Pattern Recognition, 2010: 1118-1125.

[22] ABZAL A, SAADATSERESHT M, VARSHOSAZ M, et al. Development of an automatic map drawing system for ancient bas-reliefs[J]. Journal of Cultural Heritage, 2020, 45: 204-214.

[23] PHONG B T. Illumination for computer generated pictures[J]. Communications of the ACM, 1998, 18(6): 311-317.

[24] TOZZA S, MECCA R, DUOCASTELLA M, et al. Direct differential photometric stereo shape recovery of diffuse and specular surfaces[J]. Journal of Mathematical Imaging and Vision, 2016, 56(1): 57-76.

[25] TORRANCE K E, SPARROW E M. Theory for off-specular reflection from roughened surfaces[J]. Journal of the Optical Society of America, 1967, 65(9): 1105-1114.

[26] COOK R L, TORRANCE K E. A reflectance model for computer graphics[J]. ACM Transactions on Graphics, 1982, 1(1): 7-24.

[27] WARD G J. Measuring and modeling anisotropic reflection[C]. Proceedings of the 19th Annual Conference on Computer Graphics and Interactive Techniques, 1992: 265-272.

[28] SHIH Y C, KRISHNAN D, DURAND F, et al. Reflection removal using ghosting cues[C]. Proceedings of the IEEE Conference on Computer Vision and Pattern Recognition, 2015: 3193-3201.

[29] BARSKY S, PETROU M. The 4-source photometric stereo technique for three-dimensional surfaces in the presence of highlights and shadows[J]. IEEE Transactions on Pattern Analysis and Machine Intelligence, 2003, 25(10): 1239-1252.

[30] LU L, QI L, LUO Y, et al. Three-dimensional reconstruction from single image base on combination of CNN and multi-spectral photometric stereo[J]. Sensors, 2018, 18(3): 764.

[31] HORN B K P. Height and gradient from shading[J]. International Journal of Computer Vision, 1990, 5(1): 37-75.

[32] FRANKOT R T, CHELLAPPA R. A method for enforcing integrability in shape from shading algorithms[J]. IEEE Transactions on Pattern Analysis & Machine Intelligence, 1988, 10(4): 439-451.

[33] SIMCHONY T, CHELLAPPA R, SHAO M. Direct analytical methods for solving Poisson equations in computer vision problems[J]. IEEE Transactions on Pattern Analysis and Machine Intelligence, 1990, 12(5): 435-446.

[34] 吕东辉, 张栋, 孙九爱. 光度立体技术的物体三维表面重建算法模拟与评价[J]. 计算机工程与设计, 2010, 31(16): 3635-3639.

[35] 陈宇峰, 谭文静, 王海涛, 等. 光度立体三维重建算法[J]. 计算机辅助设计与图形学学报, 2005(11): 28-34.

[36] BELHUMEUR P N, KRIEGMAN D J, YUILLE A L. The bas-relief ambiguity[J]. International Journal of Computer Vision, 1999, 35(1): 33-44.

[37] CHEN G, HAN K, WONG K K. PS-FCN: A flexible learning framework for photometric stereo[C]. ECCV, 2018: 3-19.

[38] WANG X, JIAN Z, REN M. Non-Lambertian photometric stereo network based on inverse reflectance model with collocated light[J]. IEEE Transactions on Image Processing, 2020, 29: 6032-6042.

[39] IKEHATA S. CNN-PS: CNN-based photometric stereo for general non-convex surfaces[C]. Proceedings of the European Conference on Computer Vision, 2018: 3-18.

[40] SANTO H, SAMEJIMA M, SUGANO Y, et al. Deep photometric stereo networks for determining surface normal and reflectances[J]. IEEE Transactions on Pattern Analysis and Machine Intelligence, 2020, 44(1): 114-128.

[41] WANG G H, LU Y T. Application of deep learning technology to photometric stereo three-dimensional reconstruction[J]. Laser & Optoelectronics Progress, 2023, 60(8): 197-216.

[42] PAPADHIMITRI T, FAVARO P. A closed-form, consistent and robust solution to uncalibrated photometric stereo via local diffuse reflectance maxima[J]. International Journal of Computer Vision, 2014, 107: 139-154.

[43] 任磊, 孙晓明. 多尺度聚合 GAN 的未标定光度立体视觉[J]. 软件导刊, 2022, 21(3): 220-225.

[44] HE K, ZHANG X, REN S, et al. Deep residual learning for image recognition[C]. Proceedings of the IEEE Conference on Computer Vision and Pattern Recognition, 2016: 770-778.

第 8 章
单目单图像场景恢复

如 7.1 节中所指出的，本章介绍基于单目单幅图像进行场景恢复的方法。由 2.2.2 小节的介绍和讨论可知，仅使用单目单幅图像来进行物体恢复实际上是一个病态问题。这是因为在将 3D 物体投影到 2D 图像上时，深度信息丢失了。不过，从人类视觉系统的实践来看，尤其从空间知觉（相关内容可参见参考文献[1]）的能力来看，在很多情况下图像中仍保留了许多深度线索，因此在有一定约束或先验知识的条件下，从中进行场景恢复还是有可能的[2-4]。

本章各节内容安排如下。

8.1 节讨论由影调恢复形状，即根据成像时物体表面亮度的空间变化所产生的图像影调（明暗信息）来重构物体表面形状。

8.2 节介绍由纹理恢复形状，具体讨论三种根据物体表面纹理元素在投影后的变化（失真）来恢复表面朝向的技术。

8.3 节介绍由焦距确定深度，描述成像时摄像机焦距变化与物体深度之间的联系，借此可

根据能够对物体清晰成像的焦距来确定对应的物体距离。

8.4 节介绍一种在 3D 物体模型和摄像机焦距已知的条件下，利用一幅图像上三个点的坐标来计算 3D 物体几何形状和位姿的方法。

8.5 节进一步介绍在由影调恢复形状中，放松限定条件，对混合（漫反射和镜面反射）表面和透视投影下的成像采用的非朗伯体光照模型和相应的新技术。

8.1 由影调恢复形状

场景中的物体在受到光线照射时，由于表面各部分的朝向等不同会显得亮度不同，这种亮度的空间变化（明暗变化）在成像后表现为图像上的不同**影调**（也常称为不同的**阴影**）。根据影调的分布和变化可获得物体的形状信息，这称为**由影调恢复形状**或**从影调恢复形状**。

8.1.1 影调与形状

先讨论图像影调与场景中物体表面形状的联系，再介绍如何表达朝向的变化。

1. 图像影调和表面朝向

影调对应将 3D 物体投影到 2D 图像平面上而形成的不同亮度（用灰度表示）层次，其影响因素有 4 个：①物体（正对观察者）可见表面的几何形状（表面法线方向）；②光源的入射强度（能量）和方向；③观察者相对于物体的方位和距离（视线）；④物体表面的反射特性。这 4 个因素的作用情况可借助图 8-1 来介绍，其中物体用面元 S 代表；面元的法向量 N 指示了面元的朝向，它与物体局部几何形状有关；光源的入射强度和方向用向量 L 表示；观察者相对于物体的方位和距离借助视线向量 V 指示；物体表面反射特性 ρ 取决于面元的表面材料，它在一般情况下是面元空间位置的函数。

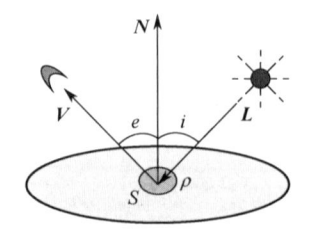

图 8-1 影响图像灰度变化的 4 个因素

根据图 8-1，若物体面元 S 上的入射光强度为 L，反射系数 ρ 为常数，则沿 N 的反射强度为

$$E(x,y) = L(x,y)\rho \cos i \tag{8-1}$$

如果光源处在观察者背后且发出平行光线，则 $\cos i = \cos e$。设视线与成像的 XY 平面垂直相交，再设物体具有朗伯散射表面，即表面反射强度不因观察位置变化而变化，则观察到的光线强度可写成

$$E(x,y) = L(x,y)\rho \cos e \tag{8-2}$$

为建立表面朝向与图像亮度的联系，把梯度坐标 PQ 同样布置在 XY 平面上，设法线沿离开观察者方向，则根据 $N = [p\ q\ -1]^T$，$V = [0\ 0\ -1]^T$，可以求得

$$\cos e = \cos i = \frac{[p\ q\ -1]^T \cdot [0\ 0\ -1]^T}{\left|[p\ q\ -1]^T\right| \cdot \left|[0\ 0\ -1]^T\right|} = \frac{1}{\sqrt{p^2 + q^2 + 1}} \tag{8-3}$$

将式（8-3）代入式（8-1），则观察到的图像灰度为

$$E(x,y) = L(x,y)\rho \frac{1}{\sqrt{p^2 + q^2 + 1}} \tag{8-4}$$

现在考虑光线不以 $i = e$ 角度入射的一般情况。设入射光穿过面元的光向量 L 为 $[p_i\ q_i\ -1]^T$，因为 $\cos i$ 为 N 和 L 的夹角余弦，所以有

$$\cos i = \frac{[p\ q\ -1]^T \cdot [0\ 0\ -1]^T}{\left|[p\ q\ -1]^T\right| \cdot \left|[0\ 0\ -1]^T\right|} = \frac{pp_i + qq_i + 1}{\sqrt{p^2 + q^2 + 1}\sqrt{p_i^2 + q_i^2 + 1}} \tag{8-5}$$

将式（8-5）代入式（8-1），则以任意角度入射时所观察到的图像灰度为

$$E(x,y) = L(x,y)\rho \frac{pp_i + qq_i + 1}{\sqrt{p^2 + q^2 + 1}\sqrt{p_i^2 + q_i^2 + 1}} \tag{8-6}$$

式（8-6）也可写成更抽象的一般形式：

$$E(x,y) = R(p,q) \tag{8-7}$$

这就是与式（6-22）一样的**图像亮度约束方程**。

2．梯度空间法

现在考虑由面元朝向变化导致的图像灰度变化。一个 3D 表面可表示为 $z = f(x,y)$，其上的面元法线可表示为 $N = [p\ q\ -1]^T$。可见 3D 空间中的表面从其取向来看只是 2D 梯度空间中的一个点 $G(p,q)$，如图 8-2 所示。使用这种**梯度空间**方法研究 3D 表面可起到降维（到 2D）的作用，但梯度空间的表达并未确定 3D 表面在 3D 坐标系中的位置。换句话说，2D 梯度空间中的一个点代表了所有朝向相同的面元，这些面元的空间位置可以各不相同。

借助梯度空间法可以分析和解释由平面相交而形成的结构，如多个平面相交可能形成凸结

构或凹结构，要判断其到底是凸结构还是凹结构，可以借助梯度信息。先看两个平面 S_1 和 S_2 相交形成交线 l 的情况，如图 8-3（其中梯度坐标 PQ 与空间坐标 XY 重合）所示。这里 G_1 和 G_2 分别代表两平面法线所对应的梯度空间点，它们之间的连线与 l 的投影 l' 垂直。

图 8-2　在 2D 梯度空间中表达 3D 表面

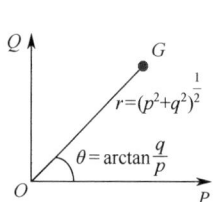

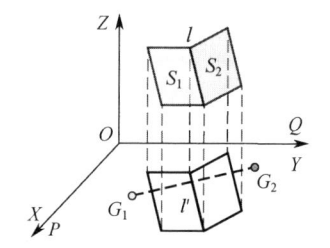

图 8-3　两个空间平面相交示例

如果同一个面的 S 和 G 同号（处在 l 的投影 l' 的同一边），则表明两个面组成凸结构，如图 8-4（a）所示。如果同一个面的 S 和 G 异号，则表明两个面组成凹结构，如图 8-4（b）所示。

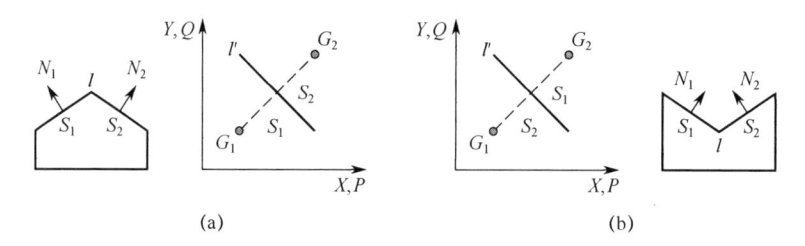

图 8-4　两个空间平面组成凸结构和凹结构

进一步考虑 3 个平面 A, B, C 相交、交线为 l_1, l_2, l_3 的情况，如图 8-5（a）所示。如果各交线两边的面和对应梯度点同号（各面顺时针依次为 A, A, B, B, C, C），则表明 3 个面组成凸结构，如图 8-5（b）所示。如果各交线两边的面和对应梯度点不同号（各面顺时针依次为 C, B, A, C, B, A），则表明 3 个面组成凹结构，如图 8-5（c）所示。

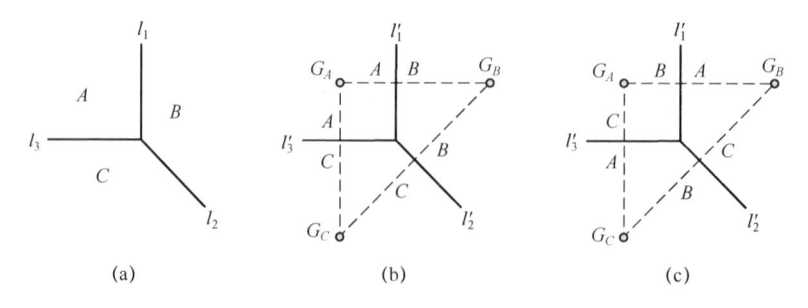

图 8-5　三个空间平面相交示例

现在回到式（8-4），将其改写成

$$p^2 + q^2 = \left[\frac{L(x,y)\rho}{E(x,y)}\right]^2 - 1 = \frac{1}{K^2} - 1 \quad (8\text{-}8)$$

其中，K 代表观察者观察到的相对反射强度。式（8-8）对应 PQ 平面上一系列同心圆的方程，每个圆代表观察到的同灰度面元的取向轨迹。在 $i = e$ 时，反射图由同心圆构成。对于 $i \neq e$ 的一般情况，反射图由一系列椭圆和双曲线构成。

现在给出反射图应用的一个示例。假设观察者可以看到三个平面 A, B, C，它们形成如图 8-6（a）所示的平面交角，但各平面的实际倾斜程度未知。利用反射图，可确定三个平面相互之间的夹角。设 L 和 V 同向，得到（由图像可测得相对反射强度）$K_A = 0.707, K_B = 0.807, K_C = 0.577$。根据两个面的 $G(p,q)$ 间连线垂直于两个面的交线的特点，可得到如图 8-6（b）所示的三角形（三个平面的朝向所满足的条件）。现要在如图 8-6（c）所示的反射图上找到 G_A, G_B, G_C。将各 K 值代入式（8-8），得到如下两组解：

$$(p_A, q_A) = (0.707, 0.707) \quad (p_B, q_B) = (-0.189, 0.707) \quad (p_C, q_C) = (0.707, 1.225) \quad (8\text{-}9)$$

$$(p'_A, q'_A) = (1,0) \quad (p'_B, q'_B) = (-0.732, 0) \quad (p'_C, q'_C) = (1,1) \quad (8\text{-}10)$$

第一组解对应图 8-6（c）中的小三角形，第二组解对应图 8-6（c）中的大三角形。两组解均满足相对反射强度的条件，因此三个平面的朝向有两种可能的组合情况，分别对应 3 条交线间的交点凸起和下凹两种结构。

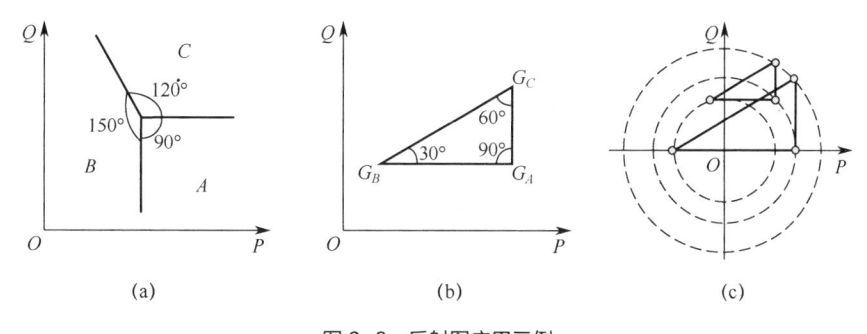

图 8-6　反射图应用示例

8.1.2　图像亮度方程求解

因为图像亮度约束方程将像素的灰度与朝向联系了起来，所以可考虑由图像中 (x,y) 处像素的灰度 $L(x,y)$ 来求该处的取向 (p,q)。但是在图像上对一个单独点亮度的测量只能提供一个约束，而表面的朝向有两个自由度。换句话说，设图像中目标的可见表面由 N 个像素组成，每个

像素有一个灰度值 $L(x, y)$，求解式（8-7）就是要求得该像素位置上的 (p, q) 值。利用 N 个像素由图像亮度方程只可以组成 N 个方程，未知量却有 $2N$ 个，即对于每个灰度值有两个梯度值要解，因此这是一个病态问题，无法得到唯一解。一般需要通过增加附加条件以建立附加方程来解决这个病态问题。换句话说，如果没有附加的信息，则并不能仅由图像亮度方程恢复表面朝向。

考虑附加信息的简单方法是利用单目图像中的约束。其中可考虑的主要约束包括唯一性、连续性（表面、形状）、相容性（对称、极线）等。在实际应用中，影响亮度的因素很多，因此只有在环境高度受控的情况下，由影调很好地恢复物体的形状才有可能。

实际中，人们常常只观察一幅平面画面就可以估计出其中人脸各部分的形状。这表明图中含有足够的信息或人们在观察时根据经验知识隐含地引入了附加的假设。事实上，许多实际物体表面是光滑的，或者说在深度上是连续的，进一步的偏微分也是连续的。更一般的情况是，目标具有分片连续的表面，只在边缘处不光滑。以上信息提供了一个很强的约束，对于表面上相邻的两块面元，它们的朝向有一定的联系，合起来应能给出一个连续平滑的表面。由此可见，可以借助宏观平滑约束的方法来提供附加信息，从而求解**图像亮度约束方程**。下面由简到繁地介绍其中 3 种情况。

1. 线性情况

先考虑线性反射这样的特殊情况，设

$$R(p,q) = f(ap + bq) \tag{8-11}$$

其中，a 和 b 是常数，此时反射图如图 8-7 所示，图中梯度空间的等值线是平行线。

式（8-11）中的 f 是一个严格单调函数（见图 8-8），它的反函数 f^{-1} 存在。由图像亮度方程可知：

$$s = ap + bq = f^{-1}[E(x, y)] \tag{8-12}$$

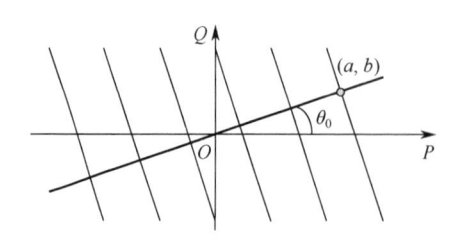

图 8-7　梯度元素线性组合的反射图

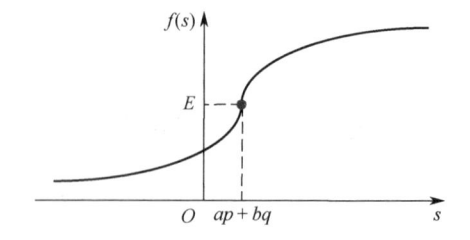

图 8-8　由 $E(x, y)$ 可以恢复 $s = ap + bq$

注意，这里仅通过对图像灰度的测量不能确定某个特殊图像点的梯度 (p, q)，但可得到一个

约束梯度可能取值的方程。对于一个与 X 轴夹角为 θ 的表面,其斜率为

$$m(\theta) = p\cos\theta + q\sin\theta \tag{8-13}$$

现选一个特定的方向 θ_0(参见图 8-7),$\tan\theta_0 = b/a$,即

$$\cos\theta_0 = \frac{a}{\sqrt{a^2+b^2}}$$
$$\sin\theta_0 = \frac{b}{\sqrt{a^2+b^2}} \tag{8-14}$$

这个方向上的斜率是

$$m(\theta_0) = \frac{ap+bq}{\sqrt{a^2+b^2}} = \frac{1}{\sqrt{a^2+b^2}} f^{-1}[E(x,y)] \tag{8-15}$$

从一个特定的图像点开始先取一个小步长 δs,此时 z 的变化是 $\delta z = m\delta s$,即

$$\frac{\mathrm{d}z}{\mathrm{d}s} = \frac{1}{\sqrt{a^2+b^2}} f^{-1}[E(x,y)] \tag{8-16}$$

其中,x 和 y 均为关于 s 的线性函数:

$$x(s) = x_0 + s\cos\theta$$
$$y(s) = y_0 + s\sin\theta \tag{8-17}$$

先求表面上一点 (x_0, y_0, z_0) 处的解,将前面的微分方程对 z 积分,得到

$$z(s) = z_0 + \frac{1}{\sqrt{a^2+b^2}} \int_0^s f^{-1}[E(x,y)]\mathrm{d}s \tag{8-18}$$

按这种方式可得到沿如上所给直线(图 8-9 中的平行直线之一)的一个表面剖线。当反射图是梯度元素线性组合的函数时,表面剖线是平行直线。只要初始的高度 $z_0(t)$ 给定,利用沿着这些线的积分就可恢复表面。当然在实际中积分是要用数值算法来计算的。

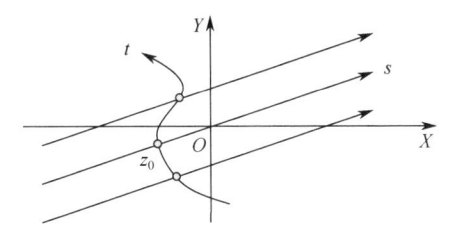

图 8-9 根据平行的表面剖线恢复表面

需要注意的是,如果想知道绝对距离就需要知道某个点的 z_0 值,不过没有这个绝对距离也可以恢复(表面)形状。另外,仅由积分常数 z_0 不能确定绝对距离,这是因为 z_0 本身并不影响影调,只有深度的变化可以影响影调。

2. 旋转对称情况

现在考虑一个更通用的情况。如果光源的分布对观察者来说是旋转对称的，那么反射图也是旋转对称的。例如，当观察者从下向上观看半球形的天空时，得到的反射图就是旋转对称的；再如当点光源与观察者处于相同位置时，得到的反射图也是旋转对称的。在这些情况下，有

$$R(p,q) = f(p^2 + q^2) \qquad (8\text{-}19)$$

现假设函数 f 是严格单调和可导的，并且反函数为 f^{-1}，则根据图像亮度方程：

$$p^2 + q^2 = f^{-1}[E(x,y)] \qquad (8\text{-}20)$$

如果表面最速上升方向与 x 轴的夹角是 θ_s，其中 $\tan\theta_s = p/q$，则有

$$\cos\theta_s = \frac{p}{\sqrt{p^2+q^2}}$$
$$\sin\theta_s = \frac{q}{\sqrt{p^2+q^2}} \qquad (8\text{-}21)$$

根据式（8-13），最速上升方向上的斜率是

$$m(\theta_s) = \sqrt{p^2+q^2} = \sqrt{f^{-1}[E(x,y)]} \qquad (8\text{-}22)$$

在这种情况下，如果知道了表面的亮度就可以知道它的斜率，只是还不知道最速上升的方向，即不知 p 和 q 各自的值。现设最速上升的方向由 (p,q) 给出，如果在最速上升方向上取一个长度为 δs 的小步长，则由此导致的 x 和 y 的变化应为

$$\delta x = \frac{p}{\sqrt{p^2+q^2}}\delta s$$
$$\delta y = \frac{q}{\sqrt{p^2+q^2}}\delta s \qquad (8\text{-}23)$$

而 z 的变化为

$$\delta z = m\delta s = \sqrt{p^2+q^2}$$
$$\delta s = \sqrt{f^{-1}[E(x,y)]}\delta s \qquad (8\text{-}24)$$

为简化这些方程，可取步长为 $\sqrt{p^2+q^2}\delta s$，于是得到

$$\delta x = p\delta s$$
$$\delta y = q\delta s$$
$$\delta z = (p^2+q^2)\delta s = \{f^{-1}[E(x,y)]\}\delta s \qquad (8\text{-}25)$$

另外，一个水平表面在图像上是一个均匀亮度的区域，因此只有曲面的亮度梯度才不为零。为确定亮度梯度，可将图像亮度方程对 x 和 y 求导。令 u, v, w 分别为 z 对 x 和 y 的二阶偏

导数，即

$$u = \frac{\partial^2 z}{\partial x^2}$$
$$\frac{\partial^2 z}{\partial x \partial y} = v = \frac{\partial^2 z}{\partial y \partial x} \qquad (8\text{-}26)$$
$$w = \frac{\partial^2 z}{\partial y^2}$$

则根据导数的链规则可以得到

$$E_x = 2(pu + qv)f'$$
$$E_y = 2(pv + qw)f' \qquad (8\text{-}27)$$

其中，f'是f对其唯一变量的导数。

现在来确定在图像平面取步长($\delta x, \delta y$)而带来的δp和δq的变化。通过对p和q求微分可得

$$\delta p = u\delta x + v\delta y$$
$$\delta q = v\delta x + w\delta y \qquad (8\text{-}28)$$

根据式（8-25）可得

$$\delta p = (pu + qv)\delta s$$
$$\delta q = (pv + qw)\delta s \qquad (8\text{-}29)$$

或再由式（8-27）可得

$$\delta p = \frac{E_x}{2f'}\delta s$$
$$\delta q = \frac{E_y}{2f'}\delta s \qquad (8\text{-}30)$$

这样，在$\delta s \rightarrow 0$的极限情况下，可得如下一组5个微分方程（微分都是对s进行的）：

$$\dot{x} = p$$
$$\dot{y} = q$$
$$\dot{z} = p^2 + q^2 \qquad (8\text{-}31)$$
$$\dot{p} = \frac{E_x}{2f'}$$
$$\dot{q} = \frac{E_y}{2f'}$$

如果给定初始值，上述5个常微分方程可以用数值法解出，得到一条在目标表面上的曲线。这样得到的曲线称为特征曲线，在这里正好是最速上升曲线。这类曲线与等高线点点垂直。注意当$R(p, q)$是p和q的线性函数时，特征曲线平行于物体表面。

另外，将式（8-31）中$\dot{x} = p$和$\dot{y} = q$对s再微分一次，可得到另一组方程：

$$\ddot{x} = \frac{E_x}{2f'}$$
$$\ddot{y} = \frac{E_y}{2f'} \qquad (8\text{-}32)$$
$$z = f^{-1}[E(x,y)]$$

因为 E_x 和 E_y 都是对图像亮度的测量,所以上述方程均需要用数值解法求解。

3. 平滑约束的一般情况

在一般情况下,物体表面是比较光滑的(虽然各物体之间有不连续处),这个条件可以作为附加约束条件。如果认为(在物体轮廓内)物体表面是光滑的,则以下两式成立:

$$(\nabla p)^2 = \left(\frac{\partial p}{\partial x} + \frac{\partial p}{\partial y}\right)^2 = 0 \qquad (8\text{-}33)$$

$$(\nabla q)^2 = \left(\frac{\partial q}{\partial x} + \frac{\partial q}{\partial y}\right)^2 = 0 \qquad (8\text{-}34)$$

将它们与图像亮度约束方程结合,可将求解表面朝向问题转变成最小化一个如下总误差的问题:

$$\varepsilon(x,y) = \sum_x \sum_y \{[E(x,y) - R(p,q)]^2 + \lambda[(\nabla p)^2 + (\nabla q)^2]\} \qquad (8\text{-}35)$$

式(8-35)可看作:求取物体表面面元的朝向分布,使灰度总体误差与平滑度总体误差的加权和最小(参见 7.3.3 小节)。令 $\bar{p}$ 和 $\bar{q}$ 分别表示 p 邻域和 q 邻域的均值,将 ε 分别对 p 和 q 求导并取导数为零,再将 $\nabla p = p - \bar{p}$ 和 $\nabla q = q - \bar{q}$ 代入,得到

$$p(x,y) = \bar{p}(x,y) + \frac{1}{\lambda}[E(x,y) - R(p,q)]\frac{\partial R}{\partial p} \qquad (8\text{-}36)$$

$$q(x,y) = \bar{q}(x,y) + \frac{1}{\lambda}[E(x,y) - R(p,q)]\frac{\partial R}{\partial q} \qquad (8\text{-}37)$$

迭代求解式(8-36)和式(8-37)的公式如下(迭代初始值可用边界点值):

$$p^{(n+1)} = \bar{p}^{(n)} + \frac{1}{\lambda}[E(x,y) - R(p^{(n)},q^{(n)})]\frac{\partial R^{(n)}}{\partial p} \qquad (8\text{-}38)$$

$$q^{(n+1)} = \bar{q}^{(n)} + \frac{1}{\lambda}[E(x,y) - R(p^{(n)},q^{(n)})]\frac{\partial R^{(n)}}{\partial q} \qquad (8\text{-}39)$$

这里要注意物体轮廓内外不平滑,有跳变。

4. 图像亮度约束方程求解的流程图

梳理求解式(8-38)和式(8-39)的流程图,如图 8-10 所示,它的基本框架也可用于求解光流方程的松弛迭代——式(7-58)和式(7-59)。

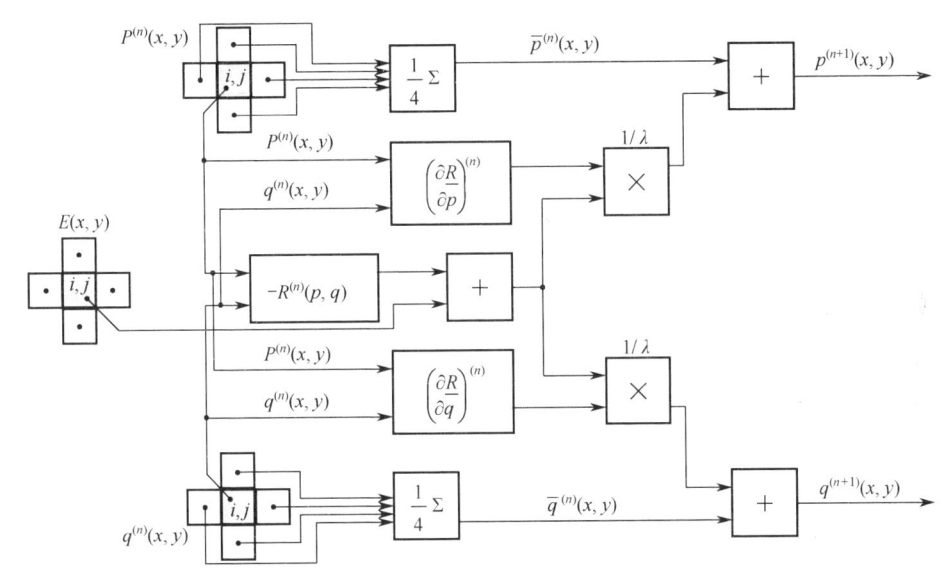

图 8-10　约束方程求解的流程图

最后给出两组由影调恢复形状的示例，如图 8-11 所示。图 8-11（a）为一幅圆球图像，图 8-11（b）为利用影调信息从图 8-11（a）得到的圆球表面朝向针图（图中短线指示该处的法线朝向）；图 8-11（c）为另一幅圆球图像，图 8-11（d）为利用影调信息从图 8-11（c）得到的表面朝向针图。图 8-11（a）和图 8-11（b）这组图中光源方向与视线方向比较接近，因此对于整个可见表面，基本上各点朝向都可确定。图 8-11（c）和图 8-11（d）这组图中光源方向与视线方向夹角比较大，因此对于光线照射不到的可见表面，无法确定其朝向。

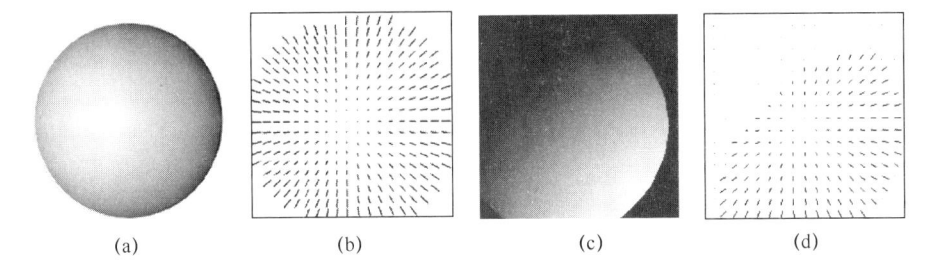

图 8-11　由影调恢复形状示例

8.2　由纹理恢复形状

当人们观察有纹理覆盖的表面时，只用一只眼睛就可以观察出表面的倾斜程度，因为表面的纹理会由于倾斜而看起来失真，而根据先验知识，人们可从失真中获得表面朝向的信息。纹

理在恢复表面朝向方面的作用早在 1950 年就已被阐述[5]。下面将介绍这类根据观察到的纹理失真来估计表面朝向的方法，这就是**由纹理恢复形状**或从纹理恢复形状。

8.2.1 单目成像和纹理畸变

根据 2.2.2 小节中关于透视投影成像的讨论可知：物体距观察点或采集器越远，所成的像就越小，反之则越大。这可看作一种尺寸上的**畸变**。这种成像的畸变包含了 3D 物体的空间和结构信息。这里需要指出，除非认为物体的 X 或 Y 已知，否则由 2D 图像并不能直接得到采集器与物体之间的绝对距离（得到的只是相对距离）。

物体的几何轮廓可看作由许多直线段连接组成。下面考虑 3D 空间中的直线透射投影到 2D 像平面上出现的一些畸变情况。参照 2.2.2 小节中的摄像机模型，点的投影仍是点。一条直线是由其两端点及中间点组成的，因此一条直线的投影可根据这些点的投影来确定。设有两个空间点（直线两端点）$\boldsymbol{W}_1 = [X_1 \quad Y_1 \quad Z_1]^T$，$\boldsymbol{W}_2 = [X_2 \quad Y_2 \quad Z_2]^T$，它们中间的点可表示为（$0 < s < 1$）

$$s\boldsymbol{W}_1 + (1-s)\boldsymbol{W}_2 = s\begin{bmatrix} X_1 \\ Y_1 \\ Z_1 \end{bmatrix} + (1-s)\begin{bmatrix} X_2 \\ Y_2 \\ Z_2 \end{bmatrix} \tag{8-40}$$

上述两端点投影后借助齐次坐标（见 2.2.1 小节）可表示为 $\boldsymbol{P}\boldsymbol{W}_1 = [kX_1 \quad kY_1 \quad kZ_1 \quad q_1]^T$，$\boldsymbol{P}\boldsymbol{W}_2 = [kX_2 \quad kY_2 \quad kZ_2 \quad q_2]^T$，其中 $q_1 = k(\lambda - Z_1)/\lambda$，$q_2 = k(\lambda - Z_2)/\lambda$。原 $\boldsymbol{W}_1$ 和 $\boldsymbol{W}_2$ 之间的直线上的点经投影后可表示为（$0 < s < 1$）

$$\boldsymbol{P}[s\boldsymbol{W}_1 + (1-s)\boldsymbol{W}_2] = s\begin{bmatrix} kX_1 \\ kY_1 \\ kZ_1 \\ q_1 \end{bmatrix} + (1-s)\begin{bmatrix} kX_2 \\ kY_2 \\ kZ_2 \\ q_2 \end{bmatrix} \tag{8-41}$$

换句话说，这一空间直线上所有点的像平面坐标都可以通过用齐次坐标的第四项去除前三项得到，即可表示为（$0 \leq s \leq 1$）

$$\boldsymbol{w} = [x \quad y]^T = \left[\frac{sX_1 + (1-s)X_2}{sq_1 + (1-s)q_2} \quad \frac{sY_1 + (1-s)Y_2}{sq_1 + (1-s)q_2}\right]^T \tag{8-42}$$

以上是用 s 表示空间点的投影变换结果。

另外，在像平面上有 $\boldsymbol{w}_1 = [\lambda X_1/(\lambda - Z_1) \quad \lambda Y_1/(\lambda - Z_1)]^T$，$\boldsymbol{w}_2 = [\lambda X_2/(\lambda - Z_2) \quad \lambda Y_2/(\lambda - Z_2)]^T$，它们之间连线上的点可表示为（$0 < t < 1$）

$$tw_1 + (1-t)w_2 = t\begin{bmatrix} \dfrac{\lambda X_1}{\lambda - Z_1} \\ \dfrac{\lambda Y_1}{\lambda - Z_1} \end{bmatrix} + (1-t)\begin{bmatrix} \dfrac{\lambda X_2}{\lambda - Z_2} \\ \dfrac{\lambda Y_2}{\lambda - Z_2} \end{bmatrix} \tag{8-43}$$

因此 w_1 和 w_2 及它们之间连线上的点在像平面上的坐标（用 t 表示，$0 \leq t \leq 1$）为

$$w = [x\ y]^T = \left[t\dfrac{\lambda X_1}{\lambda - Z_1} + (1-t)\dfrac{\lambda X_2}{\lambda - Z_2} \quad t\dfrac{\lambda Y_1}{\lambda - Z_1} + (1-t)\dfrac{\lambda Y_2}{\lambda - Z_2} \right]^T \tag{8-44}$$

如果用 s 表示的投影结果就是用 t 表示的像点坐标，则式（8-42）和式（8-44）应相等，由此可解得

$$s = \dfrac{tq_2}{tq_2 + (1-t)q_1} \tag{8-45}$$

$$t = \dfrac{sq_1}{sq_1 + (1-s)q_2} \tag{8-46}$$

由式（8-45）和式（8-46）可知：s 与 t 是单值关系。在 3D 空间中，s 表示的点在 2D 像平面中对应一个且只有一个 t 表示的点。所有用 s 表示的空间点连成一条直线，所有用 t 表示的像点也连成一条直线。可见 3D 空间中的一条直线在投影到 2D 像平面上后，只要不是垂直投影，其结果仍是一条直线。如果是垂直投影，则投影结果只是一个点（这是一种特殊情况）。其逆命题也成立，即 2D 像平面上的直线必由 3D 空间中的一条直线投影产生（在特殊情况下，也可由一个平面投影产生）。

接下来考虑平行线的畸变，因为平行是直线系统中很有特点的一种线间关系。在 3D 空间中，一条直线上的点 (X, Y, Z) 可表示为

$$\begin{bmatrix} X \\ Y \\ Z \end{bmatrix} = \begin{bmatrix} X_0 \\ Y_0 \\ Z_0 \end{bmatrix} + k\begin{bmatrix} a \\ b \\ c \end{bmatrix} \tag{8-47}$$

其中，(X_0, Y_0, Z_0) 为直线的起点；(a, b, c) 为直线的方向余弦；k 为任意系数。

对一组平行线来说，它们的 (a, b, c) 都相同，只是 (X_0, Y_0, Z_0) 不同。各平行线间的距离由它们 (X_0, Y_0, Z_0) 的差别决定。将式（8-47）代入式（2-27）和式（2-28）可得

$$x = \lambda \dfrac{(X_0 + ka - D_x)\cos\gamma + (Y_0 + kb - D_y)\sin\gamma}{-(X_0 + ka - D_x)\sin\alpha\sin\gamma + (Y_0 + kb - D_y)\sin\alpha\cos\gamma - (Z_0 + kc - D_z)\cos\alpha + \lambda} \tag{8-48}$$

$$y = \lambda \dfrac{-(X_0 + ka - D_x)\sin\gamma\cos\alpha + (Y_0 + kb - D_y)\cos\alpha\cos\gamma + (Z_0 + kc - D_z)\sin\alpha}{-(X_0 + ka - D_x)\sin\alpha\sin\gamma + (Y_0 + kb - D_y)\sin\alpha\cos\gamma - (Z_0 + kc - D_z)\cos\alpha + \lambda} \tag{8-49}$$

当直线向两端无限延伸时，$k = \pm\infty$，式（8-48）和式（8-49）分别简化为

$$x_{\infty} = \lambda \frac{a\cos\gamma + b\sin\gamma}{-a\sin\alpha\sin\gamma + b\sin\alpha\cos\gamma - c\cos\alpha} \quad (8\text{-}50)$$

$$y_{\infty} = \lambda \frac{-a\sin\gamma\cos\alpha + b\cos\alpha\cos\gamma + c\sin\alpha}{-a\sin\alpha\sin\gamma + b\sin\alpha\cos\gamma - c\cos\alpha} \quad (8\text{-}51)$$

可见平行线的投影轨迹只与(a, b, c)有关，而与(X_0, Y_0, Z_0)无关。换句话说，具有相同(a, b, c)的平行线在无限延伸后将交于一点。这个点可能在像平面中，也可能在像平面外，因此也称为**消失点/消隐点**或**虚点**。对消失点的计算将在 8.2.3 小节介绍。

8.2.2　由纹理变化恢复表面朝向

利用物体表面上的纹理可以确定表面的取向，进而恢复表面的形状。这里对纹理的描述主要根据结构法的思想（可参见参考文献[6]）：复杂的纹理是由一些简单的纹理基元（**纹理元**）以某种有规律的形式重复排列组合而成的。换句话说，纹理元可看作一个区域里带有重复性和不变性的视觉基元。这里重复性是指这些基元在不同的位置和方向反复出现，当然这种重复性在一定的分辨率（给定视觉范围内纹理元的数目）下才可能；不变性是指组成同一基元的像素有一些基本相同的特性，这些特性可能只与灰度有关，也可能还依赖其形状等特性。

1．三种典型方法

利用物体表面的纹理确定其朝向要考虑成像过程的影响，具体与物体纹理和图像纹理之间的联系有关。在获取图像的过程中，原始物体上的纹理结构有可能在图像上发生变化（既有大小又有方向的梯度变化），这种变化随纹理所在表面朝向的不同而（有可能）不同，因而带有物体表面取向的 3D 信息。注意，这里不是说表面纹理本身带有 3D 信息，而是说纹理在成像过程中产生的变化带有 3D 信息。纹理的变化主要可分为 3 类（这里假设纹理局限在一个水平表面上），如图 8-12 所示。

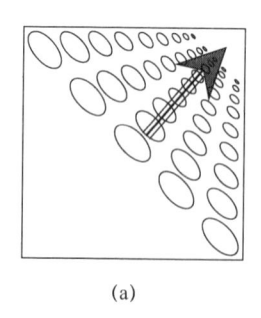

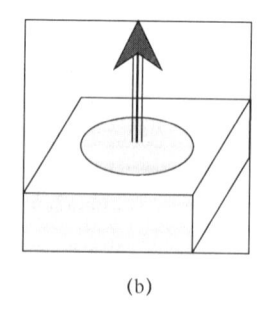

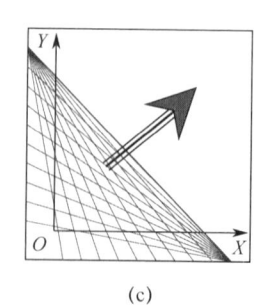

图 8-12　纹理变化与表面朝向

常用的信息恢复方法也可对应分成以下 3 类。

1）利用纹理元尺寸的变化

在透视投影中存在近大远小的规律，因此位置不同的纹理元在投影后尺寸会产生不同的变化。这在沿着铺了地板或地砖的方向观看时很明显。根据纹理元投影尺寸变化率的极大值，可以确定纹理元所在平面的取向，如图 8-12（a）所示，这个极大值的方向也就是纹理梯度的方向。设图像平面与纸面重合，视线从纸中出来，则纹理梯度的方向取决于纹理元绕**摄像机轴线**旋转的角度，而纹理梯度的数值给出纹理元相对于视线的倾斜程度。因此，借助摄像机安放的几何信息就可将纹理元及所在平面的朝向确定下来。

图 8-13 给出两幅图像来说明纹理元尺寸的变化能给出物体深度的线索，图 8-13（a）的前部有许多花瓣（相当于纹理元），花瓣尺寸由前向后（由近及远）逐步缩小。这种纹理元尺寸的变化给人以场景深度的感觉。图 8-13（b）的建筑物上有许多立柱和窗户（相当于规则的纹理元），它们大小的变化同样给人以场景深度的感觉，并且很容易帮助观察者做出建筑物的折角处距离最远的判断。

图 8-13　纹理元尺寸变化给出物体深度

需要注意的是，3D 物体表面规则的纹理在 2D 图像中会产生纹理梯度，但是反过来，2D 图像中的纹理梯度并不一定来自 3D 物体表面规则的纹理。

2）利用纹理元形状的变化

物体表面纹理元的形状在**透视投影**和**正交投影**成像后可能发生一定的变化，如果已经知道纹理元的原始形状，也可从纹理元形状的变化结果推算出表面的朝向。平面的朝向是由两个角度（相对于摄像机轴线旋转的角度和相对于视线倾斜的角度）决定的，对于给定的原始纹理元，根据其成像后的变化结果可确定这两个角度。例如，在平面上，由圆环组成的纹理在倾斜的平面上会变成椭圆，如图 8-12（b）所示，这时椭圆主轴的取向确定了相对于摄像机轴线旋转的角度，而长短轴长度的比值反映了相对于视线倾斜的角度，该比值也称**外观比例**，下面介绍

其计算过程。

设圆形纹理基元所在平面的方程为

$$ax + by + cz + d = 0 \tag{8-52}$$

构成纹理的圆形可看作平面与球面的交线（平面与球面的交线总为圆形，但当视线与平面不垂直时，形变会导致观察者看到的交线总为椭圆形），这里设球面方程为

$$x^2 + y^2 + z^2 = r^2 \tag{8-53}$$

联立式（8-52）和式（8-53）可解得（相当于将球面投影到平面上）

$$\frac{a^2 + c^2}{c^2}x^2 + \frac{b^2 + c^2}{c^2}y^2 + \frac{2adx + 2bdy + 2abxy}{c^2} = r^2 - \frac{d^2}{c^2} \tag{8-54}$$

这是一个椭圆方程，可进一步变换为

$$\left[(a^2 + c^2)x + \frac{ad}{a^2 + c^2}\right]^2 + \left[(b^2 + c^2)y + \frac{bd}{b^2 + c^2}\right]^2 + 2abxy = c^2 r^2 - \left[\frac{a^2 d^2 + b^2 d^2}{a^2 + c^2}\right]^2 \tag{8-55}$$

由式（8-55）可得到椭圆的中心点坐标，并确定椭圆的长半轴与短半轴，从而可算出旋转角和倾斜角。

另一种判断圆形纹理变形的方法是分别计算不同椭圆的长半轴与短半轴。参见图 8-14（其中世界坐标系与摄像机坐标系重合），圆形纹理基元所在的平面与 Y 轴的夹角为 α（也是纹理平面与图像平面的夹角）。此时在所成像中，不仅圆形纹理基元成为椭圆，而且上部基元的密度要大于中部，形成密度梯度。另外，各椭圆的外观比例（短半轴与长半轴的长度比）也不是常数，形成外观比例梯度。此时，既有纹理元尺寸的变化，也有纹理元形状的变化。

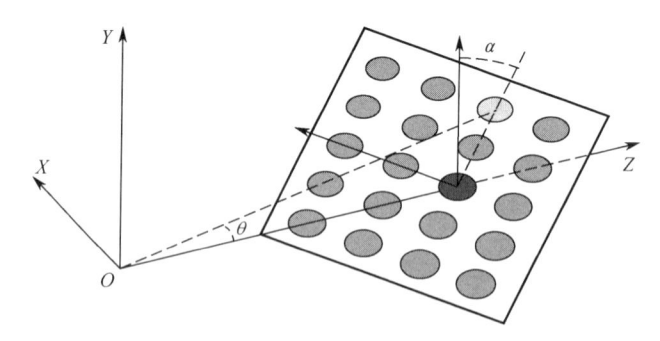

图 8-14　圆形纹理基元平面在坐标系中的位置

如果设原来圆形的直径为 D，则对于处在物体中心的圆形，其成像中椭圆的长轴（根据透视投影关系可求得）为

$$D_{\text{major}}(0,0) = \lambda \frac{D}{Z} \quad (8\text{-}56)$$

其中，λ 为摄像机焦距；Z 为物距。此时的外观比例为倾斜角的余弦，即

$$D_{\text{minor}}(0,0) = \lambda \frac{D}{Z} \cos\alpha \quad (8\text{-}57)$$

现在考虑物体上不在摄像机光轴上的基元（如图 8-14 中的浅色椭圆），如果基元的 Y 坐标为 y，与原点的连线和 Z 轴的夹角为 θ，则可得[7]

$$D_{\text{major}}(0,y) = \lambda \frac{D}{Z}(1 - \tan\theta \tan\alpha) \quad (8\text{-}58)$$

$$D_{\text{minor}}(0,y) = \lambda \frac{D}{Z} \cos\alpha (1 - \tan\theta \tan\alpha)^2 \quad (8\text{-}59)$$

此时的外观比例为 $\cos\alpha(1-\tan\theta\tan\alpha)$，它将随 θ 的增大而减小，形成外观比例梯度。

顺便指出，上面利用纹理元形状变化确定纹理元所在平面朝向的思路也可以扩展（但常需要考虑更多的因素），如借助图像中 2D 区域的边界的形状有时也能推断出 3D 物体的形状，又如，对于图像中的椭圆，直接的解释常是源于场景中的圆盘或圆球。此时如果椭圆内的明暗变化和纹理模式是均匀的，那么圆盘的解释更合理；但如果明暗变化和纹理模式都有朝向边界的放射状的变化，那么圆球的解释更合理。

3）利用纹理元之间空间关系的变化

如果纹理是由有规律的**纹理元栅格**组成的，则可以通过计算其**消失点/消隐点**来恢复表面朝向信息（见 8.2.3 小节）。消失点是相交线段集合中各线段的共同交点。对于一个透射图，平面上的消失点是无穷远处纹理元以一定方向投影到图像平面上而形成的，或者说是平行线在无穷远处的汇聚点。例如，图 8-15（a）是一个各表面均有平行网格线的长方体的透视图，图 8-15（b）则是关于它各表面纹理消失点的示意图。

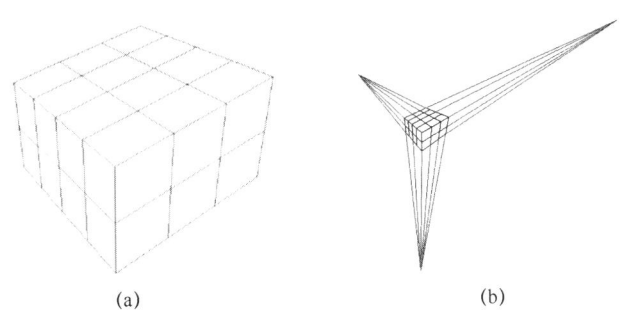

(a)　　(b)

图 8-15　纹理元栅格和消失点示意图

如果沿表面向其消失点望过去，则可看出纹理元之间空间关系的变化，即纹理元分布密度的增加。利用从同一表面纹理元栅格得到的两个消失点可以确定出表面的取向。这两个点所在的直线也称**消失线/消隐线**，它是由同一个平面上不同方向的平行线的消失点构成的（如地面上不同方向的平行线的消失点构成了地平线）。消失线的方向指示纹理元相对于摄像机轴线的旋转角度，而消失线与 $x = 0$ 的交点指示纹理元相对于视线的倾斜角度，如图 8-12（c）所示。上述情况很容易借助透视投影的模型来解释。

上述三种利用纹理元变化来确定物体表面朝向的方法可归纳为表 8-1。

表 8-1　三种利用纹理元变化确定物体表面朝向的方法比较

方　　法	旋　转　角	倾　斜　角
利用纹理元尺寸的变化	纹理梯度方向	纹理梯度数值
利用纹理元形状的变化	纹理元主轴方向	纹理元长短轴之比
利用纹理元之间空间关系的变化	两消失点间连线的方向	两消失点间连线与 $x = 0$ 的交点

2. 从纹理获取形状

由纹理确定表面取向并恢复表面形状的具体效果与表面本身的梯度、观察点和表面之间的距离及视线和图像之间的夹角等因素有关。表 8-2 给出一些典型方法的概况，其中也列出了从纹理获取形状的各种术语[8]。现已提出的各种由纹理确定表面的方法多基于对它们的不同组合。

表 8-2　从纹理获取形状的一些典型方法概况

表面线索	表面种类	原始纹理	投影类型	分析方法	分析单元	单元属性
纹理梯度	平面	未知	透视	统计	波	波长
纹理梯度	平面	未知	透视	结构	区域	面积
纹理梯度	平面	均匀密度	透视	统计/结构	边缘/区域	密度
会聚线	平面	平行线	透视	统计	边缘	方向
归一化纹理特性图	平面	已知	正交	结构	线	长度
归一化纹理特性图	曲面	已知	球面	结构	区域	轴
形状失真	平面	各向同性	正交	统计	边缘	方向
形状失真	平面	未知	正交	结构	区域	形状

在表 8-2 中，不同方法之间的区别主要是采用不同的表面线索，分别为纹理梯度（指表面上纹理粗糙度变化最大的速率和方向）、会聚线（可限制水平表面的朝向，假设这些线在 3D 空

间中是平行的，会聚线能确定图像的消失点）、归一化纹理特性图（类似于从影调获取形状中的反射图）和形状失真（如果已知表面上一个模式的原始形状，则对于表面的各种朝向都可在图像上确定出所能观察到的形状）。表面在多数情况下是平面，但也可以是曲面；分析方法既可以是结构方法也可以是统计方法。

在表 8-2 中，投影类型多为透视投影，但也可以是正交投影或球面投影。在球面投影中，观察者位于球心，图像形成在球面上，视线与球面垂直。在由纹理恢复表面朝向时，要根据投影后原始纹理元形状的畸变来重构 3D 立体。形状畸变主要与两个因素有关：①观察者与物体之间的距离，它影响纹理元畸变后的大小；②物体表面的法线与视线之间的夹角（也称表面倾角），它影响纹理元畸变后的形状。在正交投影中，第①个因素不起作用，仅第②个因素起作用。在透射投影中，第①个因素起作用，而第②个因素仅在物体表面是曲面时起作用（如果物体表面是平面，则不会产生影响形状的畸变）。能使上述两个因素共同对物体形状产生作用的是球形透射投影。这时观察者与物体之间距离的变化会引起纹理元尺寸的变化，而物体表面倾角的变化会引起投影后物体形状的变化。

在由纹理恢复表面朝向的过程中，常需要对纹理模式有一定的假设，两个典型假设如下。

（1）各向同性假设。**各向同性假设**认为，对于各向同性的纹理，在纹理平面发现一个纹理元的概率与该纹理元的朝向无关。换句话说，各向同性纹理的概率模型不需要考虑纹理平面上坐标系的朝向[9]。

（2）均匀性假设。图像中纹理的均匀性是指在图像中任意位置选取一个窗口，其纹理都与在其他位置选取的窗口的纹理一致。更严格地说，一个像素值的概率分布只取决于该像素邻域的性质，而与像素自身的空间坐标无关[9]。根据**均匀性假设**，如果采集了图像中一个窗口的纹理作为样本，则可根据该样本的性质为窗口外的纹理建立模型。

在通过正交投影获得的图像中，即便假设纹理是均匀的，也无法恢复纹理平面的朝向，这是因为均匀纹理经过视角变换仍然是均匀纹理。但如果考虑通过透射投影获得的图像，则纹理平面朝向的恢复成为可能。

这个问题可以解释如下：在均匀性假设下，并认为纹理由点的均匀模式组成，如果对纹理平面用等间隔的网格进行采样，那么每个网格获得的纹理点的数量应该是相同的或很接近的。但如果将这个用等间隔网格覆盖的纹理平面进行透射投影，那么一些网格会被映射成较大的四边形，而另一些网格会被映射成较小的四边形。也就是说，图像平面上的纹理不再均匀。由于网格被映射成不同的大小，其中所包含的（原来均匀的）纹理模式的数量不再一致。根据这个性质，可以借助不同窗口所含纹理模式数量的比例关系来确定成像平面与纹理平面的相对朝向。

3. 纹理立体技术

结合纹理方法和立体视觉方法的技术称为**纹理立体技术**，它通过同时获取场景的两幅图像来估计物体表面的方向，避免了复杂的对应点匹配问题。在这种技术中，所用的两个成像系统是靠旋转变换相联系的。

在图 8-16 中，与纹理梯度方向正交且与物体表面平行的直线称为特征线，在此线上没有纹理结构的变化。特征线与 X 轴之间的夹角称为特征角，可通过比较纹理区域的傅里叶能量谱而计算得到。根据从两幅图像得到的特征线和特征角可确定表面法向量 $N = [N_x \ N_y \ N_z]^T$：

$$N_x = \sin\theta_1(a_{13}\cos\theta_2 + a_{23}\sin\theta_2) \tag{8-60}$$

$$N_y = -\cos\theta_1(a_{13}\cos\theta_2 + a_{23}\sin\theta_2) \tag{8-61}$$

$$N_z = \cos\theta_1(a_{21}\cos\theta_2 + a_{22}\sin\theta_2) - \sin\theta_1(a_{11}\cos\theta_2 + a_{21}\sin\theta_2) \tag{8-62}$$

其中，θ_1 和 θ_2 分别为两幅图像中特征线与 X 轴逆时针方向所成的夹角；系数 a_{ij} 为两个成像系统中对应轴之间的方向余弦。

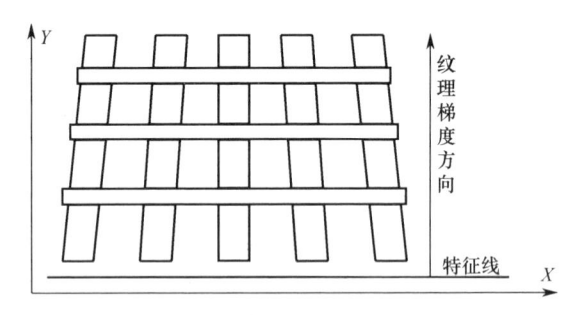

图 8-16 纹理表面的特征线

8.2.3 纹理消失点检测

消失点在确定纹理元之间空间关系变化中有着重要作用。借助对纹理消失点的检测，可以精确地确定物体表面的朝向。

1. 检测线段纹理消失点

如果纹理模式是由直线线段构成的，则可借助图 8-17 来理解检测其消失点的方法。理论上，这项工作可分两步进行（每步需要用一次哈夫变换）[10]：①确定图像中所有的直线（可直接借助哈夫变换进行）；②找到那些通过共同点的直线并确定哪些点为消失点（借助哈夫变换在参数空间中检测点累积的峰）。

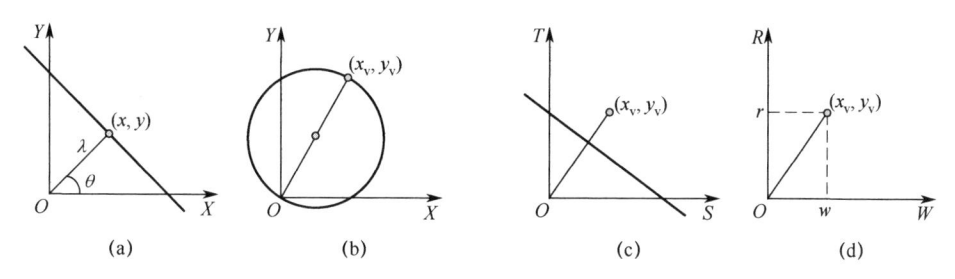

图 8-17 确定线段纹理消失点

根据哈夫变换，可通过在参数空间中检测参数来确定图像空间中的直线。根据图 8-17（a），在极坐标系中，直线可表示为

$$\lambda = x\cos\theta + y\sin\theta \tag{8-63}$$

如果用符号"⇒"表示从一个集合到另一个集合的变换，则变换 $\{x, y\} \Rightarrow \{\lambda, \theta\}$ 将图像空间 XY 中的一条直线映射为参数空间 $\Lambda\Theta$ 中的一个点，而图像空间 XY 中具有相同消失点 (x_v, y_v) 的线段集合被投影到参数空间 $\Lambda\Theta$ 中的一个圆上。为说明这点，可将 $\lambda = \sqrt{x^2 + y^2}$ 和 $\theta = \arctan\{y/x\}$ 代入式（8-64）：

$$\lambda = x_v \cos\theta + y_v \sin\theta \tag{8-64}$$

将结果再转换到直角坐标系中，可得到

$$\left(x - \frac{x_v}{2}\right)^2 + \left(y - \frac{y_v}{2}\right)^2 = \left(\frac{x_v}{2}\right)^2 + \left(\frac{y_v}{2}\right)^2 \tag{8-65}$$

式（8-65）代表一个圆心在 $(x_v/2, y_v/2)$、半径为 $\lambda = \sqrt{(x_v/2)^2 + (y_v/2)^2}$ 的圆，如图 8-17（b）所示。这个圆是所有以 (x_v, y_v) 为消失点的线段集合投影到 $\Lambda\Theta$ 空间中的轨迹。换句话说，可用变换 $\{x, y\} \Rightarrow \{\lambda, \theta\}$ 把线段集合从 XY 空间映射到 $\Lambda\Theta$ 空间中，从而对消失点进行检测。

上述确定消失点的方法有两个缺点：一是对圆的检测比对直线的检测难，计算量也大；二是当 $x_v \to \infty$ 或 $y_v \to \infty$ 时，有 $\lambda \to \infty$（这里符号"→"表示趋向）。为克服这些缺点，可改用变换 $\{x, y\} \Rightarrow \{k/\lambda, \theta\}$，这里 k 为一个常数（k 与哈夫变换空间的取值范围有关）。此时式（8-64）变为

$$\frac{k}{\lambda} = x_v \cos\theta + y_v \sin\theta \tag{8-66}$$

将式（8-66）转到直角坐标系中（令 $s = \lambda\cos\theta$, $t = \lambda\sin\theta$），得到

$$k = x_v s + y_v t \tag{8-67}$$

这是一个直线方程。这样一来，在无穷远处的消失点就可投影到原点处，而且具有相同消失点(x_v, y_v)的线段所对应的点在 ST 空间中的轨迹成为一条直线，如图 8-17（c）所示。这条直线的斜率由式（8-67）可知为$-y_v/x_v$，因此这条直线与原点到消失点(x_v, y_v)的向量正交，并且与原点的距离为$k/\sqrt{x_v^2 + y_v^2}$。对这条直线可再用一次哈夫变换来检测，即这里将直线所在空间 ST 当作原空间，而对其在（新的）哈夫变换空间 RW 中进行检测。这样空间 ST 里的直线在空间 RW 里成为一个点，如图 8-17（d）所示，其位置为

$$r = \frac{k}{\sqrt{x_v^2 + y_v^2}} \quad (8\text{-}68)$$

$$w = \arctan\left(\frac{y_v}{x_v}\right) \quad (8\text{-}69)$$

由式（8-68）和式（8-69）可解得消失点的坐标：

$$x_v = \frac{k^2}{r^2\sqrt{1 + \tan^2 w}} \quad (8\text{-}70)$$

$$y_v = \frac{k^2 \tan w}{r^2\sqrt{1 + \tan^2 w}} \quad (8\text{-}71)$$

2. 确定图像外消失点

上述方法在消失点处在原始图像范围之中时没有问题。但实际中，消失点常常会处在图像范围之外（见图 8-18），甚至在无穷远处，此时使用一般的图像参数空间就会遇到问题。对于远距离的消失点，参数空间的峰会分布在很大的距离范围内，这样一来，检测敏感度就会较差，而且定位准确度也会较低。

图 8-18 消失点在图像之外的示例

对此的一种改进方法是围绕摄像机的投影中心构建一个高斯球 G，并且把 G（而不是扩展图像平面）当作参数空间。如图 8-19 所示，消失点出现在有限距离处（在无穷远处也可以），

它与在高斯球（其中心为 C）上的点有一对一的关系（V 和 V'）。实际中会存在许多不相关的点，为消除它们的影响，需要考虑成对的线（3D 空间中的线和投影到高斯球上的线）。如果设共有 N 条线，则线对的总数是 $N(N-1)/2$，即量级为 $O(N^2)$。

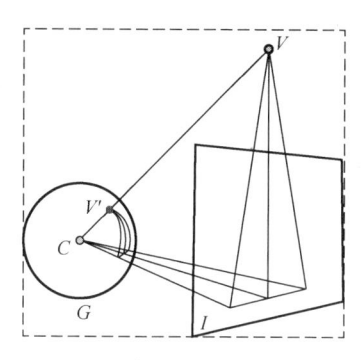

图 8-19　使用高斯球确定消失点

考虑地面铺满地砖，用摄像机倾斜于地面并沿地砖铺设方向观测的情况。这时可得到如图 8-20 所示的构型，其中，VL（Vanishing Line）代表消失线，C 为摄像机中心，O, H_1, H_2 在地面上，O, V_1, V_2, V_3 在成像面上，a 和 b（地砖的长和宽）已知。根据由点 O, V_1, V_2, V_3 得到的交叉比（可参见参考文献[6]）与由点 O, H_1, H_2 及水平方向无穷远点得到的交叉比相等可得

$$\frac{y_1(y_3-y_2)}{y_2(y_3-y_1)}=\frac{x_1}{x_2}=\frac{a}{a+b} \tag{8-72}$$

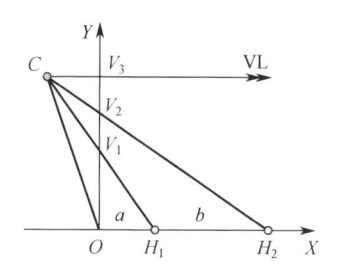

图 8-20　从已知间隔借助交叉比来确定消失点

由式（8-72）可算出 y_3：

$$y_3=\frac{by_1y_2}{ay_1+by_1-ay_2} \tag{8-73}$$

实际中，可调整摄像机相对于地面的位置和角度，使 $a=b$，那么就可得到

$$y_3=\frac{y_1y_2}{2y_1-y_2} \tag{8-74}$$

这个简单的公式表明，a 和 b 的绝对数值并不重要，知道它们的比值就可以了。进一步，

上面的计算中并没有假设点 V_1, V_2, V_3 在点 O 的垂直上方,也没有假设点 O, H_1, H_2 在水平线上,只要求它们在共面的两条直线上,并且 C 也在这个平面中。

在透视投影条件下,椭圆投影为椭圆,但其中心会有一点偏移,这是因为透视投影并不保持长度比(中点不再是中点)。假设可以从图像中确定平面的消失点的位置,则利用前面的方法就可以方便地计算中心的偏移量。先考虑椭圆的特例——圆,圆投影后为椭圆。参见图 8-21,令 b 为投影后椭圆的短半轴,d 为投影后椭圆与消失线之间的距离,e 为圆的中心在投影后的偏移量,点 P 为投影中心。将 $b+e$ 取为 y_1,$2b$ 取为 y_2,$b+d$ 取为 y_3,则由式(8-74)可得

$$e = \frac{b^2}{d} \tag{8-75}$$

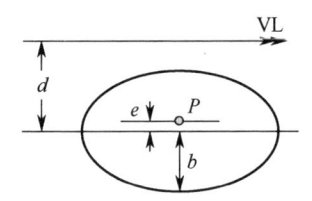

图 8-21 计算圆中心的偏移量

与前面方法不同的是,这里设 y_3 是已知的,并用它来计算 y_1,进而计算 e。如果不知道消失线,但知道椭圆所在平面的朝向和图像平面的朝向,则可推出消失线,进而如上计算。

如果原始目标就是椭圆,则问题要复杂一些,因为不仅不知道椭圆中心的纵向位置,也不知道它的横向位置。此时要考虑椭圆的两对平行的切线,其在投影成像后,一对交于 P_1,另一对交于 P_2,两个交点均在消失线上,如图 8-22 所示。因为对于每对切线,连接切点的弦通过原始椭圆的中心 O(该特性不随投影变化),所以投影中心应该在弦上。与两对切线对应的两条弦的交点就是投影中心 C。

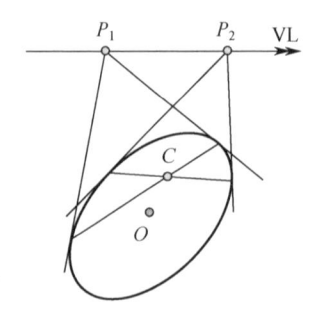

图 8-22 计算椭圆中心的偏移量

8.3 由焦距确定深度

在使用光学系统对物体成像时,实际使用的透镜只能对一定距离范围内的物体清晰成像。或者说,当光学系统聚焦在某个距离上时,只有对这个距离上下一定范围内的物体所成像的清晰度可以满足要求(离焦图像会变得模糊[11])。这个距离范围称为透镜的**景深**。景深由满足清晰度的最远点和最近点确定,或者说由最远平面和最近平面确定。可以想象,如果能控制景深,则在景深很小的情况下,物体上满足清晰度的最远点和最近点非常接近,物体的深度就可以确定了。景深范围的中值基本对应焦距[12],因此这种方法常称**由焦距恢复形状**(形状可由深度得出)或**从焦距恢复形状**。

图 8-23 给出薄透镜景深示意图。当将透镜聚焦在物体平面上一点时(物体与透镜距离为 d_o),其成像在图像平面上(图像与透镜距离为 d_i)。如果减小物体与镜头间的距离到 d_{o1},则成像在与透镜距离为 d_{i1} 处,而在原图像平面上的点图像会扩散为一个直径为 D 的模糊圆盘。如果增加物体与镜头间的距离到 d_{o2},则成像在与透镜距离为 d_{i2} 处,而在原图像平面上的点图像也会扩散为一个直径为 D 的模糊圆盘。如果 D 是清晰度可以接受的最大直径,则 d_{o1} 和 d_{o2} 的差就是景深。

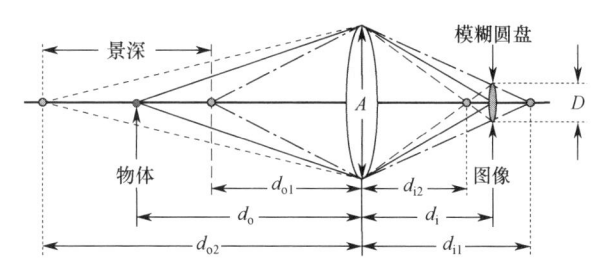

图 8-23 薄透镜景深示意图

模糊圆盘的直径与摄像机分辨率和景深都有关系。摄像机的分辨率取决于摄像机成像单元的数量、尺寸和排列方式。在常见的正方形网格排列方式下,如果有 $N \times N$ 个单元,则在每个方向上都可分辨出 $N/2$ 条线,即相邻的两条线之间有一个单元的间隔。一般的光栅是黑白线条等距离相间的,因此也可以说可分辨出 $N/2$ 对线条。摄像机的分辨能力也可用**分辨力**表示,如果成像单元的间距为 Δ,单位是 mm,则摄像机的分辨力为 $0.5/\Delta$,单位是 line/mm。如果一个 CCD 摄像机的成像单元阵列的边长为 8mm,共有 512×512 个单元,则其分辨力为 $0.5 \times 512/8 = 32$ line/mm。

假设透镜的焦距为 λ,则根据薄透镜成像公式,有

$$\frac{1}{\lambda} = \frac{1}{d_o} + \frac{1}{d_i} \tag{8-76}$$

现设镜头孔径为 A,则当物体在最近点时,图像与镜头的距离 d_{i1} 为

$$d_{i1} = \frac{A}{A-D} d_i \tag{8-77}$$

根据式(8-76),物体最近点距离为

$$d_{o1} = \frac{\lambda d_{i1}}{d_{i1} - \lambda} \tag{8-78}$$

将式(8-77)代入式(8-78),得

$$d_{o1} = \frac{\lambda \dfrac{A}{A-D} d_i}{\dfrac{A}{A-D} d_i - \lambda} = \frac{\lambda A d_o}{\lambda A + D(d_o - \lambda)} \tag{8-79}$$

类似地,可以得到物体最远点距离:

$$d_{o2} = \frac{\lambda \dfrac{A}{A+D} d_i}{\dfrac{A}{A+D} d_i - \lambda} = \frac{\lambda A d_o}{\lambda A - D(d_o - \lambda)} \tag{8-80}$$

由式(8-80)最右边分母可知,当

$$d_o = \frac{A+D}{D} \lambda = H \tag{8-81}$$

时,d_{o2} 为无穷,景深也为无穷。H 为**超焦距**,当 $d_{o2} \geq H$ 时,景深都为无穷。而对于 $d_{o2} < H$,景深为

$$\Delta d_o = d_{o2} - d_{o1} = \frac{2\lambda A D d_o (d_o - \lambda)}{(A\lambda)^2 - D^2 (d_o - \lambda)^2} \tag{8-82}$$

由式(8-82)可见,景深随 D 的增加而增加。如果允许/容忍更大的模糊圆盘,则景深也更大。另外,式(8-82)表明,景深随 λ 的增加而减小,即短焦距的透镜会给出较大的景深。

使用焦距较长的镜头时获得的景深会比较小(最近点和最远点接近),因此根据对焦距的测定来确定物体的距离是可行的。实际上,人类视觉系统也是这样做的。人在观察物体时,为了看清楚,会通过调节睫状体压力来控制晶状体的屈光能力,这样就将深度信息与睫状体压力联系起来,并根据压力调节的情况来判断物体的距离。摄像机的自动聚焦功能也是基于该原理实现的。如果设摄像机的焦距在某个范围内变化比较平稳,则可对在每个焦距值下获得的图像进行边缘检测。对于图像中的每个像素,确定使其产生清晰边缘的焦距值,并利用该焦距值来确定该像素所对应的 3D 物体表面点与摄像机镜头的距离(深度)。在实际应用中,对于一个给定的物体点,调节焦距使摄像机对它的成像清晰,则此时的焦距值就指示了摄像机与

它的距离；而对于一幅以一定焦距拍摄的图像，其上清晰的像素点所对应的物体点的深度也可以计算出来。

8.4 根据三点透视估计位姿

根据一个图像点的位置直接估计其 3D 物体的对应点是一个病态问题，图像中的一个点可以是 3D 空间中的一条线或线上任一点的投影结果（参见 2.2.2 小节）。为从 2D 图像出发恢复 3D 物体表面的位置，需要有一些附加的约束条件。下面介绍一种在 3D 物体模型和摄像机焦距已知的条件下，利用三个图像点的坐标来计算 3D 物体的几何形状和位姿/姿态的方法[13]，此时三个点之间的两两距离是已知的。

8.4.1 三点透视问题

用 2D 图像特征来计算 3D 物体特征的透视变换是一种**逆透视**。这里使用三个点，因此称**三点透视**（P3P）问题。此时描述图像、摄像机和物体坐标关系的坐标系可见图 8-24。

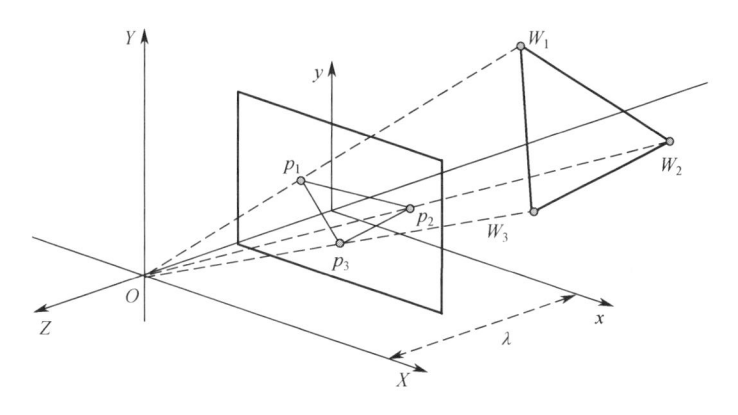

图 8-24 位姿估计的坐标系

已知 3D 物体上的三个点 W_i 在图像平面 xy 上的对应点是 p_i，现在要根据 p_i 计算 W_i 的坐标。注意到，从原点到 p_i 的连线也经过 W_i，因此如果设 v_i 是相应连线上的单位向量（从原点指向 p_i），则 W_i 的坐标可由下式获得：

$$W_i = k_i v_i \quad i = 1, 2, 3 \tag{8-83}$$

上面三个点间的（已知）距离为（$m \neq n$）

$$d_{mn} = |W_m - W_n| \tag{8-84}$$

将式（8-83）代入式（8-84）得到

$$d_{mn}^2 = \|k_m\boldsymbol{v}_m - k_n\boldsymbol{v}_n\|^2 = k_m^2 - 2k_mk_n(\boldsymbol{v}_m \cdot \boldsymbol{v}_n) + k_n^2 \qquad (8\text{-}85)$$

8.4.2 迭代求解

式（8-85）给出了关于 k_i 的二次方程，其中等式左边的 d_{mn}^2 根据 3D 物体模型已经知道，点积 $\boldsymbol{v}_m \cdot \boldsymbol{v}_n$ 根据图像点坐标也可算出，这样计算 W_i 坐标的 P3P 问题变为求解有三个未知量的三个二次方程的问题。理论上，方程（8-85）的解共有 8 个（8 组[k_1 k_2 k_3]），但由图 8-24 可看出，由于对称性，如果[k_1 k_2 k_3]是一组解，则[$-k_1$ $-k_2$ $-k_3$]必然也是一组解。因为目标只可能在摄像机的一边，所以最多只有 4 组实数解。另外也已证明[13]，尽管在特定情况下可能有 4 组解，但一般只有两组解。

现在解下列三个函数中的 k_i：

$$\begin{cases} f(k_1, k_2, k_3) = k_1^2 - 2k_1k_2(\boldsymbol{v}_1 \cdot \boldsymbol{v}_2) + k_2^2 - d_{12}^2 \\ g(k_1, k_2, k_3) = k_2^2 - 2k_2k_3(\boldsymbol{v}_2 \cdot \boldsymbol{v}_3) + k_3^2 - d_{23}^2 \\ h(k_1, k_2, k_3) = k_3^2 - 2k_3k_1(\boldsymbol{v}_3 \cdot \boldsymbol{v}_1) + k_1^2 - d_{31}^2 \end{cases} \qquad (8\text{-}86)$$

假设初始值在[k_1 k_2 k_3]附近，但 $f(k_1, k_2, k_3) \neq 0$。现需要一个增量[Δ_1 Δ_2 Δ_3]，使 $f(k_1+\Delta_1, k_2+\Delta_2, k_3+\Delta_3)$ 趋于 0。将 $f(k_1+\Delta_1, k_2+\Delta_2, k_3+\Delta_3)$ 在[k_1 k_2 k_3]的邻域展开并略去高阶项，得到

$$f(k_1+\Delta_1, k_2+\Delta_2, k_3+\Delta_3) = f(k_1, k_2, k_3) + \begin{bmatrix} \dfrac{\partial f}{\partial k_1} & \dfrac{\partial f}{\partial k_2} & \dfrac{\partial f}{\partial k_3} \end{bmatrix} \begin{bmatrix} k_1 \\ k_2 \\ k_3 \end{bmatrix} \qquad (8\text{-}87)$$

让式（8-87）左边等于 0，得到一个包含[k_1 k_2 k_3]的（偏微分）线性方程。同样也可将式（8-86）中的函数 $g(k_1, k_2, k_3)$ 和 $h(k_1, k_2, k_3)$ 转化为线性方程。联合起来得到

$$\begin{bmatrix} 0 \\ 0 \\ 0 \end{bmatrix} = \begin{bmatrix} f(k_1, k_2, k_3) \\ g(k_1, k_2, k_3) \\ h(k_1, k_2, k_3) \end{bmatrix} + \begin{bmatrix} \dfrac{\partial f}{\partial k_1} & \dfrac{\partial f}{\partial k_2} & \dfrac{\partial f}{\partial k_3} \\ \dfrac{\partial g}{\partial k_1} & \dfrac{\partial g}{\partial k_2} & \dfrac{\partial g}{\partial k_3} \\ \dfrac{\partial h}{\partial k_1} & \dfrac{\partial h}{\partial k_2} & \dfrac{\partial h}{\partial k_3} \end{bmatrix} \begin{bmatrix} k_1 \\ k_2 \\ k_3 \end{bmatrix} \qquad (8\text{-}88)$$

上述偏微分矩阵就是雅可比矩阵。一个函数 $f(k_1, k_2, k_3)$ 的雅可比矩阵具有如下形式（其中 $v_{mn} = \boldsymbol{v}_m \cdot \boldsymbol{v}_n$）：

$$\boldsymbol{J}(k_1, k_2, k_3) = \begin{bmatrix} J_{11} & J_{12} & J_{13} \\ J_{21} & J_{22} & J_{23} \\ J_{31} & J_{32} & J_{33} \end{bmatrix} = \begin{bmatrix} (2k_1 - 2v_{12}k_2) & (2k_2 - 2v_{12}k_1) & 0 \\ 0 & (2k_2 - 2v_{23}k_3) & (2k_3 - 2v_{23}k_2) \\ (2k_1 - 2v_{31}k_3) & 0 & (2k_3 - 2v_{31}k_1) \end{bmatrix} \qquad (8\text{-}89)$$

如果雅可比矩阵在点 (k_1, k_2, k_3) 处是可逆的，则可得到参数增量：

$$\begin{bmatrix} k_1 \\ k_2 \\ k_3 \end{bmatrix} = -\boldsymbol{J}^{-1}(k_1,k_2,k_3) \begin{bmatrix} f(k_1,k_2,k_3) \\ g(k_1,k_2,k_3) \\ h(k_1,k_2,k_3) \end{bmatrix} \quad (8\text{-}90)$$

把上述增量与上一步的参数值相加,用 $\boldsymbol{K}^l$ 表示参数的第 l 步迭代值,就得到(牛顿法表示形式)

$$\boldsymbol{K}^{l+1} = \boldsymbol{K}^l - \boldsymbol{J}^{-1}(\boldsymbol{K}^l)f(\boldsymbol{K}^l) \quad (8\text{-}91)$$

上述迭代算法可总结如下。

输入:三组对应点对 $(\boldsymbol{W}_i, p_i)$、摄像机焦距 λ 和距离允许误差 Δ。

输出:$\boldsymbol{W}_i$(3D 点在摄像机坐标系中的坐标)。

步骤 1:初始化。

  根据式(8-85)计算 d_{mn}^2,

  根据 p_i 计算 $\boldsymbol{v}_i$ 和 $2\boldsymbol{v}_m \cdot \boldsymbol{v}_n$,

  选择初始参数矢量 $\boldsymbol{K}^l = [k_1 \quad k_2 \quad k_3]$。

步骤 2:迭代,直到 $f(\boldsymbol{K}^l) \approx 0$。

  根据式(8-91)计算 $\boldsymbol{K}^{l+1}$,

  如果 $|f(\boldsymbol{K}^{l+1})| \leq \pm\Delta$ 或达到迭代次数,则停止。

步骤 3:计算位姿。

  根据式(8-83),用 $\boldsymbol{K}^{l+1}$ 计算 $\boldsymbol{W}_i$。

8.5 混合表面透视投影下的由影调恢复形状

由影调恢复形状的方法在早期提出时使用了一些假设,如光源位于无限远处、摄像机遵循正交投影模型、物体表面的反射特性服从理想的漫反射等,目的是简化成像模型。这些假设条件降低了 SFS 方法的复杂性,但也有可能在实际应用中产生较大的重建误差。例如,实际物体表面很少为理想的漫反射表面,往往还混合了镜面反射的因素。又如,当摄像机与物体表面的距离比较近时,摄像机更接近透视投影,就会导致比较明显的重建误差。

8.5.1 改进的 Ward 反射模型

考虑到实际物体表面多是漫反射和镜面反射混合的表面,Ward 提出了一种反射模型[14],使用高斯模型来描述表面反射中的镜面成分。Ward 使用**双向反射分布函数**(BRDF,见 7.2.1 小

节）表达这个模型：

$$f(\theta_i, \phi_i;\ \theta_e, \phi_e) = \frac{b_l}{\pi} + \frac{b_m}{4\pi\sigma^2} \frac{1}{\sqrt{(\cos\theta_i \cos\theta_e)}} \exp\left(\frac{-\tan^2\delta}{\sigma^2}\right) \tag{8-92}$$

其中，b_l 和 b_m 分别为漫反射和镜面反射系数；σ 为表面粗糙度系数；δ 为光源和摄像机之间夹角平分线方向的向量$(L+V)/\|L+V\|$与表面法向量之间的夹角（其中，L 为光线方向的向量，V 为视线方向的向量）。

Ward 反射模型是 **Phong** 反射模型的一种具体的物理实现。Ward 反射模型实际上是漫反射和镜面反射的一种线性组合，其中漫反射部分仍然使用朗伯模型。由于对于实际的漫反射表面，使用朗伯模型来计算物体表面的辐射亮度不够精确，一种更为精确的反射模型被提出[15]。在这个模型中，物体表面被看作由许多"V"型槽构成，并且"V"型槽中两个微平面的斜率相同但方向相对。将表面粗糙度定义为微平面方向的概率分布函数。利用高斯概率分布函数，可得到计算漫反射表面辐射亮度的公式：

$$f_v(\theta_i, \phi_i;\ \theta_e, \phi_e) = \frac{b_l}{\pi} \cos\theta_i \{A + B\max[0, \cos(\phi_e - \phi_i)]\sin\alpha\sin\beta\} \tag{8-93}$$

其中，$A = 1 - 0.5\sigma^2/(\sigma^2+0.33)$，$B = 0.45\sigma^2/(\sigma^2+0.09)$，$\alpha = \max(\theta_i, \theta_e)$，$\beta = \min(\theta_i, \theta_e)$。

使用式（8-93）替换式（8-92）中的漫反射项（等号右边第 1 项），可得到一种改进的 Ward 反射模型：

$$\begin{aligned}f'(\theta_i, \phi_i;\ \theta_e, \phi_e) = &\frac{b_l}{\pi}\cos\theta_i\{A + B\max[0, \cos(\phi_e - \phi_i)]\sin\alpha\sin\beta\} +\\ &\frac{b_m}{4\pi\sigma^2}\frac{1}{\sqrt{(\cos\theta_i\cos\theta_e)}}\exp\left(\frac{-\tan 2\delta}{\sigma^2}\right)\end{aligned} \tag{8-94}$$

改进的 Ward 模型应可以更好地描述既含有漫反射又含有镜面反射的混合表面[16]。

8.5.2 透视投影下的图像亮度约束方程

考虑摄像机与物体表面距离比较近时的透视投影情况，如图 8-25 所示。摄像机的光轴与 Z 轴重合，摄像机的光心位于投影中心，摄像机的焦距为λ。设图像平面 xy 位于 $Z = -\lambda$ 处。此时 $\theta_i = \theta_e = \alpha = \beta$，$\phi_i = \phi_e$，式（8-94）成为

$$f'_p(\theta_i, \phi_i;\ \theta_e, \phi_e) = \frac{b_l}{\pi}(A\cos\theta_i + B\sin^2\theta_i) + \frac{b_m}{4\pi\sigma^2}\exp\left(\frac{-\tan^2\theta_i}{\sigma^2}\right) \tag{8-95}$$

第 8 章 单目单图像场景恢复

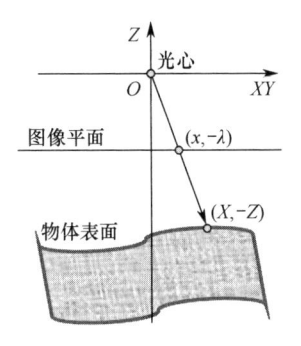

图 8-25 光源位于光心的透视投影

设图像中的物体表面形状可以用函数 $T: Q \to R^3$ 表示：

$$T(\boldsymbol{x}) = \frac{z(\boldsymbol{x})}{\lambda}\begin{bmatrix} \boldsymbol{x} \\ -\lambda \end{bmatrix} \quad (8\text{-}96)$$

$$\boldsymbol{x} = \begin{bmatrix} x \\ y \end{bmatrix} \in Q \quad (8\text{-}97)$$

其中，$z(\boldsymbol{x}) \equiv -Z(\boldsymbol{X}) \geq 0$ 代表物体表面上点沿光轴方向的深度信息；Q 是定义在实数集合 R^3 上的一个开集，代表图像的大小。

物体表面上任意一点 P 处的法向量 $\boldsymbol{n}(\boldsymbol{x})$ 为

$$\boldsymbol{n}(\boldsymbol{x}) = \begin{bmatrix} \lambda \nabla z(\boldsymbol{x}) \\ z(\boldsymbol{x}) + \boldsymbol{x} \cdot \nabla z(\boldsymbol{x}) \end{bmatrix} \quad (8\text{-}98)$$

其中，$\nabla z(\boldsymbol{x})$ 为 $z(\boldsymbol{x})$ 的梯度。过 P 点的光线投射方向上的向量为

$$\boldsymbol{L}(\boldsymbol{x}) = \frac{1}{\sqrt{\|\boldsymbol{x}\|^2 + \lambda^2}} \begin{bmatrix} -\boldsymbol{x} \\ \lambda \end{bmatrix} \quad (8\text{-}99)$$

因为 θ_i 是 $\boldsymbol{n}(\boldsymbol{x})$ 和 $\boldsymbol{L}(\boldsymbol{x})$ 之间的夹角，如果令 $v(\boldsymbol{x}) = \ln z(\boldsymbol{x})$，则有

$$\theta_i = \arccos\left[\frac{\boldsymbol{n}^\mathrm{T}(\boldsymbol{x})}{\|\boldsymbol{n}(\boldsymbol{x})\|}\boldsymbol{L}(\boldsymbol{x})\right] = \arccos\left\{\frac{Q(\boldsymbol{x})}{\sqrt{\lambda^2 \|\nabla v(\boldsymbol{x})\|^2 + [1 + \boldsymbol{x} \cdot \nabla v(\boldsymbol{x})]^2}}\right\} \quad (8\text{-}100)$$

其中，$Q(\boldsymbol{x}) = \lambda / \sqrt{\|\boldsymbol{x}\|^2 + \lambda^2}$。将式（8-100）代入式（8-95），得到透视投影下的**图像亮度约束方程**：

$$E(\boldsymbol{x}) = \frac{b_l}{\pi}\left[A\frac{Q(\boldsymbol{x})}{\sqrt{F(\boldsymbol{x}, \nabla v)}} + B\frac{F(\boldsymbol{x}, \nabla v) - Q^2(\boldsymbol{x})}{F(\boldsymbol{x}, \nabla v)}\right] + \frac{b_m}{4\pi\sigma^2}\exp\left[\frac{-1}{\sigma^2}\frac{F(\boldsymbol{x}, \nabla v) - Q^2(\boldsymbol{x})}{Q^2(\boldsymbol{x})}\right] \quad (8\text{-}101)$$

其中，$F(\boldsymbol{x}, \nabla v) = \lambda^2 \|\nabla v(\boldsymbol{x})\|^2 + [1 + \boldsymbol{x} \cdot \nabla v(\boldsymbol{x})]^2$，$\nabla v$ 是 $\nabla v(\boldsymbol{x}) = [p, q]^\mathrm{T}$ 的简写。式（8-101）是一个一阶偏微分方程，可以得到相应的 Hamiltonian 函数：

$$H(\boldsymbol{x},\nabla v) = E(\boldsymbol{x})\sqrt{F(\boldsymbol{x},\nabla v)} - \frac{b_1}{\pi}\left[AQ(\boldsymbol{x}) + B\frac{F(\boldsymbol{x},\nabla v) - Q^2(\boldsymbol{x})}{\sqrt{F(\boldsymbol{x},\nabla v)}}\right] +$$
$$\frac{b_m}{4\pi\sigma^2}\sqrt{F(\boldsymbol{x},\nabla v)}\exp\left[\frac{-1}{\sigma^2}\frac{F(\boldsymbol{x},\nabla v) - Q^2(\boldsymbol{x})}{Q^2(\boldsymbol{x})}\right] \quad (8\text{-}102)$$

考虑到 Dirichlet 边界条件，式（8-102）可写成静态 Hamilton-Jacobi 方程：

$$\begin{cases} H(\boldsymbol{x},p,q) = 0 & \forall \boldsymbol{x} \in Q \\ v(\boldsymbol{x}) = \omega(\boldsymbol{x}) & \forall \boldsymbol{x} \in \partial Q \end{cases} \quad (8\text{-}103)$$

其中，$\omega(\boldsymbol{x})$是定义在∂Q上的实值连续函数。

8.5.3 图像亮度约束方程求解

求解式（8-102）的一种直接方法是将其转化为时变问题：

$$\begin{cases} v_t + H(\boldsymbol{x},p,q) = 0 & \forall \boldsymbol{x} \in Q \\ v(\boldsymbol{x},t) = \omega(\boldsymbol{x}) & \forall \boldsymbol{x} \in \partial Q \\ v(\boldsymbol{x},0) = v^0(\boldsymbol{x}) \end{cases} \quad (8\text{-}104)$$

然后使用不动点迭代扫描（也称定点迭代扫描）法[17]和 2D 中心哈密尔顿函数[18]求解。

考虑 $m \times n$ 的图像 Q 中的网格点 $\boldsymbol{x}_{i,j} = (ih, jw)$，其中 $i = 1, 2, \cdots, m$ 且 $j = 1, 2, \cdots, n$，(h, w) 定义了数值算法中离散网格的尺寸。现在要求解未知函数 $v(\boldsymbol{x})$ 的离散近似解 $v_{i,j} = v(\boldsymbol{x}_{i,j})$。

应用前向欧拉公式对式（8-104）进行时域展开，得到

$$v_{i,j}^{n+1} = v_{i,j}^n - \Delta t \hat{H}(p_{i,j}^-, p_{i,j}^+; q_{i,j}^-, q_{i,j}^+) \quad (8\text{-}105)$$

其中，$\Delta t = \gamma\{1/[(\sigma_x/h) + (\sigma_y/w)]\}$，$\gamma$ 是 CFL 系数；σ_x 和 σ_y 是人工粘性因子，满足：

$$\sigma_x = \max_{p,q}\left(\left|\frac{\partial H(p,q)}{\partial p}\right|\right) \quad (8\text{-}106)$$

$$\sigma_y = \max_{p,q}\left(\left|\frac{\partial H(p,q)}{\partial q}\right|\right) \quad (8\text{-}107)$$

$\hat{H}$ 为数值哈密尔顿函数，使用 2D 中心哈密尔顿函数：

$$\hat{H}(p^-, p^+; q^-, q^+) = \frac{1}{4}[H(p^-, q^-) + H(p^+, q^-) + H(p^-, q^+) + H(p^+, q^+)] - \frac{1}{2}[\sigma_x(p^+ - p^-) + \sigma_y(q^+ - q^-)] \quad (8\text{-}108)$$

其中，p^-, p^+ 和 q^-, q^+ 分别代表 p 和 q 的后向、前向差分：

$$p_{i,j}^- = \frac{v_{i,j} - v_{i-1,j}}{h} \quad (8\text{-}109)$$

$$p_{i,j}^+ = \frac{v_{i+1,j} - v_{i,j}}{h} \quad (8\text{-}110)$$

$$q_{i,j}^{-} = \frac{v_{i,j} - v_{i,j-1}}{w} \quad (8\text{-}111)$$

$$q_{i,j}^{+} = \frac{v_{i,j+1} - v_{i,j}}{w} \quad (8\text{-}112)$$

将式（8-106）~式（8-112）代入式（8-105），得到最终的迭代式：

$$\begin{aligned}v_{i,j}^{\text{new}} = v_{i,j}^{\text{old}} - \gamma &\left[\frac{1}{(\sigma_x/h)+(\sigma_y/w)}\right] \times \left\{\frac{1}{4}\left[H\left(\frac{v_{i,j}-v_{i-1,j}}{h}, \frac{v_{i,j}-v_{i,j-1}}{w}\right)+\right.\right.\\&\left.H\left(\frac{v_{i+1,j}-v_{i,j}}{h}, \frac{v_{i,j}-v_{i,j-1}}{w}\right)+H\left(\frac{v_{i,j}-v_{i-1,j}}{h}, \frac{v_{i,j+1}-v_{i,j}}{w}\right)H\left(\frac{v_{i+1,j}-v_{i,j}}{h}, \frac{v_{i,j+1}-v_{i,j}}{w}\right)\right]-\\&\left.\sigma_x\left(\frac{v_{i+1,j}-2v_{i,j}+v_{i-1,j}}{2h}\right)-\sigma_y\left(\frac{v_{i,j+1}-2v_{i,j}+v_{i,j-1}}{2w}\right)\right\}\end{aligned} \quad (8\text{-}113)$$

现在将求解算法流程总结如下[16]：

（1）初始化：设定边界点 ∂Q 的值为真实高度值，即 $v_{i,j}^{0} = \omega(\mathbf{x}_{i,j})$，这些点的值在迭代过程中保持不变。对图像区域点 Q 赋予一个较大的值，即 $v_{i,j}^{0} = M$，M 应当大于所有高度值的最大值，这些点的值将在迭代过程中得到更新。

（2）交替方向扫描：在第 $k+1$ 步，使用迭代式（8-113）对 $v_{i,j}$ 进行更新。扫描过程采用 Gauss-Seidel 方法从以下 4 个方向进行：①从左上到右下，即 $i=1:m, j=1:n$；②从左下到右上，即 $i=m:1, j=1:n$；③从右下到左上，即 $i=m:1, j=n:1$；④从右上到左下，即 $i=1:m, j=n:1$。当 $v_{i,j}^{k+1} < v_{i,j}^{k}$ 时，更新 $v_{i,j}^{\text{new}} < v_{i,j}^{k+1}$。

（3）迭代停止准则：当 $\|v^{k+1} - v^{k}\|_1 \leq \varepsilon = 10^{-5}$ 时，停止迭代；否则返回步骤（2）。

8.5.4 基于 Blinn-Phong 反射模型的方程

在前述方法中，由于 Ward 反射模型的复杂性，使用不动点迭代扫描法很难找到最优的人工粘性因子，导致计算过程中收敛速度较慢。为此，可采用 Blinn-Phong 反射模型[19]来建立方程。

基于 **Blinn-Phong 反射模型**表征物体表面的混合反射特性得到的**图像亮度约束方程**为[20]

$$I(u,v) = k_1 \cos\theta_i + k_m \cos^a \delta \quad (8\text{-}114)$$

其中，$I(u, v)$ 为图像在 (u, v) 处的灰度值；k_1，k_m 分别为物体表面漫反射、镜面反射成分的加权因子，并且有 $k_1 + k_m \leq 1$；镜面反射指数 $a > 0$；θ_i 为光线入射角，即 (u, v) 对应的物体表面上某点 $P(x, y, z)$ 处的法向量 $\mathbf{N}(u, v)$ 与光源光线 $\mathbf{L}(u, v)$ 之间的夹角；δ 的定义参见式（8-92）。考虑点光源近似位于投影中心的情况，则

$$\mathbf{L}(u,v) = \mathbf{V}(u,v) = \mathbf{H}(u,v) \Rightarrow \delta = \theta_i \quad (8\text{-}115)$$

这样，式（8-114）成为

$$I(u,v) = k_1 \cos\theta_i + k_m \cos^a \theta_i \tag{8-116}$$

另外，根据针孔透视投影的成像原理，有

$$\frac{u}{x} = \frac{v}{y} = \frac{-\lambda}{z} \tag{8-117}$$

因此，混合表面上点 $P(x, y, z)$ 可表示为

$$P(x,y,z) = \frac{\check{z}(u,v)}{\lambda}(u,v,-\lambda) \qquad (u,v) \in Q \tag{8-118}$$

其中，$\check{z}(u, v) > 0$；Q 为摄像机采集到的图像区域。

借助式（8-118），可以计算得到点 $P(x, y, z)$ 处的法向量：

$$\boldsymbol{N}(u,v) = \left[\lambda\frac{\partial \check{z}}{\partial u}, \lambda\frac{\partial \check{z}}{\partial v}, \check{z}(u,v) + u\frac{\partial \check{z}}{\partial u} + v\frac{\partial \check{z}}{\partial v} \right]^T \tag{8-119}$$

光源光线为

$$\boldsymbol{L}(u,v) = \frac{1}{\sqrt{u^2 + v^2 + \lambda^2}} [-u, -v, \lambda]^T \tag{8-120}$$

因为 θ_i 为 $\boldsymbol{N}(u, v)$ 与 $\boldsymbol{L}(u, v)$ 之间的夹角，所以有

$$\cos\theta_i = \frac{Q(u,v)\check{z}(u,v)}{\sqrt{\left(\lambda\frac{\partial \check{z}}{\partial u}\right)^2 + \left(\lambda\frac{\partial \check{z}}{\partial v}\right)^2 + \left(u\frac{\partial \check{z}}{\partial u} + v\frac{\partial \check{z}}{\partial v} + \check{z}\right)^2}} \tag{8-121}$$

其中，$Q(u, v) = \lambda/(u^2 + v^2 + \lambda^2)^{1/2} > 0$。令 $Z = \ln[\check{z}(u, v)]$，并将式（8-121）代入式（8-116），可得到透视投影下混合表面的图像亮度约束方程：

$$I(u,v) = k_1 \frac{Q(u,v)}{U(u,v,\boldsymbol{g})} + k_m \frac{Q^a(u,v)}{U^a(u,v,\boldsymbol{g})} \tag{8-122}$$

其中，$\boldsymbol{g}$ 代表 ∇Z，而

$$U(u,v,\boldsymbol{g}) = \sqrt{\left(\lambda\frac{\partial Z}{\partial u}\right)^2 + \left(\lambda\frac{\partial Z}{\partial v}\right)^2 + \left(u\frac{\partial Z}{\partial u} + v\frac{\partial Z}{\partial v} + 1\right)^2} > 0 \tag{8-123}$$

8.5.5 新图像亮度约束方程求解

式（8-122）是一个一阶非线性偏微分方程，当镜面反射指数 $a \neq 1$ 时，方程的求解很难。下面先利用牛顿-拉弗森法迭代逼近式（8-122）中关于 $U(u, v, \boldsymbol{g})$ 的解，然后进一步计算图像亮度约束方程的粘性解[21]。

将式（8-122）看作关于 $T = Q(u,v)/U(u,v,\boldsymbol{g}) > 0$ 的方程，整理可得

$$F(T) = k_l T^a + k_m T - I(u,v) = 0 \tag{8-124}$$

$F(T)$ 的一阶导数 $F'(T)$ 为

$$F'(T) = ak_l T^{a-1} + k_m > 0 \tag{8-125}$$

因为 $F(T)$ 具有单调性，所以，给定初始值 $T^0 = 1$，则利用牛顿-拉弗森法的迭代公式，经过 k 步迭代就可以准确地获得式（8-124）的解 T^k：

$$T^k = T^{k-1} - \frac{F(T^{k-1})}{F'(T^{k-1})} \tag{8-126}$$

这样就得到

$$U(u,v,\boldsymbol{g}) = \frac{Q(u,v)}{T^k} \tag{8-127}$$

将式（8-127）代入式（8-123），得到新的图像亮度约束方程：

$$T^k \sqrt{\left(\lambda\frac{\partial Z}{\partial u}\right)^2 + \left(\lambda\frac{\partial Z}{\partial v}\right)^2 + \left(u\frac{\partial Z}{\partial u} + v\frac{\partial Z}{\partial v} + 1\right)^2} - Q(u,v) = 0 \tag{8-128}$$

可见，式（8-128）是一个哈密尔顿-雅可比类型的偏微分方程。它在一般情况下不存在通常意义上的解，因此需要计算粘性意义下的解。先给出式（8-128）的哈密尔顿函数：

$$H(u,v,\boldsymbol{g}) = -Q(u,v) + T^k \sqrt{\lambda^2 \|\boldsymbol{g}\|^2 + [(u,v)\cdot\boldsymbol{g} + 1]^2} \tag{8-129}$$

利用勒让德变换获得式（8-129）对应的控制形式：

$$H(u,v,\boldsymbol{g}) = -Q(u,v) + \sup_{a \in B_2(0,1)}[-l_c(u,v,\boldsymbol{h}) - \boldsymbol{f}_c(u,v,\boldsymbol{h})\cdot\boldsymbol{g}] \tag{8-130}$$

其中，$l_c(u,v,\boldsymbol{h}) = -T^k Q(u,v)\sqrt{1 - \|\boldsymbol{h}\|^2} - T^k \boldsymbol{R}^T(u,v)\boldsymbol{v}(u,v)\cdot\boldsymbol{h} + Q(u,v)$；$\boldsymbol{f}_c(u,v,\boldsymbol{h}) = -T^k \boldsymbol{R}^T(u,v) \times \boldsymbol{D}(u,v)\boldsymbol{R}(u,v)\boldsymbol{h}$；$B_2(0,1)$ 为定义在 R^2 上的单位圆面。$\boldsymbol{R}(u,v), \boldsymbol{v}(u,v), \boldsymbol{D}(u,v)$ 分别满足：

$$\boldsymbol{R}(u,v) = \begin{cases} \begin{bmatrix} \dfrac{u}{\sqrt{u^2+v^2}} & \dfrac{v}{\sqrt{u^2+v^2}} \\ \dfrac{-v}{\sqrt{u^2+v^2}} & \dfrac{u}{\sqrt{u^2+v^2}} \end{bmatrix}, & u^2 + v^2 \neq 0 \\ \begin{bmatrix} 1 & 0 \\ 0 & 1 \end{bmatrix}, & u^2 + v^2 = 0 \end{cases} \tag{8-131}$$

$$\boldsymbol{v}(u,v) = \begin{bmatrix} \dfrac{\sqrt{(u^2+v^2)}}{\sqrt{(u^2+v^2+\lambda^2)}} \\ 0 \end{bmatrix} \tag{8-132}$$

$$\boldsymbol{D}(u,v) = \begin{bmatrix} \sqrt{(u^2+v^2+\lambda^2)} & 0 \\ 0 & \lambda \end{bmatrix} \tag{8-133}$$

要逼近式（8-130）中的 $H(u, v, \boldsymbol{g})$，可采用

$$H(u,v,\boldsymbol{g}) \approx -Q(u,v) + \sup_{a \in B_2(0,1)} \{-l_c(u,v,\boldsymbol{h}) + \min[-f_1(u,v,\boldsymbol{h}),0]g_1^+ \\ + \max[-f_1(u,v,\boldsymbol{h}),0]g_1^- + \min[-f_2(u,v,\boldsymbol{h}),0]g_2^+ + \max[-f_2(u,v,\boldsymbol{h}),0]g_2^-\} \quad (8\text{-}134)$$

其中，f_m 为 $\boldsymbol{f}_c$ 的第 m（$m = 1, 2$）个分量，g_m^+ 和 g_m^- 分别为第 m 个分量的前向和后向差分。这里的计算是一个最优问题（可参见参考文献[21]）。

最后，定义 $Z^k \equiv Z(u, v, k\Delta t)$，在时域利用前向欧拉公式展开，可得到 Z 的数值求解式：

$$Z^k = Z^{k-1} - \Delta t H(u,v,\boldsymbol{g}) \quad (8\text{-}135)$$

其中，Δt 为时间增量。利用**迭代快速行进策略**[22]，经过几步迭代即可精确逼近 Z 的粘性解，此粘性解的指数函数 $\exp(Z)$ 就是混合反射表面的高度值。

参考文献

[1] 章毓晋. 图像工程（下册）——图像理解[M]. 4版. 北京：清华大学出版社, 2018.

[2] ANUNAY, PANKAJ, DHIMAN C. DepthNet: A monocular depth estimation framework[C]. 7th International Conference on Engineering and Emerging Technologies (ICEET), 2021: 495-500.

[3] HEYDRICH T, YANG Y, DU S. A lightweight self-supervised training framework for monocular depth estimation[C]. International Conference on Acoustics, Speech and Signal Processing (ICASSP), 2022: 2265-2269.

[4] LEE J H, KIM C S. Single-image depth estimation using relative depths[J]. Journal of Visual Communication and Image Processing, 2022: 84.

[5] GIBSON J J. The perception of the visual world[M]. Boston: Houghton Mifflin, 1950.

[6] 章毓晋. 图像工程（中册）——图像分析[M]. 4版. 北京：清华大学出版社, 2018.

[7] JAIN R, KASTURI R, SCHUNCK B G. Machine Vision[M]. New York: McGraw-Hill Companies. Inc., 1995.

[8] TOMITA F, TSUJI S. Computer Analysis of Visual Textures[M]. Amsterdam: Kluwer Academic Publishers, 1990.

[9] FORSYTH D, PONCE J. Computer Vision: A Modern Approach[M]. UK London: Prentice

[10] DAVIES E R. Machine Vision: Theory, Algorithms, Practicalities[M]. 3rd ed. Amsterdam: Elsevier, 2005.

[11] ANWAR S, HAYDER Z, PORIKLI F. Deblur and deep depth from single defocus image[J]. Machine Vision and Applications, 2021, 32(1).

[12] GLADINES J, SELS S, HILLEN M, et al. A continuous motion shape-from-focus method for geometry measurement during 3D printing[J]. Sensors, 2022, 22(24).

[13] SHAPIRO L, STOCKMAN G. Computer Vision[M]. UK London: Prentice Hall, 2001.

[14] WARD G J. Measuring and modeling anisotropic reflection[C]. Proceedings of the 19th Annual Conference on Computer Graphics and Interactive Techniques, 1992: 265-272.

[15] OREN M, NAYAR S K. Generalization of the Lambertian model and implications for machine vision[J]. International Journal of Computer Vision, 1995, 14(3): 227-251.

[16] 王国珲, 韩九强, 张新曼, 等. 一种从混合表面的明暗变化恢复形状的新算法[J]. 宇航学报, 2011, 32(5): 1124-1129.

[17] ZHAO H K. A fast sweeping method for Eikonal equations[J]. Mathematics of Computation, 2005, 74(250): 603-627.

[18] SHU C W. High order numerical methods for time dependent Hamilton-Jacobi equations[M]. Singapore: World Scientific Publishing, 2007.

[19] TOZZA S, MECCA R, DUOCASTELLA M, et al. Direct differential photometric stereo shape recovery of diffuse and specular surfaces[J]. Journal of Mathematical Imaging and Vision, 2016, 56(1): 57-76.

[20] 王国珲, 张璇. 透视投影下混合表面3D重建的快速SFS算法[J]. 光学学报, 2021, 41(12): 1-9.

[21] WANG G H, HAN J Q, JIA H H, et al. Fast viscosity solutions for shape from shading under a more realistic imaging model[J]. Optical Engineering, 2009, 48(11): 117201.

[22] WANG G H, HAN J Q, ZHANG X M. Three-dimensional reconstruction of endoscope images by a fast shape from shading method[J]. Measurement Science and Technology, 2009, 20(12): 125801.

第 ❾ 章
广义匹配

在计算机视觉领域，匹配是一类重要的技术，应用于从初级到高级的各项工作。**匹配**可理解为结合各种表达和知识来解释场景的技术或过程。匹配将未知与已知联系起来，进而用已知解释未知。例如，景象匹配是一种利用景象基准图的数据进行自主式导航定位的技术，利用飞行器装载的图像传感器在飞行过程中采集实时景象图，与预先制备的基准景象图进行实时匹配，从而获得精确的导航定位信息。匹配还可以借助储存在系统中的已有表达和模型来感知输入图像中的信息，并最终建立与外部世界的对应性，实现对场景的解释。

匹配本质上可看作一个数学问题[1]，近年来基于深度学习的方法也得到了广泛的重视[2-3]。

常用的与图像相关的匹配方式和技术可归为两类：一类比较具体，多对应图像低层像素或像素的集合，统称**图像匹配**；另一类比较抽象，主要与图像目标或目标的性质相联系，甚至与场景的描述和解释有关，这里统称**广义匹配**。本章侧重介绍一些广义匹配的方式和技术。

本章各节内容安排如下。

9.1 节对匹配进行概括介绍,包括匹配策略、匹配算法分类和匹配评价。

9.2 节讨论通用目标匹配的原理和度量方式,并介绍几种基本的目标匹配技术。

9.3 节介绍一种动态模式匹配技术,其特点为需要匹配的模式表达是在匹配过程中动态建立的。

9.4 节对匹配和配准进行比较,介绍基本的配准技术,以及一种异构图像配准技术和一种基于推理的图像匹配技术。

9.5 节介绍目标间各种相互关系的匹配,关系可以表达目标集合的不同属性,还可以表达比较抽象的概念等。

9.6 节先介绍图论的基本定义和概念,再讨论利用图同构进行匹配的方法。

9.7 节介绍表达 3D 物体各表面相互关系的线条图标记方法,借助这种标记可以对 3D 物体和相应模型进行匹配。

9.8 节介绍近期关于多模态图像匹配的一些技术,既包括基于区域的技术也包括基于特征的技术。

9.1 匹配介绍

可以认为**视觉**包含两个方面的内容:"视"和"觉"。一方面,"视"应该是有目的的"视",即要根据一定的知识(包括对目标的描述和对场景的解释),借助图像在场景中寻找符合要求的物体;另一方面,"觉"应该是带认知的"觉",即要从输入图像中抽取物体的特性,再与已有的物体模型进行匹配,从而达到理解场景含义的目的。

9.1.1 匹配策略

匹配(尤其是广义匹配)是高层的图像技术,与知识有着内在的联系。**知识**是人类对世界进行认知与理解时积累的经验的总和。人类在理解世界时会用到许多经验和知识,以提高工作的可靠性和效率。把握场景的含义常需要进行推理,知识也是推理的基础。

匹配可在不同(抽象)层次上进行,这是因为知识具有不同的层次,也可在不同的层次中运用。每个具体的匹配,都可以看作寻找两个表达之间的对应性。如果两个表达的类型是可比的,则匹配可在相似的意义上进行。例如,当两个表达都是图像结构时,称为图像匹配;当两个表达都代表图像中的目标时,称为目标匹配;当两个表达都代表场景的描述时,称为场景匹

配;当两个表达都是关系结构时,称为关系匹配;当两个表达的类型不同(如一个是图像结构,另一个是关系结构)时,也可以在扩展的意义上进行匹配(或称为**拟合**)。

匹配要建立两个表达之间的联系,需要通过映射来进行。在对场景进行重建时,图像匹配策略根据所用映射函数的不同可以分为两种情况,参见图 9-1[4]。

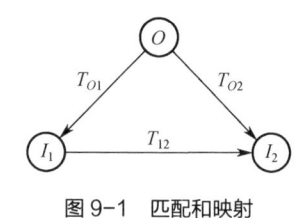

图 9-1 匹配和映射

(1)目标空间的匹配。在这种情况下,目标 O 直接通过对透视变换 T_{O1} 和 T_{O2} 的求逆来重建。这里需要使用针对目标 O 的一个显式表达模型,通过在图像特征和目标模型特征之间建立对应关系来解决问题。目标空间匹配技术的优点是它们与物理世界比较吻合,因此使用比较复杂的模型甚至可以处理有遮挡的情况。

(2)图像空间的匹配。图像空间的匹配直接将图像 I_1 和 I_2 借助映射函数 T_{12} 联系起来。在这种情况下,目标模型隐含地包含在 T_{12} 的建立过程中。该过程一般相当复杂,但如果目标表面比较光滑,则可用仿射变换来局部近似,此时计算复杂度降低,可与目标空间的匹配相比拟。在有遮挡的情况下,光滑假设将受到影响而使得图像匹配算法效果不佳。

9.1.2 匹配算法分类

图像匹配算法可以进一步根据所用的图像表达模型来分类。

(1)**基于光栅的匹配**。基于光栅的匹配使用图像的光栅表达,即它们试图通过直接比较灰度或灰度函数来找到图像区域间的映射函数。该类方法的准确度可以很高,但对遮挡很敏感。

(2)**基于特征的匹配**。在基于特征的匹配中,对图像的符号描述首先利用"使用特征提取算子从图像中提取的显著特征"来分解,然后根据对需要描述的目标的局部几何性质的假设搜索不同图像的对应特征,并进行几何映射。这类方法与基于光栅匹配的方法相比,更适合表面不连续和数据近似的情况。

(3)**基于关系的匹配**。基于关系的匹配也称结构匹配,其技术实现基于特征间拓扑关系的相似性(拓扑性质在透视变换下不发生变化),这些相似性存在于**特征邻接图**中而不是灰度或点分布的相似中。基于关系的匹配可以在很多场合下应用,但有可能产生很复杂的搜索树,因此其计算复杂度有可能很大。

模板匹配理论（见 5.1.1 小节）认为，要认知某幅图像的内容，必须在过去的经验中有其"记忆痕迹"或基本模型，这个模型又称"模板"。当前刺激如果与大脑中的模板符合，就能判别出这个刺激是什么。不过，模板匹配理论所说的匹配是指外界刺激与模板完全符合。实际上，人们在现实生活里不仅能认知与基本模式一致的图像，也能认知与基本模式不完全符合的图像。

格式塔心理学家提出了**原型匹配**理论。这种理论认为，对于当前观察到的一个字母"A"的图像，不管它是什么形状，也不管把它放在什么地方，它都和过去已知觉过的"A"有相似之处。人类的长时记忆并不是存储无数个不同形状的模板，而是将从各类图像中抽象出来的相似性作为原型，并以此检验所要认知的图像。如果能从所要认知的图像中找到一个原型的相似物，那么就实现了对这幅图像的认知。这种图像认知模型从神经学和记忆搜索的过程来看，都比模板匹配更接近实际情况，而且还能说明对一些虽不规则但在某些方面与原型相似的图像的认知过程。按照这种模型，可以形成一个理想化的字母"A"的原型，它概括了与这个原型类似的各种图像的共同特点，在此基础上，借助匹配来认知与原型仅相似的所有其他"A"就成为可能。

尽管原型匹配理论能够更合理地解释图像认知中的一些现象，但它并没有说明人类如何对相似的刺激进行辨别和加工。原型匹配理论并没有给出一个明确的图像认知的模型或机制，要在计算机程序中实现也有一定困难。更深入的研究是人类视觉和计算机视觉的一个课题。

9.1.3 匹配评价

虽然匹配理论还不完善，但匹配任务还需要完成，因此需要有匹配的评价准则。反过来，对匹配评价准则的研究也会促进匹配理论的发展。常用的图像匹配评价准则主要包括准确性、可靠性、鲁棒性和计算复杂度[5]。

准确性指真实值和估计值之间的差。差越小，估计就越准确。在图像级别的匹配中，准确性可以指要匹配的两个图像点（也可以是参考图像点和匹配图像点）之间距离的均值、中值、最大值及均方根值等统计量。在对应性已经确定的情况下，也可基于合成图像或仿真图像来确定准确性；另一种方法是将基准标记放在场景中，使用基准标记的位置来评价匹配的准确性。准确性的单位常是像素或体素。

可靠性指示的是匹配算法在（全部的）多次测试中有多少次取得了满意的结果。假设测试了 N 对图像，其中 M 次测试给出了满意的结果，如果 N 足够大且该 N 对图像有代表性，那

么可靠性就是 M/N。M/N 越接近 1，算法就越可靠。从这个意义来讲，算法的可靠性是可以预测的。

鲁棒性指示的是准确性的稳定程度或算法在其参数的不同变化条件下的可靠性。鲁棒性可以根据图像之间的噪声、密度、几何差别或不相似区域的百分比等来测量。一个算法的鲁棒性可通过确定算法准确性的稳定程度或输入参数变化时的可靠性来得到（如利用它们的方差，方差越小则算法越鲁棒）。如果有很多输入参数，每个输入参数都可能影响算法的准确性或可靠性，那么算法的鲁棒性可相对于各输入参数来定义。例如，一个算法可能对噪声鲁棒，但对几何失真不鲁棒。说一个算法鲁棒一般指该算法的性能不会随着所涉及参数的变动而产生明显变化。

计算复杂度决定算法的速度，指示其在具体应用中的实用性。例如，在图像导引的神经外科手术中，需要将用来规划手术的图像与反映特定时间手术状况的图像在几秒内完成匹配。而匹配航空器获取的航拍图像常需要在毫秒量级内完成。计算复杂度可以用图像尺寸的函数来表示（考虑每个单元所需的加法或乘法数量），一般希望匹配算法的计算复杂度是图像尺寸的线性函数。

9.2 目标匹配

图像匹配以像素为单位，计算量一般很大，匹配效率较低。在实际应用中，常常先检测和提取感兴趣的目标，然后对目标进行匹配。如果使用简洁的目标表达方式，则匹配工作量可以大大减少。因为目标可用不同的方法来表达，所以对目标的匹配也可采用多种方法。

9.2.1 匹配的度量

目标匹配的效果要借助一定的量度来进行评判，其核心主要是目标相似程度。

1. 豪斯道夫距离

在图像中，目标是由点（像素）组成的，两个目标的匹配在一定意义上是两个点集之间的匹配。利用**豪斯道夫距离**（HD）描述点集之间的相似性并通过特征点集进行匹配的方法得到广泛应用。给定两个有限点集 $A = \{a_1, a_2, \cdots, a_m\}$ 和 $B = \{b_1, b_2, \cdots, b_n\}$，它们之间的豪斯道夫距离定义如下：

$$H(A,B) = \max[h(A,B), h(B,A)] \tag{9-1}$$

其中（范数$\|\cdot\|$可取不同形式），

$$h(A,B) = \max_{a \in A} \min_{b \in B} \|a-b\| \tag{9-2}$$

$$h(B,A) = \max_{b \in B} \min_{a \in A} \|b-a\| \tag{9-3}$$

其中，函数 $h(A, B)$ 称为从点集 A 到点集 B 的有向豪斯道夫距离，描述了点 $a \in A$ 到点集 B 中任意点的最长距离；同样，函数 $h(B, A)$ 称为从点集 B 到点集 A 的有向豪斯道夫距离，描述了点 $b \in B$ 到点集 A 中任意点的最长距离。因为 $h(A, B)$ 与 $h(B, A)$ 并不对称，所以一般取它们两者之间的最大值作为两个点集之间的豪斯道夫距离。

豪斯道夫距离的几何意义可以解释如下：如果两个点集 A 和 B 之间的豪斯道夫距离为 d，那么对于每个点集中的任意一点，都可以在以该点为中心、以 d 为半径的圆中找到另一个点集里的至少一个点。如果两个点集之间的豪斯道夫距离为 0，就说明这两个点集是重合的。在图 9-2 中：$h(A, B) = d_{21}, h(B, A) = d_{22} = H(A, B)$。

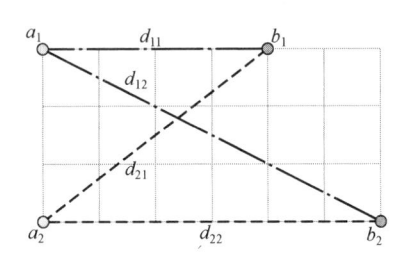

图 9-2 豪斯道夫距离示意图

如上定义的豪斯道夫距离对噪声点或点集的外野点（Outline）很敏感，一种常用的改进方法采用了统计平均的概念，用平均值代替最大值，称为**改进的豪斯道夫距离**（MHD）[6]，即将式（9-2）和（9-3）分别改为

$$h_{MHD}(A,B) = \frac{1}{N_A} \sum_{a \in A} \min_{b \in B} \|a-b\| \tag{9-4}$$

$$h_{MHD}(B,A) = \frac{1}{N_B} \sum_{b \in B} \min_{a \in A} \|b-a\| \tag{9-5}$$

其中，N_A 表示点集 A 中点的数量；N_B 表示点集 B 中点的数量。将它们代入式（9-1），得到

$$H_{MHD}(A,B) = \max[h_{MHD}(A,B), h_{MHD}(B,A)] \tag{9-6}$$

当使用豪斯道夫距离计算图像之间的相关匹配时，并不要求两幅图像间有明确的点之间

的关系,换句话说,它不需要在两个点集之间建立一对一的点对应关系,这是它的一个重要的优点。

2. 结构匹配量度

目标常可分解为其各组成部件。不同的目标可有相同的部件但有不同的结构。对结构匹配来说,大多数匹配量度可以用所谓的"模板和弹簧"的物理类比模型来解释[7]。**结构匹配**是参考结构和待匹配结构之间的匹配,如果将参考结构看作描绘在透明胶片上的一个结构,则匹配可看作在待匹配结构上移动这张透明胶片,并使其形变以得到两个结构的拟合。

匹配常常涉及可定量描述的相似性。一个匹配不是一个单纯的对应,而是一个按照某种优度指标定量描述的对应,这个优度就对应匹配量度。例如,两个结构拟合的优度既取决于两个结构上各部件之间逐个匹配的程度,也取决于使透明胶片产生形变所需要的工作量。

在实际应用中,实现形变时将模型考虑成一组用弹簧连接的刚性模板,如人脸的模板和弹簧模型如图 9-3 所示。这里模板靠弹簧连接,而弹簧函数描述了各模板之间的关系。模板间的关系一般有一定的约束限制,如在脸部图像上,两眼一般在同一条水平线上,而且间距总在一定的范围内。匹配的质量是模板局部拟合的优度和在使待匹配结构拟合参考结构时拉长弹簧所需能量的函数。

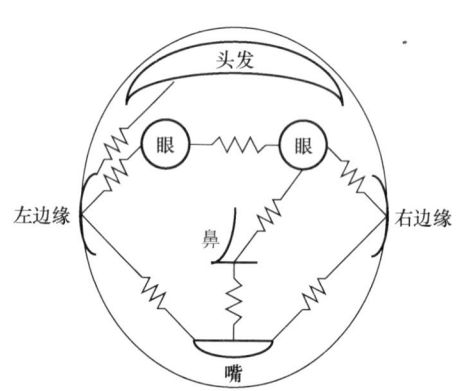

图 9-3 人脸的模板和弹簧模型

模板和弹簧的匹配量度可用一般形式表示如下:

$$C = \sum_{d \in Y} C_T[d, F(d)] + \sum_{(d,e) \in (Y \times E)} C_S[F(d), F(e)] + \sum_{c \in (N \cup M)} C_M(c) \quad (9\text{-}7)$$

其中,C_T 表示模板 d 和待匹配结构之间的不相似性;C_S 表示待匹配结构和目标部件 e 之间的不相似性;C_M 表示对遗漏部件的惩罚;$F(\ )$ 是将参考结构模板变换为待匹配结构部件的映射。F

将参考结构划分为两类：在待匹配结构中可找到的结构（属于集合 Y）、在待匹配结构中找不到的结构（属于集合 N）。类似地，部件也可分为在待匹配结构中存在的部件（属于集合 E）和在待匹配结构中不存在的部件（属于集合 M）两类。

在结构匹配量度中需要考虑归一化问题，因为被匹配部件的数量可能影响最后匹配量度的值。例如，如果"弹簧"总是具有有限的代价，则被匹配的元素越多，总的能量越大，但这并不表明匹配的部件多反而比匹配的部件少来得差。反之，待匹配结构的一部分与特定参考目标的精巧匹配常会使余下的部分无法匹配，此时这种"子匹配"还不如能使大部分待匹配部件都接近匹配的效果好。在式（9-7）中，利用对遗漏部件的惩罚来避免这种情况。

9.2.2 对应点匹配

当两个目标（或一个模型与一个目标）之间的匹配在目标上有特征点（参见 5.2 节）或特定的地标点（参见参考文献[8]）时，可借助它们之间的对应关系进行。在 2D 空间中，如果这些特征点或地标点彼此不同（具有不同的属性），则匹配可根据两对相对应的点来进行。如果这些特征点或地标点彼此相同（具有相同的属性），则至少需要在两个 2D 目标上各确定 3 个不共线的对应点（3 个点一定要共面）。

在 3D 空间中，如果使用透视投影，则因为任何一组中的 3 个点可以与任何另一组中的 3 个点相匹配，所以此时无法确定两组点之间的对应性。而如果使用弱透视投影，则匹配的歧义性要小得多。

考虑一种简单的情况。假设目标上的一组点（3 个）P_1，P_2，P_3 在同一个圆周上，如图 9-4（a）所示。设三角形的重心是 C，连接 C 与 P_1，P_2，P_3 的直线分别与圆周交于点 Q_1，Q_2，Q_3。在弱透视投影条件下，距离比 $P_iC:CQ_i$ 在投影后保持不变。这样，投影后圆周会变成椭圆（但直线投影后仍是直线，并且距离比不变），如图 9-4（b）所示。如能在图像中观测到点 P_1'，P_2'，P_3'，就可计算出 C'，并进而确定出点 Q_1'，Q_2'，Q_3' 的位置。这样就有了 6 个点来确定椭圆的位置和参数（实际上至少需要 5 个点）。一旦确定了椭圆，匹配就成为椭圆匹配（可见 9.2.3 小节）。

如果距离比计算有误，则 Q_i' 将不落在圆周上，如图 9-4（c）所示。这样一来，投影后就不能得到通过点 P_1'，P_2'，P_3' 和点 Q_1'，Q_2'，Q_3' 的椭圆，上述计算就不可能了。

更一般的歧义情况可参见表 9-1，该表给出了各种情况下利用图像中的对应点来对目标进行匹配时得到的解的个数。解的个数≥2 就表明有歧义出现。所有的歧义都在共面时发生，对应透视反转。任何非共面的点（总数超过 3）都提供了足够的信息以消除歧义。表 9-1 分别考虑了

共面点和非共面点两种情况，还对透视投影和弱透视投影进行了对比。

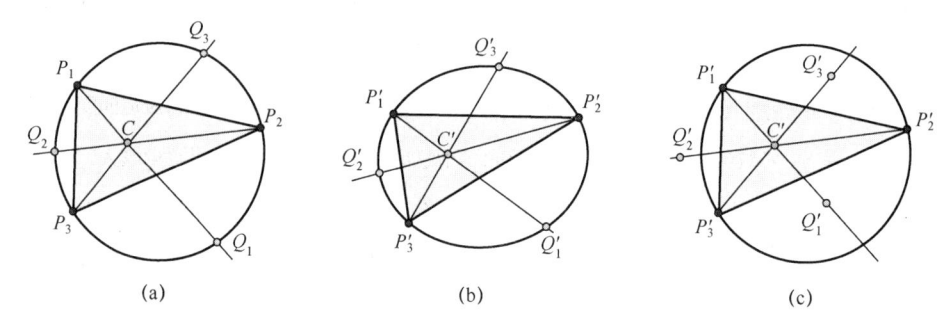

图 9-4 弱透视投影下的三点匹配

表 9-1 利用对应点匹配时的歧义性

点的分布	共 面					不 共 面				
对应点对数	≤ 2	3	4	5	≥ 6	≤ 2	3	4	5	≥ 6
透视投影时的对应点对数	∞	4	1	1	1	∞	4	1	1	1
弱透视投影时的对应点对数	∞	2	2	2	2	∞	2	1	1	1

9.2.3 惯量等效椭圆匹配

目标之间的匹配也可借助它们的**惯量等效椭圆**来进行，这在序列图像 3D 目标重建的配准工作中曾得到应用[9]。与基于目标轮廓的匹配不同，基于惯量等效椭圆的匹配是基于整个目标区域进行的。对于任何一个目标区域，都可以求得它所对应的一个惯量椭圆（可参见参考文献[5]）。借助目标所对应的惯量椭圆可进一步对每个目标算出一个等效椭圆。从目标匹配的角度来看，因为需匹配图像对中每个目标都可用它的等效椭圆来表示，所以对目标的匹配就可转化为对其等效椭圆的匹配，如图 9-5 所示。

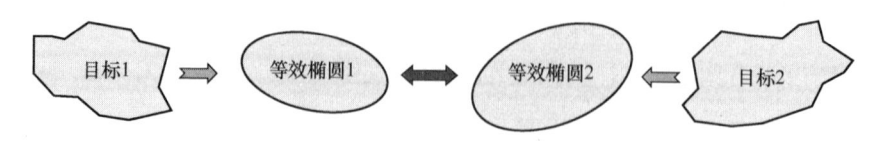

图 9-5 利用等效椭圆匹配示意图

在一般的目标匹配中，需要考虑的主要是平移、旋转和尺度变换造成的偏差，需要获得的是对应这些变换的几何参数。为此可通过等效椭圆的中心坐标、朝向角（定义为椭圆长主轴与

X 轴正向的夹角）和长主轴长度分别计算进行平移、旋转和尺度变换所需的参数。

首先，考虑等效椭圆的中心坐标(x_c, y_c)，即目标的重心坐标。设目标区域共包含 N 个像素，则

$$x_c = \frac{1}{N} \sum_{i=1}^{N} x_i \tag{9-8}$$

$$y_c = \frac{1}{N} \sum_{i=1}^{N} y_i \tag{9-9}$$

平移参数可根据两个等效椭圆的中心坐标差算得。其次，等效椭圆的朝向角 ϕ 可借助对应惯量椭圆两主轴的斜率 k 和 l 求得（设 A 为目标绕 X 轴旋转的转动惯量，B 为目标绕 Y 轴旋转的转动惯量）：

$$\phi = \begin{cases} \arctan(k), & A < B \\ \arctan(l), & A > B \end{cases} \tag{9-10}$$

旋转参数可根据两个椭圆的朝向角度差算得。最后，等效椭圆的两个半主轴的长度（a 和 b）反映了目标尺寸的信息。如果目标本身为椭圆，则它与它的等效椭圆是完全相同的。在一般情况下，目标的等效椭圆是目标在转动惯量和面积两个方面的近似（但并不同时相等），这里需要借助目标面积 M 对轴长进行归一化。归一化后，在 $A < B$ 时，等效椭圆半长主轴的长度 a 可由下式算得（设 H 代表惯性积）：

$$a = \sqrt{\frac{2}{[(A+B) - \sqrt{(A-B)^2 + 4H^2}]M}} \tag{9-11}$$

尺度变换参数可根据两个椭圆的长轴的长度比例算得。以上两个目标匹配所需几何校正的三种变换参数可独立计算，因此等效椭圆匹配中的各变换可分别顺序进行[10]。

利用惯量等效椭圆进行匹配比较适用于匹配不规则的目标。图 9-6 给出在对序列医学切片图像重建 3D 细胞的过程中，对两幅相邻的细胞切片图像进行匹配的示例。图 9-6（a）所示为两个相邻切片上对应同一个细胞的两个剖面图。由于制作切片时平移和旋转的影响，两个细胞剖面的尺寸和形状及在图像中的位置和朝向都不同。考虑到细胞内部和周围结构的变化都是较大的，仅基于轮廓进行匹配的效果不是很好。图 9-6（b）所示为在对细胞剖面计算等效椭圆后再进行匹配的结果，可见两个细胞剖面的位置和朝向都匹配得比较合理，这可为后续的 3D 重建打好基础。

(a)   (b)

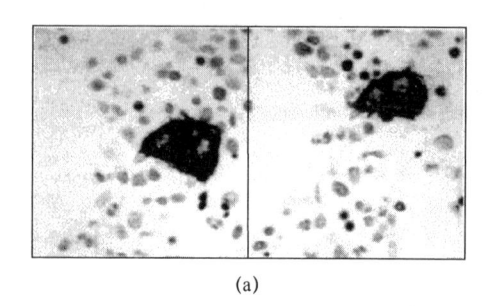

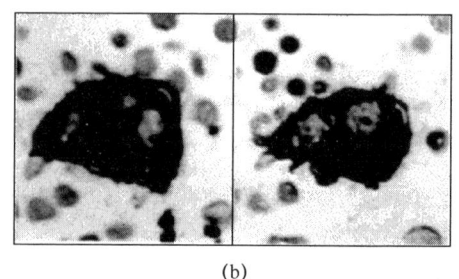

图 9-6 惯量等效椭圆匹配示例

9.3 动态模式匹配

前面对各种匹配的讨论中，需要匹配的表达都已预先建立好。实际上，有时需要匹配的表达是在匹配过程中动态建立的，或者说在匹配过程中需要根据待匹配数据建立不同的表达以用于匹配。下面结合一个实际应用介绍一种方法，称为**动态模式匹配**[11]。

9.3.1 匹配流程

在由序列医学切片图像重建 3D 细胞的过程中，判定同一细胞在相邻切片中各剖面的对应性是实现轮廓内插（参见参考文献[8]）的基础。由于切片过程复杂，切片很薄、产生变形等，相邻切片上细胞剖面的个数可能不同，它们的分布排列也可能不同。为了重建 3D 细胞，需要对每个细胞确定其各剖面之间的对应关系，即寻找同一个细胞在各切片上的对应剖面，完成这个工作的流程框图如图 9-7 所示。这里将两个需要匹配的切片分别称为已匹配片和待匹配片。已匹配片是参考片，将待匹配片上的各剖面与已匹配片上相应的已匹配剖面配准，则待匹配片就成为一个已匹配片，并可作为下一个待匹配片的参考片。如此匹配下去，就可将一个序列切片上的所有剖面全部配准（图 9-7 仅以一个剖面为例）。这种策略本质上借助了空间关系[12]来进行匹配。

参见图 9-7，可知动态模式匹配主要有如下 6 个步骤。

（1）从已匹配片上选取一个已匹配剖面。

（2）构造所选已匹配剖面的模式表达。

（3）在待匹配片上确定候选区（可借助先验知识，以减少计算量和减弱歧义性）。

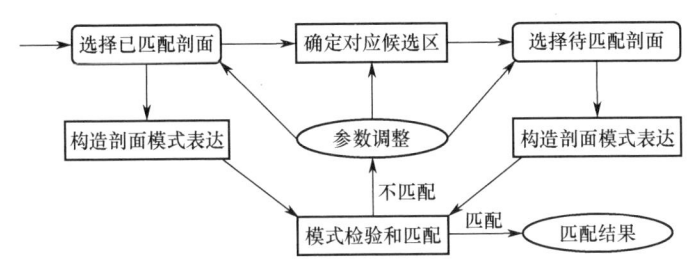

图 9-7 动态模式匹配流程框图

（4）在候选区内选出待匹配剖面。

（5）构造所选待匹配剖面的模式表达。

（6）利用剖面模式之间的相似性进行检验以确定剖面之间的对应性。

9.3.2 绝对模式和相对模式

因为细胞剖面在切片上的分布不是均匀的，所以为完成以上匹配步骤，需要动态地对每个剖面建立一个可用于匹配的模式表达。这里可考虑利用各剖面与其若干邻近剖面的相对位置关系来构造剖面的特有模式。这样所构造的模式可用一个模式矢量表示。设所用关系是每个剖面与其相邻剖面之间连线的长度和朝向（或连线间的夹角），则两个相邻切片上需要进行匹配的两个剖面模式 $\boldsymbol{P}_l$ 和 $\boldsymbol{P}_r$（均用矢量表示）可分别写为

$$\boldsymbol{P}_l = [x_{l0}, y_{l0}, d_{l1}, \theta_{l1}, \cdots, d_{lm}, \theta_{lm}]^T \quad (9\text{-}12)$$

$$\boldsymbol{P}_r = [x_{r0}, y_{r0}, d_{r1}, \theta_{r1}, \cdots, d_{rn}, \theta_{rn}]^T \quad (9\text{-}13)$$

其中，x_{l0}, y_{l0} 及 x_{r0}, y_{r0} 分别为两个剖面的中心坐标；d 代表同一切片上其他剖面与匹配剖面（构建模式时的中心剖面）间连线的长度；θ 代表同一切片上从待匹配剖面到周围两个相邻剖面连线间的夹角。注意，这里 m 和 n 可以不同。当 m 与 n 不同时，可以选择其中的一部分点构造模式进行匹配。另外，m 和 n 的选择应是计算量和模式唯一性平衡的结果，具体数值可通过确定模式半径［最大的 d，如图 9-8（a）中的 d_2］来调整。整个模式可看作包含在一个具有确定的作用半径的圆中。

为了进行剖面间的匹配，需要将对应的模式平移旋转。以上构造模式可称为**绝对模式**，因为它包含中心剖面的绝对坐标。图 9-8（a）给出一个 $\boldsymbol{P}_l$ 的例子。绝对模式具有对原点（中心剖面）的旋转不变性，即整个模式在旋转后，d 和 θ 不变；但从图 9-8（b）可知，它不具备平移不变性，因为整个模式在平移后，x_0 和 y_0 均发生了变化。

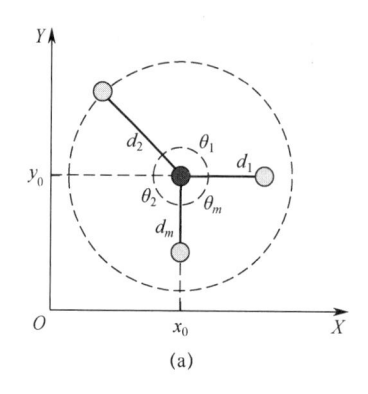

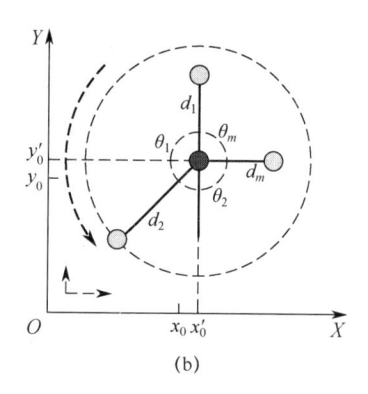

图 9-8 绝对模式示意图

为获得平移不变性，可去掉绝对模式中的中心点坐标，构造**相对模式**：

$$\boldsymbol{Q}_l = [d_{l1}, \theta_{l1}, \cdots, d_{lm}, \theta_{lm}]^T \quad (9\text{-}14)$$

$$\boldsymbol{Q}_r = [d_{r1}, \theta_{r1}, \cdots, d_{rn}, \theta_{rn}]^T \quad (9\text{-}15)$$

与图 9-8（a）中绝对模式相对应的相对模式如图 9-9（a）所示。

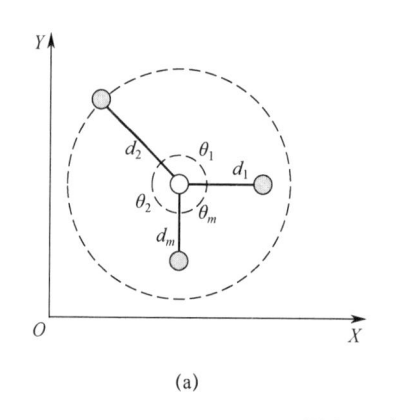

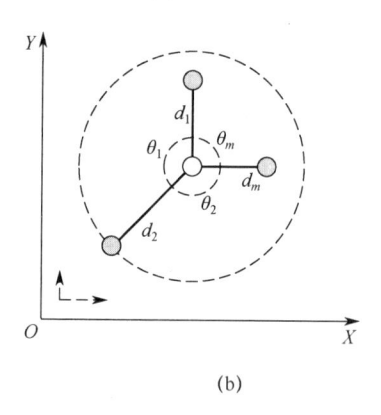

图 9-9 相对模式示意图

由图 9-9（b）可知，相对模式不仅具有旋转不变性，而且具有平移不变性。这样就可通过旋转、平移将两个相对模式进行匹配，计算其相似度，从而达到匹配剖面的目的。

图 9-10 所示为实际中两个相邻医学切片上细胞剖面的分布[12]，其中各细胞剖面均用点表示。由于细胞的直径远大于切片的厚度，所以很多细胞都跨越多个切片。或者说，相邻切片上应有很多对应的细胞剖面。但由图 9-10 可以看出，各切片上点的分布有很大差别，而且点的个数也有很大差别，图 9-10（a）中有 112 个，而图 9-10（b）中有 137 个。原因包括：图 9-10（a）中有些细胞剖面是细胞的最后一个剖面，没有延续到图 9-10（b）中；图 9-10（b）中有些

细胞剖面是新开始的,并不是从图9-10(a)中延续下来的。

利用动态模式匹配方法对这两幅图像中的细胞剖面进行匹配的结果是,图9.10(a)中有104个剖面在图9-10(b)中找到了正确的对应剖面(92.86%),而有8个剖面发生了匹配错误(7.14%)。

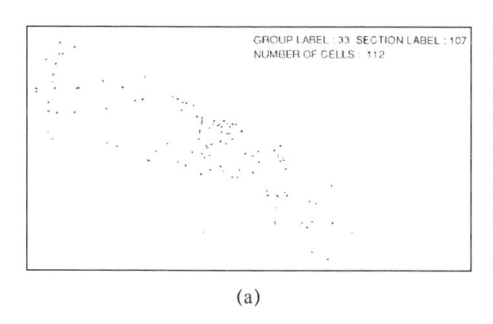

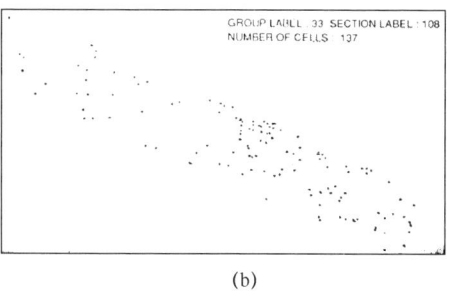

图 9-10 实际中两个相邻医学切片上细胞剖面的分布

由对动态模式匹配的分析可见,其主要特点是:模式是动态建立的,匹配是完全自动的。这种方法比较通用灵活,其基本思想可适用于多种应用情况[9]。

9.4 匹配和配准

匹配和配准是两个密切相关的概念,技术上也有许多相通之处。很多配准任务是借助各种匹配技术来完成的。但如果仔细分析,两者还是有一定的差别的。**配准**的含义一般比较窄,主要指建立在不同时间或空间下获得的图像间的对应,特别是几何方面的对应(几何校正),最后要获得的效果常常体现在像素层次上。匹配则既可考虑图像的几何性质也可考虑图像的灰度性质,甚至可以考虑图像的其他抽象性质和属性。从这点来说,配准可以看作对较低层表达的匹配,广义的匹配可将配准包含在内。顺便指出,图像配准与第4章和第5章中介绍的立体匹配的主要不同是:前者既需要建立点对之间的关系,还需要由此对应关系计算出两幅图像之间的坐标变换参数;而后者仅需要建立点对之间的对应关系,然后分别计算视差。

9.4.1 配准的实现

从具体实现技术来讲,配准常借助坐标变换或仿射变换来实现。大部分配准算法包含3个步骤:①特征选择;②特征匹配;③计算变换函数。配准技术的性能常由以下4个因素决定[13]:

(1)用来进行配准所使用的特征所在的特征空间。

(2)使搜索过程有可能有解的搜索空间。

(3)对搜索空间进行扫描的搜索策略。

(4)用来确定配准对应性是否成立的相似测度。

图像空域配准技术可像立体匹配技术那样分成两类(基于区域的和基于特征的)。而图像频域配准技术主要通过在频域中的相关计算来进行,需要先将图像通过傅里叶变换转换到频域中,然后在频域中利用频谱的相位信息或幅度信息建立图像之间的对应关系以实现配准,可分别称为相位相关法和幅度相关法。

下面以图像之间有平移时的配准为例来介绍**相位相关法**(有旋转和尺度变化时可借助傅里叶功率谱来计算)。两幅图像之间的相位相关计算可借助互功率谱的相位估计来进行。设两幅图像$f_1(x,y)$和$f_2(x,y)$在空域里具有如下简单的平移关系:

$$f_1(x,y) = f_2(x-x_0, y-y_0) \qquad (9\text{-}16)$$

则根据傅里叶变换的平移定理,有

$$F_1(u,v) = F_2(u,v)\exp[-j2\pi(ux_0+vy_0)] \qquad (9\text{-}17)$$

如果用两幅图像$f_1(x,y)$和$f_2(x,y)$的傅里叶变换$F_1(u,v)$和$F_2(u,v)$的归一化互功率谱来表示,则它们之间的相位相关度可如下计算:

$$\exp[-j2\pi(ux_0+vy_0)] = \frac{F_1(u,v)F_2^*(u,v)}{\left|F_1(u,v)F_2^*(u,v)\right|} \qquad (9\text{-}18)$$

其中,$\exp[-j2\pi(ux_0+vy_0)]$的傅里叶反变换为$\delta(x-x_0, y-y_0)$。由此可见,两幅图像$f_1(x,y)$和$f_2(x,y)$的空间相对平移量为(x_0, y_0)。该平移量可通过在图像中搜索最大值(由脉冲造成)的位置来确定。

基于傅里叶变换的相位相关法的步骤可总结如下。

(1)计算需要配准的两幅图像$f_1(x,y)$和$f_2(x,y)$的傅里叶变换$F_1(u,v)$和$F_2(u,v)$。

(2)滤除频谱中的直流分量和高频噪声,并计算频谱分量的乘积。

(3)使用式(9-18)计算归一化的互功率谱。

(4)对归一化的互功率谱进行傅里叶反变换。

(5)在图像中搜索峰值点坐标,该坐标给出相对平移量。

上述配准方法的计算量只与图像尺寸的大小有关,而与图像之间的相对位置或是否重叠无关。该方法只利用了互功率谱中的相位信息,计算简便,对图像间的亮度变化不敏感,能有效地克服光照变化带来的影响。由于获得的相关峰会比较尖锐突出，所以可获得较高的配准精度。

9.4.2 基于特征匹配的异构遥感图像配准

在异构图像的配准任务中，不同的成像模式、分辨率及时间相位等往往会带来困难。一种解决方案——CNN 特征匹配方法（跨模式匹配网络）如下[14]。

该匹配方法的流程图如图 9-11 所示，它包括两个阶段。在特征提取阶段，首先利用**卷积神经网络**（CNN）提取一对异质遥感图像的高维特征图；其次根据通过最大值和局部最大值两个条件选择特征图上的关键点；最后提取对应位置的 512D 描述符。在匹配阶段，首先使用快速最近邻搜索进行特征匹配；其次使用动态自适应欧氏距离计算和**随机样本一致性**（RANSAC）约束来消除不匹配点并保持图像对之间的正确匹配点。

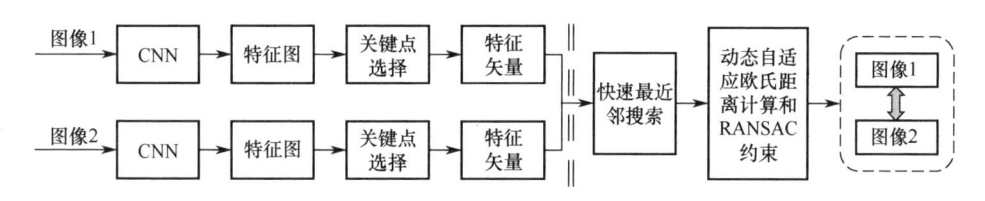

图 9-11　CNN 特征匹配方法流程图

为了实现异构遥感图像的鲁棒特征匹配，需要找到一种不变的特征表达方法来减弱异构图像中辐射和几何差异的影响。这里考虑如下 3 个方面。

（1）高级抽象语义信息比低级梯度信息更能适应辐射和几何的变化，因此，选择来自 CNN 深层的特征图，并适当扩展与提取的特征相对应的原始输入图像的范围（感受野）。

（2）使用已经配准的、光照和拍摄角度差异较大的数据对 CNN 进行训练，使 CNN 特征提取器可以学习光照、几何等变化图像的不变特征。

（3）采用"更多更可靠"（Reliability With More）策略，先提取大量候选特征，然后通过改进匹配过程的筛选机制进行有效限制，从而获得更可靠、更均匀的匹配对。

在配准中，基于用于匹配的特征矢量，执行快速最近邻搜索，以找到最近欧氏距离与第二最近欧氏距离的比值较大（大于阈值）的那些匹配点对。通常，第一个匹配点对的距离越小，匹配质量越高。接下来，计算所有匹配点对的平均值，并从每个最近的欧氏距离中减去它。如果结果为负数，则保留这个匹配点对，并执行 RANSAC 约束以选择真正的匹配点对。

9.4.3 基于空间关系推理的图像匹配

场景图像通常包含许多目标。图像空间关系的表达就是描述图像目标在欧氏空间中的几何关系。由于现实世界的复杂性和场景拍摄的随机性，同一目标在不同图像上的成像会发生显著变化。仅依靠图像的整体表达来计算图像的相似度很难精确匹配图像。另外，当同一目标在不同图像中成像时，其成像形态会发生显著变化，但其与相邻目标的空间关系通常保持稳定（参见9.3节）。下面介绍的这种通过推理分析图像中目标的空间接近度来解决整个图像匹配问题的方法就利用了这一事实[15]。

空间关系推理流程图如图 9-12 所示。首先，对于来自场景的图像对，检测目标块（Patch）并提取深度特征进行匹配，从而确定物体的空间接近度，构建场景中目标的空间接近度图。其次，基于构建的空间接近度图，分析图像中目标的空间接近关系（构建目标接近度图并确定图中结点对应的目标），定量计算图像对之间的接近度。最后，找到匹配的图像。

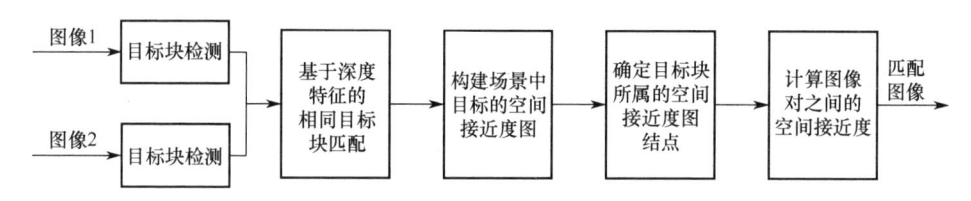

图 9-12　空间关系推理流程图

一些详细信息如下。

（1）为提取目标块的深层特征，构建了基于对比机制的目标块特征提取网络。该网络包含两个具有共享权重的完全相同的通道。每个通道都是一个深度卷积网络，包含 7 个卷积层和 2 个全连接层。基于深度特征，对两幅图像中相同的目标块进行匹配。

（2）在构建场景目标的空间邻近图时，根据每个目标在先验图像上的分布情况，推理分析场景中不同目标的空间邻近关系。构建过程是一个迭代搜索过程，包含初始化步骤和更新步骤[15]。构建的空间接近度图总结了场景中存在的所有目标，并定量表示了不同目标之间的邻近度，其中不同图像上的相同目标块聚合在同一结点中。

（3）为确定匹配图像，在空间接近度图中搜索图像中目标的结点，根据结点之间的连接权重确定图像中目标之间的接近关系。每个测试图像可能包含几个目标块，可以在结点集中搜索它们的所属结点。

（4）为计算图像对的空间接近度，需要检测图像中包含的目标块，并确定每个目标块所属的结点以形成结点集。所属结点之间的连接权重表示图像中目标块之间的接近关系。两幅图像之间的空间关系可以用图像中目标块的接近关系来表示，通过定量计算图像的空间接近度来完成图像的空间关系匹配。

9.5 关系匹配

客观场景可以分解为多个物体，而每个物体又可分解为多个组成元件/部件，它们之间存在不同的关系。从客观场景中采集的图像可以借助物体之间各种相互关系的集合来表达，因此关系匹配是图像理解的重要步骤。类似地，图像中的目标可以借助物体各元件间的相互关系集合来表达，因此利用关系匹配也可对目标进行识别。关系匹配中待匹配的两个表达都是关系，一般常将其中之一称为待匹配对象，而将另一个称为模型。

下面介绍**关系匹配**的主要步骤。这里考虑给定待匹配对象，求与其匹配的模型。设有两个关系集：X_l 和 X_r，其中 X_l 属于待匹配对象，X_r 属于模型，它们分别表示为

$$X_l = \{R_{l1}, R_{l2}, \cdots, R_{lm}\} \tag{9-19}$$

$$X_r = \{R_{r1}, R_{r2}, \cdots, R_{rn}\} \tag{9-20}$$

其中，$R_{l1}, R_{l2}, \cdots, R_{lm}$ 和 $R_{r1}, R_{r2}, \cdots, R_{rn}$ 分别代表匹配对象和模型中各部件间不同关系的表达。

例如，图 9-13（a）给出一个图像中目标的示意图（可看作一个桌子的正视图）。它有 3 个元件，可表示为 $Q_l = \{A, B, C\}$，这些元件之间的关系集可表示为 $X_l = \{R_1, R_2, R_3\}$。其中，R_1 代表连接关系，$R_1 = \{(A, B), (A, C)\}$；R_2 代表上下关系，$R_2 = \{(A, B), (A, C)\}$；R_3 代表左右关系，$R_3 = \{(B, C)\}$。图 9-13（b）给出另一个图像中目标的示意图（可看作一个有中间抽屉的桌子的正视图），它有 4 个元件，可表示为 $Q_r = \{1, 2, 3, 4\}$，各元件间的关系集可表示为 $X_r = (R_1, R_2, R_3)$。其中，R_1 代表连接关系，$R_1 = \{(1, 2), (1, 3), (1, 4), (2, 4), (3, 4)\}$；$R_2$ 代表上下关系，$R_2 = \{(1, 2), (1, 3), (1, 4)\}$；$R_3$ 代表左右关系，$R_3 = \{(2, 3), (2, 4), (4, 3)\}$。

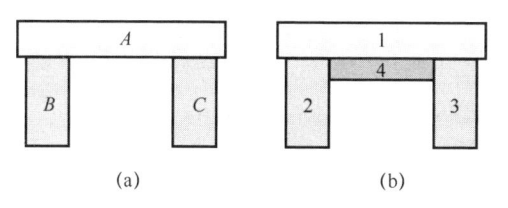

图 9-13　图像中目标及其关系表达示意图

下面考虑 X_l 和 X_r 之间的距离，记为 $\text{dis}(X_l, X_r)$。$\text{dis}(X_l, X_r)$ 由 X_l 和 X_r 中各对相应关系表达的对应项的差异，即各 $\text{dis}(R_l, R_r)$ 组成。X_l 和 X_r 的匹配是两个集合中各对相应关系的匹配。以下先考虑其中某种关系，并用 R_l 和 R_r 分别代表相应的关系表达：

$$R_l \subseteq S^M = S(1) \times S(2) \times \cdots \times S(M) \tag{9-21}$$

$$R_r \subseteq T^N = T(1) \times T(2) \times \cdots \times T(N) \tag{9-22}$$

定义 p 为 S 对 T 的对应变换（映射），p^{-1} 为 T 对 S 的对应变换（反映射）。进一步定义运算符号 $\oplus$ 代表复合运算，$R_l \oplus p$ 表示用变换 p 去变换 R_l，即把 S^M 映射成 T^N，$R_r \oplus p^{-1}$ 表示用反变换 p^{-1} 去变换 R_r，即把 T^N 映射成 S^M。

$$R_l \oplus p = f[T(1), T(2), \cdots, T(N)] \in T^N \tag{9-23}$$

$$R_r \oplus p^{-1} = g[S(1), S(2), \cdots, S(M)] \in S^M \tag{9-24}$$

这里 f 和 g 分别代表某种关系表达的组合函数。

现在来考虑 $\text{dis}(R_l, R_r)$。如果这两个关系表达中的对应项不等，则对任意一个对应关系 p，可能存在下列 4 种误差：

$$\begin{aligned}
E_1 &= \{R_l \oplus p - (R_l \oplus p) \cap R_r\} \\
E_2 &= \{R_r - (R_l \oplus p) \cap R_r\} \\
E_3 &= \{R_r \oplus p^{-1} - (R_r \oplus p^{-1}) \cap R_l\} \\
E_4 &= \{R_l - (R_r \oplus p^{-1}) \cap R_l\}
\end{aligned} \tag{9-25}$$

两个关系表达 R_l 和 R_r 之间的距离就是式（9-25）中各项误差的加权和（这里是对各项误差的影响进行加权，权值为 W）：

$$\text{dis}(R_l, R_r) = \sum_i W_i E_i \tag{9-26}$$

如果两个关系表达中的对应项相等，则总是可找到一个对应的映射 p，根据复合运算有 $R_r = R_l \oplus p$ 和 $R_r \oplus p^{-1} = R_l$ 成立，即由式（9-26）算得的距离为零。此时可以说 R_l 和 R_r 是完全匹配的。

实际上，可用 $C(E)$ 表示 E 中以项计的误差，并将式（9-26）改写为

$$\text{dis}^C(R_l, R_r) = \sum_i W_i C(E_i) \tag{9-27}$$

由前面的分析可知，要匹配 R_l 和 R_r，应设法找到一个对应的映射，使 R_l 和 R_r 之间的误差（以项计的距离）最小。注意到 E 是 p 的函数，因此需要寻求的对应映射 p 应满足：

$$\text{dis}^C(R_l, R_r) = \inf_p \left\{ \sum_i W_i C[E_i(p)] \right\} \tag{9-28}$$

进一步回到式（9-19）和式（9-20），如果要匹配两个关系集 X_l 和 X_r，则应找到一系列对应映射 p_j，使

$$\mathrm{dis}^C(X_1, X_r) = \inf_p \left\{ \sum_j^m V_j \sum_i W_{ij} C[E_{ij}(p_j)] \right\} \qquad (9\text{-}29)$$

这里设 $n > m$，而 V_j 为对各种不同关系重视程度的加权。

现在以图 9-13 中的两个目标为例，仅考虑连接关系对它们进行匹配。由式（9-21）和（9-22）可知：

$$R_1 = \{(A,B),(A,C)\} = S(1) \times S(2) \subseteq S^M$$

$$R_r = \{(1,2),(1,3),(1,4),(2,4),(3,4)\} = T(1) \times T(2) \times T(3) \times T(4) \times T(5) \subseteq T^N$$

当 Q_r 中没有元件 4 时，$R_r = [(1,2),(1,3)]$，这样得到 $p = \{(A,1),(B,2),(C,3)\}$，$p^{-1} = \{(1,A),(2,B),(3,C)\}$，$R_1 \oplus p = \{(1,2),(1,3)\}$，$R_r \oplus p^{-1} = \{(A,B),(A,C)\}$。此时，式（9-25）中的 4 种误差分别为

$$E_1 = \{R_1 \oplus p - (R_1 \oplus p) \cap R_r\} = \{(1,2),(1,3)\} - \{(1,2),(1,3)\} = 0$$
$$E_2 = \{R_r - (R_1 \oplus p) \cap R_r\} = \{(1,2),(1,3)\} - \{(1,2),(1,3)\} = 0$$
$$E_3 = \{R_r \oplus p^{-1} - (R_r \oplus p^{-1}) \cap R_1\} = \{(A,B),(A,C)\} - \{(A,B),(A,C)\} = 0$$
$$E_4 = \{R_1 - (R_r \oplus p^{-1}) \cap R_1\} = \{(A,B),(A,C)\} - \{(A,B),(A,C)\} = 0$$

于是有 $\mathrm{dis}(R_1, R_r) = 0$。

如果 Q_r 中有元件 4，$R_r = [(1,2),(1,3),(1,4),(2,4)(3,4)]$，则 $p = \{(A,4)(B,2)(C,3)\}$，$p^{-1} = \{(4,A),(2,B),(3,C)\}$，$R_1 \oplus p = \{(4,2),(4,3)\}$，$R_r \oplus p^{-1} = \{(B,A),(C,A)\}$。此时，式（9-25）中的 4 种误差分别为

$$E_1 = \{(4,2),(4,3)\} - \{(4,2),(4,3)\} = 0$$
$$E_2 = \{(1,2),(1,3),(1,4),(2,4),(3,4)\} - \{(2,4),(3,4)\} = \{(1,2),(1,3),(1,4)\}$$
$$E_3 = \{(B,A),(C,A)\} - \{(A,B),(A,C)\} = 0$$
$$E_4 = \{(A,B),(A,C)\} - \{(A,B),(A,C)\} = 0$$

如果仅考虑连接关系，则可以交换各元件次序。由上面的结果可知，$\mathrm{dis}(R_1, R_r) = \{(1,2),(1,3),(1,4)\}$。用误差项来表示是 $C(E_1) = 0$，$C(E_2) = 3$，$C(E_3) = 0$，$C(E_4) = 0$，因此 $\mathrm{dis}^C(R_1, R_r) = 3$。

匹配就是用储存在计算机中的模型去识别待匹配对象中的未知模式，因此在找到一系列对应映射 p_j 后，还需要确定它们所对应的模型。设由式（9-19）定义的待识别对象 X 对多个模型 $Y_1, Y_2, \cdots, Y_L$ 中的每一个 [它们均可用式（9-20）表示] 都可以找到一个符合式（9-29）的对应关系，并设它们分别为 $p_1, p_2, \cdots, p_L$，也就是说，可求得 X 与多个模型以各自相应的对应关系进行匹配后的距离 $\mathrm{dis}^C(X, Y_q)$。如果对模型 Y_q 来说，其与 X 的距离满足

$$\mathrm{dis}^C(X, Y_q) = \min\{\mathrm{dis}^C(X, Y_i)\} \qquad i = 1, 2, \cdots, L \qquad (9\text{-}30)$$

则对于 $q \leq L$，$X \in Y_q$ 成立，也就是认为待匹配对象 X 与模型 Y_q 匹配。

总结上述讨论，可知匹配的过程可以归纳为以下 4 步。

（1）确定相同关系（元件间关系），即对 X_1 中给定的一个关系确定 X_r 中与其相同的一个关

系。这里需要进行 $m \times n$ 次比较：

$$X_1 = \begin{bmatrix} R_{l1} \\ R_{l2} \\ \cdots \\ R_{lm} \end{bmatrix} \begin{bmatrix} R_{r1} \\ R_{r2} \\ \cdots \\ R_{rn} \end{bmatrix} = X_r \tag{9-31}$$

（2）确定匹配关系的对应映射（关系表达对应），即确定能够满足式（9-28）的 p。设 p 有 K 种可能的形式，则要在这 K 种形式中找出使误差加权和最小的 p：

$$R_l \begin{cases} p_1: \ \text{dis}^C(R_l, R_r) \\ p_2: \ \text{dis}^C(R_l, R_r) \\ \cdots \\ p_K: \ \text{dis}^C(R_l, R_r) \end{cases} R_r \tag{9-32}$$

（3）确定匹配关系集的对应映射系列，即根据 K 个 dis 值再次求加权：

$$\text{dis}^C(X_l, X_r) \Leftarrow \begin{cases} \text{dis}^C(R_{l1}, R_{r1}) \\ \text{dis}^C(R_{l2}, R_{r2}) \\ \cdots \\ \text{dis}^C(R_{lm}, R_{rn}) \end{cases} \tag{9-33}$$

注意，在式（9-33）中设 $m \leq n$，即只有 m 对关系可以寻找对应，而 $n-m$ 个关系只存在于关系集 X_r 中。

（4）确定所属模型（在 L 个 $\text{dis}^C(Xl, Xr)$ 中求极小值）：

$$X \begin{cases} \xrightarrow{p_1} Y_1 \to \text{dis}^C(X, Y_1) \\ \xrightarrow{p_2} Y_2 \to \text{dis}^C(X, Y_2) \\ \cdots \\ \xrightarrow{p_L} Y_L \to \text{dis}^C(X, Y_L) \end{cases} \tag{9-34}$$

9.6 图同构匹配

寻求对应关系是关系匹配中的一个关键。因为对应关系可以有很多种不同的组合，所以如果搜索方法不当，会使工作量太大而不能进行。图同构是解决这个问题的一种方法。

9.6.1 图论简介

下面先介绍一些图论的基本定义和概念。

1. 基本定义

在图论中，一个图 G 定义为由有限非空**顶点集合** $V(G)$ 及有限**边线集合** $E(G)$ 组成的集合，记为

$$G = [V(G), E(G)] = [V, E] \quad (9\text{-}35)$$

其中，$E(G)$ 中的元素对应 $V(G)$ 中顶点的无序对，称为 G 的边。图也是一种关系数据结构。

下面将集合 V 中的元素用大写字母表示，而将集合 E 中的元素用小写字母表示。一般将由顶点 A 和 B 的无序对构成的边 e 记为 $e \leftrightarrow AB$ 或 $e \leftrightarrow BA$，并称 A 和 B 为 e 的端点（End），称边 e **连接** A 和 B。在这种情况下，顶点 A 和 B 与边 e **相关联**，边 e 和顶点 A 和 B 相关联。两个与同一条边相关联的顶点是**相邻的**，同样两条有共同顶点的边是相邻的。如果两条边有相同的两个端点，就称它们为**重边**或**平行边**。如果一条边的两个端点相同，就称它为**环**，否则称为**棱**。

在图的定义中，每个无序对的两个元素（两个顶点）可以相同也可以不同，而且任意两个无序对（两条边）可以相同也可以不同。不同的元素可用不同颜色的顶点表示，称为顶点的色性（指顶点用不同的颜色标注）。元素间不同的关系可用不同颜色的边表示，称为边的色性（指边用不同的颜色标注）。因此一个扩展的**有色图** G 可表示为

$$G = [(V, C), (E, S)] \quad (9\text{-}36)$$

其中，V 为顶点集，C 为顶点色性集；E 为边线集，S 为边线色性集。它们分别为

$$V = \{V_1, V_2, \cdots, V_N\} \quad (9\text{-}37)$$

$$C = \{C_{V_1}, C_{V_2}, \cdots, C_{V_N}\} \quad (9\text{-}38)$$

$$E = \{e_{V_iV_j} \big| V_i, V_j \in V\} \quad (9\text{-}39)$$

$$S = \{s_{V_iV_j} \big| V_i, V_j \in V\} \quad (9\text{-}40)$$

其中，每个顶点可有一种颜色，每条边也可有一种颜色。

2. 图的几何表达

如果将图的顶点用圆点表示，将边线用连接顶点的直线或曲线表示，就可得到图的**几何表达**或**几何实现**。边数大于等于 1 的图都可以有无穷多个几何表达。

例如，假设 $V(G) = \{A, B, C\}$，$E(G) = \{a, b, c, d\}$，其中 $a \leftrightarrow AB, b \leftrightarrow AB, c \leftrightarrow BC, d \leftrightarrow CC$。这样图 G 就可以用如图 9-14 所示的图来表示。

在图 9-14 中，边 a, b, c 彼此相邻，边 c 和 d 彼此相邻，但边 a, b 与边 d 不相邻。同样，

顶点 A 和 B 相邻，顶点 B 和 C 相邻，但顶点 A 和 C 不相邻。从边的类型来看，边 a 和 b 为重边，边 d 为环，边 a,b,c 均为棱。

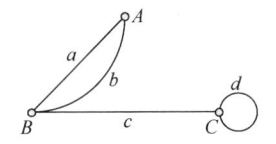

图 9-14　图的几何表达

根据上面介绍的图的几何表达方式，图 9-13 中的两个目标可用如图 9-15 所示的两个有色图来表达，其中顶点色性用顶点形状区别，连线色性用连线线型区别。可以看出，有色图反映的信息更全面和直观。

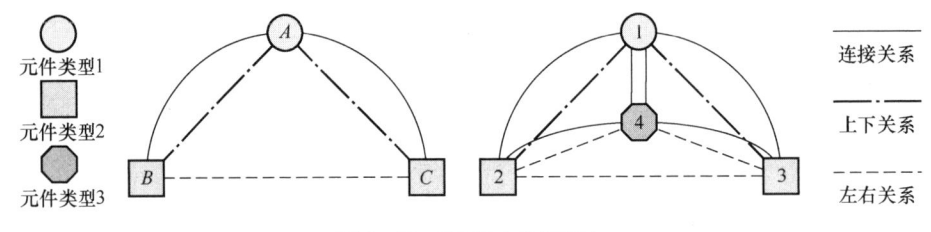

图 9-15　目标的有色图表达

3．子图和母图

对于两个图 G 和 H，如果 $V(H) \subseteq V(G)$ 且 $E(H) \subseteq E(G)$，则称图 H 为图 G 的**子图**，记为 $H \subseteq G$。反过来称图 G 为图 H 的**母图**。如果图 H 为图 G 的子图，但 $H \neq G$，则称图 H 为图 G 的**真子图**，而称图 G 为图 H 的**真母图**[16]。

如果 $H \subseteq G$ 且 $V(H) = V(G)$，称图 H 为图 G 的**生成子图**，而称图 G 为图 H 的**生成母图**。如在图 9-16 中，图 9-16（a）给出图 G，而图 9-16（b）、图 9-16（c）和图 9-16（d）分别给出图 G 的一个生成子图（它们都是图 G 的生成子图，但互相不同）。

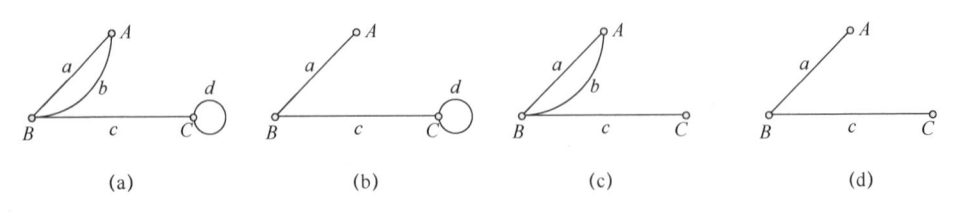

图 9-16　图和生成子图示例

如果在一个图 G 中将所有的重边和环都去掉，得到的简单生成子图称为图 G 的**基础简单**

图。图9-16（b）、图9-16（c）和图9-16（d）给出的3个生成子图中只有一个基础简单图，即图9-16（d）。下面借助图9-17（a）所给出的图 G 介绍获得基础简单图的4种运算。

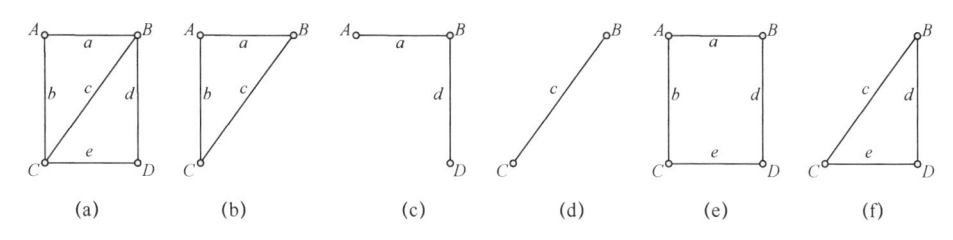

图 9-17 获得子图的几种运算示意图

（1）对于图 G 的非空顶点子集 $V'(G) \subseteq V(G)$，如果有一个图 G 的子图以 $V'(G)$ 为顶点集，以图 G 里两个端点都在 $V'(G)$ 中的所有边为边集，则称该子图为图 G 的**导出子图**，记为 $G[V'(G)]$或 $G[V']$。图9-17（b）给出 $G[A, B, C] = G[a, b, c]$的图。

（2）类似地，对于图 G 的非空边子集 $E'(G) \subseteq E(G)$，如果有一个图 G 的子图以 $E'(G)$ 为边集，以该边集里所有边的端点为顶点集，则称该子图为图 G 的**边导出子图**，记为 $G[E'(G)]$或$G[E']$。图 9-17（c）给出 $G[a, d] = G[A, B, D]$的图。

（3）对于图 G 的非空顶点真子集 $V'(G) \subseteq V(G)$，如果有一个图 G 的子图以去掉 $V'(G) \subset V(G)$ 后的顶点为顶点集，以图 G 里去掉与 $V'(G)$相关联的所有边后的边为边集，则称该子图是图 G 的剩余子图，记为 $G-V'$。这里有 $G-V' = G[V \setminus V']$。图9-17（d）给出 $G-\{A, D\} = G[B, C] = G[\{A, B, C, D\} - \{A, D\}]$的图。

（4）对于图 G 的非空边真子集 $E'(G) \subseteq E(G)$，如果有一个图 G 的子图以去掉 $E'(G) \subset E(G)$ 后的边为边集，则称该子图是图 G 的生成子图，记为 $G-E'$。注意这里 $G-E'$与 $G[E \setminus E']$有相同的边集，但两者并不一定恒等。其中，前者总是生成子图，而后者并不一定。图 9-17（e）给出前者的一个示例，$G-\{c\} = G[a, b, d, e]$。图9-17(f)给出后者的一个示例，$G[\{a, b, c, d, e\} -\{a, b\}]$ $= G-A \neq G-[\{a, b\}]$。

9.6.2 图同构和匹配

对图的匹配是借助图同构来实现的。

1. 图的恒等和同构

根据图的定义，对于两个图 G 和 H，当且仅当 $V(G) = V(H)$且 $E(G) = E(H)$时，称图 G 和 H

恒等，并且两个图可用相同的几何表达来表示。例如，图 9-18 中的图 G 和 H 是恒等的。不过即使两个图可用相同的几何表达来表示，它们也并不一定是恒等的。例如，图 9-18 中的图 G 和 I 不是恒等的（各顶点和边的标号均不同），虽然他们可用形状相同的两个几何表达来表示。

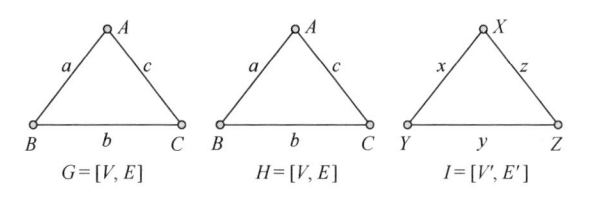

图 9-18　图的恒等

对具有相同的几何表达但不恒等的两个图来说，只要把其中一个图的顶点和边的标号适当改名，就可得到与另一个图恒等的图，可以称这样的两个图为**同构**。换句话说，两图同构表明两个图的顶点和边线之间有一对一的对应关系。两个图 G 和 H 同构可记为 $G \cong H$，其充要条件为在 $V(G)$ 和 $V(H)$、$E(G)$ 和 $E(H)$ 之间各有如下映射存在：

$$P: V(G) \to V(H) \tag{9-41}$$

$$Q: E(G) \to E(H) \tag{9-42}$$

且映射 P 和 Q 保持相关联的关系，即 $Q(e) = P(A)P(B), \forall e \leftrightarrow AB \in E(G)$，如图 9-19 所示。

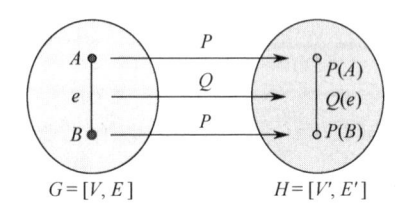

图 9-19　图的同构示意图

2. 同构的判定

由前面的定义可知，同构的图有相同的结构，区别只可能是顶点或边线的标号不完全相同。图同构比较侧重于描述相互关系，因此图同构可以没有几何方面的要求，即比较抽象（当然也可以有几何方面的要求，即比较具体）。图同构匹配本质上是一个树搜索问题，其中不同的分路（分支）代表对不同对应关系组合的"试探"。

现在考虑几种图与图之间同构的情况。简便起见，这里对所有图顶点和边线都不作标号，即认为所有顶点都有相同色性，所有边线也都有相同色性。清楚起见，以单色线图（G 的一个

特例）

$$B = [(V),(E)] = [V, E] \tag{9-43}$$

来说明。式（9-43）中的 V 和 E 仍分别由式（9-37）和式（9-39）给出，只是这里每个集合中的所有元素都是相同的。换句话说，顶点和边线都各只有一种。参见图 9-20，给定两个图 $B_1 = [V_1, E_1]$ 和 $B_2 = [V_2, E_2]$，它们之间的同构可分为以下几种情况[7]。

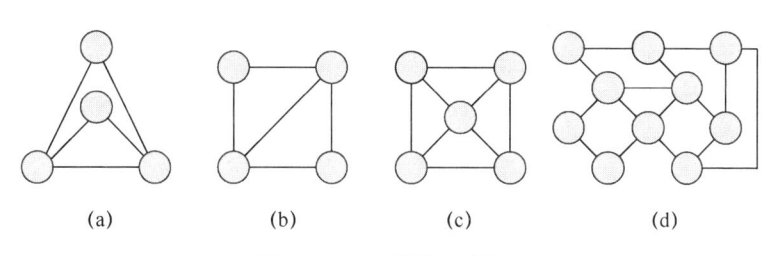

图 9-20　图同构的几种情况

1）全图同构

全图同构指 B_1 和 B_2 之间存在一对一的映射，图 9-20（a）和图 9-20（b）就是全图同构。一般来说，如果以 f 表示映射，则对于 $e_1 \in E_1$ 和 $e_2 \in E_2$，必有 $f(e_1) = e_2$ 存在，并且对于 E_1 中每条连接任何一对顶点 e_1 和 $e'_1(e_1, e'_1 \in E_1)$ 的连线，E_2 中必有一条连接 $f(e_1)$ 和 $f(e'_1)$ 的连线。在对目标进行识别时，需要对表达目标的图与目标模型的图建立全图同构关系。

2）子图同构

子图同构指 B_1 的一部分（子图）和 B_2 的全图之间的同构，图 9-20（c）中的多个子图与图 9-20（a）是同构的。在对场景中的目标进行检测时，需要用目标模型在场景图中搜索同构子图。

3）双子图同构

双子图同构指 B_1 的各子图和 B_2 的各子图之间的所有同构。在图 9-20（a）与图 9-20（d）中有若干双子图是同构的［图 9-20（a）中的红边三角形与图 9-20（d）中的两个红边三角形就是同构的］。当需要在两个场景中找到共同目标时，该任务就可转化为双子图同构的问题。

求图同构的方法有许多种。例如，可以将待判定的每个图都转换成某类标准形式，这样就可以比较方便地确定同构。另外，也可对线图中对应顶点之间可能匹配的树进行穷举搜索，不过这种方法在线图中顶点数量较大时，计算量会很大。

一种比同构方法的限制少且收敛更快的方法是**关联图匹配**[17]。在关联图匹配中，图定义为

$G = [V, P, R]$,其中 V 表示结点集合,P 表示用于结点的单元谓词集合,R 表示结点间二值关系的集合。这里谓词代表只取 TRUE 或 FALSE 两个值之一的语句,二值关系描述一对结点所具有的属性。给定两个图,就可构建一个关联图。关联图匹配就是对两个图中的结点和结点、二值关系和二值关系的匹配。

9.7 线条图标记和匹配

观察 3D 物体,看到的是其(可见)表面,将 3D 物体投影为 2D 图像,各表面会分别形成区域。各表面的边界在 2D 图像中会显示为轮廓,用这些轮廓表达目标就构成目标的线条图。对于比较简单的物体,可以用对线条图的标记,即用带轮廓标记的 2D 图像来表示 3D 物体各表面的相互关系[18]。借助这种标记也可以对 3D 物体和相应的模型进行匹配,从而解释场景。

9.7.1 轮廓标记

先给出一些轮廓标记中名词的定义。

1. 刃边

如果 3D 物体中一个连续的表面(称为遮挡表面)遮挡另一个表面(称为被遮挡表面)的一部分,则沿着遮挡表面的轮廓前进时,表面法线方向的变化是光滑连续的,此时称该轮廓线为**刃边**(2D 图像的刃边为光滑曲线)。为表示刃边,可在轮廓线上加一个箭头("←"或"→"),一般约定箭头方向指示沿箭头方向前进时,遮挡表面在刃边的右侧。在刃边两侧,遮挡表面的方向和被遮挡表面的方向可以无关。

2. 翼边

如果 3D 物体中一个连续的表面不仅遮挡另一个表面的一部分,而且遮挡自身的其他部分,即**自遮挡**,则其表面法线方向的变化是光滑连续的,并与视线方向垂直,这时的轮廓线称为**翼边**(一般在从侧面观察光滑的 3D 表面时形成)。为表示翼边,可在曲线上加两个相反的箭头("↔")。沿翼边行进时,3D 表面的方向并不变化;而沿着不平行翼边的方向行进时,3D 表面的方向会连续地变化。

刃边是 3D 物体真正(物理上)的边缘,而翼边只是表观上的边缘。当刃边或翼边越过遮挡表面和被遮挡表面之间的边界或轮廓时,会产生深度不连续的**跳跃边缘**。

3. 折痕

如果 3D 可视表面的朝向突然变化或两个 3D 表面成一定角度交接,就形成**折痕**。在折痕两边,表面上的点是连续的,但表面法线方向不连续。如果折痕处表面是外凸的,则一般用"+"表示;如果折痕处表面是内凹的,则一般用"–"表示。

4. 痕迹

如果 3D 表面的局部具有不同的反射率,就会形成**痕迹**。痕迹的形成与 3D 表面的形状无关。可以用"M"来标记痕迹。

5. 阴影

如果 3D 物体中一个连续的表面没有从视点角度将另一个表面的一部分挡住,但遮挡了光源对这一部分的照射,就会在第二个表面的该部分造成**阴影**。表面上的阴影并不是表面自身形状造成的,是其他部分对光照影响的结果。可以用"S"来标记阴影。阴影边界处有光照的突变,称为光照边界。

图 9-21 给出轮廓标记示例。一个空心圆柱体放在一个平台上,圆柱体上有一个痕迹 M,圆柱体在平台上造成一个阴影 S。圆柱体侧面有两条翼边↔,上顶面轮廓由两条翼边分成两部分,上轮廓边遮挡了背景(平台),下轮廓边遮挡了柱体内部。平台各处的折痕均为外凸的,而平台与圆柱体间的折痕是内凹的。

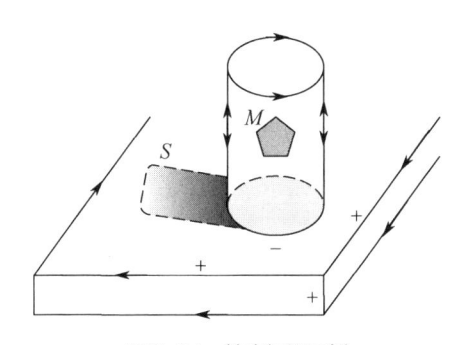

图 9-21 轮廓标记示例

9.7.2 结构推理

下面考虑借助 2D 图像中的轮廓结构来对 3D 目标的结构进行推理分析。这里假设目标的表面均为平面,所有相交后的角点均由三个面相交形成,这样的 3D 目标可称为**三面角点目标**,如图 9-22 中的两个线条图所表示的目标。此时视点的小变化不会引起线条图拓扑结构的变化,

即不会导致面、边、连接的消失，目标在这种情况下称为**处于常规位置**。

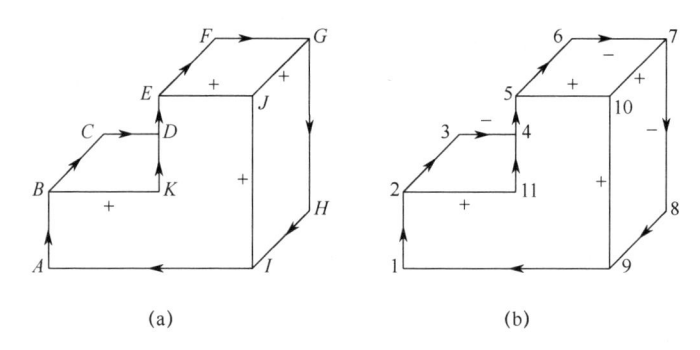

(a)　　　　　　　　　　　　(b)

图 9-22　线条图的不同解释

图 9-22 中的两个线条图在几何结构上是相同的，但对它们可有两种不同的 3D 解释。它们的差别在于图 9-22（b）比图 9-22（a）多标记了三个内凹的折痕，这样一来，图 9-22（a）中的目标看起来是漂浮在空中的，而图 9-22（b）中的目标看起来是贴在后面的墙上的。

在只用 {+, −, →} 标记的图中，"+"表示不闭合的凸线，"−"表示不闭合的凹线，"→"表示闭合的线。此时边线连接的（拓扑）组合类型一共有四类（16 种）：6 种 L 连接、4 种 T 连接、3 种箭头连接（↑连接）和 3 种叉连接（Y 连接），如图 9-23 所示。

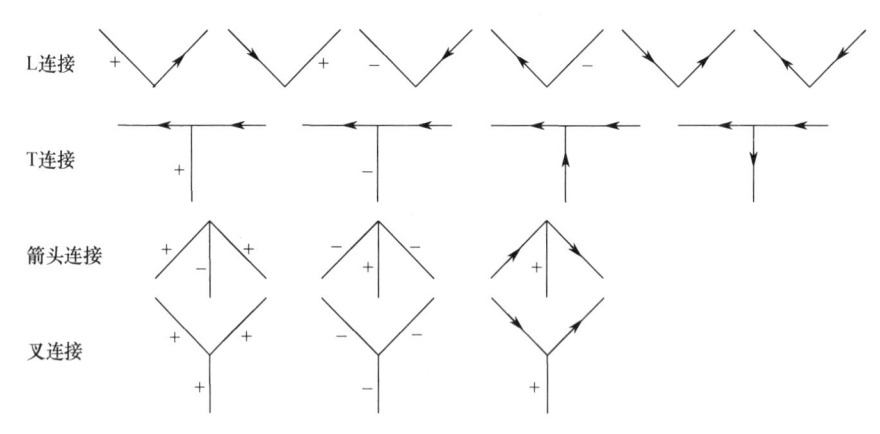

L 连接

T 连接

箭头连接

叉连接

图 9-23　三面角点目标的 16 种连接类型

如果考虑所有的三个面相交形成的顶点的情况，应该有 64 种标记方法，但是只有上述 16 种的连接类型是合理的。换句话说，只有用如图 9-23 所示的 16 种连接类型可以标记的线条图才是物理上可以存在的。当一个线条图可以被标记时，对它的标记就可提供对图的定性解释。

9.7.3 回朔标记

为自动标记线条图，可使用不同的方法。下面介绍一种**回朔标记**的方法[18]。把要解决的问题表述成：已知 2D 线条图中的一组边，要给每条边赋一个标记（其中使用的连接种类要满足图 9-23），以解释 3D 的情况。回朔标记法将边排成序列（尽可能将对标记约束最多的边排在前面），以深度优先的方式生成通路，依次对每条边进行所有可能的标记，检验新标记与其他边标记的一致性。如果用新标记产生的连接有矛盾或不符合图 9-23 的情况，则回退考虑另一条通路，否则继续考虑下一条边。如果这样依次赋给所有边的标记都满足一致性，则得到一种标记结果（得到一条到达树叶的完全通路）。一般由同一个线条图可得到不止一种标记结果，需要利用一些附加的信息或先验知识来得到最后唯一的判断结果。

现在以如图 9-24 所示的棱锥为例来解释回朔标记法的基本步骤。

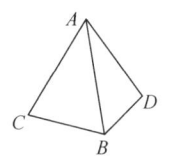

图 9-24 棱锥

运用回朔标记法进行标记的过程和得到的解释树（包含各步骤和最后结果）如表 9-2 所示。在表 9-2 中，先考虑顶点 A，共有 3 种符合图 9-23 的情况。对符合图 9-23 的第一种情况，继续考虑顶点 B。此时在 3 种可能符合图 9-23 的情况中，有两种对边 AB 的解释与图 9-23 有矛盾，还有一种在继续考虑顶点 C 时不符合图 9-23。换句话说，对顶点 A 符合图 9-23 的第一种情况，没有正确的解释。接下来考虑符合图 9-23 的第二种情况，依次类推。

表 9-2 对棱锥线条图的解释树

	A	B	C	D	结果和解释
解释树				—	C 不属于合理的 L 连接
			—	—	对边 AB 的解释有矛盾
			—	—	
			—	—	对边 AB 的解释有矛盾

续表

	A	B	C	D	结果和解释
解释树				—	C 不属于合理的 L 连接
					贴在墙壁上
					对边 AB 的解释有矛盾
					放在桌面上
					漂浮在空中

由表 9-2 中所有的解释树可见，一共有三条完全的通路（一直标记到了树叶），它们给出同一线条图的三种不同解释。整个解释树的搜索空间相当小，这表明三面角点目标有相当强的约束机制。

9.8 多模态图像匹配

广义图像匹配旨在从两幅或多幅图像中识别并对应相同或相似的关系/结构/内容。**多模态图像匹配**（MMIM）可以看作一种特殊情况。通常，待匹配的图像和/或目标具有显著的非线性外观差异，这不仅是由不同的成像传感器导致的，而且是由不同的成像条件（如昼夜、天气变化或跨季节）及输入数据类型（如图像、绘图、素描或图像、文字）引起的。

多模态图像匹配问题可以表述为：给定不同模态的参考图像 I_R 和匹配图像 I_M，根据它们之间的相似性找到它们（或其中的目标）的对应关系。目标可以由它们所占据的区域或它们所具有的特征来表示。因此，匹配技术可以分为基于区域的技术和基于特征的技术。

9.8.1 基于区域的技术

基于区域的技术考虑目标的强度信息。可以分为两组：具有手工框架的传统组和具有学习框架的近期组。

传统的基于区域技术的流程图如图 9-25 所示。包括 3 个重要模块：度量指标、变换模型、优化方法[19]。

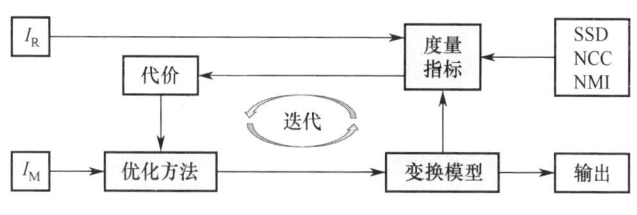

图 9-25 传统的基于区域技术的流程图

（1）度量指标。匹配结果的准确度取决于度量指标（匹配标准）。可以根据关于两幅图像之间强度关系的假设来设计不同的度量指标。常用的手动度量指标可以简单地分为基于相关的方法和基于信息论的方法。

（2）变换模型。变换模型通常解释图像对之间的几何关系，其参数需要准确估计以指导图像操作进行匹配。现有的变换模型可以简单地分为线性模型和非线性模型。后者又可进一步分为物理模型（来源于物理现象，用偏微分方程表示）和插值模型（来源于插值或近似理论）。

（3）优化方法。优化方法用来根据给定的度量指标搜索最佳变换，以实现所需的匹配精度和效率。考虑到优化方法所推断的变量的性质，可以将其简单地分为连续优化和离散优化。连续优化假设变量为需要目标函数的可微的实数值，离散优化将解空间假设为离散集。

各模块中的方法类和一些典型技术如表 9-3 所示。

表 9-3 各模块中的方法类和一些典型技术

模 块	方 法 类	典 型 技 术	参考文献序号
度量指标	基于相关	互相关	[20]
		归一化相关系数（NCC）	[21]
	基于信息论	互信息（MI）	[22]
		归一化互信息（NMI）	[23]
		条件互信息（CMI）	[24]
变换模型	线性模型	刚体、仿射、投影变换	[25]
	非线性物理模型	微分同胚	[26]
		大变形微分同胚度量映射	[27]
	非线性插值模型	径向基函数（RBF）	[28]
		薄板样条（TPS）	[29]
		自由变形（FFDs）	[30]

续表

模　块	方　法　类	典　型　技　术	参考文献序号
优化方法	连续优化	梯度下降	[31]
		共轭梯度	[31]
	离散优化	基于图论	[32]
		消息传递	[33]
		线性规划	[34]

近年来，深度学习技术被用于驱动迭代优化过程或者以端到端的方式直接估计几何变换参数。第一类方法称为**深度迭代学习方法**，第二类方法称为**深度变换估计方法**。根据训练策略的不同，后者还可大致分为两类：有监督变换估计方法和无监督变换估计方法。表 9-4 列出了这三个类别中的一些典型方法以及它们的基本原理。

表 9-4　基于区域的深度学习方法中的一些典型技术

方法类别	典型技术及基本原理	参考文献序号
深度迭代学习方法	使用堆叠式自动编码器训练优秀的度量指标；	[35]
	将深度相似性度量和手工制作的度量结合起来作为一种增强的度量；	[36]
	使用强化学习（RL）范式迭代估计变换参数	[37]
有监督变换估计方法	应用统计外观模型，确保生成的数据能够更好地模拟真实数据，这些数据可以用作地面真实数据，以定义监督估计中的损失函数；	[38]
	利用 U-Net 的全卷积（FC）层表示高维参数空间，输出可变形场或位移向量场以定义损失函数；	[39]
	使用生成对抗网络（GAN）来学习估计变换，以使预测的变换更真实或接近真值	[40]
无监督变换估计方法	利用空间变换网络（STN）以端到端的方式预测几何变换的能力，仅使用传统的相似性度量，以及约束变换模型复杂性或平滑度的正则化项来构建损失函数；	[41]
	首先执行图像二值化，然后计算参考图像和匹配图像之间的投票分数，以处理多模态图像对	[42]

9.8.2　基于特征的技术

基于特征的技术通常包含 3 个步骤：特征检测、特征描述、特征匹配。在特征检测和描述步骤中，抑制了模态差异，因此使用一般的方法就可以很好地完成匹配步骤。根据局部图像描述符的使用与否，匹配步骤可以间接或直接进行。基于特征的技术流程图如图 9-26 所示[19]。

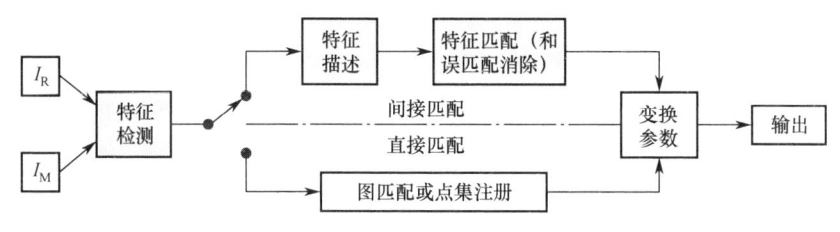

图 9-26　基于特征的技术流程图

1. 特征检测

检测到的特征通常代表图像或现实世界中的特定语义结构。常用的特征可分为角点特征（通常位于纹理区域或边缘的两条直线的交点）、团块（Blob）特征（局部闭合区域，其中的像素被认为相似，因此与周围邻域不同）、线/边和形态区域特征。特征检测的核心思想是构造一个响应函数来区分不同的特征，以及平坦和非独特的图像区域。常用的函数还可进一步分为梯度、强度、二阶导数、轮廓曲率、区域分割函数和基于学习的函数。

深度学习在关键点检测方面显示出巨大的潜力，尤其是在两幅具有显著外观差异的图像中，这通常发生在跨模态图像匹配中。常用的 3 组基于卷积神经网络（CNN）的检测器为监督型[43]、自监督型[44]、无监督型[45]。

2. 特征描述

特征描述是指将特征点周围的局部强度映射成一种稳定的、有区别的矢量形式，使检测到的特征能够快速、方便地匹配。根据使用的图像线索（如梯度、强度）和描述符生成的形式（如比较、统计和学习），现有的描述符可以分为浮点描述符、二进制描述符、可学习描述符。浮点描述符通常由基于梯度或强度线索的统计方法生成。基于梯度统计的描述符的核心思想是计算梯度的方向以形成用于特征描述的浮点向量。二进制描述符通常基于局部强度的比较策略。可学习描述符是在 CNN 中提取的具有高阶图像线索或语义信息的深层描述符。这些描述符还可进一步分为基于梯度统计、局部强度比较、局部强度顺序统计的描述符和基于学习的描述符[46]。

3. 特征匹配

特征匹配的目的是在两个提取的特征集间建立正确的特征对应关系。

直接方法是通过直接使用空间几何关系和优化方法来建立两个集合的对应关系。有两种代表性策略：图匹配和点集配准。间接方法则是将特征匹配视为一个两阶段问题。在第一阶段，基于局部特征描述符的相似性构造推定的匹配集。在第二阶段，通过施加额外的局部和/或全局

几何约束来剔除错误的匹配。

随机样本一致性（RANSAC）是一种经典的基于重采样的失配消除和参数估计方法。受经典 RANSAC 的启发，一种通过训练深度回归器消除异常值和/或估计模型参数的学习技术[47]被提出，以用来估计变换模型。除了使用多层感知器（MLP），还可以使用**图卷积网络**（GCN）[48]进行学习。

参考文献

[1] HUANG D W, PETTIE S. Approximate generalized matching: f-Matchings and f-Edge covers. Algorithmica[J]. 2022, 84(7): 1952-1992.

[2] ZHANG J, WANG X, BAI X, et al. Revisiting domain generalized stereo matching networks from a feature consistency perspective[C]. IEEE/CVF Conference on Computer Vision and Pattern Recognition (CVPR), 2022: 12991-13001.

[3] LIU B, YU H, QI G. GraftNet: Towards domain generalized stereo matching with a broad-spectrum and task-oriented feature[C]. IEEE/CVF Conference on Computer Vision and Pattern Recognition (CVPR), 2022: 13002-13011.

[4] KROPATSCH W G, BISCHOF H. Digital Image Analysis – Selected Techniques and Applications[M]. Berlin: Springer, 2001.

[5] GOSHTASBY A A. 2-D and 3-D Image Registration – for Medical, Remote Sensing, and Industrial Applications[M]. Hoboken: Wiley-Interscience, 2005.

[6] DUBUISSON M, JAIN A K. A modified Hausdorff distance for object matching[C]. Proc. 12ICPR, 1994: 566-568.

[7] BALLARD D H, BROWN C M. Computer Vision[M]. London: Prentice Hall, 1982.

[8] 章毓晋. 图像工程（下册）——图像理解[M]. 4 版. 北京: 清华大学出版社, 2018.

[9] ZHANG Y J. 3-D image analysis system and megakaryocyte quantitation[J]. Cytometry, 1991, 12: 308-315.

[10] 章毓晋. 椭圆匹配法及其在序列细胞图像 3-D 配准中的应用[J]. 中国图象图形学报,

1997, 2(8,9): 574-577.

[11] ZHANG Y J. Automatic correspondence finding in deformed serial sections[J]. Scientific Computing and Automation (Europe), 1990, 5: 39-54.

[12] 李钦, 游雄, 李科, 等. 图像匹配的物体空间关系推理表达[J]. 测绘学报. 2021, 50(1): 117-131.

[13] LOHMANN G. Volumetric Image Analysis[M]. Hoboken: John Wiley & Sons and Teubner Publishers, 1998.

[14] 蓝朝祯, 卢万杰, 于君明, 等. 异源遥感影像特征匹配的深度学习算法[J]. 测绘学报, 2021, 50(2): 189-202.

[15] 李钦, 游雄, 李科, 等. 图像匹配的物体空间关系推理表达[J]. 测绘学报, 2021, 50(1): 117-131.

[16] 孙惠泉. 图论及其应用[M]. 北京: 科学出版社, 2004.

[17] SNYDER W E, QI H. Machine Vision[M]. Cambridge: Cambridge University Press, 2004.

[18] SHAPIRO L, STOCKMAN G. Computer Vision[M]. London: Prentice Hall, 2001.

[19] JIANG X Y, MA J Y, XIAO G B, et al. A review of multimodal image matching: Methods and applications[J]. Information Fusion, 2021, 73: 22-71.

[20] AVANTS B B, EPSTEIN C L, GROSSMAN M, et al. Symmetric diffeomorphic image registration with cross-correlation: evaluating automated labeling of elderly and neurodegenerative brains[J]. Medical Image Analysis, 2008, 12(1): 26-41.

[21] LUO J, KONOFAGOU E E. A fast normalized cross-correlation calculation method for motion estimations[J]. IEEE Trans. Ultrason. Ferroelectr. Freq. Control, 2010, 57(6): 1347-1357.

[22] VIOLA P, WELLS III W M. Alignment by maximization of mutual informations[J]. International Journal of Computer Vision, 1997, 24(2): 137-154.

[23] STUDHOLME C, HILL D L G, HAWKES D J. An overlap invariant entropy measure of 3D medical image alignments[J]. Pattern Recognition, 1999, 32(1): 71-86.

[24] LOECKX D, SLAGMOLEN P, MAES F, et al. Nonrigid image registration using conditional mutual informations[J]. IEEE Trans. Med. Imaging, 2009, 29(1): 19-29.

[25] ZHANG X, YU F X, KARAMAN S, et al. Learning discriminative and transformation covariant local feature detectorss[C]. Proceedings of the IEEE Conference on Computer Vision and Pattern Recognition, 2017: 6818-6826.

[26] TROUVE A. Diffeomorphisms groups and pattern matching in image analysiss[J]. International Journal of Computer Vision, 1998, 28(3): 213-221.

[27] MARSLAND S, TWINING C J. Constructing diffeomorphic representations for the groupwise analysis of nonrigid registrations of medical imagess[J]. IEEE Trans. Med. Imaging, 2004, 23(8): 1006-1020.

[28] ZAGORCHEV L, GOSHTASBY A. A comparative study of transformation functions for nonrigid image registrations[J]. IEEE Trans. Image Process, 2006, 15(3): 529-538.

[29] BOOKSTEIN F L. Principal warps: Thin-plate splines and the decomposition of deformationss[J]. IEEE Trans. Pattern Anal. Mach. Intell, 1989, 11(6): 567-585.

[30] SEDERBERG T W, PARRY S R. Free-form deformation of solid geometric modelss[C]. Proceedings of the 13th Annual Conference on Computer Graphics and Interactive Techniques, 1986: 151-160.

[31] ZHANG Y J. Handbook of Image Engineerings[M]. Singapore: Springer Nature, 2021.

[32] FORD Jr L R, FULKERSON D R. Flows in Networks[M]. Princeton: Princeton University Press, 2015.

[33] PEARL J. Probabilistic Reasoning in Intelligent Systems: Networks of Plausible Inference[M]. The Netherlands: Elsevier, 2014.

[34] KOMODAKIS N, TZIRITAS G. Approximate labeling via graph cuts based on linear programming[J]. IEEE Trans. Pattern Anal. Mach. Intell., 2007, 29(8): 1436-1453.

[35] CHENG X, ZHANG L, ZHENG Y. Deep similarity learning for multimodal medical images[J]. Computer Methods in Biomechanics and Biomedical Engineering: Imaging and

Visualization, 2018, 6(3): 248-252.

[36] BLENDOWSKI M, HEINRICH M P. Combining MRF-based deformable registration and deep binary 3D-CNN descriptors for large lung motion estimation in COPD patients[J]. Int. J. Comput. Assist. Radiol. Surg., 2019, 14(1): 43-52.

[37] LIAO R, MIAO S, TOURNEMIRE P D, et al. An artificial agent for robust image registration[J]. arXiv preprint 2016, arXiv: 1611.10336.

[38] UZUNOVA H, WILMS M, HANDELS H, et al. Training CNNs for image registration from few samples with model-based data augmentation[C]. Proceedings of International Conference on Medical Image Computing and Computer-Assisted Intervention, 2017: 223-231.

[39] HERING A, KUCKERTZ S, HELDMANN S, et al. Enhancing label-driven deep deformable image registration with local distance metrics for state-of-the-art cardiac motion tracking[J]. Bildverarbeitung Für Die Medizin, 2019: 309-314.

[40] YAN P, XU S, RASTINEHAD A R, et al. Adversarial image registration with application for MR and TRUS image fusion[C]. International Workshop on Machine Learning in Medical Imaging, 2018: 197-204.

[41] SUN L, ZHANG S. Deformable MRI-ultrasound registration using 3D convolutional neural network[C]. Simulation, Image Processing, and Ultrasound Systems for Assisted Diagnosis and Navigation, 2018: 152-158.

[42] KORI A, KRISHNAMURTHI G. Zero shot learning for multi-modal real time image registration[J]. arXiv preprint 2019, arXiv:1908.06213.

[43] ZHANG Y J. Image Engineering, Vol.1: Image Processing[M]. Germany: De Gruyter, 2017.

[44] DETONE D, MALISIEWICZ T, RABINOVICH A. Superpoint: Self-supervised interest point detection and description[J]. Proceedings of the IEEE Conference on Computer Vision and Pattern Recognition Workshops, 2018: 224-236.

[45] LAGUNA A B, RIBAE, PONSA D, et al. Key. Net: Keypoint detection by handcrafted and

learned CNN filters[J]. arXiv preprint 2019, arXiv:1904.00889.

[46] MA J, JIANG X, FAN A, et al. Image matching from handcrafted to deep features: A survey[J]. International Journal of Computer Vision, 2020: 1-57.

[47] KLUGER F, BRACHMANN E, ACKERMANN H, et al. Consac: Robust multi-model fitting by conditional sample consensus[J]. Proceedings of the IEEE Conference on Computer Vision and Pattern Recognition, 2020: 4634-4643.

[48] SARLIN P E, DETONE D, MALISIEWICZ T, et al. Superglue: Learning feature matching with graph neural networks[J]. Proceedings of the IEEE Conference on Computer Vision and Pattern Recognition, 2020: 4938-4947.

第 10 章
同时定位和制图

同时定位和制图（SLAM）也称即时定位与地图构建，指搭载传感器的主体在没有环境先验信息的情况下，同时估计自身运动和建立环境模型。这是一种主要由移动机器人使用的视觉算法，可以允许机器人在探索未知环境时逐步构建并更新几何模型，同时根据所构建的部分模型，机器人可以确定其相对于模型的位置（自定位）。也可理解为机器人在未知环境中从一个未知位置开始移动，在移动过程中既根据已有地图和对位置的估计来进行自身定位，又在自身定位的基础上进行增量式地图绘制，从而实现机器人的自主定位和导航[1]。

本章各节内容安排如下。

10.1 节对 SLAM 进行概括介绍，除了 SLAM 执行的 3 个操作，还有激光 SLAM 和视觉 SLAM 的构成、流程和模块，以及它们的对比和融合，还有与其他技术的结合。

10.2 节介绍激光 SLAM 的 3 种典型算法：Gmapping 算法、Cartographer 算法和 LOAM 算法。

10.3 节介绍视觉 SLAM 的 3 种典型算法：ORB-SLAM 算法系列、LSD-SLAM 算法（包括针对单目、双目和全向的变型）和 SVO 算法。

10.4 节讨论群体机器人的特性和群体 SLAM 面临的一些技术问题。

10.5 节介绍 SLAM 的一些新动向，主要是 SLAM 与深度学习的结合以及与多智能体的结合。

10.1　SLAM 概况

SLAM 执行 3 个操作或者说完成 3 项任务：

（1）**感知**：通过传感器获得周围环境的信息。

（2）**定位**：借助传感器获得的（当前和历史）信息，推测出自身的位置和姿态。

（3）**制图**：也称建图，根据传感器获得的信息和自身的位姿，对自身所处环境进行描绘。

三者的关系可借助图 10-1 来理解。感知是 SLAM 的必要条件，只有感知到周围环境的信息才能进行可靠的定位和制图。定位和制图互相依赖：定位依赖已知的地图信息，制图依赖可靠的定位信息，它们都依赖感知到的信息。

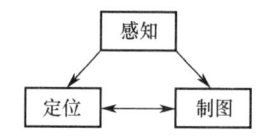

图 10-1　SLAM 三个操作之间的联系

SLAM 系统所用的传感器主要包括**惯性测量单元**（IMU）、激光雷达和相机。使用激光雷达作为传感器的称为激光 SLAM，使用相机作为传感器的称为视觉 SLAM。

10.1.1　激光 SLAM

激光 SLAM 根据一帧一帧连续运动的点云数据，推断出激光雷达自身的运动及周围环境的情况。激光 SLAM 能够准确测量环境中目标点的角度与距离，不需要预先布置场景，能在光线较差的环境中工作并生成便于导航的环境地图。

激光 SLAM 在工作中主要解决 3 个问题：①从环境中提取有用的信息，即特征提取问题；②建立不同时刻观测到的环境信息间的联系，即数据关联问题；③对环境进行描述，即地图表示问题。

激光 SLAM 流程框架如图 10-2 所示，主要包括 5 个模块。

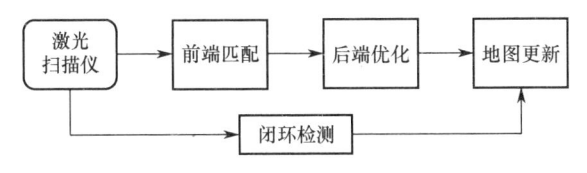

图 10-2　激光 SLAM 流程框架

1．激光扫描仪

激光扫描仪接收所发射激光从周围环境返回的距离和角度信息，构成点云数据。

2．前端匹配

前端匹配也称点云配准，是要寻找前后两帧点云数据之间的对应关系。常用的匹配方法如下[2]。

（1）基于点的匹配：直接对点云进行匹配，如**迭代最近点**（ICP）法及其变型、**点-线迭代最近点**（PL-ICP）法[3]等。

（2）基于特征的匹配：从点云中提取各种特征（如点、线、面等）进行匹配，如圆锥曲线特征[4]、隐函数特征[5]等。

（3）基于数学特征的匹配：借助各种数学特性来描述帧与帧之间的位姿变化，如**正态分布变换法**（NDT），它将当前帧图像离散为栅格，根据其上点的分布，计算该栅格的概率密度函数，再通过牛顿优化方法求解概率密度之和最大的变换参数，从而实现最优匹配结果[6]。

（4）基于相关性的匹配：基于位姿相关进行匹配。

（5）基于优化的匹配：将匹配问题转换为非线性最小二乘问题，通过梯度下降的方式来求解。将梯度优化与相关性进行结合的方法近期得到了较多的关注。

3．后端优化

后端优化也称后端非线性优化，借助前端匹配后有误差的数据，通过优化来推断传感器位姿和环境地图。这是一个状态估计问题。常用的优化方法如下[2]。

（1）基于贝叶斯滤波器的优化：采用马尔可夫假设（当前状态只与上一时刻的状态和当前时刻的测量值有关），基于根据后验概率表示的方法的不同，还可以分为卡尔曼滤波和粒子滤波。

（2）基于图的优化：不考虑马尔可夫假设（当前状态与之前所有时刻的测量值都有关）。它将位姿表示成图中结点，位姿之间的联系用结点间的弧表示，构成位姿图。通过调整位姿图

中的结点来最大程度地满足空间约束关系，从而获得位姿信息和地图。

4. 闭环检测

闭环检测也称回环检测，要根据相似性检测识别激光雷达经过和到达过的场景（是否回到了之前到过的位置），给出除相邻帧外的时间间隔更长的约束，为位姿估计提供更多数据，并消除累积误差，改善制图效果。常用的闭环检测方法如下[2]。

（1）**扫描帧到扫描帧**（Scan-to-Scan）匹配：基于相关计算，将两个激光帧通过相对平移和旋转进行配准。

（2）**扫描帧到地图**（Scan-to-Map）匹配：将当前帧的激光数据与由一段时间内连续的激光数据帧构成的地图进行配准。

（3）**地图到地图**（Map-to-Map）匹配：利用当前连续时间内的激光数据帧构建地图，并与之前生成的地图进行配准。

（4）**特殊匹配**：激光数据帧和多分辨率地图的匹配[7]、基于孪生神经网络和 K-D 树的匹配[8]等。

基于 LiDAR 的闭环检测方法可分为基于直方图的方法和基于点云分割的方法[9]。基于直方图的方法提取点的特征值，并使用全局特征或选定的关键点将它们编码为描述符。一种常用的直方图是正态分布变换（NDT）直方图[10]，它将点云图紧凑地表示为一组正态分布。基于点云分割的方法需要对目标进行识别，但分割图能提供更好的场景表达，并且与人类感知环境的方式更相关。分割有许多方法，如用于密集数据分割的地面分割方法、全集群方法、底座方法、带地面底座方法，以及用于稀疏数据的高斯过程增量样本一致性方法、基于网格的方法[11]。上述两类方法的一些特点可参考表 10-1[9]。

表 10-1 一些基于 LiDAR 的闭环检测方法概况

方　　法	优　　点	缺　　点
基于直方图的方法	在视点变动大时具有旋转不变性	无法保留场景内部结构的独特信息
	可减少空间描述符受目标与 LiDAR 相对距离的影响	
基于点云分割的方法	可将大点云地图压缩为一组独特的特征	需要有关目标位置的先验知识
	减少匹配时间	

5. 地图更新

将得到的各帧点云数据及对应位姿拼接成全局地图，完成地图更新。地图有不同类型：尺度地图、拓扑地图和语义地图。在 2D 激光 SLAM 中，主要使用尺度地图中的栅格地图和特征地图[2]。

（1）栅格地图：将环境空间划分成一个个大小相等的栅格单元，其属性是栅格被物体占据的概率。如果栅格被占据，则概率值接近 1。当栅格中不含物体时，概率值接近 0。若不确定栅格中是否有物体，则概率值等于 0.5。栅格地图具有高准确性并且能够充分反映环境的结构特征，因此栅格地图可以直接用于移动机器人的自主导航与定位。

（2）特征地图：也称几何地图，由环境信息中提取到的点、线或圆弧等几何特征构成。其占用资源较少且有一定制图精度，适合构建小场景地图。

10.1.2 视觉 SLAM

视觉 SLAM 一般通过连续的视频帧追踪设置的关键点，以三角法定位其空间位置，同时使用该位置的信息推测自身的位姿[12]。目前，深度学习技术已在视觉 SLAM 中得到广泛应用[13]。

视觉 SLAM 使用的相机主要有单目相机、双目相机、深度相机（RGB-D 相机）三大类，全景、鱼眼等特殊相机使用较少。

单目相机的优点是成本低、不受环境影响，既可用于室内场景也可用于室外场景；缺点是不能获得绝对深度，只能估计相对深度。双目相机可以直接获得深度信息，但受基线长度制约（本身尺寸较大），获得深度数据的计算量较大，配置和标定都比较复杂。深度相机可以直接测量很多点的深度，但主要用于室内场景，室外场景应用受光线干扰有一定局限。

视觉 SLAM（visual SLAM，vSLAM）流程框架如图 10-3 所示，主要包括 5 个模块。

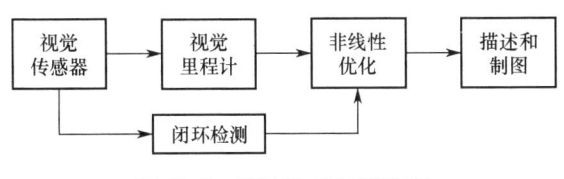

图 10-3 视觉 SLAM 流程框架

1. 视觉传感器

视觉传感器读取图像信息，并可进行数据预处理（特征提取和匹配）。

2. 视觉里程计

视觉里程计（VO）也称（SLAM 的）前端，能够借助相邻帧图像估计相机运动，并恢复场景的空间结构。它之所以被称为视觉里程计是因为它只计算相邻时刻的运动，而与过往信息无关。一方面，相邻时刻的运动串联起来，就构成了相机的运动轨迹，解决了定位问题；另一方面，根据各时刻的相机位置可计算出像素所对应的空间点位置，得到了地图。

3. 非线性优化

非线性优化也称后端非线性优化。它在前端所提供的数据基础上进行整体优化，得到全局一致的轨迹和地图。

4. 闭环检测

闭环检测也称回环检测。它要根据相似性检测相机是否曾经到达过当前场景，如果检测到回环，就把信息提供给后端进行处理。视觉 SLAM 的图像包含可用于闭环检测的丰富的视觉信息。常用的闭环检测方法可分为 3 类[9]。

（1）**图像到图像**（Image-to-Image）匹配：考虑利用视觉特征之间的相关性进行匹配以检测闭环。词汇包是一种常用的模型，其中词汇可以是离线的也可以是在线的。

（2）**图像到地图**（Image-to-Map）匹配：使用当前图像的视觉特征与特征图之间的对应关系来检测闭环。这里的匹配目标是基于外观特征及其结构信息来确定相对于地图中点特征的相机位姿。

（3）**地图到地图**（Map-to-Map）匹配：通过使用视觉特征及两个（子）地图共有的特征之间的相对距离来执行地图到地图的特征匹配以检测闭环。

上述 3 种闭环检测方法的一些特点可参考表 10-2[9]。

表 10-2 一些视觉 SLAM 中闭环检测方法概况

方 法		优 点	缺 点
图像到图像	离线词汇	不需要特征的度量信息（使用拓扑信息）； 依赖外观特征及其在词典中的存在； 适用于平面摄影机运动的循环检测	不适用于动态机器人环境； 内存消耗与词汇量成正比； 在不同的数据集上测试，性能也有差异
	在线词汇	具有实时学习功能	内存消耗与词汇量成正比 没有使用几何信息
图像到地图		当调整为 100%精度时性能很高 允许针对真实环境进行在线地图特征训练	内存效率低

续表

方　法	优　点	缺　点
地图到地图	当地图中存在共同特征时能检测到真正的循环	不适合稀疏地图 对于复杂密集地图，无法实现高性能

5. 描述和制图

根据估计的轨迹，建立对环境的描述和对应的地图（包括 2D 栅格地图、2D 拓扑地图、3D 点云地图和 3D 网格地图）。

10.1.3　对比和结合

激光 SLAM 和视觉 SLAM 各有特点，一些对比情况列在表 10-3 中。

由于应用场景的复杂性，激光 SLAM 和视觉 SLAM 在单独使用时都存在一定的局限性。为发挥不同传感器的优势，可将二者进行结合，将两种信息进行融合[14]。

表 10-3　激光 SLAM 和视觉 SLAM 的比较

对　比　项	激光 SLAM	视觉 SLAM
应用场景	主要用于室内，安装位置不能有遮挡，雨天、雾天等环境下易失效	比较丰富（室内外均可，但对光依赖程度高，在暗处或无纹理处无法工作）；但深度相机在室外场景中使用有困难
地图精度	精度较高，构建地图的精度可达 2cm	在深度相机测距范围为 3～12m 时，构建地图的精度可达 3cm
数据信息	信息量大，但稳定性和精度较差	信息量小，但稳定性好
应用特点	能直接获取环境中的点云数据，并算出距离，扫描范围广，方便定位导航；但在环境剧烈变化时重定位能力差，稳定性欠佳，受限于点云质量，无法获得较好的结果	在基于单目或双目相机时，不能直接获取环境中的点云数据，而只是得到强度图像，还需要不断移动自身位置，通过提取和匹配特征点，进一步利用三角法测出距离，立体视觉范围小
系统成本	高	低

1. 基于扩展卡尔曼滤波器

扩展卡尔曼滤波器（EKF）本身就是一种在线 SLAM 系统的滤波方法，可用来将激光 SLAM 与采用深度相机的视觉 SLAM 结合[15]。当相机匹配失败时，使用激光装置对相机的 3D 点云数据进行补充并生成地图。不过，这种方法本质上只是在两种传感器的工作模式之间采用了切换的工作机制，没有真正地融合两种传感器的数据。

2. 用激光 SLAM 辅助视觉 SLAM

单一使用视觉 SLAM，有可能不能有效地提取特征点的深度信息。激光 SLAM 在这点上效果较好，因此可先用激光 SLAM 测量场景深度，再将点云投影到视频帧上[16]。

3. 用视觉 SLAM 辅助激光 SLAM

单一使用激光 SLAM，在提取目标区域特征方面会有一定的困难。使用视觉 SLAM 提取 ORB 特征并进行闭环检测，可提升激光 SLAM 在这方面的性能[17]。

4. 同时使用激光 SLAM 和视觉 SLAM

为使激光 SLAM 和视觉 SLAM 的耦合更紧密，可以同时使用激光 SLAM 和视觉 SLAM 并在后端同时使用两种模式的测量残差进行后端优化[18]。此外，可以设计**视觉 LiDAR 里程计和实时映射**（VLOAM）[19]，其中结合了低频的激光雷达里程计和高频的视觉里程计，可以快速地改善运动估计的准确性并抑制漂移。

10.2 激光 SLAM 算法

人们已开发了许多基于不同技术、有不同特点的激光 SLAM 算法，这些算法主要可分为滤波法和优化法两大类。

在下面的介绍中，为了简便，假设激光装置与其载体（可以是车、机器人或无人机等）使用相同的坐标系，并用激光装置指代激光装置及其载体的联合装置。设用 x_k 代表激光装置的位姿，用 m_i 代表环境（地图）中的标记点，用 $z_{k-1,i+1}$ 代表激光装置在 x_{k-1} 处观察到标记特征 m_{i+1}。另外，用 u_k 代表运动轨迹上相邻两个位姿间的运动位移量。

10.2.1 Gmapping 算法

Gmapping 算法是一种基于 **Rao-Blackwellized 粒子滤波**（RBPF）来研究构建栅格地图的 SLAM 算法[20]。

1. RBPF 原理

RBPF 的基本思想是将 SLAM 中的定位和制图问题分开处理。具体就是先利用 $P(x_{1:t}|z_{1:t}, u_{1:t-1})$ 估计出激光装置的轨迹 $x_{1:t}$，然后借助 $x_{1:t}$ 继续估计地图 m。

$$P(x_{1:t}, m \mid z_{1:t}, u_{1:t-1}) = P(m \mid x_{1:t}, z_{1:t}) \cdot P(x_{1:t} \mid z_{1:t}, u_{1:t-1}) \tag{10-1}$$

在给定激光装置位姿的情况下，利用 $P(m|x_{1:t}, z_{1:t})$ 制图很简单。下面仅讨论 $P(x_{1:t}|z_{1:t}, u_{1:t-1})$ 代表的定位问题。这里使用称为**采样重要性重采样**（SIR）滤波器的粒子滤波算法。它主要有如下4个步骤。

（1）采样。将激光装置的概率运动模型作为建议分布 D，则当前时刻的新的粒子点集 $\{x_t^{(i)}\}$ 是由上个时刻的粒子点集 $\{x_{t-1}^{(i)}\}$ 在建议分布 D 里采样得到的。因此，新的粒子点集 $\{x_t^{(i)}\}$ 的生成过程可以表示成 $x_t^{(i)} \sim P(x_t|x_{t-1}^{(i)}, u_{t-1})$。

（2）重要性权重计算。考虑整个运动过程，激光装置的每条可能的轨迹都可以用一个粒子点 $x_{1:t}^{(i)}$ 表示，而每条轨迹对应粒子点 $x_{1:t}^{(i)}$ 的重要性权重可定义为

$$w_t^{(i)} = \frac{P(w_{1:t}^{(i)} \mid z_{1:t}, u_{1:t-1})}{D(w_{1:t}^{(i)} \mid z_{1:t}, u_{1:t-1})} \tag{10-2}$$

（3）重采样。重采样指用重要性权重替换新生成的粒子点。由于粒子点总量保持不变，当权重比较小的粒子点被删除后，权重比较大的粒子点需要进行复制以保持粒子点总量不变。在经过重采样后，粒子点的权重都变成一样，接着进行下一轮的采样和重采样。

（4）地图估计。在每条轨迹都对应粒子点 $x_{1:t}^{(i)}$ 的条件下，可以用 $P(m^{(i)}|x_{1:t}^{(i)}, z_{1:t})$ 计算出一幅地图 $m^{(i)}$，然后对所有计算出的地图进行整合，就得到最终的地图 m。

2．对RBPF的改进

Gmapping算法对RBPF在两个方面进行了改进，即建议分布和重采样策略。

先讨论建议分布 D。从式（10-2）可看出，每次计算都需要计算整个轨迹对应的权重。随着时间的推移，轨迹将变得很长，计算量会越来越大。对此的改进方法是基于式（10-2）推导出对权重的递归计算方式：

$$\begin{aligned}
w_t^{(i)} &= \frac{P(w_{1:t}^{(i)} \mid z_{1:t}, u_{1:t-1})}{D(w_{1:t}^{(i)} \mid z_{1:t}, u_{1:t-1})} \\
&= \frac{P(z_t \mid x_{1:t}^{(i)}, z_{1:t-1}) P(x_{1:t}^{(i)} \mid z_{1:t}, u_{1:t-1}) / P(z_t \mid z_{1:t-1}, u_{1:t-1})}{D(x_t^{(i)} \mid x_{1:t-1}^{(i)}, z_{1:t}, u_{1:t-1}) D(x_{1:t-1}^{(i)} \mid z_{1:t-1}, u_{1:t-2})} \\
&= \frac{P(z_t \mid x_{1:t}^{(i)}, z_{1:t-1}) P(x_t^{(i)} \mid x_{1:t-1}^{(i)}, u_{t-1}) P(x_{1:t-1}^{(i)} \mid z_{1:t-1}, u_{1:t-2}) / P(z_t \mid z_{1:t-1}, u_{1:t-1})}{D(x_t^{(i)} \mid x_{1:t-1}^{(i)}, z_{1:t}, u_{1:t-1}) D(x_{1:t-1}^{(i)} \mid z_{1:t-1}, u_{1:t-2})} \propto \\
&\quad \frac{P(z_t \mid m_{t-1}^{(i)}, x_t^{(i)}) P(x_t^{(i)} \mid x_{t-1}^{(i)}, u_{t-1})}{D(x_t^{(i)} \mid x_{1:t-1}^{(i)}, z_{1:t}, u_{1:t-1})} w_{t-1}^{(i)}
\end{aligned} \tag{10-3}$$

如果使用运动模型 $x_t^{(i)} \sim P(x_i \mid x_{t-1}^{(i)}, u_{t-1})$ 来计算建议分布 D，那么当前时刻的粒子点集 $\{x_t^{(i)}\}$ 的生成及对应的权重计算如下：

$$\begin{aligned}
x_t^{(i)} &\sim P(x_i \mid x_{t-1}^{(i)}, u_{t-1}) \\
w_t^{(i)} &\propto \frac{P(z_t \mid m_{t-1}^{(i)}, x_t^{(i)}) P(x_t^{(i)} \mid x_{t-1}^{(i)}, u_{t-1})}{\pi(x_t^{(i)} \mid x_{1:t-1}^{(i)}, z_{1:t}, u_{1:t-1})} w_{t-1}^{(i)} = P(z_t \mid m_{t-1}^{(i)}, x_t^{(i)}) w_{t-1}^{(i)}
\end{aligned} \tag{10-4}$$

但是，直接使用运动模型作为建议分布会产生一个问题，就是当观测数据可靠性比较高时，利用运动模型采样生成的新粒子落在观测分布区间的数量会比较少，导致观测更新的精度比较低。为此，可将观测更新过程分为两种情况：当观测可靠性低时，使用式（10-3）的默认运动模型生成新粒子点集$\{x_t^{(i)}\}$及对应权重；当观测可靠性高时，直接从观测分布的区间采样，并将采样点集$\{x_k\}$的分布近似为高斯分布，利用点集$\{x_k\}$计算出该高斯分布的参数$\mu_t^{(i)}$和$\Sigma_t^{(i)}$，最后用该高斯分布$x_t^{(i)} \sim N(\mu_t^{(i)}, \Sigma_t^{(i)})$采样生成新粒子点集$\{x_t^{(i)}\}$及对应权重。

生成新粒子点集$\{x_t^{(i)}\}$及对应权重后，就可以考虑重采样策略了。如果每次更新粒子点集$\{x_t^{(i)}\}$都要利用权重进行重采样，则当粒子点权重在更新过程中变化不是特别大时，或受噪声影响使某些坏粒子点比好粒子点的权重还要大时，执行重采样就会导致好粒子点的丢失。因此在执行重采样前，需要确保其有效性。为此，改进的重采样策略借助下式来衡量有效性：

$$N_{\text{eff}} = \frac{1}{\sum_{i=1}^{N}(\tilde{w}^{(i)})^2} \qquad (10\text{-}5)$$

其中，$\tilde{w}$代表粒子的归一化权重。当建议分布与目标分布之间的近似度高时，各粒子点的权重都比较接近；当建议分布与目标分布之间的近似度低时，各粒子点的权重差异比较大。这样，就可以设定一个阈值来判断参数N_{eff}的有效性，当N_{eff}小于阈值时执行重采样，否则跳过重采样。

10.2.2 Cartographer 算法

Cartographer 算法是一种基于优化的 SLAM 算法，同时兼具（多传感器融合）制图和重定位功能[21]。

基于优化方法的 SLAM 系统通常采用（前端）局部制图、闭环检测和（后端）全局优化的框架，如图 10-4 所示。

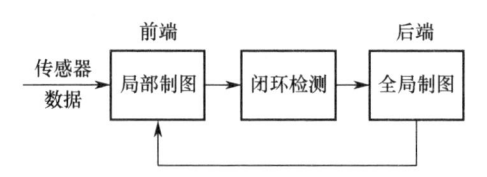

图 10-4 基于优化方法的 SLAM 流程框架

1. 局部制图

局部制图就是利用传感器扫描数据构建局部地图的过程。

先介绍一下 Cartographer 地图的结构。Cartographer 地图（Map）由许多局部子图（Submap）联合构成，每个局部子图包含若干扫描帧（Scan），如图 10-5 所示。地图、局部子图、扫描帧之间通过位姿关系关联。扫描帧与局部子图之间通过局部位姿 q_{ij} 关联，局部子图与地图之间通过全局位姿 q_i^m 关联，扫描帧与地图之间通过全局位姿 q_j^s 关联。

位姿坐标可表示为 $q = (q_x, q_y, q_\theta)$。假设初始位姿为 $q_1 = (0, 0, 0)$，该处扫描帧为 Scan(1)，用 Scan(1) 初始化 Submap(1)。用**扫描帧到地图**匹配的更新方法计算 Scan(2) 相应的位姿 q_2，并基于位姿 q_2 将 Scan(2) 加入 Submap(1)。不断执行扫描帧到地图匹配的方法以添加新得到的扫描帧，直到新扫描帧完全包含在 Submap(1) 中，即新扫描帧观察不到 Submap(1) 以外的新信息，就结束 Submap(1) 的创建。然后重复上面的步骤构建新的局部子图 Submap(2)。所有局部子图{Submap(m)}就构成最终的全局地图 Map。在图 10-5 中，假设 Submap(1) 由 Scan(1) 和 Scan(2) 构建而成；Submap(2) 由 Scan(3)、Scan(4) 和 Scan(5) 构建而成。

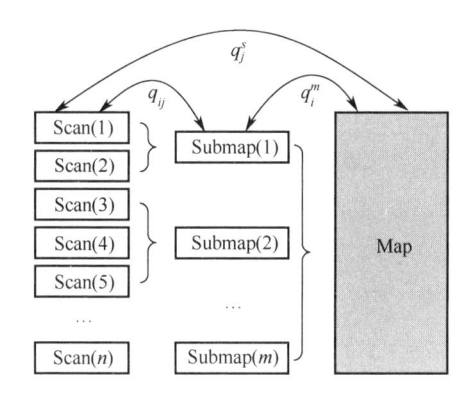

图 10-5　Cartographer 地图的结构

从图 10-5 中可看出，每个扫描帧都对应全局地图坐标系下的一个全局坐标，同时也都对应局部子图坐标系下的一个局部坐标（因为扫描帧也包含在对应的局部子图中）。每个局部子图以第一个插入的扫描帧为起始，该起始扫描帧的全局坐标就是该局部子图的全局坐标。因此，所有扫描帧对应的全局位姿 $Q^s = \{q_j^s\}$ ($j = 1, 2, \cdots, n$)，以及所有局部子图对应的全局位姿 $Q^m = \{q_i^m\}$ ($j = 1, 2, \cdots, m$) 通过扫描帧到地图匹配产生的局部位姿 q_{ij} 关联，这些约束就构成了位姿图（将在后面的全局制图中得到应用）。

局部子图的构建涉及多个坐标系的变换。首先，激光装置扫描一周得到的距离点 $\{d_k\}$ ($k = 1, 2, \cdots, K$) 是以激光装置旋转中心为坐标系原点进行取值的。那么，在一个局部子图中，以第一个扫描帧的位姿为参考，后加入的扫描帧的位姿可用相对转移矩阵 $T_q = (R_q, t_q)$ 来表示。这样，扫描帧中的数据点就可用式（10-6）转换到局部子图坐标系中：

$$\boldsymbol{T}_q \cdot \boldsymbol{d}_k = \underbrace{\begin{bmatrix} \cos q_\theta & -\sin q_\theta \\ \sin q_\theta & \cos q_\theta \end{bmatrix}}_{\boldsymbol{R}_q} \boldsymbol{d}_k + \underbrace{\begin{bmatrix} q_x \\ q_y \end{bmatrix}}_{\boldsymbol{t}_q} \qquad (10\text{-}6)$$

换句话说，扫描帧中的数据点 $\boldsymbol{d}_k$ 就转换到局部子图坐标系中了。

Cartographer 中的子图采用了概率栅格地图的形式，即将连续 2D 空间分成一个个离散的栅格，栅格的边长（常取 5cm）表示地图的分辨率。将扫描到的物体点替换成该物体点所占据的栅格，用概率来描述栅格中是否有物体，概率值越大表示存在物体的可能性越高。

下面考虑将扫描数据加入子图的过程。如果按式（10-6）将数据转换到子图坐标系中，这些数据就会覆盖子图的一些栅格 $\{M_{\text{old}}\}$。子图中的栅格有 3 种状态：占据（Hit）、非占据（Miss）、未知。扫描点覆盖的栅格应该为占据状态。扫描光束起点与终点之间的区域中应没有物体（光能通过），因此对应的栅格应该为非占据状态。因扫描分辨率和量程的限制，未被扫描点覆盖的栅格应该为未知状态。因为子图中的栅格可能不只被一个扫描帧覆盖，所以需要对栅格状态分两种情况进行迭代更新。

（1）在当前帧数据点覆盖的栅格 $\{M_{\text{old}}\}$ 中，如果该栅格之前从未被数据点覆盖过（未知状态），那么用式（10-7）进行初始更新：

$$M_{\text{new}}(x) = \begin{cases} P_{\text{hit}}, & \text{若 state}(x) = \text{hit} \\ P_{\text{miss}}, & \text{若 state}(x) = \text{miss} \end{cases} \qquad (10\text{-}7)$$

如果栅格 x 被数据点标记为占据状态，那么就用占据概率 P_{hit} 给该栅格赋初值；如果栅格 x 被数据点标记为非占据状态，那么就用非占据概率 P_{miss} 给该栅格赋初值。

（2）在当前帧数据点覆盖的栅格 $\{M_{\text{old}}\}$ 中，如果该栅格之前被数据点覆盖过（已有取值 M_{old}），那么用式（10-8）进行迭代更新：

$$M_{\text{new}}(x) = \begin{cases} \text{clip}(\text{inv}^{-1}(\text{inv}(M_{\text{old}}(x))\text{inv}(P_{\text{hit}}))), & \text{若 state}(x) = \text{hit} \\ \text{clip}(\text{inv}^{-1}(\text{inv}(M_{\text{old}}(x))\text{inv}(P_{\text{miss}}))), & \text{若 state}(x) = \text{miss} \end{cases} \qquad (10\text{-}8)$$

如果栅格 x 被数据点标记为占据状态，那么就用占据概率 P_{hit} 对 M_{old} 进行更新；如果栅格 x 被数据点标记为非占据状态，那么就用非占据概率 P_{miss} 对 M_{old} 进行更新。式（10-8）中，inv 是一个反比例函数：$\text{inv}(p) = p/(1-p)$，inv^{-1} 是 inv 的反函数；clip 是一个区间限定函数，当函数值高于设定区间的最大值时取最大值，当函数值低于设定区间的最小值时取最小值。

Cartographer 算法采用上面的迭代更新机制可以有效地降低环境中动态物体的干扰。因为动态物体会使栅格状态在占据和非占据之间转换，每次状态转换都会使栅格的概率取值变小，也就降低了动态物体的干扰。

最后，考虑到用运动模型预测得到的位姿有可能存在较大误差，还需要先用观测数据对预测位姿进行校正，之后再加入地图。这里仍采用扫描帧到地图匹配的方法，在预测出的位姿邻域内进行搜索匹配以对位姿进行局部优化：

$$\arg\min_{q} \sum_{k=1}^{K} (1 - M_{\text{smooth}}(\boldsymbol{T}_q \cdot \boldsymbol{d}_k))^2 \qquad (10\text{-}9)$$

其中，M_{smooth}是一个双立方插值平滑函数，用来确定变换后的数据点与子图之间的匹配度（取值范围为[0, 1]）。

2. 闭环检测

式（10-9）对位姿的局部优化可减少局部制图中的累积误差，但当制图的规模很大时，总的累积误差还会导致地图中出现重影。这其实就是运动轨迹又回到了先前到达过的位置。这就需要使用闭环检测，将闭环约束加入整个制图约束，并对全局位姿进行一次全局优化。在闭环检测中，需要计算效率和精度更高的搜索匹配算法。

闭环检测可用式（10-10）来表示（W代表搜索窗口）：

$$q^* = \arg\max_{q \in W} \sum_{k=1}^{K} M_{\text{nearest}}(\boldsymbol{T}_q \cdot \boldsymbol{d}_k) \qquad (10\text{-}10)$$

其中，M_{nearest}函数值是$\boldsymbol{T}_q \cdot \boldsymbol{d}_k$覆盖的栅格的概率值。当搜索结果就是当前真实位姿时，匹配度很高，即每个M_{nearest}函数值都较大，则整个求和结果也最大。

如果用穷举搜索来计算式（10-10），则计算量太大，因而无法保证实时。为此采用**分支定界**的方法来提高效率。分支定界先以低分辨率地图进行匹配，再逐步提高分辨率进行匹配，直至达到最高分辨率。Cartographer在这里采用了深度优先的策略进行搜索。

3. 全局制图

Cartographer采用稀疏位姿图来进行全局优化，稀疏位姿图的约束关系可根据图10-5构建。所有扫描帧对应的全局位姿$\boldsymbol{Q}^s = \{q_j^s\}(j = 1, 2, \cdots, n)$和所有局部子图对应的全局位姿$\boldsymbol{Q}^m = \{q_i^m\}(j = 1, 2, \cdots, m)$通过扫描帧到地图匹配产生的局部位姿$q_{ij}$进行关联：

$$\arg\min_{q^m, q^s} \frac{1}{2} \sum_{ij} L[E^2(q_i^m, q_j^s; \Sigma_{ij}, q_{ij})] \qquad (10\text{-}11)$$

其中，

$$E^2(q_i^m, q_j^s; \Sigma_{ij}, q_{ij}) = e(q_i^m, q_j^s; q_{ij})^{\mathrm{T}} \Sigma_{ij}^{-1} e(q_i^m, q_j^s; q_{ij})$$

$$e(q_i^m, q_j^s; q_{ij}) = q_{ij} - \begin{bmatrix} \boldsymbol{R}_{q_i^m}^{-1} \cdot (\boldsymbol{t}_{q_i^m} - \boldsymbol{t}_{q_j^s}) \\ q_{i;\theta}^m - q_{j;\theta}^s \end{bmatrix} \qquad (10\text{-}12)$$

式（10-11）和式（10-12）中，i 是子图的序号；j 是扫描帧的序号；q_{ij} 表示序号为 j 的扫描帧在序号为 i 的局部子图中的局部位姿。损失函数 L 用来惩罚过大的误差项，可以使用 Huber 函数。

式（10-11）实际上是一个非线性最小二乘问题。当检测到闭环时，对整个位姿图中的所有位姿量进行全局优化，则 Q^s 和 Q^m 中的所有位姿量都会得到修正，每个位姿上对应的地图点也相应得到修正，这就是全局制图。

10.2.3 LOAM 算法

LOAM 算法是一种用于室外环境的 SLAM 算法，使用了多线激光装置，能构建出 3D 点云地图[22]。它的流程框架如图 10-6 所示，主要包括 4 个模块。

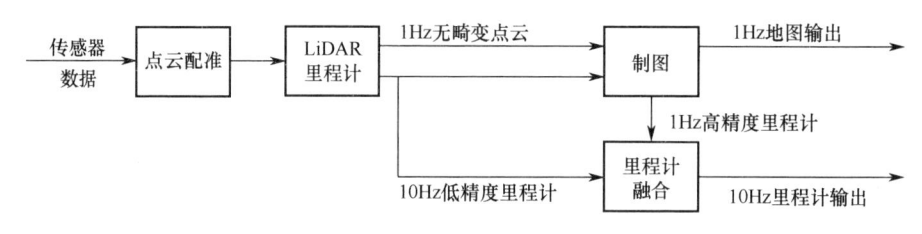

图 10-6 LOAM 流程框架

1. 点云配准模块

点云配准模块的功能是从点云数据中提取特征点。它对当前帧的点云数据中的每个点计算平滑度，将平滑度小于给定阈值的点判定为角点（Corner Point），将平滑度大于给定阈值的点判定为表面点（Surface Point）。将所有角点放入角点点云集合，将所有表面点放入表面点点云集合。

2. LiDAR 里程计模块

LiDAR 里程计模块的功能是定位。它利用扫描帧到扫描帧匹配对相邻两帧的点云数据中的特征点进行帧间配准，以获取其位姿转移关系。在低速运动的场景中，直接利用帧间特征的配准就能得到低精度的里程计（10Hz 里程计），可利用该里程计校正运动中的畸变。但是在高速运动的场景中，还需要用到后面的里程计融合模块。

3. 制图模块

制图模块利用扫描帧到地图匹配进行高精度定位。它以前面的低精度里程计为位姿的初始值，将校正后的特征点云与地图进行匹配，这种匹配能得到较高精度的里程计（1Hz 里程计），基于高精度的里程计所提供的位姿，可以将校正后的特征点云加入已有的地图。

4．里程计融合模块

虽然用于定位的 LiDAR 里程计精度较低，但其更新速度较高；而制图模块输出的里程计虽然精度较高，但其更新速度较低。如果将两者融合，就可以获得速度和精度都较高的里程计。融合是借助插值而实现的。如果以 1Hz 高精度里程计为基准，利用 10Hz 低精度里程计对它插值，那么 1Hz 高精度里程计就能以 10Hz 速度输出了（相当于 10Hz 里程计）。

需要指出，如果激光装置本身的频率足够高，或者有**惯性测量单元**（IMU）、**视觉里程计**（VO）、轮式里程计等提供外部信息来加快帧间特征配准的速度，从而响应位姿的变化及校正运动中的畸变，那么就不需要融合了。

LOAM 算法有两个特点值得指出：一是解决了运动畸变；二是提高了制图效率。运动畸变源自数据获取中的干扰，低成本的激光装置由于扫描频率和转速较低，运动畸变问题更突出。LOAM 算法利用帧间配准得到的里程计来校正运动畸变，使低成本的激光装置得到应用。制图效率问题在处理大量的 3D 点云数据时比较突出，LOAM 算法利用低精度里程计和高精度里程计将同时定位与制图分解为独立的定位和独立的制图，从而可以分别处理，降低了计算量，使低算力的计算机设备也可以应用。

10.3　视觉 SLAM 算法

视觉 SLAM 算法根据图像数据处理方式的不同，可分为特征点法和直接法，以及将两者结合的半直接法。

特征点法先对图像提取特征并进行特征匹配，接着用得到的数据关联信息计算相机的运动，即前端 VO，最后进行后端优化和全局制图（参见图 10-3）。

直接法直接利用图像灰度信息进行数据关联，并计算相机运动。直接法中的前端 VO 是直接在图像像素上进行的，不需要进行特征提取和匹配。其后的后端优化和全局制图与特征点法类似。

半直接法结合了特征点法利用特征提取和匹配所获得的鲁棒性优势，以及直接法不需要特征提取和匹配所获得的计算快速性优势，常具有更稳定和更快速的性能。

10.3.1　ORB-SLAM 算法系列

ORB-SLAM 算法系列目前包括 ORB-SLAM 算法[23]、ORB-SLAM2 算法[24]、ORB-SLAM3 算法[25]。ORB-SLAM 算法只考虑了单目相机，ORB-SLAM2 算法还考虑了双目相机和 RGB-D

相机，ORB-SLAM3 算法还考虑了针孔和鱼眼相机及惯性导航单元。

1. ORB-SLAM 算法

ORB-SLAM 算法采用优化方法求解，其流程框图如图 10-7 所示。前端将特征提取、特征匹配、视觉里程计这些与定位相关的逻辑结合在一个单独的线程中实现（不受相对运行较慢的后端线程的拖累，以保证定位的实时性），它从图像中提取**朝向 FAST 和旋转 BRIEF**（ORB）特征点[26]。后端将全局优化和局部优化这些与制图相关的逻辑结合在一个单独的线程中实现，它先进行局部优化制图，在闭环检测成功后触发全局优化（全局优化过程在相机位姿图上进行，不考虑地图特征点以加快优化速度）。另外，该算法使用了关键帧（图像输入中具有代表性的帧）。一般将从相机直接输入追踪线程的图像帧称为普通帧，仅用于定位追踪。普通帧数量非常多，帧与帧之间冗余也大。如果从中仅选出一些特征点比较多、属性比较丰富、前后帧差别比较大、与周围帧共视关系比较多的帧作为关键帧，则在生成地图点时计算量更小，鲁棒性更高。ORB-SLAM 算法在运行中维护一个关键帧序列。这样，前端可以在定位丢失时借助关键帧信息快速重定位，后端可以在关键帧序列上进行优化，避免将大量冗余输入帧纳入优化过程，浪费计算资源。

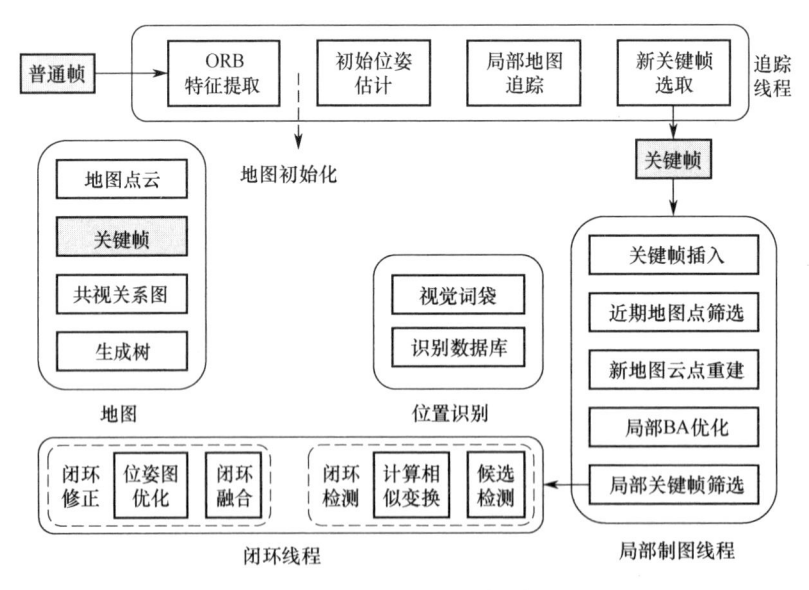

图 10-7　ORB-SLAM 流程框图

图 10-7 主要包括 6 个模块，下面分别介绍。

（1）地图。地图模块对应 SLAM 系统的数据结构，ORB-SLAM 算法的地图模块包括：地图点云（Map Points Cloud）、关键帧（Key Frame）、共视关系图（Covisibility Graph）和生成树（Spanning Tree）。算法的运行过程就是在动态地维护该地图，其中有机制负责增加和删减关键帧中的数据，也有机制负责增加和删减地图点云中的数据，从而维护地图的高效和鲁棒性。

（2）地图初始化。SLAM 系统制图需要在有一些地图初始点云的基础上通过增量操作进行。这里可通过计算所选取的两帧图像之间的相机位姿变换关系，并使用三角化方法来构建地图初始点云。

（3）位置识别。如果 SLAM 系统在制图过程中追踪线程出现跟丢的情况，就需要启动重定位以找回跟丢的信息；如果 SLAM 系统在构建了一个很大的地图后，要判断当前位置是否之前到过，就要进行闭环检测。为实现重定位和闭环检测，需要用到位置识别技术。在大环境下，位置识别常采用**图像到图像**匹配方法。其中，常采用**词袋**（BoW）模型构建**视觉词袋**的识别数据库来进行匹配。

（4）追踪线程。追踪线程从相机获取输入图像，并完成地图初始化，然后提取 ORB 特征。接下来的初始位姿估计对应粗定位，而局部地图追踪对应精定位。精定位在粗定位的基础上，利用当前帧与局部地图上的多个关键帧来建立共视关系，并利用共视地图点云与当前帧的投影关系，对相机的位姿进行更准确的求解。最后，选出一些新的备选关键帧。

（5）局部制图线程。局部制图线程首先对追踪线程选取的备选关键帧借助词袋模型计算特征矢量，即将该关键帧加入词袋模型的数据库。然后，将地图中那些有共视关系但没有与该关键帧建立映射的云点（点云中的点，称为近期地图点）建立关联，并将关键帧插入地图结构。对云点中一些质量较差的点要进行删除。对新插入的关键帧，可借助共视关系图与邻近的关键帧进行匹配，借助三角化方法重建新的地图云点。接下来，对当前帧附近的几个关键帧及地图云点进行**局部集束调整**（BA）优化。最后，对局部地图中的关键帧进行一次筛选，将冗余的关键帧剔除，以保证鲁棒性。

（6）闭环线程。闭环线程分为两个部分：闭环检测和闭环修正。闭环检测利用词袋模型，先将数据库中与当前关键帧相似度较高的帧挑选出来作为候选闭环帧，再计算每个候选闭环帧与当前帧的相似变换关系。如果有足够多的数据能计算出相似变换，并且该变换可保证有足够多的共视点，则闭环检测成功。接下来，利用该变换来修正当前关键帧与其邻近帧的累积误差，并将那些因累积误差不一致的地图点融合到一起。最后，借助全局优化来修正那些与当前关键帧没有共视关系的帧，这里将全局地图上的关键帧位姿作为优化变量，因此也称位姿图优化。

2. ORB-SLAM2 算法

ORB-SLAM2 算法是对仅适用于单目系统的 ORB-SLAM 算法的扩充，其流程框图如图 10-8 所示。该流程框图与 ORB-SLAM 算法的流程框图基本一致，主要有两点不同：一是在追踪线程中增加了一个输入预处理模块，二是增加了一个线程：全局 BA 优化。

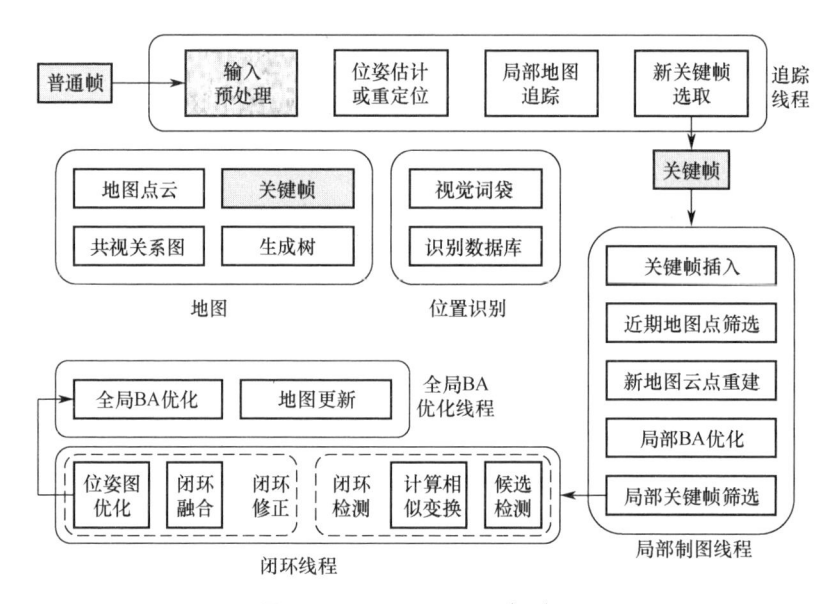

图 10-8　ORB-SLAM2 流程框图

增加输入预处理模块是为了增加对双目相机和 RGB-D 相机的支持，对这两种相机的预处理的流程框图分别如图 10-9（a）和图 10-9（b）所示。经过预处理之后，只需使用从原始输入图像中提取的特征，而不用再考虑输入图像，即系统后面的处理与相机的种类是独立的。

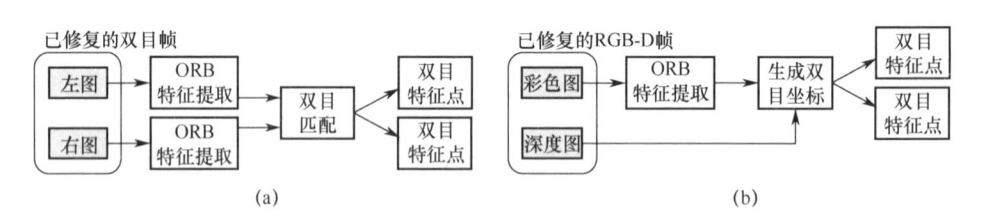

图 10-9　ORB-SLAM2 中的输入预处理流程框图

增加全局 BA 优化线程是为了在位姿图优化后进一步计算最优结构和运动解。全局 BA 优化有可能代价较大，因此，把它放在单独的线程中执行，以便让系统继续创建地图和检测循环。

3. ORB-SLAM3 算法

ORB-SLAM3 算法又对 ORB-SLAM2 算法进行了扩展。主要是增加了地图集（Atlas）机制和对**惯性测量单元**（IMU）的支持，流程框图如图 10-10 所示。

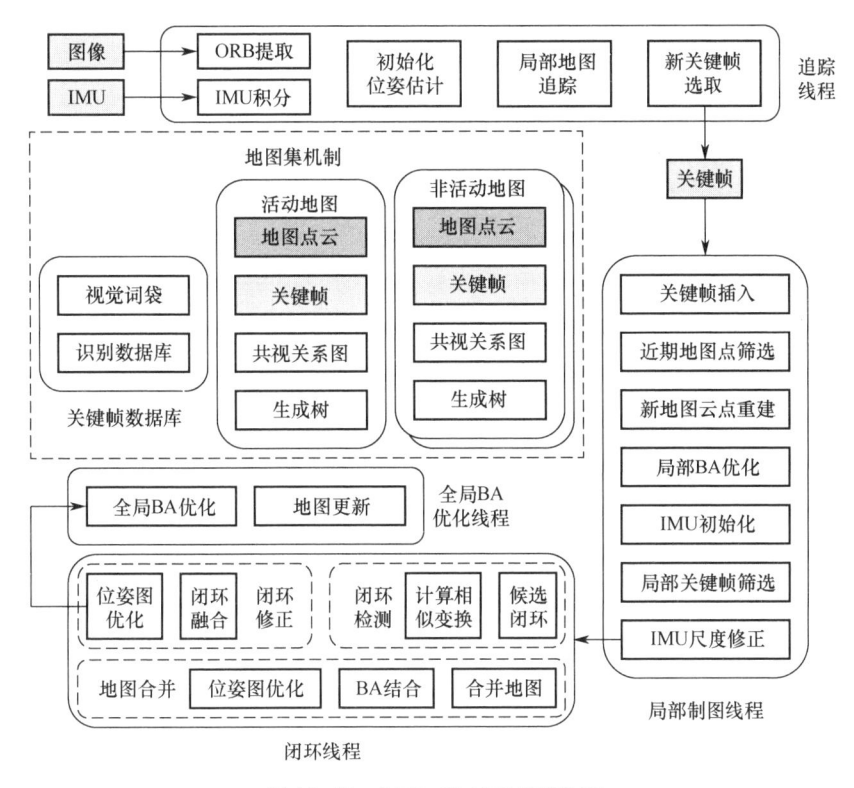

图 10-10　ORB-SLAM3 流程框图

在系统运行时，如果有错误帧进入地图或闭环优化时出现较大偏差，则得到的地图会很差。针对这个问题，ORB-SLAM3 算法增加了**地图集机制**，实际上就是维护了一个全局的地图结构，其中包含了所有的关键帧、地图点云以及相应的约束关系。其中，在线的用关键帧和地图点云构成的子地图称为活动地图，而离线保存的用关键帧和地图点云构成的子地图称为非活动地图。这样的机制可以鲁棒地组织地图，减少错误的影响和偏差的累积。

另外，如果有 IMU 数据输入，则追踪线程会同时读取图像帧和 IMU 数据，并且初始位姿估计中的运动模型的速度值会改用 IMU 来提供。当追踪出现丢失而需要重定位时，可以在活动地图和非活动地图中进行搜索。如果在活动地图搜索范围内重定位成功，则追踪继续；如果在非活动地图搜索范围内重定位成功，则将该非活动地图变成活动地图并让追踪继续。

如果重定位失败，则初始化地图并重新构建活动地图。如果新构建的活动地图在闭环检测中与先前离线保存的非活动地图匹配成功，则说明重定位成功，追踪又可继续，系统就能持续鲁棒地制图。

10.3.2 LSD-SLAM 算法

LSD-SLAM 算法是一种典型的直接法，适用于使用单目相机[27]、双目相机[28]、全向/全景相机[29]的各种 SLAM 系统。

1. 直接法原理

直接法，即直接视觉里程计法，不需要进行特征提取和匹配（减少了计算时间），直接利用图像像素的属性建立数据关联，通过最小化光度误差来构建相应的模型以求解相机位姿和地图点云。

1）重投影误差

重投影误差对应像素位置间的差。与双目立体匹配类似，这里考虑前后两帧图像 $I_1(p) = I_1(x, y)$ 和 $I_2(p) = I_2(x, y)$，其坐标系分别为 O_1XY（简写为 O_1）和 O_2XY（简写为 O_2）。设将空间点 P 投影到这两幅图像上分别得到两个像素点 $I_1(p_1)$ 和 $I_2(p_2)$。设 P 在坐标系 O_1 中的点是 P_1，P 在坐标系 O_2 中的点是 P_2，那么空间点 P_1 与像素点 p_1 的投影关系为

$$p_1 = D(P_1) \quad (10\text{-}13)$$

反过来，像素点 p_1 到空间点 P_1 的反投影关系为

$$P_1 = D^{-1}(p_1) \quad (10\text{-}14)$$

式（10-13）和式（10-14）中的 D 代表分布。

另外，坐标系 O_1 中的点 P_1 通过坐标变换 (R, t) 可变换为坐标系 O_2 中的点 P_2，而点 P_2 重投影回图像 I_2 中会得到像素点 p_2'：

$$P_2 = TP_1 = \begin{bmatrix} R & t \\ 0 & 1 \end{bmatrix} P_1 \quad (10\text{-}15)$$

$$p_2' = D(P_2) \quad (10\text{-}16)$$

在理想情况下，重投影得到的像素点 p_2' 与实际观察到的像素点 p_2 应该重合。但在实际情况中，如投影受噪声等干扰、变换有一定的误差等，它们并不重合。两者之间的差称为重投影误差：

$$e = p_2 - p_2' \quad (10\text{-}17)$$

式（10-17）给出了一个点的重投影误差，在考虑了所有特征点的重投影误差后，就可以通过最小化重投影误差来优化相机位姿变换和地图点云：

$$\min_{T,P} \sum_i \|e_i\|^2 = \min_{T,P} \sum_i \|\boldsymbol{p}_2' - D(\boldsymbol{T} \cdot \boldsymbol{P}_1')\|^2 \qquad (10\text{-}18)$$

2）光度误差

光度误差（光度残差）对应像素灰度值之间的差。如果假设一个空间点投影到不同相机坐标系中得到的像素点的灰度值是一样的（光度不变，实际中很难严格满足），那么在理想情况下，将空间点 $\boldsymbol{P}$ 投影到相机坐标系 O_1 中得到的像素点 $\boldsymbol{p}_1$ 的灰度值 $I_1(\boldsymbol{p}_1)$ 与投影到相机坐标系 O_2 中得到的像素点 $\boldsymbol{p}_2$ 的灰度值 $I_2(\boldsymbol{p}_2)$ 应该是一样的。但在实际情况下，如投影受噪声等干扰、变换有一定的误差等，它们并不相等，即 $I_1(\boldsymbol{p}_1)$ 与 $I_2(\boldsymbol{p}_2)$ 不同，这就是光度误差：

$$e = I_1(\boldsymbol{p}_1) - I_2(\boldsymbol{p}_2') \qquad (10\text{-}19)$$

式（10-19）给出了一个点的光度误差，在考虑了所有像素点的光度误差后，就可以通过最小化重投影误差来优化相机位姿变换和地图点云：

$$\min_{T,P} \sum_i (e_i)^2 = \min_{T,P} \sum_k \{I_1(\boldsymbol{p}_1') - I_2[D(\boldsymbol{T} \cdot \boldsymbol{p}_2')]\}^2 \qquad (10\text{-}20)$$

比较重投影误差和光度误差，可以看出，计算重投影误差需要借助特征提取和特征匹配，计算出的误差对应像素点之间的距离；计算光度误差不需要特征提取和匹配，计算出的误差是一幅图像中像素点的灰度值与重投影到另一幅图像中像素点的灰度值的差值。两者的差别也体现了特征点法与直接法各自的相对优缺点。

2. 单目 LSD-SLAM 算法

先讨论支持单目相机的 **LSD-SLAM 算法**[27]。它的流程框图如图 10-11 所示，主要包括三个部分：追踪模块、深度估计模块和地图优化模块。

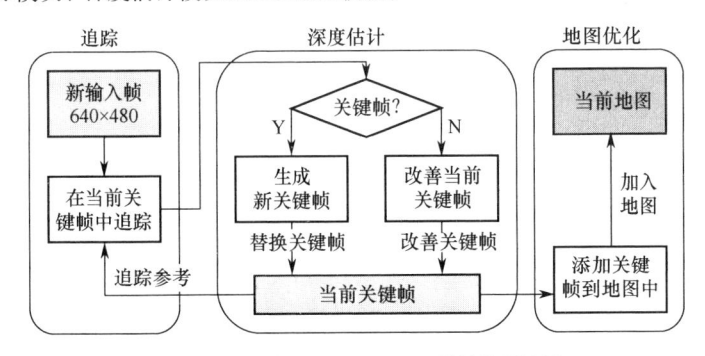

图 10-11 单目 LSD-SLAM 算法流程框图

1）追踪模块

追踪模块利用新输入帧与当前关键帧来计算新输入帧的位姿变换，这通过计算它们对应点

之间的最小化误差,即光度误差来实现:

$$E_p(\boldsymbol{q}_{ji}) = \sum_{p \in Q_{D_i}} \left\| \frac{r_p^2(\boldsymbol{p}, \boldsymbol{q}_{ji})}{\sigma_{r_p(\boldsymbol{p}, \boldsymbol{q}_{ji})}^2} \right\|_\delta \qquad (10\text{-}21)$$

其中,$\boldsymbol{q}_{ji}$ 是李代数上的相似变换(用来描述位姿转移);$\|\cdot\|_\delta$ 是 Huber 范数;$r_p(\boldsymbol{p}, \boldsymbol{q}_{ji})$ 是光度误差:

$$r_p(\boldsymbol{p}, \boldsymbol{q}_{ji}) = I_i[\boldsymbol{p}] - I_j[w(\boldsymbol{p}, D_i(\boldsymbol{p}), \boldsymbol{q}_{ji})] \qquad (10\text{-}22)$$

$w(\boldsymbol{p}, d, \boldsymbol{q})$ 是重投影函数:

$$w(\boldsymbol{p}, d, \boldsymbol{q}) = \begin{bmatrix} \frac{x'}{z'} \\ \frac{y'}{z'} \\ \frac{1}{z'} \end{bmatrix} \quad \begin{bmatrix} x' \\ y' \\ z' \\ 1 \end{bmatrix} = \exp(\boldsymbol{q}) \begin{bmatrix} \frac{\boldsymbol{p}_x}{d} \\ \frac{\boldsymbol{p}_y}{d} \\ \frac{1}{d} \\ 1 \end{bmatrix} \qquad (10\text{-}23)$$

而 $\sigma_{r_p(\boldsymbol{p}, \boldsymbol{q}_{ji})}^2$ 是光度误差的方差:

$$\sigma_{r_p(\boldsymbol{p}, \boldsymbol{q}_{ji})}^2 = 2\sigma_I^2 \left[\frac{\partial r_p(\boldsymbol{p}, \boldsymbol{q}_{ji})}{\partial D_i(\boldsymbol{p})} \right]^2 V_i(\boldsymbol{p}) \qquad (10\text{-}24)$$

其中,D_i 是逆深度图(Inverse Depth Map);V_i 是图像逆深度的协方差。

2)深度估计模块

深度估计模块接收追踪模块对每个新输入帧和当前关键帧计算出来的光度误差,并判断是用新输入帧替换当前关键帧还是改善当前关键帧。如果光度误差足够大,就将当前关键帧添加到地图中,然后将新输入帧作为当前关键帧。具体就是先计算新输入帧与当前关键帧之间的相似变换,然后将当前关键帧的深度信息通过相似变换投影到新输入帧中并算出其深度估计值。如果光度误差比较小,就用新输入帧对当前关键帧的深度估计值进行滤波更新。

3)地图优化模块

地图优化模块接收从深度估计模块来的新关键帧,在将其加入地图之前,先计算其与地图中其他关键帧的相似变换。这里要同时最小化图像的光度误差和深度误差:

$$E_p(\boldsymbol{q}_{ji}) = \sum_{p \in Q_{D_i}} \left\| \frac{r_p^2(\boldsymbol{p}, \boldsymbol{q}_{ji})}{\sigma_{r_p(\boldsymbol{p}, \boldsymbol{q}_{ji})}^2} + \frac{r_d^2(\boldsymbol{p}, \boldsymbol{q}_{ji})}{\sigma_{r_d(\boldsymbol{p}, \boldsymbol{q}_{ji})}^2} \right\|_\delta \qquad (10\text{-}25)$$

其中,$r_d(\boldsymbol{p}, \boldsymbol{q}_{ji})$ 和 $\sigma_{r_d(\boldsymbol{p}, \boldsymbol{q}_{ji})}^2$ 分别是深度误差和深度误差的方差(w_s 为相似变换函数):

$$r_d(\boldsymbol{p}, \boldsymbol{q}_{ji}) = [\boldsymbol{p}']_3 - D_i([\boldsymbol{p}']_{1,2}), \quad \boldsymbol{p}' = w_s[\boldsymbol{p}, D_i(\boldsymbol{p}), \boldsymbol{q}_{ji}] \qquad (10\text{-}26)$$

$$\sigma^2_{r_\mathrm{d}(\boldsymbol{p},\boldsymbol{q}_{ji})} = V_i([\boldsymbol{p'}]_{1,2}) \left(\frac{\partial r_\mathrm{d}(\boldsymbol{p},\boldsymbol{q}_{ji})}{\partial D_i([\boldsymbol{p'}]_{1,2})} \right)^2 + V_i(\boldsymbol{p}) \left(\frac{\partial r_\mathrm{d}(\boldsymbol{p},\boldsymbol{q}_{ji})}{\partial D_i(\boldsymbol{p})} \right)^2 \qquad (10\text{-}27)$$

3. 全向 LSD-SLAM 算法

全向相机具有很宽的**视场**（FOV），有些鱼眼相机的视场甚至可以超过 180°。全向相机的这个特性比较适合 SLAM 应用[29]。但是，很宽的视场会不可避免地带来图像畸变问题。实用的全向相机仍然是单目相机，因此把单目 LSD-SLAM 算法扩展为全向 **LSD-SLAM 算法**的主要挑战是解决畸变问题。一种有效的方法是利用矫正技术，或者说建立映射模型把畸变图像转换为非畸变图像。一旦这个问题解决了，单目 LSD-SLAM 算法就可在不改变基本流程框架的基础上扩展为全向 LSD-SLAM 算法。

为描述这个问题，先假设用 $\boldsymbol{u} = [u, v]^\mathrm{T} \in \mathrm{I} \subset \mathrm{R}^2$ 代表像素坐标，其中 I 表示图像域；$\boldsymbol{x} = [x, y, z]^\mathrm{T} \in \mathrm{R}^3$ 代表空间 3D 点的坐标。在最一般的情况下，相机模型是一个函数 $M: \mathrm{R}^3 \to \mathrm{I}$，它定义了空间 3D 点 $\boldsymbol{x}$ 和图像中的像素点 $\boldsymbol{u}$ 之间的映射。对于直径可以忽略不计的镜头，一个常见的假设是单视点假设，即所有光线都通过空间中的一个点——相机坐标原点 C。因此，点 $\boldsymbol{x}$ 的投影位置仅取决于 $\boldsymbol{x}$ 的方向。这里使用 $M^{-1}: \mathrm{I} \times \mathrm{R}^+ \to \mathrm{R}^3$ 作为将像素点映射回 3D 空间的函数，并使用倒距离 $d = \|\boldsymbol{x}\|^{-1}$。

全向 LSD-SLAM 算法使用了一个用于中央反射折射系统的模型[30]，该模型已扩展至包括鱼眼相机在内的更广泛的物理设备[31-32]。该模型背后的中心思想是连接两个接续的投影，如图 10-12 所示。其中，第一个投影将空间点投影到以 C 为中心的单位球体上。第二个投影是一个普通的针孔投影，其中相机中心沿 z 轴偏移 $-q$ 到达 C_s（s 代表偏移）。

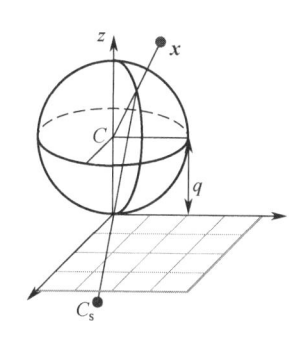

图 10-12　两个接续的投影模型

这个模型一共由五个参数来描述：f_x、f_y、c_x、c_y 和 q，其中 f_x 和 f_y 指示焦距，c_x 和 c_y 指示主点。一个点的投影如下计算：

$$M(\boldsymbol{x}) = \begin{bmatrix} f_x \dfrac{x}{z+q\|\boldsymbol{x}\|} \\ f_y \dfrac{y}{z+q\|\boldsymbol{x}\|} \end{bmatrix} + \begin{bmatrix} c_x \\ c_y \end{bmatrix} \quad (10\text{-}28)$$

其中，$\|\boldsymbol{x}\|$ 是 $\boldsymbol{x}$ 的 2 范数。对应的反投影函数具有解析的形式（当 $q=0$ 时，成为针孔模型）：

$$M^{-1}(\boldsymbol{u},d) = \dfrac{1}{d}\left(\dfrac{q+\sqrt{1+(1-q^2)(\hat{u}^2+\hat{v}^2)}}{\hat{u}^2+\hat{v}^2+1} \begin{bmatrix} \hat{u} \\ \hat{v} \\ 1 \end{bmatrix} - \begin{bmatrix} 0 \\ 0 \\ q \end{bmatrix} \right) \quad (10\text{-}29)$$

$$\begin{bmatrix} \hat{u} \\ \hat{v} \end{bmatrix} = \begin{bmatrix} \dfrac{u-c_x}{f_x} \\ \dfrac{v-c_y}{f_y} \end{bmatrix} \quad (10\text{-}30)$$

该模型的一个主要特点是投影函数和反投影函数及它们的导数都很容易计算。

4．双目 LSD-SLAM 算法

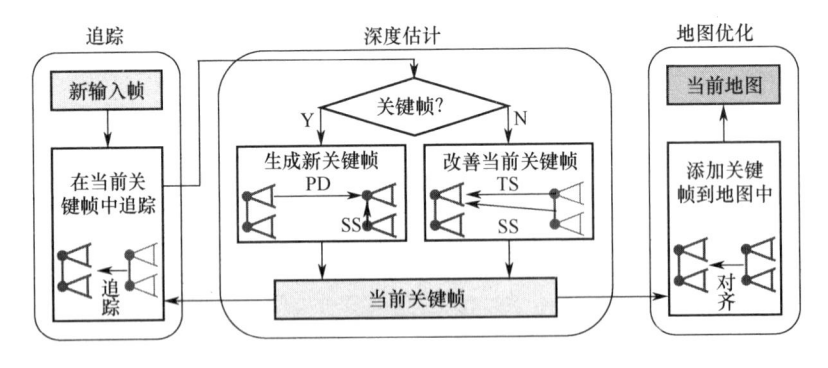

双目 LSD-SLAM 算法也是对单目 LSD-SLAM 算法的扩展，可应用于双目相机/立体相机[28]。使用双目相机可以获取物体深度信息，从而消除单目相机尺度的不确定性。双目 LSD-SLAM 算法流程框图如图 10-13 所示，类似于单目 LSD-SLAM 算法流程框图，也包括对应的 3 个模块，但模块的组成有所不同。其中，原来的单幅图像改为一对图像，为简便，这里用符号 ⧖ 来表示，其中的关键帧用粗线表示，当前帧用细线表示。

图 10-13　双目 LSD-SLAM 算法流程框图

1）追踪模块

追踪模块利用新输入（立体）帧与当前关键（立体）帧来计算新输入帧的位姿变换，这仍然通过计算它们之间的最小化误差，即光度误差来实现。

2）深度估计模块

对场景几何形状的估计是在关键帧中进行的。每个关键帧在像素子集的逆深度上保持高斯概率分布。该子集被选为具有高图像梯度幅度的像素，因为这些像素提供了丰富的结构信息和比无纹理区域中的像素更稳健的视差估计。

对深度的估计结合了原来单目 LSD-SLAM 的**时间立体**（TS）与这里来自固定基线立体相机的**静态立体**（SS）。对于每个像素，双目 LSD-SLAM 算法根据可用性将静态立体线索和时间立体线索集成到深度估计中。这样，就将来自运动的单目结构的特性与单一 SLAM 方法中的固定基线立体深度估计结合了起来。静态立体有效地去除了自由参数的尺度，而利用时间立体可以从立体相机小基线之外的基线来估计深度。

在双目 LSD-SLAM 算法中，关键帧的深度可以直接从静态立体估计（见图 10-13）。这种仅依赖时间立体或仅依赖静态立体的方法有许多优点。静态立体允许估计世界的绝对比例并且独立于相机移动。但是，静态立体受限于恒定基线（在许多情况下，具有固定方向），使性能限制在特定范围内。但时间立体不会将性能限制在特定范围内。同一个传感器可用于尺度非常小和非常大的环境，并在两者之间无缝过渡。

如果一个新的关键帧生成了（被初始化了），就可借助静态立体来更新和修剪**传播深度**（PD）图。

3）地图优化模块

两幅图像之间的相机运动可以借助直接图像对齐来确定。这种方法可以跟踪相机趋向于参考关键帧的运动。它还可用于估计关键帧之间的相对位姿约束以进行位姿图优化。当然，这里还需要补偿仿射光照的变化。

10.3.3 SVO 算法

SVO 算法是一种典型的半直接法[33]。

1. 半直接法原理

半直接法结合使用了特征点法和直接法的部分线程或模块，可参照图 10-14 理解它们的联系。

由图 10-14 可见，特征点法先通过特征提取和特征匹配来建立图像之间的关联，然后通过最小化重投影误差来求解相机位姿和地图点云；而直接法直接利用图像像素的属性来建立图像

之间的关联，然后通过最小化光度误差来求解相机位姿和地图点云。半直接法将特征点法的特征提取模块与直接法的直接关联模块相结合。因为特征点比像素点更具鲁棒性，而直接关联比特征匹配后最小化重投影误差的效率要高，所以半直接法结合了两种方法的优点，既保证了鲁棒性也提高了效率。

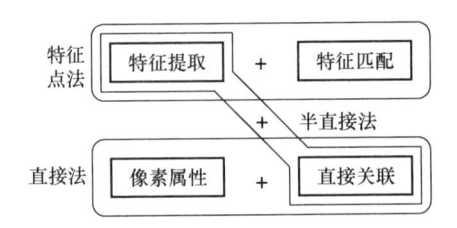

图 10-14 半直接法结合了特征点法和直接法

2. SVO 算法原理

SVO 流程框图如图 10-15 所示，主要包括两个线程：运动估计和制图。

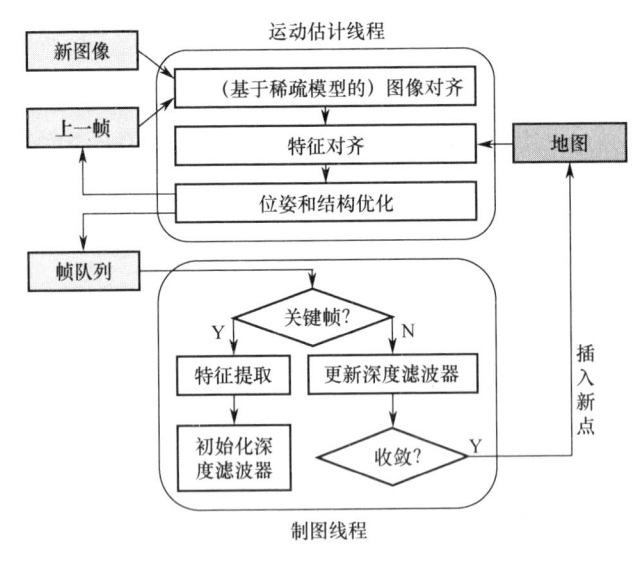

图 10-15 SVO 流程框图

1）运动估计线程

运动估计线程主要有 3 个模块：图像对齐、特征对齐、位姿和结构优化。

（1）图像对齐模块

图像对齐模块采用稀疏模型，对输入新图像和前一帧图像进行对齐。这里对齐是通过将提取的特征点（FAST 角点）重投影到新图像中，并根据最小化光度误差来计算相机位姿变换而实现的。这里相当于把直接法中的像素点换成了（稀疏的）特征点。

（2）特征对齐模块

利用前面计算出的（粗略的）相机位姿变换可将地图中已有的关键帧与新图像共视的特征点重投影回来（从地图到新图像）。考虑到重投影回来的特征点位置可能与图像中真实的特征点位置不重合，因此需要利用最小化光度误差来进行修正。为对齐特征点，可使用仿射变换。

需要指出的是，虽然两个对齐模块都是要确定相机位姿的 6 个参数，但如果只用第一个，则位姿漂移的可能性会很大；而如果只用第二个，则计算量会很大。

（3）位姿和结构优化

基于获得的相机粗略位姿和修正后的特征点，可以通过最小化地图点云重投影到新图像中的误差来对相机位姿和地图点云进行优化。注意，前述两个模块都采用了直接法的思想，都是最小化光度误差。而这里采用了特征点法的思想，是最小化重投影误差。如果仅对相机位姿进行优化，则使用的是仅考虑运动的 BA；如果仅对地图点云进行优化，则使用的是仅考虑结构的 BA。

2）制图线程

制图线程根据给定的图像及其位姿来估计 3D 点的深度。它主要包括 3 个模块：特征提取、初始化深度滤波器和更新深度滤波器。它们在两个判断的导引下工作。

（1）是否关键帧

特征提取只在选择关键帧来初始化新的 3D 点时才需要进行。其后要为每个需要估计相应 3D 点的 2D 特征初始化概率深度滤波器（特征的深度估计是用概率分布建模的，每个深度过滤器都与参考关键帧相关联）。这种初始化在每次选择新关键帧时都要进行。初始化时深度具有高度不确定性，因此在随后的每一帧中，深度估计都要以递归贝叶斯方式更新。

（2）是否收敛

通过不断更新，深度滤波器的不确定性逐渐变小。当不确定性变得足够小（收敛）时，可以将深度估计转换为一个新的 3D 点，该点将被插入到地图中，并立即用于运动估计。

10.4 群体机器人和群体 SLAM

群体机器人是一个分散的系统，可以集体完成单个机器人无法单独完成的任务。由于定位感知和通信、自组织和冗余技术等的发展，群体机器人的特性，如可扩展性、灵活性和容错性都得到了极大提升，这些特性使群体机器人成为执行任务的理想候选者。在大型未知环境中，群体机器人可以通过使用自组织探索方案在危险的动态环境中导航，从而自主执行同时定位和制图（SLAM）。

10.4.1 群体机器人的特性

群体机器人具有区别于集中式多机器人系统的一些特性[34]。

（1）可扩展性。群体中的机器人仅与亲密的同伴和邻近环境交互。与大多数集中式多机器人系统相反，它们不需要全局知识或监督。因此，修改群体的大小不需要重新编程单个机器人，也不会对定性的集体行为产生重大影响。这使群体机器人能够实现可扩展性——随着更多代理加入系统而保持性能（因为它们可以在相当大的范围内应对任何规模的环境）。当然，仅适用于非常昂贵的机器人的方法在实际应用中可能无法扩展，因为经济上的限制会阻碍大量机器人的获取。因此，群体 SLAM 方法的设计应考虑单个机器人的成本。

（2）灵活性。因为群体是分散的和自组织的，所以单个机器人可以动态地将自己分配给不同的任务，从而满足特定环境和操作条件的要求（即使这些条件在操作时发生变化）。这种适应能力为群体 SLAM 提供了灵活性。灵活性体现在群体 SLAM 不仅适用于非常专业的硬件配置，而且可使用已存在的基础设施或全局信息源，并获得良好的结果。

（3）容错性。群体机器人是由大量机器人组成的，具有高冗余度。这种高冗余度（加上没有集中控制）可以防止群体机器人出现单点故障。因此，群体 SLAM 方法可以实现容错。同样，容错具有经济意义：机器人丢失不会对任务的成本或其成功产生重大影响。

综合考虑以上特性，可知群体 SLAM 应有与多机器人 SLAM 不同的应用：群体机器人适合在主要约束是时间或成本而不是高精度的情况下应用。因此，它们应更加适合生成粗略的抽象图，如拓扑图或简单的语义图，而不是精确的度量图。事实上，当需要精确的地图时，通常要有足够的时间来构建它，而当时间（或成本）是主要约束时，通常可以接受生成近似但信息丰富的地图。群体 SLAM 的方法应该也适用于绘制危险的动态环境。当环境随着时间的推移而演变时，单个或一小群机器人需要一定的时间来更新地图，足够大的群体则可以很快完成。

10.4.2 群体 SLAM 要解决的问题

为实现可扩展、灵活和容错的**群体 SLAM**，需要解决一系列问题[34]。

（1）探索环境。探索是 SLAM 的重要功能。在群体机器人技术中，通常使用比较简单的探索方案，特别是随机游走[35-36]。更好的选择是利用群体特有的行为，如分散和聚集。另外，在使用群体机器人时，需要考虑如何设计单个机器人的控制软件。研究表明，通过从简单的原子行为中构建控制软件，群体机器人的自动离线设计可以胜过手动设计[37-38]。最近在自动设计方面的一项工作表明，探索能力可能来自原子行为之间的交互，而不仅仅来自嵌入在这些原子行为中的探索方案[39]。因此，使用简单的、特定于群体的探索方案将有利于设计过程和群体 SLAM 方法的效率提升。

（2）分享信息。多机器人 SLAM 中分享信息所用的常见方法是将原始数据和处理后的数据共享[40]。但是，对于群体机器人，两者似乎都不是最优的。共享来自传感器的原始数据很简单，但它的扩展性可能很差，因为大量数据可能无法足够快速地传输。共享处理过的数据可以通过减少共享的数据量来解决这个问题，但大多数现有方法都是集中式的，并且依赖外部基础设施（如 GPS 或远程计算机）来组装不同的数据子集。在映射动态环境时，实现完全分散的群体 SLAM 的（有希望的）方案包括分布式映射[41-43]和基于图的映射[44]——后者比较适用于构建拓扑图或语义图。

（3）检索信息和制图。在信息不集中的情况下，检索地图是群体 SLAM 中的一个开放问题。事实上，最直观的方法是地图合并，这需要将单个地图收集在一个系统中以合并它们。一种解决方案是合并所有机器人中的地图，然后从其中任何一个机器人中检索全部地图，但是，如果不使用外部基础设施，那么这是不现实的。不过，如果在映射动态环境时只需要数据较少的抽象地图，那么这个方案还是有一定竞争力的。

最后，考虑一下不需要检索地图的情况。由于大多数 SLAM 方法的目的是构建供另一方使用的地图，因此可以考虑仅对构建它的机器人有用的地图。在群体机器人技术中，构建地图可以帮助机器人进行探索并提高其性能。该地图不需要人工操作员访问，能在机器人之间进行共享即可。

10.5 SLAM 的一些新动向

近年来，SLAM 除了与仿生学结合[45]，还与深度学习和多智能体有了很多结合。

10.5.1 SLAM 与深度学习的结合

借助深度学习可以改善里程计和闭环检测性能，加强 SLAM 系统对环境语义的理解。例如，称为 DeepVO 的视觉里程计方法对原始图像序列使用卷积神经网络（CNN）来学习特征，并使用递归神经网络（RNN）来学习图像之间的动力学联系[46]。这种基于双卷积神经网络的结构能高效地提取出相邻帧之间的有效信息，同时具有较好的泛化能力。又如，在闭环检测方面，使用 ConvNet 来计算路标区域的特征，并比较路标区域的相似性，以此可以判断整幅图像之间的相似性，并提高有局部遮挡时和剧烈变化场景下检测的鲁棒性[47]。事实上，基于**深度学习**的闭环检测方法对不断变化的环境条件、季节变化及由于动态目标存在而产生的遮挡更加鲁棒。

近期一些用于闭环检测的深度学习算法如表 10-4 所示。

在表 10-4 中，SIFT 和 SURF 可参见 5.2 节，ORB 可参见 10.3.1 小节，NDT 可参见 10.1.1 小节。

表 10-4 近期一些用于闭环检测的深度学习算法

参考文献序号	深度网络	传感器	主要特征	适合场景
[48]	AlexNet	相机	CNN 特征	室内/室外
[49]	Auto-Encoder	相机	梯度直方图	室内/室外
[50]	CNN	LiDAR	分割图	室内/室外
[51]	CNN	LiDAR	分割图	室内/室外
[52]	Faster R-CNN	相机	SIFT、SURF、ORB	室内
[53]	Hybrid	相机	语义特征	室外
[54]	PCANet	相机	SIFT、SURF、ORB	室内/室外
[55]	PointNet++	LiDAR	语义 NDT	室外
[56]	RangeNet++	LiDAR	语义类	室外
[57]	ResNet18	相机	CNN 特征	室内/室外
[58]	ResNet50	相机	CNN 多视角描述符	室外
[59]	孪生网络	LiDAR	半手工	室外
[60]	VGG16	相机	CNN 特征	室外
[61]	VGG16	LiDAR/相机	CNN 特征	室外
[62]	YOLO	相机	ORB	室内/室外

10.5.2 SLAM 与多智能体的结合

多智能体系统中的各智能体可以相互通信、相互协调，并行求解问题，这可提高 SLAM 的求解效率；而且各智能体相对独立，具有很好的容错性和抗干扰能力，这可帮助 SLAM 解决大尺度环境下的相关问题。例如，多智能分布架构[63]使用**逐次超松弛**（SOR）和**雅可比超松弛**（JOR）来求解正规方程，可有效节省数据带宽。

使用**惯性测量单元**（IMU）辅助的视觉 SLAM 系统通常被称为视觉惯性导航系统。多智能体的协同视觉 SLAM 系统常具有搭载一个或多个视觉传感器的运动主体，通过对环境信息的感知估计自身位姿的变化并重建未知环境的 3D 地图。

若干已有多智能体视觉 SLAM 系统方案如表 10-5 所示[64]。

在表 10-5 中，CCM-SLAM 是一种融合了 IMU 的多智能体视觉 SLAM 框架[65]，每个智能体只运行具有有限数量的关键帧的视觉里程计，智能体将检测到的关键帧信息发送给服务器（降低了单个智能体的成本与通信负担），服务器根据这些信息进行局部地图的构建，并通过位置识别的方法对局部地图信息进行融合。在服务器中，姿态估计和光束平差法被用于对地图的细化。

表 10-5 若干已有多智能体视觉 SLAM 系统方案

SLAM	智能体数	前端特点	后端特点	地图类型
PTAMM	2	估计姿态	三角化、重定位、光束平差法	全局地图
CoSLAM	12	检测图像信息	相机内/间姿态估计、地图构建、光束平差法	全局地图
CSfM	2	视觉里程计	位置识别、地图融合、姿态优化、光束平差法	局部地图
C2TAM	2	估计姿态	三角化、重定位、光束平差法	局部地图
MOARSLAM	3	视觉-惯性里程计	位置识别	具有相对位姿关系的地图
CCM-SLAM	3	视觉里程计	位置识别、地图融合、冗余关键帧删除	局部地图

参考文献

[1] CORNEJO-LUPA M A, CARDINALE Y, TICONA-HERRERA R, et al. OntoSLAM: An ontology for representing location and simultaneous mapping information for autonomous robots[J]. Robotics, 2021, 10(4): #125 (DOI: 10.3390/robotics10040125).

[2] SHEN S J, TIAN X, WEIG L. Review of SLAM algorithm based on 2D LiDAR[J]. Computer Technology and Development, 2022, 32(1): 13-18.

[3] ANDREA C. An ICP variant using point-to-line metric[C]. Proceedings of IEEE International Conference on Robotics and Automation, 2008: 19-25.

[4] ZHAO J, HUANG S D, ZHAO L, et al. Conic feature based simultaneous localization and mapping in open environment via 2D LiDAR[J]. IEEE Access, 2019, 7: 173703-173718.

[5] ZHAO J, ZHAO L, HUANG S D, et al. 2D Laser SLAM with general features represented by implicit functions[J]. IEEE Robotics and Automation Letters, 2020, 5(3): 4329-4336.

[6] BIBER P, STRASSER W. The normal distributions transform: A new approach to laser scan matching[C]. Proceedings of International Conference on Intelligent Robotics and Systems, 2003: 2743-2748.

[7] OLSON E. M3RSM: Many-to-many multi-resolution scan matching[C]. Proceedings of IEEE International Conference on Robotics and Automation, 2015: 5815-5821.

[8] YIN H, DING X Q, TANG L, et al. Efficient 3D LiDAR based loop closing using deep neural network[C]. Proceedings of IEEE International Conference on Robotics and Biomimetric, 2017: 481-486.

[9] ARSHAD S, KIM G W. Role of deep learning in loop closure detection for visual and LiDAR SLAM: A survey[J]. Sensors, 2021, 21, #1243 (DOI: 10.3390/s21041243).

[10] MAGNUSSON M, LILIENTHAL A J, DUCKETT T. Scan registration for autonomous mining vehicles using 3D-NDT[J]. J. Field Robot. 2007, 24: 803-827.

[11] DOUILLARD B, UNDERWOOD J, KUNTZ N, et al. On the segmentation of 3D LiDAR point clouds[C]. Proceedings of the IEEE International Conference on Robotics and Automation, 2011: 9-13.

[12] NING L R, PANG L, DONG D, et al. The combination of new technology and research status of simultaneous location and mapping[J]. Proceedings of the 6th Symposium on Novel Optoelectronic Detection Technology and Applications, 2020, #11455 (DOI: 10.1117/12.2565347).

[13] 黄泽霞, 邵春莉. 深度学习下的视觉SLAM综述[J]. 机器人, 2023.

[14] WANG J K, JIA X. Survey of SLAM with camera-laser fusion sensor[J]. Journal of Liaoning University of Technology (Natural Science Edition), 2020, 40(6): 356-361.

[15] XU Y, OU Y, XU T. SLAM of robot based on the fusion of vision and LiDAR[C]. Proceedings of International Conference on Cyborg and Bionic Systems, 2018: 121-126.

[16] GRAETER J, WILCZYNSKI A, LAUER M. LIMO: LiDAR-monocular visual odometry[C]. Proceedings of International Conference on Intelligent Robots and Systems, 2018:

7872-7879.

[17] LIANG X, CHEN H, LI Y, et al. Visual laser-SLAM in large-scale indoor environments[C]. Proceedings of International Conference on Robotics and Biomimetics, 2016: 19-24.

[18] SEO Y, CHOU C. A tight coupling of Visual-LiDAR measurements for an effective odometry[C]. Intelligent Vehicles Symposium, 2019: 1118-1123.

[19] ZHANG J, SINGH S. Visual-LiDAR odometry and mapping: Low-drift, robust, and fast[C]. Proceedings of International Conference on Robotics and Automation, 2015: 2174-2181.

[20] GRISETTI G, STACHNISS C, BURGARD W. Improved techniques for grid mapping with Rao-Blackwellized particle filters[J]. IEEE Transactions on Robotics, 2007, 23(1): 34-46.

[21] HESS W, KOHLER D, RAPP H, et al. Real-time loop closure in 2D LiDAR SLAM[C]. Proc. International Conference on Robotics and Automation, 2016: 1271-1278.

[22] ZHANG J, SINGH S. LOAM: LiDAR odometry and mapping in real-time[J]. Robotics: Science and Systems Conference, 2014: 1-9.

[23] MURARTAL R, MONTIEL J M M, TARDOS J D. ORB-SLAM: A versatile and accurate monocular Slam system[J]. IEEE Transactions on Robotics, 2015, 31(5): 1147-1163.

[24] MURARTAL R, TARDOS J D. ORB-SLAM2: An open-source SLAM system for monocular, stereo and RGB-D cameras[J]. IEEE Transactions on Robotics, 2017, 33(5): 1255-1262.

[25] CAMPOS C, ELVIRA R, RODRIGUEZ J J G, et al. ORB-SLAM3: An accurate open-source library for visual, visual-inertial, and Multimap SLAM[J]. IEEE Transactions on Robotics, 2021, 37(6): 1874-1890.

[26] RUBLEE E, RBAUD V, KONOLIGE K, et al. ORB: An efficient alternative to SIFT or SURF[C]. ICCV, 2011: 2564-2571.

[27] ENGEL J, SCHPS T, CREMERS D. LSD-SLAM: Large-scale direct monocular SLAM[C]. Proc. ECCV, 2014: 834-849.

[28] ENGEL J, STUCKLER J, CREMERS D. Large-scale direct SLAM with stereo cameras[C].

IEEE International Conference on Intelligent Robots and Systems, 2015: 1935-1942.

[29] CARUSO D, ENGEL J, CREMERS D. Large-scale direct SLAM for omnidirectional cameras[C]. IEEE International Conference on Intelligent Robots and Systems, 2015: 141-148.

[30] GEYER C, DANIILIDIS N. A unifying theory for central panoramic systems and practical implications[C]. ECCV, 2000: 445-461.

[31] YING X H, HU Z Y. Can we consider central catadioptric cameras and fisheye cameras within a unified imaging model[J]. Lecture Notes in Computer Science, 2004, 3021: 442-455.

[32] BARRETO J P. Unifying image plane liftings for central catadioptric and dioptric cameras[C]. Imaging Beyond the Pinhole Camera, 2006: 21-38.

[33] FORSTERL C, PIZZOLI M, SCARAMUZZA D. SVO: Fast semi-direct monocular visual odometry[C]. Proceedings of IEEE International Conference on Robotics and Automation, 2014: 15-22.

[34] KEGELEIRS M, GRISETTI G, BIRATTARI M. Swarm SLAM: Challenges and Perspectives[J]. Frontiers in Robotics and AI, 2021, 8.

[35] DIMIDOV C, ORIOLO G, TRIANNI V. Random walks in swarm robotics: An experiment with kilobots[J]. Swarm Intelligence, 2016, 9882: 185-196.

[36] KEGELEIRS M, GARZON R D, BIRATTARI M. Random walk exploration for swarm mapping[J]. LNCS, in Towards Autonomous Robotic Systems, 2019, 11650: 211-222.

[37] BIRATTARI M, LIGOT A, BOZHINOSKI D, et al. Automatic off-line design of robot swarms: A manifesto[J]. Frontiers in Robotics and AI, 2019, 6: 59.

[38] BIRATTARI M, LIGOT A, HASSELMANN K. Disentangling automatic and semi-automatic approaches to the optimization-based design of control software for robot swarms[J]. Nature Machine Intelligence, 2020, 2: 494-499.

[39] SPACY G, KEGELEIRS M, GARZON R D. Evaluation of alternative exploration schemes

in the automatic modular design of robot swarms of CCIS[C]. Proceedings of the 31st Benelux Conference on Artificial Intelligence, 2020, 1196: 18-33.

[40] SAEEDI S, TRENTINI M, SETO M, et al. Multiple-robot simultaneous localization and mapping: A review[J]. Journal of Field Robotics, 2016, 33: 3-46.

[41] FOX D, KO J, KONOLIGE K, et al. Distributed multirobot exploration and mapping[C]. Proc. IEEE 2006, 94: 1325-1339.

[42] GHOSH R, HSIEH C, MISAILOVIC S, et al. Koord: a language for programming and verifying distributed robotics application[C]. Proc. ACM Program Language. 2020, 4: 1-30.

[43] LAJOIE P Y, RAMTOULA B, CHAMG Y, et al. DOOR-SLAM: Distributed, online, and outlier resilient SLAM for robotic teams[J]. IEEE Robotics and Automation Letters, 2020, 5(2): 1656-1663.

[44] KUMMERLE R, GRISETTI G, STRASDAT H, et al. G2o: A general framework for graph optimization[C]. Proceedings of the IEEE International Conference on Robotics and Automation, 2011: 3607-3613.

[45] LI W L, WU D W, ZHU H N, et al. A bionic simultaneous location and mapping with closed-loop correction based on dynamic recognition threshold[C]. Proceedings of the 33rd Chinese Control and Decision Conference (CCDC), 2021: 737-742.

[46] WANG S, CLARK R, WEN H, et al. DeepVO: Towards end-to-end visual odometry with deep recurrent convolutional neural networks[C]. Proceedings of International Conference on Robotics and Automation, 2017: 2043-2050.

[47] SUNDERHAUF N, SHIRAIZI H, DAYOUB F. On the performance of ConvNet features for place recognition[C]. Proceedings of International Conference on Intelligent Robots and Systems, 2015: 4297-4304.

[48] CHEN B, YUAN D, LIU C, et al. Loop closure detection based on multi-scale deep feature fusion[J]. Applied Sciences, 2019, 9: 1120.

[49] MERRILL N, HUANG G. Lightweight unsupervised deep loop closure[J]. Robotics:

Science and Systems, 2018, 39(1).

[50] DUBE R, CRAMARIUC A, DUGAS D, et al. SegMap: 3D segment mapping using data-driven descriptors[J]. Robotics: Science and Systems XIV, 2018.

[51] DUBE R, CRAMARIUC A, DUGAS D, et al. SegMap: segment-based mapping and localization using data-driven descriptors[J]. The International Journal of Robotics Research, 2019, 39: 339-355.

[52] HU M, LI S, WU J, et al. Loop closure detection for visual SLAM fusing semantic information[C]. IEEE Chinese Control Conference, 2019: 4136-4141.

[53] LIU Y, XIANG R, ZHANG Q, et al. Loop closure detection based on improved hybrid deep learning architecture[C]. Proceedings of 2019 IEEE International Conferences on Ubiquitous Computing and Communications and Data Science and Computational Intelligence and Smart Computing, Networking and Services, 2019: 312-317.

[54] XIA Y, LI J, QI L, et al. Loop closure detection for visual SLAM using PCANet features[C]. Proceedings of the International Joint Conference on Neural Networks, 2016: 2274-2281.

[55] ZAGANIDIS A, ZERNTEV A, DUCKETT T, et al. Semantically assisted loop closure in SLAM using NDT histograms[C]. Proceedings of the 2019 IEEE/RSJ International Conference on Intelligent Robots and Systems (IROS), 2019: 4562-4568.

[56] CHEN X, LABE T, MILIOTO A, et al. OverlapNet: Loop closing for LiDAR-based SLAM[C]. Proceedings of the Robotics: Science and Systems (RSS), Online Proceedings, 2020.

[57] WANG S, LV X, LIU X, et al. Compressed holistic ConvNet representations for detecting loop closures in dynamic environments[J]. IEEE Access, 2020, 8: 60552-60574.

[58] FACIL J M, OLID D, MONTESANO L, et al. Condition-invariant multi-view place recognition[J]. arXiv 2019, arXiv:1902.09516.

[59] YIN H, TANG L, DING X, et al. LocNet: Global localization in 3D point clouds for mobile vehicles[C]. Proceedings of IEEE Intelligent Vehicles Symposium, 2018: 728-733.

[60] OLID D, FACIL J M, CIVERA J. Single-view place recognition under seasonal changes[J]. arXiv 2018, arXiv:1808.06516.

[61] ZYWANOWSKI K, BANASZCZYK A, NOWICKI M. Comparison of camera-based and 3D LiDAR-based loop closures across weather conditions[J]. arXiv 2020, arXiv: 2009.03705.

[62] WANG Y, ZELL A. Improving feature-based visual SLAM by semantics[C]. Proceedings of the 2018 IEEE International Conference on Image Processing, Applications and Systems, 2018: 7-12.

[63] CIESLEWSKI T, CHOUDHARY S, SCARAMUZZA D. Data-efficient decentralized visual SLAM[C]. Proceedings of IEEE International Conference on Robotics and Automation, 2018: 2466-2473.

[64] 王璐, 杨功流, 蔡庆中, 等. 多智能体协同视觉 SLAM 技术研究进展[J]. 导航定位与授时, 2020, 7(3): 84-92.

[65] SCHMUCK P, CHLI M. CCM-SLAM: Robust and efficient centralized collaborative monocular simultaneous localization and mapping for robotic teams[J]. Journal of Field Robotics, 2019, 36(4): 763-781.

第 11 章
时空行为理解

从计算机视觉要实现人类视觉功能的角度来看，一项重要工作就是要对从场景获得的图像进行加工，从而解释场景、进行决策、指导行动。为此，需要判断场景中有哪些物体，它们随时间如何改变自身在空间中的位置、姿态、速度、关系等，以及它们的变化趋势。简言之，要在时空中把握物体的动作和活动并确定动作和活动的目的，进而理解它们所传递的语义信息。

基于图像/视频的自动**时空行为理解**是一个很有挑战性的研究问题，包括获取客观信息（采集图像序列）、对相关的视觉信息进行加工、分析（表达和描述）提取信息内容，以及在此基础上对图像/视频的信息进行解释，从而实现学习和识别行为[1-2]。

上述工作的跨度很大，其中动作检测和识别近期得到了很多关注和研究，也取得了明显的进展。相对来说，更高抽象层次的行为识别与描述（与语义和智能相关）的研究开展不久，许多概念还不是很明确，许多技术在不断地发展更新。

本章各节内容安排如下。

11.1 节对时空技术进行概括介绍。

11.2 节概括介绍一些动作分类和识别的技术类别和特点,并讨论它们之间的联系。

11.3 节介绍对主体与动作进行联合建模的技术,包括单标签主体-动作识别、多标签主体-动作识别、主体-动作语义分割。

11.4 节介绍对活动和行为进行建模的技术,包括分类情况及其中一些典型方法,并对基于关节点的行为识别进行分析。

11.5 节讨论异常事件检测。首先总体介绍自动活动分析,其次概括介绍已有异常事件检测方法的分类情况,最后具体分析基于卷积自编码器和基于单类神经网络进行异常事件检测的流程。

11.1 时空技术

时空技术是面向时空行为理解的技术,是一个相对较新的研究领域[3]。

11.1.1 新的研究领域

第 1 章提到的图像工程综述系列从对 1995 年的文献统计开始至今已进行了 28 年[4]。在图像工程综述系列进入第二个十年(对 2005 年的文献统计)时,随着图像工程研究和应用新热点的出现,在图像理解大类中增加了一个新的小类——C5:时空技术(高维运动分析、目标 3D 姿态检测、时空跟踪、举止判断和行为理解等)[5]。这里强调的是综合利用图像/视频中所具有的各种信息以对场景及其中目标的动态情况做出相应的判断和解释。

2005—2022 年,综述系列收集的 C5 小类文献共有 314 篇,它们在各年的分布情况如图 11-1 中直方条所示,图中还给出了用 3 阶多项式对各年文献数量进行拟合得到的变化趋势。从图 11-1 中可见,最初几年的文献数量有明显起伏;后来相对稳定,但研究成果并不多;但 2019—2022 年文献数量有比较明显的提升,平均每年超过 30 篇,此前 14 年的平均值仅约为 13 篇。

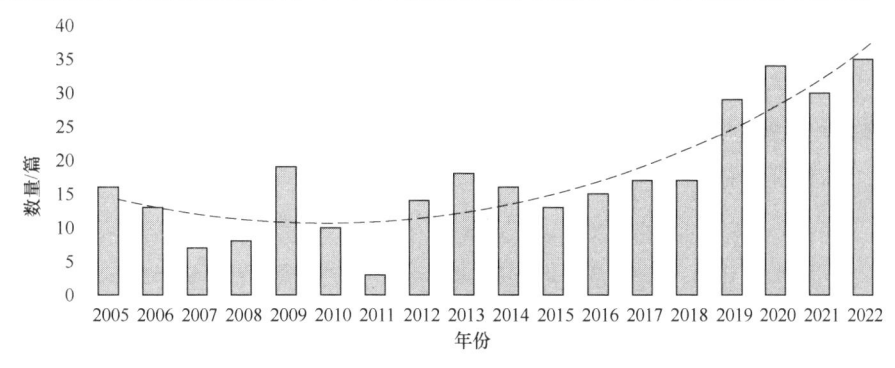

图 11-1 时空技术文献数量的年度分布情况

11.1.2 多个层次

目前时空技术研究的主要对象是运动的人或物,以及场景中物体(特别是人)的变化。根据其表达和描述的抽象程度,从下到上可分为多个层次[6]。

(1)**动作基元**:用来构建动作的原子单元,一般对应场景中短暂、具体的运动信息。

(2)**动作**:由主体/发起者的一系列动作基元构成的有实际意义的集合体(有序组合)。在一般情况下,动作代表简单的常常由一个人进行的运动模式,并且一般仅持续以秒为量级的时间。人体动作常导致人体姿态的改变。

(3)**活动**:为完成某个工作或达到某个目标而由主体/发起者执行的一系列动作的组合(主要强调逻辑组合)。活动是相对大尺度的运动,一般依赖环境和交互人。活动常常代表由多个人进行的序列(可能交互的)复杂动作,并且常持续较长的时间。

(4)**事件**:在特定时间段和特定空间位置发生的某种(非规则的)活动。通常其中的动作由多个主体/发起者执行(群体活动)。对特定事件的检测常常与异常活动有关。

(5)**行为**:强调主体/发起者(主要指人或动物)受思想支配而在特定环境/上下境中改变动作、持续活动和描述事件等。

下面以乒乓球运动为例,给出各层次的一些典型示例,如图 11-2 所示。运动员的移步、挥拍等都可看作典型的动作基元。运动员完成一个发球(包括抛球、挥臂、抖腕、击球等基元)或回球(包括移步、伸臂、翻腕、抽球等基元)都是典型的动作,但一个运动员走到挡板边把球捡回来则常被看作一个活动。另外,两个运动员来回击球以赢得分数也是典型的活动。运动队之间的比赛等一般作为一个事件来看待,比赛后的颁奖是典型的事件。运动员赢球后握拳自我激励虽然可看作一个动作,但更多的时候被看作运动员的一个行为表现。当运动员打出漂亮的对攻后,观众的鼓掌、呐喊、欢呼等也都归为观众的行为。

需要指出,在许多研究中,对后 3 个层次的概念常常不严格区分地使用。例如,将活动称为事件,此时一般指一些异常的活动(如两人发生争执、老人走路跌倒等);将活动称为行为,此时更强调活动的含义(举止)、性质(如行窃的动作或翻墙入室的活动称为偷盗行为)。

对前两个层次内容的研究已比较成熟[7],并且相关技术已在许多其他任务中得到广泛应用。本章之后的内容主要集中于后 3 个层次,并尽可能对它们进行一定的区分。

图 11-2 乒乓球比赛中的几个画面

11.2 动作分类和识别

基于视觉的人体动作识别是一个对图像序列（视频）用动作（类）标号进行标记的过程。在对观察到的图像或视频获得表达的基础上，可将人体动作识别变成一个分类问题。

例如，Weizmann 动作识别数据库中一些动作的示例图片如图 11-3 所示[8]，从上到下来看，依次为头顶击掌（jack）、侧向移动（side）、弯腰（bend）、行走（walk）、跑（run）、挥单手（wave1）、挥双手（wave2）、单脚前跳（skip）、双脚前跳（jump）、双脚原地跳（pjump）。对该库不同动作的识别实际上是要将图片分成 10 类。

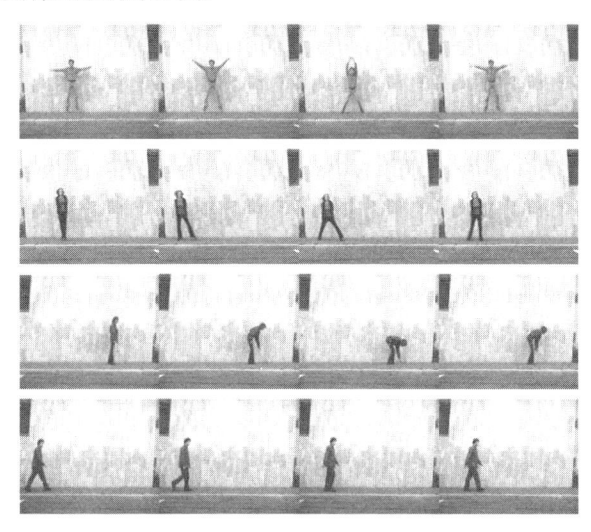

图 11-3 Weizmann 动作识别数据库中一些动作的示例图片

图 11-3　Weizmann 动作识别数据库中一些动作的示例图片（续）

11.2.1　动作分类

对动作的分类可采用多种形式[9]。

1. 直接分类

直接分类的方法并不对时间域加以特别关注。这类方法将观察序列中所有帧的信息都加到单个表达中或对各帧分别进行动作的识别和分类。

在很多情况下，图像的表达是高维的。这导致匹配计算量非常大。另外，表达中也可能包括噪声等特征。因此，为进行分类，需要在低维空间中获得紧凑、鲁棒的特征表达。降维技术既可采用线性的方法也可采用非线性的方法。例如，PCA 是一种典型的线性方法，而**局部线性嵌入**（LLE）是一种典型的非线性方法。

直接分类所用的分类器也可以不同。鉴别型分类器关注如何区分不同的类别，而不是模型化各类别，如 SVM。在自举框架下，用一系列弱分类器（每个弱分类器常常仅使用 1D 表达）

来构建一个强分类器。除 AdaBoost[10]外，LPBoost 可以获得稀疏的系数且能很快地收敛。

2．时间状态模型

时间状态模型对状态之间、状态与观测之间的概率进行建模。每个状态都总结了某个时刻的动作表现，观察对应给定时间的图像表示。时间状态模型要么是生成性的，要么是判别性的。

生成模型学习观察和动作之间的联合分布，对每个动作类建模（考虑所有变化）。鉴别模型学习在观察条件下动作类别的概率，它们并不对类别建模，但关注不同类别之间的差别。

生成模型中最典型的是隐马尔可夫模型（HMM），其中的隐状态对应动作进行的各步骤。隐状态对状态转移概率和观察概率进行建模。这里有两个独立的假设，一个是状态转移仅依赖上一个状态，另一个是观察仅依赖当前状态。HMM 的变型包括**最大熵马尔可夫模型**（MEMM）、**状态分解的分层隐马尔可夫模型**（FS-HHMM）、**分层可变过渡隐马尔可夫模型**（HVT-HMM）。

另外，鉴别模型对给定观察后的条件分布进行建模，将多个观察结合起来以区别不同的动作类别。这种模型对区分相关的动作比较有利。**条件随机场**（CRF）是一种典型的鉴别模型，对其的改进包括**分解条件随机场**（FCRF）、**推广条件随机场**等。

3．动作检测

基于动作检测的方法并不显式地对图像中的目标表达建模，也不对动作建模。它将观察序列与编号的视频序列联系起来，从而直接检测（已定义的）动作。例如，可将视频片段描述成在不同时间尺度上编码的词袋，每个词都对应一个局部片（Patch）的梯度朝向。具有缓慢时间变化的局部片可以忽略掉，这样表达将主要集中于运动区域。

如果运动是周期性的（如人行走或跑步），则动作是循环的，即**循环动作**。这时可借助分析自相似矩阵来进行时域分割。进一步可给运动者加上标记，通过跟踪标记并使用仿射距离函数来构建自相似矩阵。对自相似矩阵进行频率变换，则频谱中的峰对应运动的频率（如要区别行走的人或跑步的人，可计算步态的周期）。对矩阵结构进行分析就可确定动作的种类。

对人体动作表达和描述的主要方法可分为两类。一是基于表观的方法：直接利用对图像的前景、背景、轮廓、光流及变化等的描述；二是基于人体模型的方法：利用人体模型表达行为人的结构特征，如将动作用人体关节点序列来描述。不管采用哪类方法，实现对人体的检测及对人体重要部件（如头部、手、脚等）的检测和跟踪都对人体动作表达和描述有重要的作用。

11.2.2 动作识别

动作及活动的表达和识别是一个相对不很新但还不太成熟的领域[11]。采用的方法多数依赖研究者的目的。在场景解释中，表达可独立于导致活动产生的目标（如人或车）；而在监控应用中，一般关注人的活动和人之间的交互。在整体（Holistic）的方法中，全局的信息要优于局部部件的信息，如在需要确定人的性别时。而对于简单的动作（如走或跑），也可考虑使用局部的方法，其中更关注细节动作或动作基元。一个动作识别的框架可参见参考文献[12]。

1. 整体识别

整体识别强调对整个人体目标或单个人体的各部分进行识别。例如，可基于整个身体的结构和整个身体的动态信息来识别人的行走、行走的步态等。这里绝大多数方法基于人体的剪影或轮廓而不太区分身体的各部分。例如，有一种基于人体的身份识别技术使用了人的剪影，并对其轮廓进行均匀采样，然后对分解的轮廓使用 PCA 处理。为计算时空相关性，可在本征空间里比较各轨迹。另外，利用动态信息除可以辨识身份外，也可以确定人正在做什么工作。基于身体部件的识别则通过身体部件的位置和动态信息来对动作进行识别。

2. 姿态建模

对人体动作的识别与对人体姿态的估计密切相关。人体姿态可分为动作姿态和体位姿态，前者对应人在某个时刻的动作行为，后者对应人体在 3D 空间中的朝向。

对人体姿态的表达和计算方法主要可分为 3 种。

（1）基于表观的方法：不对人的物理结构进行直接建模，而是采用颜色、纹理、轮廓等信息对人体姿态进行分析。因为仅利用了 2D 图像中的表观信息，所以难以估计人体位姿。

（2）基于人体模型的方法：先使用线图模型、2D 或 3D 模型对人体进行建模，然后通过分析这些参数化的人体模型来估计人体姿态。这类方法通常对图像分辨率和目标检测的精度要求较高。

（3）基于 3D 重构的方法：先将摄像头在不同位置获得的 2D 运动目标通过对应点匹配重构成 3D 运动目标，然后利用摄像头参数和成像公式估计 3D 空间中的人体位姿。

可以基于时空兴趣点（参见参考文献[9]）来对姿态进行建模。如果仅使用时空哈里斯兴趣点检测器（参见参考文献[13]），则得到的时空兴趣点多处于运动突变的区域。这样的点数量较少，属于稀疏型，容易丢失视频中重要的运动信息，导致检测失效。为解决这个问题，可借助运动强度提取稠密型的时空兴趣点，以充分捕获运动产生的变化。这里可将图像与空域高斯滤波器和时域盖伯滤波器（参见参考文献[10]）相卷积来计算运动强度。在提取出时空兴趣点后，对每个点先建立描述符，然后对每个姿态建模。一种具体方法是首先提取训练样本库中姿态的时空特征点作为底层特征，让一个姿态对应一个时空特征点集合；其次采用非监督分类方法对姿态样本归类，以获得典型姿态的聚类结果；最后对每个典型姿态类别采用基于 EM 的高斯混合模型实现建模。

近期在对自然场景中的姿态进行估计方面的一个趋势是，为了解决在无结构场景中用单视图进行跟踪的相关问题，采用在单帧图像中进行姿态检测的方法。例如，基于鲁棒的部件检测及对部件的概率组合已能在复杂的电影中获得对 2D 姿态的较好估计。

3. 活动重建

动作导致姿态的改变，如果将人体的每个静止姿态定义为一个状态，那么借助状态空间法（也称概率网络法）将状态切换通过转移概率来实现，则一个活动序列的构建可通过在对应姿态的状态之间进行一次遍历而得到。

基于对姿态的估计，在基于视频自动重建人体活动方面已有明显进展。原始的基于模型的分析-合成方案借助多视角视频采集来有效地对姿态空间进行搜索。当前的许多方法更注重获取整体的身体运动，而不是特别强调精确地构建细节。

单视图人体活动重建也借助**统计采样技术**有了很多进展。目前比较关注的是利用学习得到的模型来约束基于活动的重建。研究表明，使用强有力的先验模型对在单视图中跟踪特定活动很有帮助。

4. 交互活动

交互活动是比较复杂的活动。可以分为两类：①人与环境的交互，如人开车，或拿一本书；②人际交互，常指两人（也可多人）的交流活动或联系行为，是将单人的（原子）活动结合起来而得到的。可借助概率图模型来描述单人活动。概率图模型是对连续动态特征序列建模的有力工具，有比较成熟的理论基础；缺点是其模型的拓扑结构依赖活动本身的结构信息，因此对于复杂的交互活动，需要大量的训练数据以学习图模型的拓扑结构。为了将单人活动结合起来，可以使用**统计关系学习**（SRL）。SRL 是一种将关系/逻辑表示、概率推理、机器学习和数据挖掘等进行综合以获取关系数据似然模型的机器学习方法。

5. 群体活动

量变引起质变，参与活动的目标数量的大幅增加，会带来新的问题和新的研究方向。例如，群体目标运动分析主要以人流、交通流及自然界的密集生物群体为对象，研究群体目标运动的表达与描述方法，分析群体目标的运动特征及边界约束对群体目标运动的影响。此时，对特殊个体的独特行为的把握有所减弱，更关注的是对个体进行抽象而对整个集合活动进行描述。例如，有的研究借鉴宏观运动学理论，探索粒子流的运动规律，建立粒子流的运动理论。在此基础上，对群体目标活动中的聚合、消散、分化、合并等动态演变现象进行语义分析，以期解释整个场景的动向和态势。

在群体活动分析中，对参与活动的个体数量的统计是一个基本的数据。例如，在许多公共场合（如广场、体育场出入口等），都需要对人流量有一定的统计。图 11-4 给出人流监控中对人数的统计画面[13]。虽然场景中有许多人且动作形态各异，但这里关心的是特定范围（用框围住的区域）内的人的数量。

图 11-4 人流监控中对人数的统计画面

6. 场景解释

与对场景中目标的识别不同，**场景解释**主要考虑整幅图像而不去验证特定的目标或人。实际使用的许多方法仅考虑摄像机拍到的结果，从中通过观察目标运动（而不一定确定目标的身份）来学习和识别活动。这种策略在目标足够小（可表示成 2D 空间中一个点）时是比较有效的。

例如，一个用来检测非正常（异常）情况的系统的工作流程如下。首先提取目标的 2D 位置、速度、尺寸和二值剪影，用矢量量化来生成一个范例的码本。考虑到互相之间的时间关系，可以使用共生的统计。迭代地定义两个码本中范例之间的概率函数并确定一个二值树结构，其中叶结点对应共生统计矩阵中的概率分布，更高层的结点对应简单的场景活动（如行人或车的运动），将它们进一步结合起来就可以给出场景解释。

11.3 主体与动作联合建模

随着研究的深入，**时空行为理解**需要考虑的主体的类别和动作的类别不断增多。为此，需要将主体与动作联合建模[14]。事实上，在图像中联合检测若干目标的集合比分别检测单个目标更加鲁棒。因此，对于多个不同类别的主体发起多个不同类别的动作的情况，联合建模很有必要。

把视频看作 3D 图像 $f(x, y, t)$，并利用图结构 $G = (N, A)$ 来表达视频。其中，结点集合 $N = (n_1, \cdots, n_M)$ 代表 M 个体素（或 M 个超体素），弧集合 $A(n)$ 代表 N 中某个 n 的邻域中的体素集合。假设主体标记集合用 X 表示，动作标记集合用 Y 表示。

考虑一组代表主体的随机变量 $\{x\}$ 和一组代表动作的随机变量 $\{y\}$。我们关心的主体-动作理解问题可看作一个最大后验问题：

$$(x^*, y^*) = \underset{x,y}{\arg\max}\, P(x, y \mid M) \qquad (11\text{-}1)$$

一般的主体-动作理解问题包括 3 种情况：单标签主体-动作识别、多标签主体-动作识别、主体-动作语义分割。它们分别对应粒度逐次细化的 3 个阶段。

11.3.1 单标签主体-动作识别

单标签主体-动作识别是粒度最粗的情况，它对应一般的动作识别问题。这里 x 和 y 都是标量，式（11-1）表示给定视频，由单个主体 x 发起单个动作 y。此时可利用的模型有 3 种（还可以参见 11.3.3 小节）。

1．朴素贝叶斯模型

假设主体和动作是互相独立的，即任何一个主体都可以发起任何一个动作。此时，在动作空间中需要训练一组分类器，以对不同的动作进行分类。这是一种最简单的方法，但没有强调主体-动作元组的存在性，即某些主体可能不能发起所有的动作，或者说有些主体只能发起某些动作。这样，在有许多不同的主体和不同的动作时，利用**朴素贝叶斯模型**可能会出现不合理的组合（如人会飞、鸟会游泳等）。

2．联合乘积空间模型

联合乘积空间模型利用主体空间 X 和动作空间 Y 生成一个新的标记空间 Z。这里，利用了

乘积关系：$Z = X \times Y$。在联合乘积空间中，可以直接对每个主体-动作元组学习出一个分类器。很明显，这种方法强调了主体-动作元组的存在性，可以避免不合理组合的出现；而且有可能使用更多的跨主体-动作特征学习出鉴别力更强的分类器。但是，这种方法有可能无法很好地利用不同主体或不同动作的共性，如成人和儿童行走都要迈步和挥臂。

3. 三层次模型

三层次模型统一了朴素贝叶斯模型和联合乘积空间模型。它同时在主体空间 X、动作空间 Y 和联合主体-动作空间 Z 中学习分类器。在推理时，它分别推断贝叶斯术语和联合乘积空间术语，然后将它们线性组合起来以得到最终的结果。它不仅对主体-动作进行交叉建模，而且对同一个主体发起不同动作和不同主体发起同一个动作进行建模。

11.3.2 多标签主体-动作识别

实际中，很多视频有多个主体和/或发起了多个动作，这就是多标签的情况。此时，x 和 y 都是维度为$|X|$和$|Y|$的二值矢量。如果视频中存在第 i 个主体类型，则 x_i 的值为 1，否则为 0。类似地，如果视频中存在第 j 个动作类型，则 y_j 的值为 1，否则为 0。这种一般化的定义并没有将 x 中的特定元素与 y 中的特定元素限定在一起。这有助于对主体和动作的多标签性能与主体-动作元组的多标签性能进行独立的比较。

为了研究多个主体发起多个动作的情况，构建了相应的视频数据库[14]。该库称为**主体-动作数据库**（A2D）。其中，一共考虑了 7 个主体类别：成年人、婴儿、猫、狗、鸟、汽车、球；9 个动作类别：步行、跑步、跳跃、滚动、攀爬、爬行、飞行、吃饭，以及无动作（非前 8 个类别）。主体既包括关节式的，如成年人、婴儿、猫、狗、鸟；也包括刚体式的，如汽车、球。许多主体可以发起同一个动作，但没有一个主体可以发起所有动作。因此，虽然它们共有 63 种组合，但其中有些是不合理的（或者几乎不会发生），这样最后合理的主体-动作元组共有 43 个。用这 43 个主体-动作元组的文字在 YouTube 中收集到了 3782 段视频，长度为 24～332 帧（每段平均为 136 帧）。各主体-动作元组对应的视频的数量如表 11-1 所示，表中空格对应不合理的主体-动作元组，因此没有收集到视频。由表 11-1 可见，各主体-动作元组所对应的视频的数量均在百段左右。

在这 3782 段视频中，包含不同数量（1～5 个）主体的视频的数量、包含不同数量（1～5 个）动作的视频的数量，以及包含不同数量主体-动作的视频的数量如表 11-2 所示。由表 11-2

可见，超过三分之一的视频中，主体或动作的数量大于 1（表中最下方一行的最后四列，包括 1 个主体发起了 2 个及以上的动作或 2 个及以上的主体发起了 1 个动作）。

表 11-1 数据库中主体-动作元组对应的视频数量（段）

	步行	跑步	跳跃	滚动	攀爬	爬行	飞行	吃饭	无动作
成年人	282	175	174	105	101	105		105	761
婴儿	113			107	104	106			36
猫	113	99	105	103	106			110	53
狗	176	110	104	104		109		107	46
鸟	112		107	107	99		106	105	26
汽车		120	107	104			102		99
球			105	117			109		87

表 11-2 数据库中主体、动作、主体-动作元组对应的视频数量

数量（个）	1	2	3	4	5
包含对应数量主体的视频的数量（段）	2794	936	49	3	0
包含对应数量动作的视频的数量（段）	2639	1037	99	6	1
包含对应数量主体-动作的视频的数量（段）	2503	1051	194	31	3

对于**多标签主体-动作识别**的情况，仍然可以像单标签主体-动作识别那样来考虑 3 种分类器：利用朴素贝叶斯的多标签主体-动作分类器、联合乘积空间中的多标签主体-动作分类器，以及将前两个分类器结合起来的基于三层次模型的主体-动作分类器。

多标签主体-动作识别可看作一个检索问题。基于主体-动作数据库的实验（用 3036 段视频作为训练集、746 段视频作为测试集，各种组合的比例基本相似）表明，联合乘积空间中的多标签主体-动作分类器的效果要好于利用朴素贝叶斯的多标签主体-动作分类器的效果，而三层次模型基础上的主体-动作分类器的效果还能有所提高[14]。

11.3.3 主体-动作语义分割

主体-动作语义分割是动作行为理解中粒度最细的情况，包含了其他粒度较粗的问题，如检测和定位。这里的任务是要在整个视频中为每个体素上的主体-动作寻找标签。仍然定义两组随机变量$\{x\}$和$\{y\}$，其维度由体素或超体素的数量确定，并且 $x_i \in X$ 和 $y_j \in Y$。式（11-1）的目标函数不变，但是实现 $P(x, y|M)$ 的图模型的方式需要对主体和动作变量之间的关系给出截然不同的假设。

下面具体讨论这种关系。首先介绍利用朴素贝叶斯模型的方法，它分别处理两个类的标签；其次介绍基于联合乘积空间模型的方法，它利用元组$[x, y]$来联合考虑主体和动作；接下来考虑一个双层次模型，它考虑主体和动作变量的联系；最后介绍一个三层次模型，它同时考虑类别内部的联系及类别之间的联系。

1. 朴素贝叶斯模型

类似于单标签主体-动作识别中的情况，**朴素贝叶斯模型**可表示为

$$P(x, y | M) = P(x | M) P(y | M) = \prod_{i \in M} P(x_i) P(y_i) \prod_{i \in M} \prod_{j \in A(i)} P(x_i, x_j) P(y_i, y_j) \propto \\ \prod_{i \in M} q_i(x_i) r_i(y_i) \prod_{i \in M} \prod_{j \in A(i)} q_{ij}(x_i, x_j) r_{ij}(y_i, y_j) \quad (11\text{-}2)$$

其中，q_i和r_i分别对定义在主体和动作模型中的势函数进行编码；q_{ij}和r_{ij}分别对主体结点集合和动作结点集合中的势函数进行编码。

现在要对主体训练分类器$\{f_c | c \in X\}$，并对动作集合使用特征来训练分类器$\{g_c | c \in Y\}$。成对的势函数具有如下对比度敏感的 Potts 模型的形式：

$$q_{ij} = \begin{cases} 1, & x_i = x_j \\ \exp[-k / (1 + \chi_{ij}^2)], & \text{其他} \end{cases} \quad (11\text{-}3)$$

$$r_{ij} = \begin{cases} 1, & x_i = x_j \\ \exp[-k / (1 + \chi_{ij}^2)], & \text{其他} \end{cases} \quad (11\text{-}4)$$

其中，χ_{ij}^2是结点i和j的特征直方图之间的χ^2距离；k是要从训练数据中学习的参数。主体-动作语义分割可通过独立地求解这两个平坦条件随机场来获得[15]。

2. 联合乘积空间

考虑一组新的随机变量$z = \{z_1, \cdots, z_M\}$，它们同样定义在一个视频中所有的超体素之上，并从主体和动作乘积空间$Z = X \times Y$中选取标签。这样的方式获取了主体-动作元组作为唯一的元素，但不能模型化不同元组中主体和动作的共同因子（下面介绍的模型可以解决这个问题）。这样就有了一个单层的图模型：

$$P(x, y | M) = P(z | M) = \prod_{i \in M} P(z_i) \prod_{i \in M} \prod_{j \in A(i)} P(z_i, z_j) \propto \\ \prod_{i \in M} s_i(z_i) \prod_{i \in M} \prod_{j \in A(i)} s_{ij}(z_i, z_j) \\ = \prod_{i \in M} s_i([x_i, y_i]) \prod_{i \in M} \prod_{j \in A(i)} s_{ij}([x_i, y_i], [x_j, y_j]) \quad (11\text{-}5)$$

其中，s_i是联合主体-动作乘积空间标签的势函数；s_{ij}是对应元组$[x, y]$的两个结点之间的结点内势函数。具体来说，s_i包含了利用（通过训练得到的）主体-动作分类器$\{h_c | c \in Z\}$对结点i得到

的分类分数，而 s_{ij} 的形式与式（11-3）或式（11-4）相同。作为示意，可参见图 11-5（a）和图 11-5（b）。

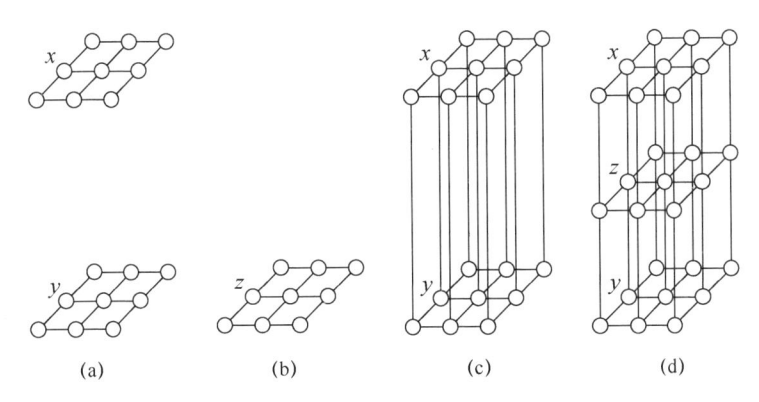

图 11-5　不同图模型示意图

3．双层次模型

给定主体结点 x 和动作结点 y，**双层次模型**用对元组的势函数进行编码的边来将各随机变量对 $\{(x_i, y_i)\}_{i=1}^{M}$ 连接起来，直接获取跨越主体和动作标签的协方差：

$$P(x,y|M) = \prod_{i \in M} P(x_i, y_i) \prod_{i \in M} \prod_{j \in A(i)} P(x_i, x_j) P(y_i, y_j) \propto \\ \prod_{i \in M} q_i(x_i) r_i(y_i) t_i(x_i, y_i) \prod_{i \in M} \prod_{j \in A(i)} q_{ij}(x_i, x_j) r_{ij}(y_i, y_j)$$

（11-6）

其中，$t_i(x_i, y_i)$ 是对整个乘积空间的标签学习到的势函数，它可如同 s_i 在图 11-5 里那样获得，如图 11-5（c）所示。这里增加了跨层次的连接边。

4．三层次模型

前面的式（11-2）所表示的朴素贝叶斯模型没有考虑主体变量 x 和动作变量 y 之间的联系。式（11-5）的联合乘积空间模型结合了跨主体和动作的特征，以及在一个主体-动作结点的邻域结点内的交互特征。式（11-6）的双层模型增加了分离的主体结点和动作结点之间的主体-动作交互，但没有考虑这些交互的时空变化情况。

下面给出一种三层次模型，可以显式地对图 11-5（d）的时空变化情况建模。它将联合乘积空间的结点与主体结点和动作结点全部结合起来：

$$P(x,y,z|M) = P(x|M)P(y|M)P(z|M) \prod_{i \in M} P(x_i, z_i) P(y_i, z_i) \propto \\ \prod_{i \in M} q_i(x_i) r_i(y_i) s_i(z_i) u_i(x_i, z_i) v_i(y_i, z_i) \prod_{i \in M} \prod_{j \in A(i)} q_{ij}(x_i, x_j) r_{ij}(y_i, y_j) s_{ij}(z_i, z_j)$$

（11-7）

其中，

$$u_i(x_i, z_i) = \begin{cases} w(y_i' | x_i), & \text{对} z_i = [x_i', y_i'] \text{有} x_i = x_i' \\ 0, & \text{其他} \end{cases} \quad (11\text{-}8)$$

$$v_i(y_i, z_i) = \begin{cases} w(x_i' | y_i), & \text{对} z_i = [x_i', y_i'] \text{有} y_i = y_i' \\ 0, & \text{其他} \end{cases} \quad (11\text{-}9)$$

其中，$w(y_i' | x_i)$ 和 $w(x_i' | y_i)$ 是专门为这个三层次模型训练的条件分类器的分类分数。

这里性能改善的主要原因是，这些条件分类器是基于主体类型条件的、针对动作的、分离的分类器，它们可以利用对主体-动作元组特有的特性而工作。例如，当给定主体成年人而对动作"吃东西"训练条件分类器时，可以把主体成年人的其他动作都看作负的训练样本。这样一来，这个三层次模型就考虑到了在各主体空间和各动作空间及在联合乘积空间中的所有联系。换句话说，先前 3 个基本的模型都是三层次模型的特例。可以证明，最大化式（11-7）的 (x^*, y^*, z^*) 也可以最大化式（11-1）[14]。

11.4 活动和行为建模

一个通用的动作/活动识别系统包括从一个图像序列到高层解释的若干工作步骤[16]：

（1）获取输入视频或序列图像。

（2）提取精练的底层图像特征。

（3）基于底层图像特征获得中层动作描述。

（4）从基本的动作出发进行高层语义解释。

一般实用的活动识别系统是分层的。底层包括前景-背景分割模块、跟踪模块和目标检测模块等。中层主要是动作识别模块。高层最重要的是推理引擎，它将活动的语义根据较低层的动作基元进行编码，并根据学习的模型进行整体理解。近期的一些相关工作示例可参见参考文献[17]~[19]。

如 11.1 节中指出的，从抽象程度来看，活动的层次要高于动作。如果从技术的角度来看，对动作和活动的建模和识别常采用不同的技术，而且有从简单到复杂的特点。目前许多常用的动作和活动的建模和识别技术可按照如图 11-6 所示的方式来进行分类[16]。

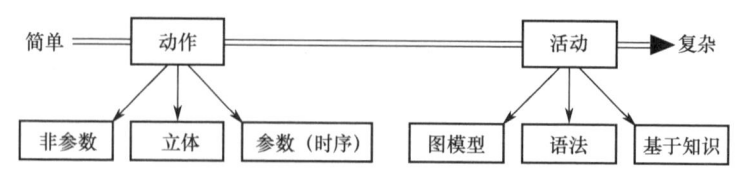

图 11-6 动作和活动建模识别技术的分类示意图

11.4.1 动作建模

动作建模方法主要可分为 3 类：**非参数建模**、**立体建模**、**参数时序建模**。非参数建模方法从视频的每帧中提取一组特征，将这些特征与存储的模板进行匹配。立体建模方法并不逐帧地提取特征，而是将视频看作像素强度的 3D 立体并将标准的图像特征（如尺度空间极值、空域滤波器响应）扩展到 3D。参数时序建模方法对运动的时间动态建模，从训练集中估计一组动作的特定参数。

1. 非参数建模方法

常见的非参数建模方法有如下 3 种。

1）2D 模板

这类方法包括如下步骤：先进行运动检测，然后在场景中跟踪目标。跟踪后，建立一个包含目标的裁剪序列。尺度的改变可借助归一化目标尺寸来补偿。对给定的动作计算一个周期性的指标（Index），如果周期性很强，就进行动作识别。为进行识别，利用对周期的估计将周期序列分割成独立的周期。将平均周期分解为若干时间上的片段并对各片段中的每个空间点计算基于流的特征。把每个片段中的流特征平均到单个帧中。这个活动周期中的平均流帧就构成每个动作组的模板。

一种典型的方法是构建**时域模板**作为动作的模型。首先提取背景，再将从一个序列中提取出的背景块都结合到一幅静止图像中。这里有两种结合的方式：一种是对序列中所有帧赋相同的权重，这样得到的表达可称为**运动能量图**（MEI）；另一种是对序列中不同的帧赋不同的权重，一般对新的帧赋较大的权重，对旧的帧赋较小的权重，这样得到的表达可称为**运动历史图**（MHI）。对于给定的动作，利用结合得到的图像构成一个模板。然后对模板计算区域不变矩并进行识别。

2）3D 目标模型

3D 目标模型是对时空目标建立的模型，典型的有广义圆柱体模型（参见参考文献[10]）、2D 轮廓叠加模型等。2D 轮廓叠加模型中包含了目标的运动和形状信息，据此可从中提取目标表面的几何特征，如峰、坑、谷、脊等（参见参考文献[10]）。如果把 2D 轮廓替换成背景中的团块（Blob），就得到**二值时空体**。

3）流形学习方法

很多动作识别都涉及高维空间的数据。因为特征空间会随着维数的增加而变得按指数形式稀疏，所以为构建有效的模型，需要大量的样本。利用学习数据所在的流形可确定数据的固有维数，该固有维数的自由度比较小，可用于在低维空间里设计有效的模型。降低维数的一种简单方法是使用主分量分析（PCA）技术，其中假设数据处在一个线性子空间里。实际中除了非常特殊的情况，数据并不处在一个线性子空间里，因此需要能从大量样本中学习流形本征几何的方法。非线性降维技术允许对数据点根据它们在非线性流形中的互相接近程度来进行表达，典型的方法包括局部线性嵌入（LLE）、**拉普拉斯本征图**。

2. 立体建模方法

常见的立体建模方法有如下4种。

1）时空滤波

时空滤波是对空间滤波的推广，采用一组时空滤波器对**视频体**的数据进行滤波。根据滤波器组的响应进一步推出特定的特征。有假设认为，视觉皮层中细胞的时空性质可用时空滤波器结构（如朝向高斯核及微分和朝向盖伯滤波器组）来描述。例如，可将视频片段考虑成一个定义在 XYT 中的时空体，对每个体素(x,y,t)使用盖伯滤波器组[10]计算不同朝向、空间尺度及单个时间尺度的局部表观模型。利用一帧图像中各像素的平均空间概率来识别动作。因为是在单个时间尺度上对动作进行分析，所以该方法并不能用于帧率有变化的情况。为此，可在若干时间尺度上提取局部归一化的时空梯度直方图，再使用直方图之间的χ^2对输入视频和存储的样例进行匹配。还有一种方法是用高斯核在空域中进行滤波，用高斯微分在时域中进行滤波，在对响应取阈值后结合到直方图中，这种方法能针对远场（非近景镜头）视频提供简单有效的特征。

滤波方法借助有效的卷积可简单且很快地实现。但在多数应用中，滤波器的带宽事先并不知道，因此需要使用多个时域和空域尺度的大滤波器组以有效地获取动作。因为要求每个滤波器输出的响应与输入数据有相同的维数，所以使用多个时域和空域尺度的大滤波器组会受到一定的限制。

2）基于部件的方法

一个视频（立）体可看作许多局部部件的集合体，各部件有特殊的运动模式。一种典型的方法是使用时空兴趣点[7]来表达。除了使用**哈里斯兴趣点检测器**[7]，还可对从训练集中提取的时空梯度进行聚类。另外，还可以使用词袋模型来表示动作，其中词袋模型可通过提取时空兴趣点并对特征聚类得到。

因为**感兴趣点**本质上是局部的，所以忽略了长时间上的相关性。为解决这个问题，可以借助**相关图**。将视频看作由一系列的集合构成，每个集合包括一个小时间滑动窗口中的部件。这种方法并没有直接地对局部的部件进行全局几何建模，而是把它们看作一个特征包。不同的动作可以包含相似的时空部件，但有不同的几何关系。如果将全局几何信息结合到基于部件的视频表达中，就构成一个星座的部件。当部件较多时，这个模型会比较复杂。也可将星座模型和词袋模型结合到一个分层结构中，高层的星座模型里只有较少量的部件，而每个部件又包含在底层的特征包中。这样就将两个模型的优点结合起来了。

在大多数基于部件的方法中，对部件的检测常常基于一些线性操作，如滤波、时空梯度等，因此描述符对表观变化、噪声、遮挡等比较敏感。但从另一个角度来看，因为具有本质上的局部性，所以这些方法对非稳态背景比较鲁棒。

3）子体匹配

子体匹配是指在视频和模板中的子体之间进行的匹配。例如，可借助与时空运动相关的角度来对动作与模板进行匹配。这种方法与基于部件的方法的主要区别是，它并不需要从尺度空间的极值点提取动作描述符，而是检查两个局部时空块（Patch）之间的相似度（通过比较两个块之间的运动来获得）。不过，对整个视频体都进行相关计算会很耗时。解决此问题的一种方法是将目标检测中很成功的快速哈尔特征（盒特征）推广到3D。3D哈尔特征是3D滤波器组的输出，滤波器的系数为1和-1。将这些滤波器的输出与自举方法[10]相结合可得到鲁棒的性能。还有一种方法是将视频体看作任意形状子体的集合，每个子体是空间上一致的立体区域，可通过对表观和空间上接近的像素进行聚类得到。再将给定视频过分割为许多子体或者**超体素**。动作模板通过在这些子体中搜索能最大化子体集合与模板重叠率的最小区域集合来进行匹配。

子体匹配的优点是对噪声和遮挡比较鲁棒，如果结合光流特征，则对表观变化也比较鲁棒。子体匹配的缺点是易受背景改变的影响。

4）基于张量的方法

张量是2D矩阵在多维空间的推广。一个3D时空体可以自然地看作一个有3个独立维的张量。例如，人的动作、人的身份和关节的轨迹可看作一个张量的3个独立维。通过将总的数据张量分解为主导模式（类似于PCA的推广），可以提取对应人的动作和身份（执行动作的人）的标志。当然，也可以直接将张量的3个独立维取为时空域的3个独立维，即(x, y, t)的形式。

基于张量的方法提供了一种整体匹配视频的直接方法，它不需要考虑前几种方法所用的中层表达。另外，其他种类的特征（如光流、时空滤波器响应等）也很容易通过增加张量维数而结合进来。

3. 参数时序建模方法

前面两种建模方法比较适合较简单的动作,下面介绍的建模方法更适合跨越时域的复杂动作,如芭蕾舞视频中复杂的舞步、乐器演奏家特殊的手势等。

1)隐马尔可夫模型

隐马尔可夫模型(HMM)是状态空间中的一种典型模型,它对于时间序列数据的建模很有效,有很好的推广性和鉴别性,适用于需要递推概率估计的工作。在构建离散隐马尔可夫模型的过程中,将状态空间看作一些离散点的有限集合。它们随着时间的演化可以模型化为一系列从一个状态转换到另一个状态的概率步骤。隐马尔可夫模型的 3 个重点问题是**推理**、**解码**和**学习**。隐马尔可夫模型在识别动作方面最早的应用是识别网球击打(Shot)动作,如正手击球、正手截击、反手击球、反手截击、扣杀等,将一系列去除背景的图像模型化为对应特定类别的隐马尔可夫模型。隐马尔可夫模型也可用于对随时间变化的动作(如步态)的建模。

单个隐马尔可夫模型可用于对单人动作的建模。对于多人动作或交互动作,可用一对隐马尔可夫模型来表达。另外,还可以把领域知识结合到隐马尔可夫模型的构建中,或将隐马尔可夫模型与目标检测结合起来以利用动作和(动作)对象之间的联系。例如,可将对状态延续时间的先验知识结合到隐马尔可夫模型的框架中,这样得到的模型称为**半隐马尔可夫模型**(Semi-HMM)。如果对状态空间增加一个用于对高层行为建模的离散标号,则构成混合状态的隐马尔可夫模型,可以用来对非平稳行为进行建模。

2)线性动态系统

线性动态系统(LDS)比隐马尔可夫模型更加一般化,其中并不限制状态空间一定是有限符号的集合,而可以是 R^k 空间中的连续值,其中 k 是状态空间的维数。最简单的线性动态系统是一阶时不变高斯-马尔可夫过程,可表示为

$$x(t) = Ax(t-1) + w(t) \qquad w \sim N(0, \textbf{\textit{P}}) \qquad (11\text{-}10)$$

$$y(t) = Cx(t) + v(t) \qquad v \sim N(0, \textbf{\textit{Q}}) \qquad (11\text{-}11)$$

其中,$x \in R^d$ 是 d D(d 维)状态空间,$y \in R^n$ 是 n D 观察矢量,$d \ll n$;w 和 v 分别是过程噪声和观察噪声,它们都是高斯分布的,均值为零,协方差矩阵分别为 $\textbf{\textit{P}}$ 和 $\textbf{\textit{Q}}$。线性动态系统可看作对具有高斯观察模型的隐马尔可夫模型在连续状态空间的推广,更适用于处理高维时间序列数据,但仍不太适用于非稳态的动作。

3)非线性动态系统

考虑下面一系列动作:一个人先弯腰捡起一个物品,然后走向一个桌子并将物品放在桌子

上，最后坐在一把椅子上。这里面有一系列短的步骤，每个步骤都可用 LDS 建模。整个过程可看作在不同的 LDS 之间的转换。最一般的时变 LDS 形式为

$$x(t) = A(t)x(t-1) + w(t) \qquad w \sim N(0, P) \qquad (11\text{-}12)$$

$$y(t) = C(t)x(t) + v(t) \qquad v \sim N(0, Q) \qquad (11\text{-}13)$$

与前面的式（11-10）和式（11-11）对比，这里 A 和 C 都可随时间变化。为解决这类复杂的动态问题，常用的方法是使用**切换线性动态系统**（SLDS）或**跳跃线性系统**（JLS）。切换线性动态系统包括一组线性动态系统和一个切换函数，切换函数通过在模型之间的切换来改变模型参数。为识别复杂的运动，可采用包含多个不同抽象层次的多层方法，底层是一系列输入图像，往上一层包括运动状态一致的区域，称为团块（Blob），再往上一层从时间上将团块的轨迹组合起来，最高一层包括一个表达复杂行为的隐马尔可夫模型。

尽管切换线性动态系统比隐马尔可夫模型和线性动态系统的建模和描述能力强，但学习和推理在切换线性动态系统中要复杂得多，因此一般需要使用近似方法。实际中，确定切换状态的合适数量很难，常常需要大量的训练数据或繁杂的手工调整。

11.4.2 活动建模和识别

相比于动作，活动不仅持续时间长，而且大多数人们关注的活动应用（如监控和基于内容的索引）都包括多个动作人。他们的活动不仅互相作用而且与**上下文实体**互相影响。为对复杂的场景建模，需要对复杂行为的本征结构和语义进行高层次的表达和推理。

1. 图模型

常见的图模型有如下几种。

1）信念网络

贝叶斯网络是一种简单的**信念网络**。它先将一组随机变量编码为**局部条件概率密度**（LCPD），再对它们之间的复杂条件依赖性进行编码。**动态信念网络**（DBN，也称动态贝叶斯网络）是基于简单贝叶斯网络，通过结合随机变量之间的时间依赖性而得到的一种推广。与只能编码一个隐变量的传统 HMM 对比，DBN 可以对若干随机变量之间的复杂条件依赖关系进行编码。

对两个人之间的交互（如指点、挤压、推让、拥抱等动作）需要使用一个包含两个步骤的过程来进行建模。首先通过贝叶斯网络进行姿态估计，接着将姿态的时间演化用 DBN 建模。基于场景中由其他目标推导出来的场景上下文信息，可对动作进行识别，而用贝叶斯网络可以对

人-人之间或人-物之间的交互进行解释。

如果考虑多个随机变量之间的依赖性，则 DBN 比 HMM 更通用。但在 DBN 中，所用的时间模型如同在 HMM 中仍是马尔可夫模型，因此用基本的 DBN 模型只能处理序列的行为。用于学习和推理的图模型的发展使它们可以对结构化的行为建模。但是，要对大型网络学习局部 CPD，常常需要大量的训练数据或专家繁杂的手工调整，这两点都对在大尺度环境中使用 DBN 产生了一定的限制。

2）皮特里网

皮特里网是一种描述条件和事件之间联系的数学工具。它特别适合用来模型化和可视化**排序**、**并发**、**同步**和**资源共享**等行为。皮特里网是一种包含两种结点（位置和过渡）的双边图，其中位置指实体的状态，而过渡指实体状态的改变。考虑一个用概率皮特里网表示取车（A Car Pickup）活动的例子，如图 11-7 所示。图中，位置标记为 p_1, p_2, p_3, p_4, p_5，过渡标记为 $t_1, t_2, t_3, t_4, t_5, t_6$。在这个皮特里网中，$p_1$ 和 p_3 是起始结点，p_5 是终结结点。一辆车进入场景，将一个令牌（Token）放在位置 p_1 处。过渡 t_1 此时可以启用，但还要等与此相关的条件（车要停在附近的停车位）满足后才正式启动。此时消除 p_1 处的令牌并放到 p_2 处。类似地，当一个人进入停车位时，将令牌放在 p_3 处，而过渡在该人离开已停的车后启动。该令牌接下来从 p_3 处除去，放在 p_4 处。

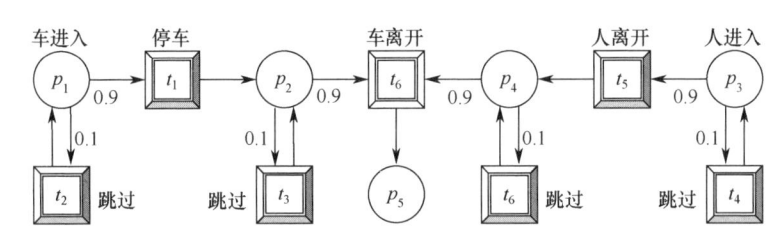

图 11-7　表示取车活动的概率皮特里网

现在，在过渡 t_6 的各允许位置都放了一个令牌，这样当相关的条件（这里是汽车离开停车位）满足时就可以点火（Fire）了。一旦车离开，t_6 点火，令牌都移开，将一个令牌放到最终位置 p_5 处。在这个例子中，排序、并发和同步都发生了。

皮特里网曾被用于开发对图像序列进行高层解释的系统。其中，皮特里网的结构需要事先确定，这对表达复杂活动的大型网络来说是很繁杂的工作。通过自动将一小组逻辑、空间和时间操作映射到图结构上，可将上述工作半自动化。借助这样的方法，可开发通过将用户查询要求映射到皮特里网中而实现视频监控查询功能的交互工具。不过，该方法是基于确定性皮特里网的，因此不能处理低层模块（跟踪器和目标检测器等）中的不确定性。

进一步，真实的人类活动与严格的模型并不完全一致，模型需要允许与期望序列的差别并对显著的差别给予惩罚。为此，**概率皮特里网**（PPN）被提出。在 PPN 中，过渡与权重相关联，而权重记录了过渡启动的概率。通过利用跳跃式过渡并给它们低概率作为惩罚，就可取得在输入流中漏掉观察时的鲁棒性。另外辨识目标的不确定性或展开（Unfolding）活动的不确定性都可以有效地结合到皮特里网的令牌中。

皮特里网是描述复杂活动比较直观的工具，其缺点是需要手动地描绘模型结构，也没有考虑从训练数据学习结构的问题。

3）其他图模型

针对 DBN 的缺点，特别是对序列活动描述的限制，一些其他图模型被提出。在 DBN 的框架下，构建了一些专门用来对复杂时间联系（如序列性、时段、并行性、同步等）建模的图模型。典型的例子如**过去-现在-未来**（PNF）结构，它可以用来对复杂的时间排序情况建模。另外，可以用传播网来表示使用部分排序时间间隔的活动。这种活动受到时间、逻辑次序和活动间隔长度的约束。基于传播网的方法将一个在时间上扩展的活动看作一系列事件标签。借助上下文和与活动相关的特定约束，可以发现序列标签具有某种内含的部分排序性质。例如，需要先打开邮箱才能查看邮件。利用这些约束，可将活动模型看作一组子序列，它们表示不同长度的部分排序约束。

2. 合成方法

合成方法主要借助语法概念和规则来实现。

1）语法

语法利用一组产生式规则描述处理的结构。类似于语言模型中的语法，产生式规则指出如何由词（活动基元）构建句子（活动），以及如何识别句子（视频）是否满足给定语法（活动模型）的规则。早期对视觉活动进行识别的语法被用于识别拆解物体的工作，此时语法中还没有概率模型。其后得到应用的是**上下文自由语法**（CFG），它被用来对人体运动和多人交互进行建模和识别。这里使用了一个分层的流程，低层是 HMM 和 BN 的结合，高层的交互是用 CFG 建模的。CFG 具有很强的理论基础，可以对结构化的过程建模。在合成方法中，枚举需要检测的**基元事件**并定义高层活动的产生式规则即可。一旦将 CFG 的规则构建出来，就可利用已有的解析算法。

因为确定性的语法期望在低层有非常好的准确度，所以并不适合在低层由于跟踪误差和漏掉观察而导致错误的场合。在复杂的包含多个需要时间连接的情景（如并行、覆盖、同

步等)中,常常很难手工构建语法规则。从训练数据中学习语法的规则是一个有前景的替代方法,但在通用情况下已被证明是非常困难的。

2)随机语法

用于检测低层基元的算法本质上常常是概率算法。因此,**随机上下文自由语法**(SCFG)对上下文自由语法进行了概率扩展,更适合用来将实际的视觉模型结合起来。SCFG 可用于对活动(假设其结构已知)的语义进行建模。在低层基元的检测中,使用 HMM。语法的产生式规则得到概率补充,并引进一个跳跃(Skip)过渡。这样可提高在输入流中插入误差的鲁棒性,也可提高低层模块的鲁棒性。SCFG 还被用来对多任务的活动(包含多个独立执行线程、断断续续相关交互的活动等)进行建模。不过,虽然 SCFG 比 CFG 对于输入流中的误差和漏检更加鲁棒,但 SCFG 也与 CFG 一样具有对时间联系建模方面的限制。

在很多情况下,常常需要将一些附加的属性或特征与事件基元进行关联。例如,事件基元发生的准确位置对描述一个事件来说很可能是很重要的,但这有可能没有事先记录在事件基元的集合中。在这些情况下,属性语法比传统语法就有更强的描述能力。概率属性语法已用于在监控中处理多代理的活动。一个用于乘客登机的属性语法示例如图 11-8 所示,其中产生式规则以及事件基元(如"出现"(Appear)、"离去"(Disappear)、"移近"(Moveclose)、"移远"(Moveaway))被用来描述活动。事件基元还进一步与事件出现和消失的位置(Loc)、对一组目标(Class)的分类、辨识相关实体(Idr)等属性关联。

$S \rightarrow BOARDING_N$

$BOARDING \rightarrow appear_0\ CHECK_1\ disappear_1$

(isPerson (appear, class) $\wedge$ isInside (appear.loc, Gate) $\wedge$ isInside (disappear.loc, Plane))

$CHECK \rightarrow moveclose_0\ CHECK_1$

$CHECK \rightarrow moveaway_0\ CHECK_1$

$CHECK \rightarrow moveclose_0\ moveaway_1\ CHECK_1$

(isPerson (moveclose, class) $\wedge$ moveclose.idr = moveaway.idr)

图 11-8 一个用于乘客登机的属性语法示例

3. 基于知识和逻辑的方法

知识和逻辑有密切的联系。

1)基于逻辑的方法

基于逻辑的方法依靠严格的逻辑规则来描述一般意义上的领域知识,从而描述活动。逻辑规则对描述用户输入的领域知识或使用直观且用户可读的形式来表示高层推理结果来说很有用。**声明式模型**用场景结构、事件等描述所有期望的活动。活动模型包括场景中目标之间的交互。可以用分层的结构来识别一个代理进行的一系列动作。动作的符号描述符可通过一些中间层次从低层特征中提取。接下来,使用一个基于规则的方法通过匹配代理的性质与期望的分布(用均值和方差来表示)来逼近一个特殊活动所产生的概率。这种方法考虑一个活动是由若干动作线程构成的,每个动作线程又可模型化为一个有限随机状态的自动机。不同线程之间的约束在一个时间逻辑网络中传播。有一种基于逻辑规划的系统在表达和识别高层活动时,先用低层模块检测事件基元,再使用基于 Prolog 的高层推理机识别事件基元间用逻辑规则表示的活动。这些方法没有直接讨论观察输入流中的不确定性问题。为处理这些问题,可将逻辑模型和概率模型结合起来,其中逻辑规则用一阶逻辑谓词表达。每个规则还关联了一个指示规则准确性的权重。进一步的推理可以借助马尔可夫逻辑网进行。

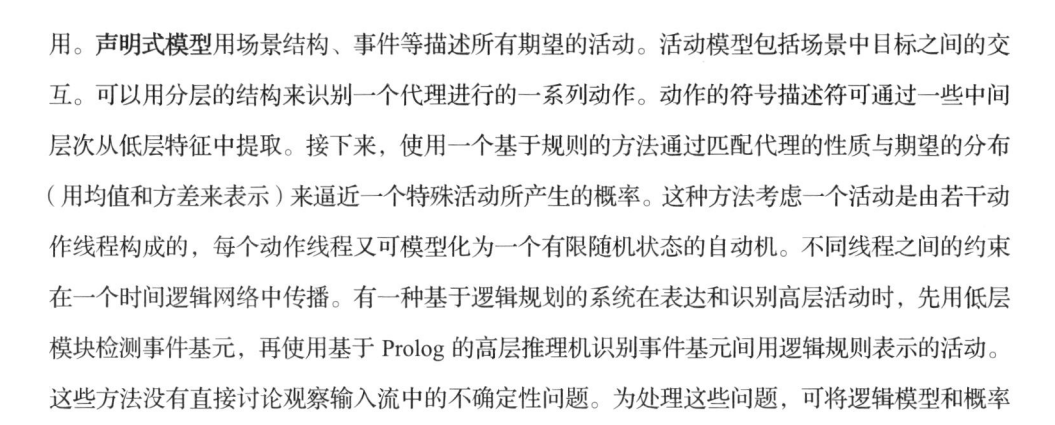

虽然基于逻辑的方法提供了一个结合领域知识的自然方法,但它们常常包含耗时的对是否满足约束条件的审核。另外,还不清楚多少领域知识需要被结合进来。可以期望,结合较多的知识会使模型更为严格而不易推广到其他情况。最后,逻辑规则需要领域专家对每种配置都进行耗时的遍历。

2)本体论的方法

在使用前述方法的大多数实际配置中,符号活动的定义都是以经验来构建的,如语法的规则或一组逻辑的规则都是手工指定的。尽管经验构建的设计速度较快且在多数情况下效果很好,但推广性较差,仅限于所设计的特定情况。因此,还需要对活动定义的集中表达或独立于算法的活动本体。本体可以标准化对活动的定义,允许对特定的配准进行移植,使不同的系统增强互操作性,以及方便地复制和比较系统性能。典型的实际例子包括对护理室中社会交往的分析、对会议视频的分类、对银行交互行动的设置等。

国际上从 2003 年开始举办**视频事件竞赛工作会议**,以整合各种能力来构建一个基于通用知识的领域本体。会议定义了 6 个视频监控的领域:①周边和内部的安全;②铁路交叉的监控;③可视银行监控;④可视地铁监控;⑤仓库安全;⑥机场停机坪安全。会议还指导了两种形式语言的制定,一种是**视频事件表达语言**(VERL),用来基于简单的子事件实现复杂事件的本体表达;另一种是**视频事件标记语言**(VEML),用来对视频中的 VERL 事件进行标注。

图 11-9 给出利用本体概念描述汽车巡游(Cruising)活动的示例。这个本体记录了汽车在停车场的道路上转圈而没有停车的次数。当这个次数超过某个阈值时,就检测到了一个巡游的活动。

```
PROCESS (cruise-parking-lot (vehicle v, parking-lot lot),
Sequence (enter (v, lot),
    Set-to-zero (i),
    Repeat-Until (
        AND (inside (v, lot), move-in-circuit (v), increment (i) ),
        Equal (i, n) ),
    Exit (v, lot) ) )
```

图 11-9 利用本体概念描述汽车巡游活动的示例

尽管本体提供了简洁的高层活动定义，但它们并不保证能提供正确的"硬件"来"解析"用于识别任务的本体。

11.4.3 基于关节点的行为识别

行为识别是在动作识别和活动识别的基础上的更高层次的识别。与 RGB 数据和深度数据相比，骨架关节点数据对应人体更高层次的特征，不易受物体外观的影响。此外，它可以更好地避免背景遮挡、光照变化和视角变化所带来的噪声影响。同时，它在计算和存储方面也有很好的表现。

关节点数据通常可表示为一系列点（时空空间中的 4D 点）的坐标矢量，即一个关节点可用一个 5D 函数 $J(l, x, y, z, t)$ 来表示，其中 l 是标签，(x, y, z) 表示空间坐标，t 表示时间坐标。在不同的深度学习网络和算法中，关节点数据往往以不同的形式表示，如伪图像、矢量序列和拓扑图。

基于深度学习方法的关节点数据研究主要涉及 3 个方面：数据处理方式、网络架构和数据融合方法。其中，数据处理方式主要涉及是否进行预处理和数据消噪，数据融合所使用的方法也比较一致。目前关注较多的是网络架构，常用的主要有 3 种：卷积神经网络（CNN）、循环神经网络（RNN）和图卷积网络（GCN）。与它们对应的关节点数据的表示方法分别是伪图像、矢量序列和拓扑图[20]。

1. 使用 CNN 作为主干网络

卷积神经网络（CNN）是一种用于提取人类行为特征的有效网络架构，可以通过局部卷积滤波器或从数据中学习的内核来识别。基于 CNN 的行为识别方法将关节的时空位置坐标分别编码为行和列，然后将数据输入 CNN 进行识别。一般为了方便，使用基于 CNN 的网络进行特征提取，会将关节点数据转置映射成图像格式（其中行代表不同的关节 l，列代表不同的时间 t，3D 空间坐标(x,y,z)被视为图像的 3 个通道），然后进行卷积运算。

表 11-3 简要归纳了近期使用 CNN 的一些技术，这些技术能够解决复杂交互行为识别准确率不够高的问题。

表 11-3　近期使用 CNN 的一些技术

序号	特点和描述	优 缺 点	参考文献序号
1	设计 RGB 信息和关节点信息的双流融合以提高准确性。在将 RGB 视频信息发送给 CNN 之前提取关键帧以减少训练时间	训练时间短	[21]
2	使用基于姿势的方式进行行为识别。CNN 框架包括 3 个语义模块：空间姿态 CNN、时序姿态 CNN 和动作 CNN。它可作为 RGB 流和光流的补充语义流	网络结构简单，但准确率一般	[22]
3	使用骨架图像进行基于树结构和参考关节的 3D 行为识别	训练效率不高	[23]
4	通过计算骨架关节的运动幅度和方向值对时间进行动态编码。使用不同的时间尺度计算关节的运动值以过滤噪声	可以有效地滤除数据中的运动噪声	[24]
5	借助几何代数重新编码骨架关节信息	速度快但精度低	[25]

2. 使用 RNN 作为主干网络

循环神经网络（RNN）可以处理长度变化的序列数据。基于 RNN 的行为识别方法首先将关节点数据表示为一个矢量序列，其中包含一个时间（状态）序列中所有关节点的位置信息；然后将矢量序列送入以 RNN 为骨干的行为识别网络。长短期记忆（LSTM）模型是一种 RNN 的变体，因为它的单元状态可以决定哪些时间状态应该被留下，哪些应该被遗忘，在处理关节点视频等时序数据方面具有更大的优势。

表 11-4 简要归纳了近期使用 LSTM 的一些技术。

表 11-4　近期使用 LSTM 的一些技术

序号	特点和描述	优 缺 点	参考文献序号
1	在时空 LSTM 的信任门中添加多模式特征融合策略	识别准确率提高但训练效率降低	[26]
2	使用主要由两层 LSTM 组成的全局上下文感知注意力 LSTM（GCA-LSTM）网络。第一层生成全局背景信息，第二层增加注意力机制以更好地关注每一帧的关键关节点	可以更好地聚焦每一帧的关键关节点	[27]

续表

序号	特点和描述	优 缺 点	参考文献序号
3	扩展 GCA-LSTM,增加了粗粒度和细粒度的注意力机制	识别准确率提高但训练效率降低	[28]
4	提出了一种双流注意循环 LSTM 网络。循环关系网络学习单个骨架中的空间特征,多层 LSTM 学习骨架序列中的时间特征	充分利用关节信息以提高识别准确率	[29]

3. 使用 GCN 作为主干网络

人体骨架关节的集合可以看作一个拓扑图。拓扑图是一种非欧氏结构的数据,其中每个结点的相邻顶点的数量可能不同,很难用大小固定的卷积核计算卷积,因此无法直接用 CNN 进行处理。**图卷积网络**(GCN)可以直接处理拓扑图。这里只需将关节点数据表示为拓扑图,其中空域中的顶点由空间弧连接,时域相邻帧之间的对应关节点由时间弧连接,空间坐标矢量作为每个关节点的属性特征。

表 11-5 简要归纳了近期使用 GCN 的一些技术。

表 11-5 近期使用 GCN 的一些技术

序号	特点和描述	优 缺 点	参考文献序号
1	利用邻接矩阵的高阶多项式设计了一种编码器-解码器方法,能够捕获隐式关节相关性并获得关节之间的物理结构链接	模型复杂度高	[30]
2	使用神经架构搜索构建图卷积网络,将交叉熵进化策略与重要性混合方法相结合以提高采样效率和存储效率	采样和存储效率高	[31]
3	在时空图卷积网络中引入空间残差层和密集连接增强块以提高时空信息的处理效率	易于与主流的时空图卷积方法结合	[32]
4	基于自然人体关节和骨骼之间的运动依赖性,通过将骨架数据表示为有向无环图来改进双流自适应图卷积网络	识别准确率高	[33]
5	提出了一种新颖的共生图卷积网络,不仅包括行为识别功能模块,还包括动作预测模块	两个模块在提高行为识别和动作预测的准确性方面相互促进	[34]
6	使用具有时间和通道注意力机制的伪图卷积网络,不仅可以提取关键帧,还可以筛选出包含更多特征的输入帧	可以提取关键帧,但可能会忽略一些关键信息	[35]

4. 使用混合网络作为主干网络

基于关节点的行为识别研究还可以使用混合网络,充分利用 CNN 和 GCN 在空间领域的特征提取能力和 RNN 在时间序列分类方面的优势。在这种情况下，应根据不同混合网络的需要，用相应的数据格式来表示原始关节点数据。

表 11-6 简要归纳了近期使用混合网络的一些技术。

表 11-6 近期使用混合网络的一些技术

序号	网络	特点和描述	优 缺 点	参考文献序号
1	CNN+LSTM	设计了一个包含两个视图自适应神经网络的视图自适应方案。视图自适应循环网络由主 LSTM 网络和视图自适应子网络组成，将新观察视点下的关节点表达发送至主 LSTM 网络，以确定对行为的识别。视图自适应卷积网络由主 CNN 和视图自适应子网络组成，将新观察视点下的联合点表达发送至主 CNN，以确定行为类别。最后融合网络两部分的分类分数	结合了 CNN 在空域中提取行为特征和 RNN 在时域中提取行为特征的优势。不同视角变化对识别结果的影响较小	[36]
2	CNN+GCN	结合 CNN 和 GCN，不仅考虑时空域行为特征的提取，还借助残差频率注意力方法学习频率模式	增加了对频率的学习	[37]
3	GCN+LSTM	使用注意力增强图卷积 LSTM（AGC-LSTM）网络，不仅可以提取空域和时域的行为特征，还可以通过增加时间感受野来增加顶层 AGC-LSTM 层的时间，以增强学习高层特征的能力，从而降低计算成本	增强了学习高层特征的能力并降低了计算成本	[38]
4	GCN+LSTM	使用双向注意力图卷积网络从具有聚集和扩散机制的人类关节点数据中学习时空上下文信息	识别准确率高	[39]
5	GCN+CNN	将关节点的语义（帧索引和关节类型）作为网络输入的一部分，与关节点的位置和速度一起馈送给语义感知图卷积层和语义感知卷积层	降低了模型复杂度并提高了识别精度	[40]

11.5 异常事件检测

在动作和活动的检测和识别基础上，可以对活动进行自动分析，并建立对场景的解释和判断。自动活动分析是一个广义的说法，其中对异常事件的检测是一项重要的任务。

11.5.1 自动活动分析

一旦建立了场景模型，就可以对目标的行为和活动进行分析了。监控视频的一个基本功能就是对感兴趣事件进行验证。一般来说，只有在特定环境下才方便定义是否感兴趣。例如，停车管理系统会关注是否还有空位可以停车，而智能会议室系统关心的是人员之间的交流。除了识别特定的行为，所有非典型的事件也需要检查。通过对一个场景进行长时间的观察，系统可以进行一系列的活动分析，从而学习到哪些是感兴趣的事件。

一些典型的活动分析如下。

（1）**虚拟篱笆**：任何监控系统都有一个监控范围，在该范围的边界上设立哨兵就可对范围内发生的事件进行预警。这相当于在监控范围的边界上建立虚拟篱笆，一旦有入侵就触发分析，如控制高分辨率的**云台摄像机**（PTZ）获取入侵处的细节，开始对入侵数量进行统计。

（2）**速度分析**：虚拟篱笆只利用了位置信息，借助跟踪技术还可获得动态信息，实现基于速度的预警，如车辆超速或路面堵塞。

（3）**路径分类**：速度分析只利用了当前跟踪的数据，实际中还可利用由历史运动模式获得的活动路径（AP）。新出现目标的行为可借助最大后验（MAP）路径来描述：

$$L^* = \arg\max_k p(l_k | G) = \arg\max_k p(G, l_k) p(l_k) \qquad (11\text{-}14)$$

这可帮助确定哪个活动路径能最好地解释新的数据。因为先验路径分布 $p(l_k)$ 可用训练集来估计，所以问题就简化为用 HMM 来进行最大似然估计。

（4）**异常检测**：异常事件的检测常是监控系统的重要任务。因为活动路径能指示典型的活动，所以如果一个新的轨迹与已有轨迹不符，就能发现异常。异常模式可借助智能阈值化来检测：

$$p(l^* | G) < L_l \qquad (11\text{-}15)$$

其中，与新轨迹 G 最相像的活动路径 l^* 的值仍小于阈值 L_l。

（5）**在线活动分析**：在线分析、识别、评价活动比使用整个轨迹来描述运动更重要。一个实时的系统要能够根据尚不完整的数据快速地对正在发生的行为进行推理（常基于图模型）。这里考虑两种情况：①路径预测：可以利用到目前为止的跟踪数据来预测将来的行为，并在收集到更多数据时细化预测。利用非完整轨迹对活动进行预测可表示为

$$\hat{L} = \arg\max_j p(l_j | W_t G_{t+k}) \qquad (11\text{-}16)$$

其中，W_t 代表窗函数；G_{t+k} 是直到当前时间 t 的轨迹及 k 个预测的未来跟踪状态。②跟踪异常：除了将整个轨迹划归异常，还需要在非正常事件刚发生时就检测到它们。这可通过用 $W_t G_{t+k}$ 代替式（11-15）中的 G 来实现。窗函数 W_t 并不必须与预测相同，并且阈值有可能需要根据数据量进行调整。

（6）**目标交互刻画**：更高层次的分析期望能进一步描述目标之间的交互。与异常事件类似，严格地定义目标交互也很困难。在不同的环境下，不同的目标间有不同类型的交互。以汽车碰撞为例，每辆汽车有其空间尺寸，可看作其个人空间。汽车在行驶时，其个人空间在汽车周围要增加一个最小安全距离（最小安全区），因此时空个人空间会随运动而改变，速度越快，最小安全距离增加越多（尤其在行驶方向上）。如图 11-10 所示，其中个人空间用圆表示，而安全区域随速度（包括大小和方向）的改变而改变。如果两辆车的安全区域有交会，则有可能发生碰撞，借此可进一步规划行车路线。

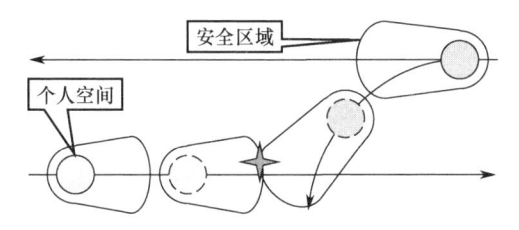

图 11-10　利用路径进行碰撞评估

最后需要指出，对于简单的活动，仅依靠目标位置和速度就能进行分析，但对于更复杂的活动，则可能需要更多的测量，如加入剖面的弯曲度以判别"古怪"的运动轨迹。为提供对活动和行为更全面的覆盖，常常需要使用多摄像机网络。活动轨迹还可来源于由互相连接的部件构成的目标（如人体），这里活动需要相对于一组轨迹来定义。

11.5.2　异常事件检测方法分类

直观地说，异常是相对正常来说的。但正常的定义也可以是随时间、环境、目的、条件等而变化的。特别的是，正常和异常都是比较主观的概念，因此通常无法精确地定义客观、定量的异常事件。

对异常事件的检测多借助视频进行，因此常称**视频异常检测**（VAD），也称**视频异常检测和定位**（VADL），强调不仅要检测视频中出现的异常事件，还要确定它们在视频中发生的位置。

视频异常事件检测可以分为两个部分：视频特征提取和异常事件检测模型的建立。常用的视频特征主要分为手工设计的特征和深度模型提取的特征。视频异常事件检测模型可以分为基于传统概率推理的模型和基于深度学习的模型。因此，异常事件检测方法的分类有多种方案。下面分别考虑将其分为基于传统机器学习的方法与基于深度学习的方法，以及将其分为借助有监督学习的方法和借助无监督学习的方法。

1. 传统机器学习与深度学习

从异常事件检测方法的发展来看，早年多使用基于传统机器学习的方法，近年来多使用基于深度学习的方法（如参考文献[41]），还有将两者结合的方法。从这个角度进行分类的结果如表 11-7 所示[42]。

在表 11-7 中，对于每类检测方法，还进一步将它们按输入模型分成 4 类：①点模型，其基本单元是单个视频时空块；②序列模型，其基本单元是一个连续的时空块序列；③图模型，其基本单元是一组相互连接的时空块；④复合模型，其基本单元可以是上述 3 种单元的组合。

表 11-7 从发展角度对异常事件检测方法的分类

方 法 类 别	输 入 模 型	判 别 准 则
传统机器学习	点模型	聚类判别
		共发判别
		重构判别
		其他判别
	序列模型	生成概率判别
	图模型	图推断判别
		图结构判别
	复合模型	—
深度学习	点模型	聚类判别
		重构判别
		联合判别
	序列模型	预测误差判别
	复合模型	—
混合学习	点模型	聚类判别
		重构判别
		其他判别

在表 11-7 中，对于每种模型，用于判别异常的准则各有不同。

（1）点模型。目前包括 5 种异常判别准则：①聚类判别（根据特征点在特征空间中的分布情况，将远离聚类中心的点、属于小聚类的点或分布概率密度较低的点判定为异常）；②共发判别（根据特征点与正常样本共同出现的概率，将与正常样本共同出现的概率较低的特征点判定为异常）；③重构判别（用低维子空间/流形作为特征点在特征空间中分布的描述，然后根据重构误差度量特征点到正常样本子空间/流形的距离判定异常）；④联合判别（模型联合使用以上3种判别）；⑤其他判别（包括假设检验判别、语义分析判别等）。

（2）序列模型。目前包括2种异常判别准则：①生成概率判别（模型根据输入的序列输出一个概率值，该值描述输入序列服从正常特征转移规律的程度，将输出概率低的样本判定为异常）；②预测误差判别（模型根据输入的序列预测下一时刻的特征值，根据预测误差判断输入序列服从正常转移规律的程度，将预测误差大的样本判定为异常）。

（3）图模型。目前包括2种异常判别准则：①图推断判别（模型根据图上特征点之间的推断关系，将不符合正常推断关系的特征点判定为异常）；②图结构判别（模型根据图的拓扑结构，将不常见的拓扑结构判定为异常）。

2．有监督学习与无监督学习

从异常事件检测技术角度来看，如果对正常事件和异常事件明确了界限，并有相应的样本，则可借助**有监督**学习技术进行分类；如果没有对正常事件和异常事件的先验知识，仅考虑各事件样本的聚类分布情况，则需要借助**无监督**学习技术；如果将异常事件定义为除正常事件外的所有事件，仅使用正常事件的先验知识进行训练，并借助正常样本来学习正常事件的模式，然后把所有不服从正常模式的样本判定为异常，这就是**半监督**学习技术。当然，这些技术也可以在不同层次上进行结合，一般称为集成技术。从这个角度分类的结果如表 11-8 所示[43]。

表 11-8　从技术角度对异常事件检测方法的分类

方法类别	具体技术		要　　点
有监督学习	二分类		支持向量机
	多示例学习		多种网络
无监督学习	假设检验法		二分类器
	暴露法（Unmask）		二分类器
半监督学习	传统机器学习	距离法	一分类法
			KNN 法
		概率法	分布概率
			贝叶斯概率
		重构误差法	稀疏编码
	深度学习	深度距离法	深度一分类法
			深度 KNN 法

续表

方法类别	具体技术		要　　点
半监督学习	深度学习	深度概率法	自回归网络
			变分自编码器
			生成对抗网络
		深度生成误差法	深度生成网络
集成学习	加权和法		多个检测器
	排序法		多个检测器
	级联法		高斯分类器

在表 11-8 中，对半监督学习技术的划分比较细，事实上，对半监督学习技术的研究也比较多。在实际应用中，一方面，正常样本比异常样本容易获得，因此半监督学习技术比有监督学习技术更容易使用；另一方面，由于使用了正常事件的先验知识，所以半监督学习技术比无监督学习技术性能更好。这样，研究者对半监督学习技术的关注更高，相关工作也更多。

11.5.3　基于卷积自编码器的检测

对视频事件的完整表达和描述，常需要多个特征。融合的多个特征比单个特征具有更强的表达能力。在基于**卷积自编码器和块学习**的方法[44]中，外观特征和运动特征被结合使用。

使用卷积自编码器的视频异常事件检测流程图如图 11-11 所示。视频帧首先被划分成不重叠的小块，然后提取表示运动状态的**运动特征**（如光流）和表示目标的**外观特征**（如梯度直方图，HOG）。

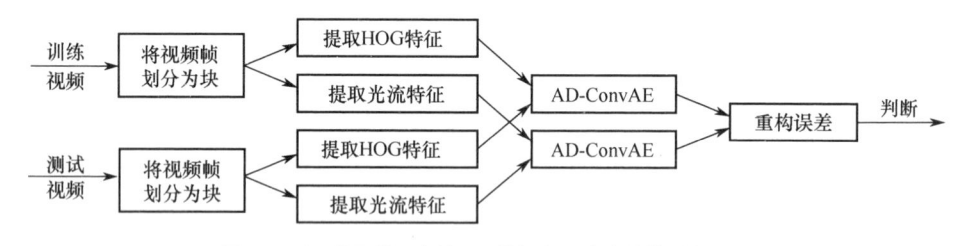

图 11-11　使用卷积自编码器的视频异常事件检测流程图

对于某个块的每个光流特征和 HOG 特征，分别设置一个**异常检测卷积自编码器**（AD-ConvAE）进行训练和测试。各视频帧中块区域上的 AD-ConvAE 只关注本区域的运动，使用块学习方法可以更有效地学习局部特征。在训练过程中，视频只包含正常样本，AD-ConvAE 通过视频帧中块的光流和 HOG 特征学习某个区域的正常运动模式。在测试过程中，将测试视频帧中块的光流和 HOG 特征放入 AD-ConvAE 进行重构，根据光流重构误差和 HOG 重构误差计算加权重构误差。如果重构误差足够大，则说明块中存在异常事件。这样，除检测到异常事件外，还完成了对异常事件的定位。

AD-ConvAE 的网络结构包括编码和解码两个部分。在编码部分，使用多对卷积层和池化层来获得深度特征。在解码部分，使用多对卷积操作和上采样操作来重构特征的深度表示，输出与输入图像大小相同的图像。

11.5.4 基于单类神经网络的检测

单类神经网络（ONN）是深度学习框架下的单类分类器的扩展，也称一类神经网络。**单类支持向量机**（OC-SVM）是一种广泛使用的无监督异常检测方法。实际上，它是一种特殊形式的 SVM，可以学习一个超平面，将再生核希尔伯特空间中的所有数据点与原点分离，并最大化超平面到原点的距离。在 OC-SVM 模型中，除原点外的所有数据都被标记为正样本，原点被标记为负样本。

ONN 可以看作利用 OC-SVM 的等效损失函数设计的神经网络结构。在 ONN 中，隐藏层中的数据表示是由 ONN 直接驱动的，因此可以针对异常检测任务进行设计，将特征提取和异常检测两个阶段结合起来进行联合优化。ONN 结合了自编码器的逐层数据表示能力和单类分类能力，可以区分所有正常样本和异常样本。

使用 ONN 的视频异常事件检测方法[45]通过在相同大小的视频帧和光流图的局部区域块上分别训练 ONN 来检测外观异常和运动异常，并将两者融合以确定最终检测结果。使用 ONN 的视频异常事件检测流程图如图 11-12 所示。在训练阶段，分别借助训练样本的 RGB 图像和光流图像学习两个自编码网络，将预训练自编码器的编码器层和 ONN 联合起来优化参数并学习异常

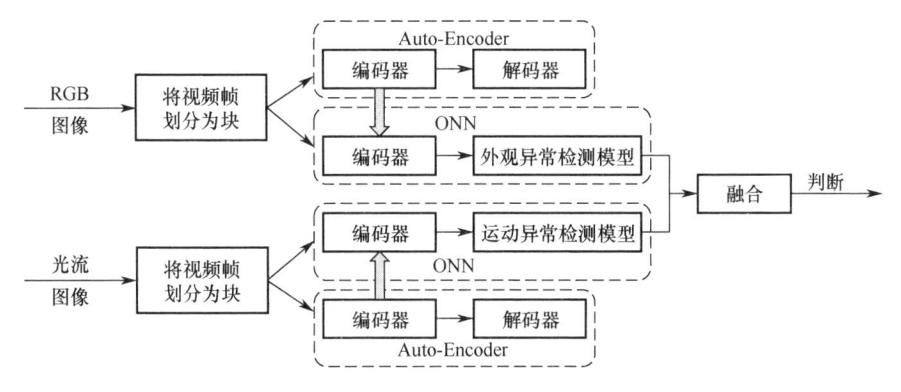

图 11-12 使用 ONN 的视频异常事件检测流程图

检测模型;在测试阶段,将给定测试区域的 RGB 图像和光流图像分别输入外观异常检测模型和运动异常检测模型,融合输出分数,并设置检测阈值来判断该区域是否异常。

参考文献

[1] CORSIE M, SWINTON P A. Reliability of spatial-temporal metrics used to assess collective behaviours in football: An insilico experiment[J]. Science & medicine in football, 2022: 1-9.

[2] HUANG X T, CHEN M X, WANG Y, et al. Visitors' spatial-temporal behaviour and their learning experience: A comparative study[J]. Tourism Management Perspectives, 2022, 42.

[3] 章毓晋. 时空行为理解[J]. 中国图象图形学报, 2013, 18(2): 141-151.

[4] 章毓晋. 中国图像工程: 2022[J]. 中国图象图形学报, 2023, 28(4): 879-892.

[5] 章毓晋. 中国图像工程: 2005[J]. 中国图象图形学报, 2006, 11(5): 601-623.

[6] ZHANG Y J. The understanding of spatial-temporal behaviors[M]. 4th ed. Hershey: IGI Global, Encyclopedia of Information Science and Technology, 2018.

[7] 章毓晋. 图像工程(下册)——图像理解[M]. 4 版. 北京: 清华大学出版社, 2018.

[8] BLANK B, GORELICK L, SHECHTMAN E, et al. Actions as space-time shapes[C]. ICCV, 2005, 2: 1395-1402.

[9] POPPE R. A survey on vision-based human action recognition[J]. Image and Vision Computing, 2010, 28: 976-990.

[10] 章毓晋. 图像工程(中册)——图像分析[M]. 4 版. 北京: 清华大学出版社, 2018.

[11] MOESLUND T B, HILTON A, KRUGER V. A survey of advances in vision-based human motion capture and analysis[J]. Computer Vision and Image Understanding, 2006, 104: 90-126.

[12] AFZA F, KHAN M A, SHARIF M, et al. A framework of human action recognition using length control features fusion and weighted entropy-variances based feature selection[J]. Image and Vision Computing, 2021, 106.

[13] 贾慧星, 章毓晋. 智能视频监控中基于机器学习的自动人数统计[J]. 电视技术, 2009(4):

78-81.

[14] XU C L, HSIEH S H, XIONG C M, et al. Can humans fly? Action understanding with multiple classes of actors[C]. Proc. CVPR, 2015: 2264-2273.

[15] XU C L, CORSO J J. Actor-action semantic segmentation with grouping process models[C]. IEEE Conference on Computer Vision and Pattern Recognition, 2016: 3083-3092.

[16] TURAGA P, CHELLAPPA R, SUBRAHMANIAN V S, et al. Machine recognition of human activities: A survey[J]. IEEE-CSVT, 2008, 18(11): 1473-1488.

[17] 赵靖文, 李煊鹏, 张为公. 车辆多目标交互行为建模的轨迹预测方法[J]. 智能系统学报, 2023, 18(3): 480-488.

[18] 陆昱翔, 徐冠华, 唐波. 基于视觉 Transformer 时空自注意力的工人行为识别[J]. 浙江大学学报（工学版），2023, 57(3): 446-454.

[19] 姜海燕, 韩军. 基于改进时空异构双流网络的行为识别[J]. 计算机工程与设计, 2023, 44(7): 2163-2168.

[20] 刘云, 薛盼盼, 李辉, 等. 基于深度学习的关节点行为识别综述[J]. 电子与信息学报, 2021, 43(6): 1789-1802.

[21] 姬晓飞, 秦琳琳, 王扬扬. 基于 RGB 和关节点数据融合模型的双人交互行为识别[J]. 计算机应用, 2019, 39(11): 3349-3354.

[22] YAN A, WANG Y L, LI Z F, et al. PA3D: Pose-action 3D machine for video recognition[C]. IEEE Conference on Computer Vision and Pattern Recognition, 2019: 7922-7931.

[23] CAETANO C, BREMOND F, SCHWARTZ W R. Skeleton image representation for 3D action recognition based on tree structure and reference joints[C]. SIBGRAPI Conference on Graphics, Patterns and Images, 2019: 16-23.

[24] CAETANO C, SENA J, BREMOND F, et al. SkeleMotion: A new representation of skeleton joint sequences based on motion information for 3D action recognition[C]. IEEE International Conference on Advanced Video and Signal Based Surveillance, 2019: 1-8.

[25] LI Y S, XIA R J, LIU X, et al. Learning shape motion representations from geometric algebra spatiotemporal model for skeleton-based action recognition[C]. IEEE International

Conference on Multimedia and Expo, 2019: 1066-1071.

[26] LIU J, SHAHROUDY A, XU D, et al. Skeleton-based action recognition using spatio-temporal LSTM network with trust gates[J]. IEEE Transactions on Pattern Analysis and Machine Intelligence, 2017, 40(12): 3007-3021.

[27] LIU J, WANG G, HU P, et al. Global context-ware attention LSTM networks for 3D action recognition[C]. IEEE Conference on Computer Vision and Pattern Recognition, 2017: 1647-1656.

[28] LIU J, WANG G, DUAN L Y, et al. Skeleton-based human action recognition with global context-aware attention LSTM networks[J]. IEEE Transactions on Image Processing, 2018, 27(4): 1586-1599.

[29] ZHENG W, LI L, ZHANG Z X, et al. Relational network for skeleton-based action recognition[C]. IEEE International Conference on Multimedia and Expo, 2019: 826-831.

[30] LI M S, CHEN S H, CHEN X, et al. Actional-structural graph convolutional networks for skeleton-based action recognition[C]. IEEE Conference on Computer Vision and Pattern Recognition, 2019: 3595-3603.

[31] PENG W, HONG X P, CHEN H Y, et al. Learning graph convolutional network for skeleton-based human action recognition by neural searching[J]. arXiv preprint 2019, arXiv: 1911.04131.

[32] WU C, WU X J, KITTLER J. Spatial residual layer and dense connection block enhanced spatial temporal graph convolutional network for skeleton-based action recognition[C]. IEEE International Conference on Computer Vision Workshop, 2019: 1-5.

[33] SHI L, ZHANG Y F, CHENG J, et al. Skeleton-based action recognition with directed graph neural networks[C]. IEEE Conference on Computer Vision and Pattern Recognition, 2019: 7912-7921.

[34] LI M S, CHEN S H, CHEN X, et al. Symbiotic graph neural networks for 3D skeleton-based human action recognition and motion prediction[J]. arXiv preprint 2019, arXiv: 1910.02212.

[35] YANG H Y, GU Y Z, ZHU J C, et al. PGCNTCA: Pseudo graph convolutional network with temporal and channel-wise attention for skeleton-based action recognition[J]. IEEE Access, 2020, 8: 10040-10047.

[36] ZHANG P F, LAN C L, XING J L, et al. View adaptive neural networks for high performance skeleton-based human action recognition[J]. IEEE Transactions on Pattern Analysis and Machine Intelligence, 2019, 41(8): 1963-1978.

[37] HU G Y, CUI B, YU S. Skeleton-based action recognition with synchronous local and non-local spatiotemporal learning and frequency attention[C]. IEEE International Conference on Multimedia and Expo, 2019: 1216-1221.

[38] SI C Y, CHEN W T, WANG W, et al. An attention enhanced graph convolutional LSTM network for skeleton-based action recognition[C]. IEEE Conference on Computer Vision and Pattern Recognition, 2019: 1227-1236.

[39] GAO J L, HE T, ZHOU X, et al. Focusing and diffusion: Bidirectional attentive graph convolutional networks for skeleton-based action recognition[J]. arXiv preprint 2019, arXiv: 1912.11521.

[40] ZHANG P F, LAN C L, ZENG W J, et al. Semantics-guided neural networks for efficient skeleton-based human action recognition[C]. IEEE Conference on Computer Vision and Pattern Recognition, 2020: 1109-1118.

[41] 张蔚澜, 齐华, 李胜. 时空图卷积网络在人体异常行为识别中的应用[J]. 计算机工程与应用, 2022, 58(12): 122-131.

[42] 王志国, 章毓晋. 监控视频异常检测：综述[J]. 清华大学学报（自然科学版）, 2020, 60(6): 518-529.

[43] 王志国. 基于深度生成模型的半监督监控视频异常检测算法研究[D]. 北京: 清华大学, 2022.

[44] 李欣璐, 吉根林, 赵斌. 基于卷积自编码器分块学习的视频异常事件检测与定位[J]. 数据采集与处理, 2021, 36(3): 489-497.

[45] 蒋卫祥, 李功. 基于一类神经网络的视频异常事件检测方法[J]. 电子测量与仪器学报, 2021, 35(7): 60-65.

主题索引

2.5D 表达（2.5D Sketch）	9
2D 纹理（2D texture）	121
2D 纹理映射（2D Texture Mapping）	123
3D 表达（3D Representation）	10
3D 激光扫描（3D Laser Scanning）	75
3D 纹理（3D Texture）	121
3D 纹理映射（3D Texture Mapping）	123
3D 形状上下文（3D Shape Context，3DSC）	124
4-点映射（Four-Point Mapping）	41
Blinn-Phong 反射模型（Blinn-Phong Reflection Model）	232，273
Cartographer 算法（Cartographer Algorithm）	326
Gmapping 算法（Gmapping Algorithm）	324
K-均值聚类（K-means Clustering）	118
LiDAR 里程计（LiDAR Odometry）	330
LOAM 算法（LOAM Algorithm）	330
LSD-SLAM 算法（LSD-SLAM Algorithm）	336，337，339，340
ORB-SLAM2 算法（ORB-SLAM2 Algorithm）	334
ORB-SLAM3 算法（ORB-SLAM3 算法 Algorithm）	335
ORB-SLAM 算法（ORB-SLAM Algorithm）	332
Phong 反射模型（Phong Reflection Model）	232，270
Rao-Blackwellized 粒子滤波（Rao-Blackwellized Particle Filter，RBPF）	324
ReLU 激活函数（ReLU Activation Function）	28
Sigmoid 函数（Sigmoid Function）	27，165
SSD 的和（Sum of SSD，SSSD）	173
SVO 算法（Semi-Direct Monocular Visual Odometry Algorithm）	341
U 型网络（U-Net）	31
Ward 反射模型（Ward Reflection Model）	232，270

B

八叉树结构（Octree Structure）	112
斑块（Blob）	158
半监督学习（Semi-Supervised Learning）	385
半径野点消除滤波器（Radius Outlier Removal Filter）	111
半隐马尔科夫模型（Semi-HMM）	372
半直接法（Semi-Direct Method）	331，341
薄棱镜畸变（Thin Prism Distortion）	50，52
本征矩阵（Essential Matrix）	143
本征特性（Intrinsic Property）	72
本征图像（Intrinsic Image）	72
本质矩阵（Essential Matrix）	143，185
闭环检测（Closed Loop Detection）	320，322
边导出子图（Edge-Induced Subgraph）	301
边界敏感网络（Boundary Sensitive Network，BSN）	30
边线集合（Edge Set）	299
变分自编码器（Variation Auto-Encoder，VAE）	31
表达（Representation）	9
表达和算法（Representation and Algorithms）	8
表观动态几何学（Dynamic Geometry of Surface Form and Appearance）	16
表面法向量（Surface Normal Vector）	76
表征主义（Representationalism）	20
并发（Concurrency）	374
不动点迭代扫描（Fixed-Point Iterative Sweeping）	272
不规则三角网（Triangulated Irregular Networks，TIN）	113，117
布谷鸟搜索（Cuckoo Search，CS）	128

C

采样重要性重采样（Sampling Importance Resampling，SIR）	325
彩色点云（Color Point Cloud）	116
彩色光度立体（Color Photometric Stereo）	232
参数时序建模（Parametric Time-Series Modeling）	369
测距精度（Ranging Accuracy）	88
场景解释（Scene Interpretation）	362
超参数优化（Hyper-Parameter Optimization）	29

超焦距（Hyper-Focal Distance）	266
超体素（Super-Voxel）	371
朝向 FAST 和旋转 BRIEF（Oriented FAST and Rotated BRIEF，ORB）	332
朝向直方图标记（Signature of Histogram of Orientation，SHOT）	125
池化层（Pooling Layer）	26，163
池化方法（Pooling Methods）	26
池化邻域（Pooling Neighborhood）	26
池化特征图（Pooling Feature Map）	26
尺度不变特征变换（Scale Invariant Feature Transform，SIFT）	150
处于常规位置（in General Position）	306
传播深度（Propagate Depth，PD）	341
传统认知主义（Traditional Cognitivism）	18
词袋（Bag-of-Words，BoW）	333
重边（Multiple Edge）	299
重投影误差（Reprojection Error）	68，336
从焦距恢复形状（Shape from Focal Length）	265
从纹理恢复形状（Shape from Texture）	252
从影调恢复形状（Shape from Shading）	242

D

单标签主体-动作识别（Single-Label Actor-Action Recognition）	363
单类神经网络（One-Class Neural Network，ONN）	387
单类支持向量机（One-Class SVM，OC-SVM）	387
单目（Monocular）	102
单目图像场景恢复（Monocular Image Scene Restoration）	200
单摄像机多镜反射折射系统（Single Camera Multi-Mirror Catadioptric System）	193
单视图双目匹配（Single View Stereo Matching，SVSM）	31
单像素成像（Single-Pixel Imaging）	97
单应矩阵（Homography Matrix）	62
导出子图（Induced Subgraph）	301
倒距离（Inverse Distance）	173
等基线多摄像机组（Equal Baseline Multiple Camera Set，EBMCS）	190
地面激光扫描（Terrestrial Laser Scanning，TLS）	76
地球科学激光测高系统（Geoscience Laser Altimeter System，GLAS）	77

地图到地图（Map-to-Map）	320, 322
地图集机制（Atlas）	335
点特征直方图（Point Feature Histogram，PFH）	124
点位精度（Positional Accuracy）	76
点-线迭代最近点（Point-to-Line ICP，PLICP）	319
点云（Point Cloud）	75
点云分割（Point Cloud Segmentation）	118
点云密度（Point Cloud Density）	76
点云模型构建（Point Cloud Model Construction）	108
点云目标结构化重建与场景理解（Structural Reconstruction of Point Cloud Objects and Scene Understanding）	109
点云拟合（Point Cloud Fitting）	118
点云配准（Point Cloud Registration）	319, 330
点云数据（Point Cloud Data）	106
点云数据集（Point Cloud Dataset）	109
点云特征描述（Point Cloud Feature Description）	108
点云语义信息提取（Point Cloud Semantic Information Extraction）	108
点云质量改善（Point Cloud Quality Improvement）	108
电荷耦合器件（Charge Coupled Device，CCD）	77
迭代快速行进（Iterative Fast Marching）	276
迭代最近点（Iterative Closest Point，ICP）	114, 319
迭代最近点配准（Iterative Closest Point Registration）	114
顶点集合（Vertex Set）	299
定点迭代扫描（Fixed-Point Iterative Sweeping）	272
定位（Localization）	318
定位定向系统（Position And Orientation System，POS）	117
定性视觉（Qualitative Vision）	13
动态规划（Dynamic Programming）	158
动态模式匹配（Dynamic Pattern Matching）	288
动态信念网络（Dynamic Belief Networks，DBN）	373
动作（Action）	356
动作基元（Action Primitives）	356
多标签主体-动作识别（Multi-Label Actor-Action Recognition）	365
多层感知机（Multilayer Perceptron，MLP）	25

多尺度聚合（Multiscale Aggregation） 234
多光谱光度立体（Multispectral Photometric Stereo） 232
多模态图像匹配（Multimodal Image Matching，MMIM） 308
多智能体（Multi-Agent） 346

E

二范数池化（L_2 Pooling） 26
二元交叉熵（Binary Cross Entropy，BCE） 165
二值时空体（binary Space-Time Volume） 369

F

反射分量（Reflection Component） 38
反射强度（Reflection Intensity） 75
反射图（Reflection Map） 209
反向映射法（Reverse Mapping） 122
飞行时间法（Time Of Flight，TOF） 77，79
非参数建模（Non-Parametric Modeling） 369
非均匀有理B样条（Non-Uniform Rational B-Spline，NURBS） 110
非朗伯表面（Non-Lambertian Surface） 231
非线性摄像机模型（Non-Linear Camera Model） 50
非线性优化（Nonlinear Optimization） 322
分辨力（Resolving Power） 265
分层可变过渡隐马尔科夫模型（Hierarchical Variable Transition HMM，HVT-HMM） 359
分解条件随机场（Factorial CRF，FCRF） 359
分支定界（Branch-and-Bound） 329
辐射亮度（Radiance） 202
辐照度（Irradiance） 202
复合运算（Composite Operation） 296
傅里叶单像素成像（Fourier Single-Pixel Imaging，FSI） 101

G

改进的豪斯道夫距离（Modified Hausdorff Distance，MHD） 283
概率皮特里网（Probabilistic Petri Net，PPN） 375

感受野模块（Receptive Field Block，RFB） 31
感兴趣点（Point of Interest） 153，370
感知（Perception） 318
感知特征群集（Perceptual Feature Groupings） 16
高斯差（Difference of Gaussian，DoG） 150
各向同性辐射表面（Isotropy Radiation Surface） 209
各向同性假设（Isotropy Assumption） 259
功能主义（Functionalism） 20
固有形状标记法（Intrinsic Shape Signatures，ISS） 131
关节点（Joints，Articulation Point） 378
关联图匹配（Association Graph Matching） 303
关系匹配（Relationship Matching） 295
惯量等效椭圆（Inertia Equivalent Ellipse） 286
惯性测量单元（Inertia Measurement Unit，IMU） 76，318，331，335，346
惯性导航系统（Inertial Navigation System，INS） 76
光度兼容性约束（Photometric Compatibility Constraint） 142
光度立体（Photometric Stereo） 201
光度立体视觉（Photometric Stereo vision） 201
光度体视（Stereoscopic） 201
光度误差（Photometric Error） 337
光度学（Photometry） 37
光检测和测距（Light Detection and Ranging，LiDAR） 81
光流（Optical Flow） 216，386
光流方程（Optical Flow Equation） 217，218
光通量（Luminous Flux） 38
光源标定（Light Source Calibration） 230
广义紧凑非局部网络（Generalized Compact Nonlocal Networks） 30
广义匹配（Generalized Matching） 278
广义统一模型（Generalized Unified Model，GUM） 195
过程纹理（Procedural Texture） 121
过程纹理映射（Procedural Texture Mapping） 123
过去-现在-未来（Past-Now-Future，PNF） 375

H

哈里斯兴趣点检测器（Harris Interest Point Detector）	360，370
海森矩阵（Hessian Matrix）	152
豪斯道夫距离（Hausdorff Distance，HD）	282
痕迹（Mark）	305
恒等（Identical）	302
后端优化（Back end Optimization）	319
环（Loop）	299
灰度光滑区域（Gray Scale Smooth Region）	175
灰度值（Gray Value）	39
灰度值范围（Gray Scale Range/Gray Value Range）	39
辉度（Radiance）	202
回朔标记（Labeling Via Backtracking）	307
混叠效应（Aliasing）	154
活动（Activity）	356

J

机器人视觉（Robot Vision）	5
机器视觉（Machine Vision）	4
机器学习（Machine Learning）	6
基本矩阵（Fundamental Matrix）	144
基础简单图（Underlying Simple Graph）	300
基础矩阵（Fundamental Matrix）	144
基素表达（Primal Sketch）	9
基于2D投影的深度学习网络（2D Projection-Based Deep Learning Network）	127
基于3D体素化的深度学习网络（3D Voxelization-Based Deep Learning Network）	127
基于重建的表达（Representation by Reconstruction）	14
基于点云中单个点的网络模型（a Network Model Based on a Single Point in the Point Cloud）	128
基于几何特征的方法（Geometric Feature-Based Methods）	114
基于主动视觉标定（Active Vision-Based Calibration）	59
基元事件（Primitive Event）	375
畸变（Distortion）	252
激光SLAM（Laser SLAM）	319
激光测距（Laser Ranging）	75

激光扫描方式（Laser Scanning Mode）	106
激活函数（Activation Function）	26
极点（Epipole）	142
极平面（Epipolar Plane）	142
极线（Epipolar Line）	142，185
极线约束（Epipolar Line Constraint）	143，185
几何表达（Geometric Representation）	299
几何哈希法（Geometric Hashing）	141
几何实现（Geometric Realization）	299
几何纹理（Geometric Texture）	121
几何纹理映射（Geometric Texture Mapping）	123
计算复杂度（Computational Complexity）	282
计算鬼成像（Computational Ghost Imaging，CGI）	97
计算机视觉（Computer Vision）	3
计算机图像坐标系（Image Coordinate System in Computer）	40
计算机图形学（Computer Graphics）	5
计算理论（Computational Theory）	8
计算主义（Computationalism）	20
加速鲁棒性特征（Speeded up Robust Feature，SURF）	152
间接深度成像（Indirect Depth Imaging）	87
兼容性约束（Compatibility Constraint）	142
角度扫描摄像机（Angular Scanning Camera）	91
矫正线性单元（Rectifier Linear Unit，ReLU）	28
结构光成像（Structured-Light Imaging）	82
结构化探测（Structured Detection）	97
结构化照明（Structured Illumination）	97
结构匹配（Structure Matching）	284
解码（Decoding）	372
金字塔场景解析网络（Pyramid Scene Parsing Network，PSPNet）	31
精测尺长度（Length of Precision Measuring Ruler）	77
精神表达语义（Semantics of Mental Representations）	15
景深（Depth of Focus）	265
径向畸变（Radial Distortion）	50，57
径向校准约束（Radial Alignment Constrain，RAC）	55

静态立体（Static Stereo，SS） 341
镜头畸变（Lens Distortions） 50
局部集束调整（Bundle Adjustment，BA） 333
局部特征描述符（Local Feature Descriptor） 124
局部条件概率密度（Local Conditional Probability Densities，LCPD） 373
局部线性嵌入（Locally Linear Embedding，LLE） 358，370
局部制图（Local Mapping） 326
具身人工智能（Embodied Artificial Intelligence，Embodied AI） 20
具身认知（Embodied Cognition） 20
具身智能（Embodied Intelligence） 20
聚散度（Vergence） 92
聚束调整（Bundle Adjustment，BA） 67
卷积层（Convolution Layer） 26，163
卷积神经网络（Convolutional Neural Network，CNN） 25，164，293，378
卷积自编码器（Convolutional Auto-Encoder） 386
绝对模式（Absolute Pattern） 289
均匀性假设（Homogeneity Assumption） 259

K

可靠性（Reliability） 281
空洞卷积（Dilated Convolution） 31
块学习（Block Learning） 386
快速点特征直方图（Fast Point Feature Histogram，FPFH） 124
扩展卡尔曼滤波器（Extended Kalman Filter，EKF） 323
扩展焦点（Focus of Expansion，FOE） 228

L

拉普拉斯本征图（Laplacian Eigenmap） 370
拉普拉斯-高斯（Laplacian of Gaussian，LoG） 150
莱维飞行机制（Levy Flight Mechanism） 128
朗伯表面（Lambertian Surface） 205
棱（Link） 299
离心畸变（Centrifugal Distortion） 50
理想镜面反射表面（Ideal Specular Reflecting Surface） 206

理想散射表面（Ideal Scattering Surface）	205
立体建模（Volumetric Modeling）	369
立体角（Solid Angle）	38，202
立体镜成像（Stereoscopic Imaging）	91
例外去除合并方法（Exceptions Excluding Merging Method，EEMM）	192
连接（Join）	299
连续性约束（Continuous Constraint）	142
联合乘积空间模型（Joint Product Space Model）	363
联结主义（Connectionism）	19
两步法纹理映射（Two-Step Texture Mapping）	123
亮度（Brightness/Luminance）	38
亮度成像模型（Lightness Imaging Model）	38
零交叉模式（Zero-Crossing Pattern）	148
零交叉校正算法（Zero-Cross Correction Algorithm）	161
鲁棒性（Robustness）	282
路径分类（Path Classification）	382
孪生网络（Siamese Network）	31，164

M

脉冲法（Pulse Method）	77
漫反射表面（Diffuse Reflection Surface）	205
模板（Template，Mask，Window）	138，182
模板匹配（Template Matching）	138，281
模式（Pattern）	6
模式识别（Pattern Recognition）	6
莫尔等高条纹（Moiré Contour Stripes）	84
母图（Supergraph）	300
目标交互刻画（Object Interaction Characterization）	382

N

内参数（Internal Parameter）	48
拟合（Fitting）	280
逆透视（Inverse Perspective）	267
逆透视变换（Inverse Perspective Transformation）	42

逆向工程（Reverse Engineering） 75

P

帕努姆融合区（Panum's Zone of Fusion） 103
排序（Sequencing） 374
配准（Registration） 291
皮特里网（Petri Net） 374
匹配（Matching） 278
偏心畸变（Eccentric Distortion） 50，51
偏置（Bias） 26
平方差的和（Sum of Squared Difference，SSD） 171
平行边（Parallel Edge） 299
平均池化（Average Pooling） 26
平均平方差（Mean Square Difference，MSD） 140
朴素贝叶斯模型（Naïve Bayes Model） 363，366

Q

齐次矢量（Homogeneous Vector） 40
齐次坐标（Homogeneous Coordinate） 40
迁移学习（Transfer Learning） 29
前端匹配（Front end Matching） 319
强化学习（Reinforcement Learning） 28
切换线性动态系统（Switching Linear Dynamical System，SLDS） 373
切向畸变（Tangential Distortion） 50，51，57
倾斜角（Tilt Angle） 43，44
区域生长（Region Growing） 119
全局特征描述符（Global Feature Descriptor） 124
全卷积神经网络（Fully Convolutional Network，FCN） 31
全球定位系统（Global Positioning System，GPS） 76
全图同构（Graph Isomorphism） 303
群体 SLAM（Swarm SLAM） 344
群体机器人（Swarm Robot） 343

R

人工智能（Artificial Intelligence）	6
人类立体视觉（Human Stereovision）	102
人类智能（Human Intelligence）	6
刃边（Blade Edge）	304

S

三层次模型（Three-Layer Model）	364，367
三点透视（Perspective 3 Points，P3P）	267
三焦平面（Tri-Focal Plane）	185
三角法（Trigonometry）	78
三面角点（Trihedral Corner）	305
三正交局部深度图（Triple Orthogonal Local Depth Images，TOLDI）	126
扫描帧到地图（Scan-to-Map）	320，327，330
扫描帧到扫描帧（Scan-to-Scan）	320，330
扫视角（Pan Angle）	43，44
上下文实体（Contextual Entities）	373
上下文自由语法（Context-Free Grammar，CFG）	375
摄像机模型（Camera Model）	47
摄像机内部参数（Camera Internal Parameter）	48
摄像机轴线（Camera Line of Sight）	255
摄像机姿态参数（Camera Attitude Parameters）	48
摄像机坐标系（Camera Coordinate System）	39
摄影测量方式（Photogrammetry Mode）	106
深度变换估计方法（Deep Transformation Learning Methods）	310
深度成像（Depth Imaging）	74
深度迭代学习方法（Deep Iterative Learning Methods）	310
深度光度立体网络（Deep Photometric Stereo Network，DPSN）	233
深度监督目标检测器（Deeply Supervised Object Detector，DSOD）	31
深度图（Depth Map）	72
深度图像（Depth Map）	72
深度学习（Deep Learning）	6，346
神经网络（Neural Network，NN）	24
生成模型（Generative Model）	359

生成母图（Spanning Supergraph）	300
生成对抗网络（Generative Adversarial Networks，GAN）	31，165，234
生成子图（Spanning Subgraph）	300
生物双目（Biocular）	102
声明式模型（Declarative Model）	377
时间立体（Temporal Stereo，TS）	341
时空行为理解（Spatial-Temporal Behavior Understanding）	354，363
时空技术（Spatial-Temporal Technology）	355
时域模板（Temporal Template）	369
矢量特征直方图（Vector Feature Histogram，VFH）	124
世界坐标系（World Coordinate System）	39
事件（Event）	356
视差（Disparity，Parallax）	88，90，137，217
视差光滑性约束（Disparity Smoothness Constraint）	142
视差图误差检测与校正（Parallax Map Error Detection and Correction）	160
视场（Field of View，FOV）	15，92，339
视感觉（Visual Felling）	2
视觉（Vision）	2，279
视觉 LiDAR 里程计和实时映射（Visual LiDAR Odometry and Mapping in Real-Time，VLOAM）	324
视觉 SLAM（Visual SLAM，vSLAM）	321
视觉传感器（Vision Sensor）	321
视觉词袋（Visual Vocabulary）	333
视觉计算理论（Visual Computational Theory/Computational Vision Theory）	7，19
视觉里程计（Visual Odometry，VO）	322，331
视觉外壳（Visual Hull）	228
视频事件标记语言（Video Event Markup Language，VEML）	377
视频事件表达语言（Video Event Representation Language，VERL）	377
视频事件竞赛工作会议（Video Event Challenge Workshop）	377
视频体（Video Volume）	370
视频异常检测（Video Anomaly Detection，VAD）	383
视频异常检测和定位（Video Anomaly Detection And Localization，VADL）	383
视知觉（Visual Perception）	2
数据增强（Data Augmentation）	29

数字微镜器（Digital Micro-Mirror Device，DMD）	97，98
双层次模型（Two-Layer Model）	367
双流卷积网络（Two-Stream Convolutional Networks）	30
双目成像模型（Binocular Imaging Model）	87
双目横向模式（Binocular Horizontal Mode）	87，138
双目会聚横向模式（Binocular Convergent Horizontal Mode）	92
双目角度扫描模式（Binocular Angular Scanning Mode）	91
双目立体（Binocular Stereo）	102
双目轴向模式（Binocular Axis Mode）	95
双目纵向模式（Binocular Longitudinal Mode）	95
双向反射分布函数（Bi-Directional Reflectance Distribution Function，BRDF）	204，269
双眼单视清晰区（Zone of Clear Single Binocular Vision，ZCSBV）	103
双眼复视（Diplopic）	103
双子图同构（Double-Subgraph Isomorphism）	303
顺序匹配约束（Ordering Matching Constraint）	160
顺序性约束（Ordering Constraint）	158
四焦张量（Quadri-Focal Tensor）	190
速度分析（Speed Profiling）	382
算术平均合并方法（Arithmetic Mean Merging Method，AMMM）	192
随机上下文自由语法（Stochastic Context-Free Grammar，SCFG）	376
随机样本一致性（Random Sample Consensus，RANSAC）	293，312
随机值池化（Random Value Pooling）	26
损失函数（Loss Function）	28，235

T

特征点（Feature Points）	147
特征点法（Feature Point Method）	331
特征级联卷积神经网络（Feature Cascaded Convolutional Neural Networks）	165
特征邻接图（Feature Adjacency Graph）	280
特征图（Feature Map）	26
梯度空间（Gradient Space）	209，243
条件随机场（Conditional Random Field，CRF）	359
跳跃边缘（Jump Edge）	304
跳跃线性系统（Jump Linear System，JLS）	373

词条	页码
同步（Synchronization）	374
同构（Isomorphism）	302
同时定位和制图（Simultaneous Localization and Mapping，SLAM）	76，317
同视线（Horopter）	103
统计采样技术（Stochastic Sampling Techniques）	361
统计关系学习（Statistical Relational Learning，SRL）	361
统计野点消除滤波器（Statistical Outlier Removal Filter）	111
桶形畸变（Barrel Distortion）	51
头盔显示器（Helmet Mounted Display，HMD）	102
投影平面坐标系（Projected Plane Coordinate System）	62
投影仪坐标系（Projector Coordinate System）	62
透视变换（Perspective Transformation）	41
透视投影（Perspective Projection）	41，255
图（Graph）	159，299
图卷积网络（Graph Convolutional Networks，GCN）	312，380
图像处理（Image Processing）	5，21
图像到地图（Image-to-Map）	322
图像到图像（Image-to-Image）	322，333
图像分析（Image Analysis）	5，21
图像工程（Image Engineering）	5，21，23
图像矫正（Image Rectification）	93
图像金字塔网络（Image Pyramid Network）	164
图像理解（Image Understanding）	5，21
图像亮度约束方程（Image Brightness Constraint Equation）	210，243，246，271，273
图像流（Image Flow）	216
图像流方程（Image Flow Equation）	217
图像匹配（Image Matching）	278
图像坐标系（Image Coordinate System）	39
推广条件随机场（Generalization of the CRF）	359
推理（Reasoning）	372

W

词条	页码
外参数（External Parameters）	48
外观比例（Aspect Ratio）	255

外观特征（Appearance Feature）	386
网络设计（Network Design）	30
唯一性约束（Uniqueness Constraint）	142
位姿（Pose）	267
纹理立体技术（Texture Stereo Technique）	260
纹理映射（Texture Mapping）	121
纹理元（Texel）	254
纹理元栅格（Regular Grid of Texel）	257
无监督学习（Unsupervised Learning）	385

X

先进地形激光测高系统（Advanced Topographic Laser Altimeter System, ATLAS）	77
先进驾驶辅助系统（Advanced Driving-Assistance Systems, ADAS）	66
显著片（Salient Patch）	151
显著特征（Salient Feature）	150
显著特征点（Salient Feature Points）	150, 152
线段邻接图（Segment Adjacency Graph）	187
线性动态系统（Linear Dynamical System, LDS）	372
线性摄像机模型（Linear Camera Model）	47
相对模式（Relative Pattern）	290
相关联（Incident）	299
相关图（Correlogram, Relational Graph）	370
相关系数（Correlation Coefficient）	139
相邻（Adjacent）	299
相位法（Phase Method）	77
相位相关法（Phase Correlation Method）	292
消失点（Vanishing Point）	254, 257
消失线（Vanishing Line）	258
消隐点（Vanishing Point）	254, 257
消隐线（Vanishing Line）	258
信念网络（Belief Networks）	373
行为（Behavior）	356
行为识别（Behavior Recognition）	378
形状函数集合（Ensemble of Shape Functions, ESF）	124

虚点（Imaginary Point）	254
虚拟篱笆（Virtual Fencing）	382
虚拟摄像机（Virtual Camera）	195
旋转投影统计（Rotational Projection Statistics，RoPS）	125
旋转图（Spin Image）	124
选择性视觉（Selective Vision）	12
选择注意机制（Selective Attention）	17
学习（Learning）	372
循环动作（Cyclic Action）	359
循环神经网络（Recurrent Neural Network，RNN）	379

Y

压缩感知（Compressive Sensing，CS）	99
雅可比超松弛（Jacobi Over-Relaxation，JOR）	346
颜色纹理（Color Texture）	121
异常检测（Anomaly Detection，Abnormality Detection）	382
异常检测卷积自编码器（Anomaly Detection Convolutional Auto-Encoder，AD-ConvAE）	386
翼边（Limb）	304
阴影（Shade）	242，305
隐马尔科夫模型（Hidden Markov Model，HMM）	372
影调（Shading）	242
硬件实现（Hardware Implementation）	8
由 X 恢复形状（Shape from X）	200
由光照恢复形状（Shape from Illumination）	201
由剪影恢复形状（Shape from Silhouette，SfS）	201，228
由焦距恢复形状（Shape from Focal Length）	201，265
由轮廓恢复形状（Shape from Contour）	201，228
由纹理恢复形状（Shape from Texture）	201，252
由影调恢复形状（Shape from Shading）	100，201，242
由运动恢复形状（Shape from Motion）	201
有监督学习（Supervised Learning）	385
有目的视觉（Purposive Vision）	12

有色图（Colored Graph）	299
原型匹配（Prototype Matching）	281
云台摄像机（Pan-Tilt-Zoom Camera，PTZ Camera）	382
运动历史图（Motion History Image，MHI）	369
运动立体（Stereo from Motion）	90
运动能量图（Motion Energy Image，MEI）	369
运动视差（Motion Parallax）	90
运动特征（Motion Feature）	386

Z

在线活动分析（Online Activity Analysis）	382
照度（Illumination/Illuminance）	38，202
照度分量（Illumination Component）	38
折痕（Crease）	305
针孔模型（Pinhole Model）	47
真母图（Proper Supergraph）	300
真子图（Proper Subgraph）	300
枕形畸变（Pincushion Distortion）	51
整体识别（Holistic Recognition）	360
正交投影（Orthogonal Projection）	9，148，255
正态分布变换法（Normal Distribution Transform，NDT）	319
正向映射法（Forward Mapping）	122
知识（Knowledge）	279
直接法（Direct Method）	331，336
直接深度成像（Direct Depth Imaging）	75
制图（Mapping）	318，330
周期性模式（Periodical Pattern）	177
逐次超松弛（Successive Over-Relaxation，SOR）	346
主动视觉（Active Vision）	12
主体-动作数据库（THE Actor-Action Dataset，A2D）	364
主体-动作语义分割（Actor-Action Semantic Segmentation）	365

注视控制（Gaze Control）	17
注视锁定（Gaze Stabilization）	17
注视转移（Gaze Change）	17
注意力聚类（Attention Clusters）	30
状态分解的分层隐马尔科夫模型（Factored-State Hierarchical HMM，FS-HHMM）	359
准确性（Accuracy）	281
姿态（Pose）	267
资源共享（Resource Sharing）	374
子体匹配（Sub-Volume Matching）	371
子图（Subgraph）	300
子图同构（Subgraph Isomorphism）	303
自标定（Self-Calibration）	58
自遮挡（Self-Occluding）	304
总交叉数（Total Cross Number）	161
最大池化（Maximum Pooling）	26
最大熵马尔科夫模型（Maximum Entropy Markov Models，MEMM）	359
最大相关准则（Maximum Correlation Criterion）	139
最佳拟合平面（Best Fit Plane）	119
最小公倍数（Least Common Multiple）	175
最小均方误差函数（Minimum Mean Square Error Function）	139
最小平均差值函数（Minimum Mean Difference Function）	139